T0133220

Band 4
Beiträge zur organischen Synthese
Hrsg.: Stefan Bräse

Prof. Dr. Stefan Bräse
Institut für Organische Chemie
Universität Karlsruhe (TH)
Fritz-Haber-Weg 6
D-76131 Karlsruhe

Bibliografische Information der Deutschen Bibliothek

Die Deutsche Nationalbibliothek verzeichnet diese Publikation in der Deutschen Nationalbibliografie; detaillierte bibliografische Daten sind im Internet über http://dnb.d-nb.de abrufbar.

ISBN 978-3-8325-1468-6
ISSN 1862-5681

Logos Verlag Berlin
Comeniushof, Gubener Str. 47,
10243 Berlin
Tel.: +49 030 42 85 10 90
Fax: +49 030 42 85 10 92
INTERNET: http://www.logos-verlag.de

Virantmycin und Spiculoinsäure A – die intramolekulare Diels-Alder-Reaktion in der Synthese komplexer Naturstoffe

Zur Erlangung des akademischen Grades eines

DOKTORS DER NATURWISSENSCHAFTEN

(Dr. rer. nat.)

der Fakultät für Chemie und Biowissenschaften
der Universität Karlsruhe (TH)
vorgelegte

DISSERTATION

von

Diplom-Chemiker Daniel Keck

aus Olpe

Dekan: Prof. Dr. H. Puchta
Referent: Prof. Dr. S. Bräse
Korreferent: Prof. Dr. J. Podlech
Tag der mündlichen Prüfung: 14. Dezember 2006

Die vorliegende Arbeit wurde in der Zeit vom 1. Juli 2004 bis zum 1. Oktober 2006 am Institut für Organische Chemie, Fakultät für Chemie und Biowissenschaften der Universität Karlsruhe (TH) unter der Leitung von Herrn Prof. Dr. Stefan Bräse durchgeführt.

Mein besonderer Dank gilt Prof. Dr. Stefan Bräse für die herzliche Aufnahme in seinen Arbeitskreis und die interessante Themenstellung. Bei allen Mitgliedern des Arbeitskreises Bräse bedanke ich mich für das hervorragende Arbeitsklima, die Unterstützung und viele hilfreiche Diskussionen.

Für meine Familie und Julia

Der Zweifel ist der Beginn der Wissenschaft.
Wer nichts anzweifelt, prüft nichts.
Wer nichts prüft, entdeckt nichts.
Wer nichts entdeckt, ist blind und bleibt blind.

Teilhard de Chardin (1881-1955), frz. Theologe, Paläontologe u. Philosoph

Inhaltsverzeichnis

1. Kurzzusammenfassung

Die Diels-Alder-Reaktion ist eine der wichtigsten Methoden zur Darstellung von komplexen sechsgliedrigen Ringsystemen. Insbesondere die intramolekulare Variante dieses Reaktionsprinzips hat sich als eines der meistverwendeten Werkzeuge in der Synthese von Naturstoffen etabliert. Im Rahmen der vorliegenden Arbeit sollten die beiden pharmakologisch relevanten Naturstoffe Virantmycin und Spiculoinsäure A durch Einsatz von intramolekularen Diels-Alder-Reaktionen ausgehend von geeigneten Vorläufern aufgebaut werden.

Die formale Totalsynthese des antiviral und antifungal wirksamen Naturstoffes Virantmycin konnte dabei durch Einsatz einer literaturbekannten Variante der Appelreaktion, die für diese Anwendung modifiziert wurde, sowie einer intramolekularen Aza-Diels-Alder-Reaktion erreicht werden. Ausgehend von 1,4-Dihydrobenzo[*d*][1,3]oxazin-2-thion sowie 2-Chlormethylen-5,6-dimethylhept-5-en-1-ol, deren Darstellung im Verlauf der Arbeit optimiert wurde, konnte ein Carbamat synthetisiert werden, das unter Baseneinfluss zu einem fortgeschrittenen tricyclischen Intermediat umgesetzt wurde. Durch Iodierung konnte schließlich ein bereits literaturbekanntes Produkt erhalten werden, das in wenigen Stufen zum Naturstoff Virantmycin umgesetzt werden kann.

Im zweiten Teil der Arbeit wurden Arbeiten zur Synthese des cytotoxischen marinen Naturstoffes Spiculoinsäure A durchgeführt. Dazu wurden verschiedene Bausteine synthetisiert, die über Wittig-Reaktion oder eine Kreuzkupplungsstrategie zu einem für die Schlüsselumsetzung, die intramolekulare Diels-Alder-Reaktion, benötigten linearen Vorläufer umgesetzt werden sollten. Die Darstellung der chiralen Bausteine konnte dabei unter Anwendung der diastereoselektiven Paterson- und Evansvarianten der Aldol-Reaktion bzw. durch diastereoselektive Reduktionen durchgeführt werden. Die Synthese des für die Wittig-Reaktion benötigten Ketons wurde über einer neuartige Suzuki-Kupplung erreicht, während das für die Kreuzkupplung benötigte Vinylhalogenid ausgehend von Ethyldimethylmalonat in einer mehrstufigen Synthese erhalten werden konnte. Im Rahmen dieser Arbeit konnte jedoch die Umsetzung der Bausteine weder unter den Bedingungen einer Wittig-Reaktion noch durch Kreuzkupplung erreicht werden. Nichtsdestotrotz sollte aufbauend auf die gewonnenen Ergebnisse die Darstellung der Spiculoinsäure A durch Modifikation der Bausteine bzw. der verwendeten Reaktionsbedingungen möglich sein. Darüber hinaus können durch Einsatz dieser Methodik auch strukturanaloge Naturstoffe hergestellt werden.

2. Einleitung

2.1 Die Totalsynthese von Naturstoffen

Die Natur stellt eine riesige Anzahl organischer Moleküle zur Verfügung, die von den verschiedenartigsten Organismen produziert werden und unterschiedlichste Funktionen wahrnehmen, vom Botenstoff über Stoffwechselabbauprodukte bis hin zu Abwehrstoffen. Im Laufe der evolutionären Entwicklung wurden diese Substanzen für ihre jeweilige Funktion sowohl strukturell als auch in der Wechselwirkung mit anderen Molekülen optimiert, so dass die meisten Naturstoffe eine mehr oder minder stark ausgeprägte biologische Aktivität aufweisen. Diese Aktivität beschränkt sich nicht notwendigerweise auf den Ursprungsorganismus, sondern sie kann auf andere Lebewesen, teilweise auch auf den Menschen, übertragen werden, wobei sich Wirkungsweise und Wirkort der Substanz nicht selten völlig ändern. Aus diesem Grund stellen Naturstoffe häufig Leitstrukturen für die Entwicklung neuer Wirkstoffe für Medizin, Pflanzenschutz und andere Anwendungsbereiche dar. Für eingehende Untersuchungen der Eigenschaften eines Naturstoffes, beispielsweise der Absolutkonfiguration, ist es wünschenswert, einen chemischen Zugang zu diesen Substanzen zu erlangen, da nur dieser die Unabhängigkeit von natürlichen Quellen erlaubt. Oft ist es auch notwendig, den natürlich vorkommenden Stoff zu modifizieren, da die pharmakologischen und anderen Eigenschaften häufig für die vorgesehene Anwendung nicht optimal sind. Aus diesem Grund ist die gezielte Synthese von Strukturanaloga, die verbesserte Eigenschaften besitzen und die zur Etablierung von Struktur-Aktivitätsbeziehungen genutzt werden können, von großer Bedeutung. Darüber hinaus stellt der Aufbau komplexer Strukturen einen Anreiz zur Entwicklung und Optimierung von Synthesemethoden dar, was sich an der großen Zahl von erstmalig in der Naturstoffsynthese angewendeten Reaktionstypen eindrucksvoll belegen lässt.

Die Naturstoffsynthese als Teilgebiet der organischen Chemie blickt auf eine lange Geschichte zurück.[1] Als erste gezielte Synthese eines Naturstoffes wird meist die Synthese von Harnstoff (**1**) durch Friedrich Wöhler im Jahre 1828 aufgefasst.[2] Als weitere bahnbrechende Arbeiten des 19. Jahrhunderts sind die Darstellung von Essigsäure (**2**, 1845) durch Kolbe,[3] die Synthese von Indigo (**3**, 1878) durch von Baeyer[4] sowie die Synthese von D-Glucose (**4**, 1890) durch Fischer zu nennen, die gleichzeitig die erste stereoselektive chemische Synthese eines Naturstoffes darstellt.[5]

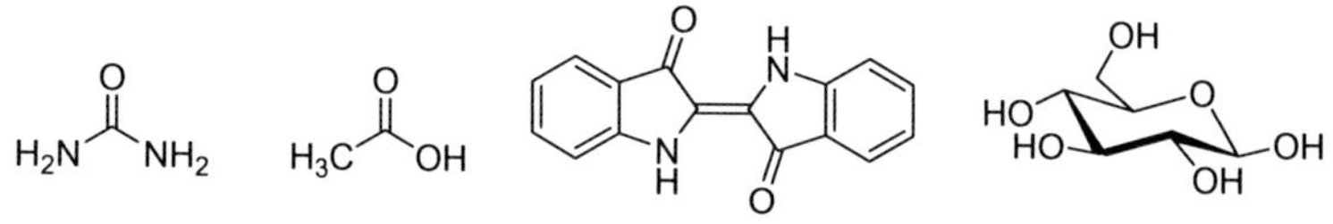

Abbildung 1: Herausragende Naturstoffsynthesen des 19. Jahrhunderts.[2–5]

Das 20. Jahrhundert wird gemeinhin als das Jahrhundert der Chemie der bezeichnet. Durch Entwicklungen in der Petrochemie waren verschiedene Ausgangssubstanzen für die chemische Synthese leichter in großen Mengen verfügbar. Gleichzeitig gewann die organische Chemie, im speziellen auch die Naturstoffsynthese, immer mehr an Gewicht, da sie in der Lage war, durch Anwendung neuer Methoden neue Verbindungen für die Verwendung als Arzneistoff, Material, Düngemittel usw. zur Verfügung zu stellen. Der Fortschritt in der organischen Synthese ist untrennbar mit dem technologischen Fortschritt des beginnenden 20. Jahrhunderts verbunden. Die wachsende Leistungsfähigkeit zeigt sich an der zunehmenden Komplexität der dargestellten Verbindungen wie Tropinon (**5**, Willstätter, 1901)[6] oder Equilenin (**6**, Bachmann, 1939).[7]

Die Naturstoffsynthese ab der Mitte des 20. Jahrhunderts wurde dann von zwei großen Namen geprägt: Zuerst von R. B. Woodward, dann von E. J. Corey.

Woodward hatte weitreichenden Einfluss auf die Entwicklung der Totalsynthese, nicht nur, weil er die Darstellung von solch komplexen Verbindungen wie Strychnin (**7**, 1954),[8] Reserpin (**8**, 1958),[9] Vitamin B_{12} (1973 mit A. Eschenmoser)[10] oder Erythromycin A (**9**, 1981)[11] erreichte, sondern vielmehr aufgrund seiner ausgeprägten Verwendung von Reaktionsmechanismen zur Erklärung und Vorhersage des Verlaufs einer chemischen Reaktion, was für die folgenden Generationen synthetisch arbeitender Chemiker zum Vorbild werden sollte. Darüber hinaus war er einer der ersten, der sich systematisch mit dem Konzept der stereoselektiven Syntheseplanung auseinandersetzte und einige grundlegende Zusammenhänge erkannte und zu Regeln ausformulierte, wofür er im Jahr 1965 den Nobelpreis für Chemie erhielt.

Einer der Hauptverdienste E. J. Coreys liegt in der Einführung der retrosynthetischen Zerlegung von Naturstoffen für deren Totalsynthese, die er selbst bei der Totalsynthese von Longifolen (**10**, 1961) zum ersten Mal eingesetzt hatte.[12] Damit war ein systematischer Zugang für die Darstellung komplexer Naturstoffe geschaffen, der vielen weiteren Arbeiten auf diesem Gebiet den Weg bereitete. Darüber hinaus beschäftigte sich Corey ausgiebig mit der Entwicklung neuer synthetischer Methoden und bereicherte das Arsenal chemischer

Transformationen nachhaltig um eine Reihe wichtiger Reaktionstypen. Mit Hilfe dieser Methoden gelang Corey die Synthese von Hunderten von Naturstoffen wie beispielsweise Prostaglandin $F_{2\alpha}$ (**11**, 1969),[13] Gibberellinsäure (**12**, 1978)[14] oder Ginkgolid B (**13**, 1988).[15] Für seine Verdienste auf diesem Gebiet erhielt Corey im Jahre 1990 den Nobelpreis für Chemie.

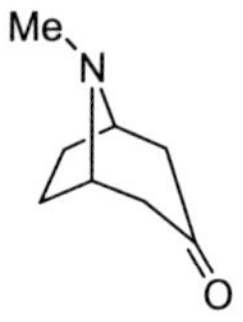

Tropinon (**5**) 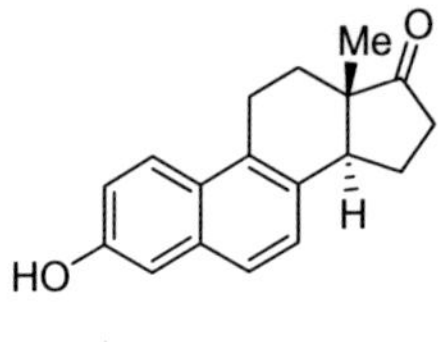 Equilenin (**6**) 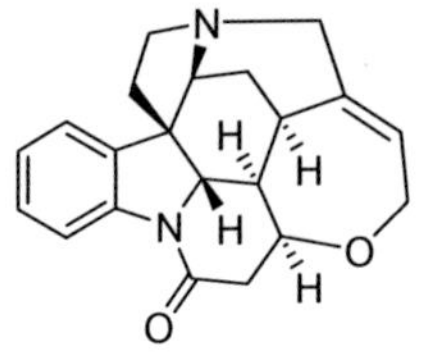 Strychnin (**7**)

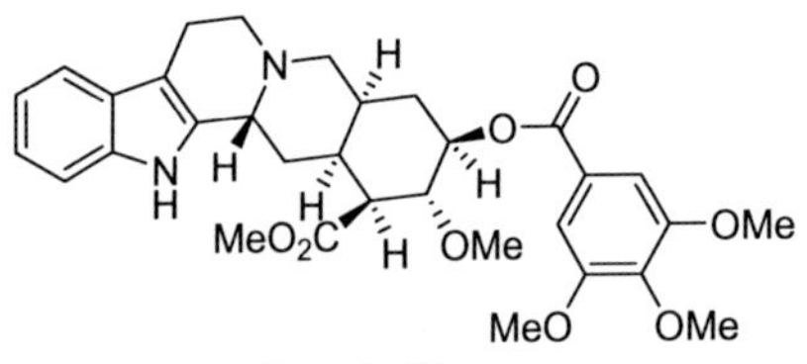

Reserpin (**8**) 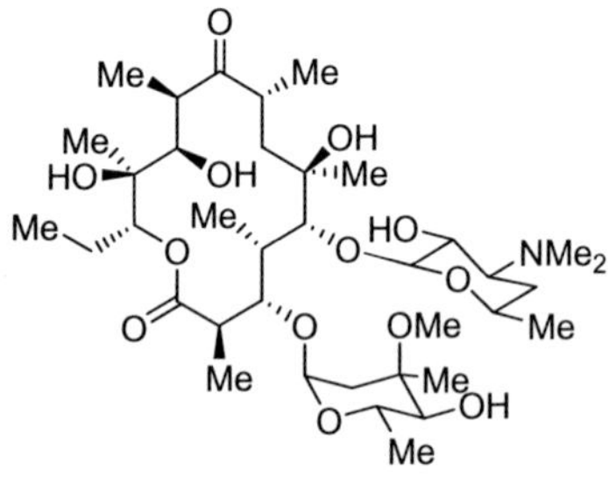 Erythromycin A (**9**)

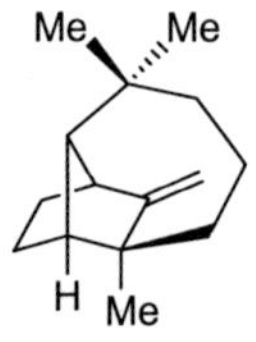

Longifolen (**10**) 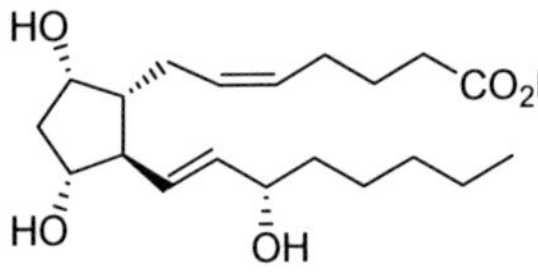 Prostaglandin $F_{2\alpha}$ (**11**)

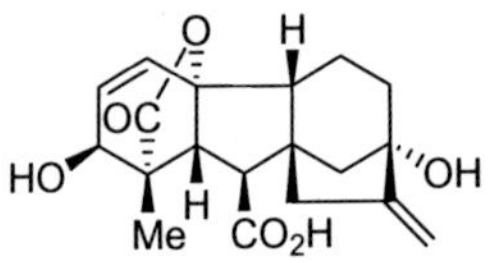

Giberellinsäure (**12**) 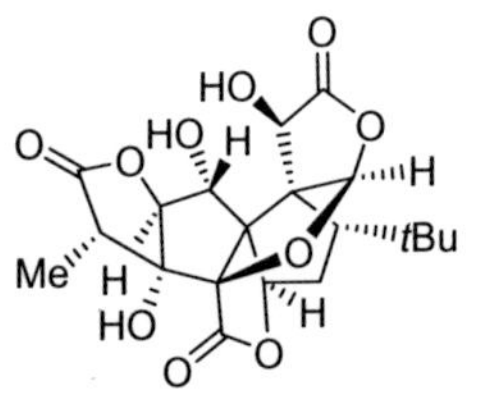 Ginkgolid B (**13**)

Abbildung 2: Ausgewählte Naturstoffsynthesen des 20. Jahrhunderts.

Als weitere große Namen in der Naturstoffsynthese in der Mitte des 20. Jahrhunderts sind Chemiker wie Stork, Eschenmoser, Barton zu nennen, denen eine Vielzahl von nicht für möglich gehaltenen Synthesen gelangen. Ende der 80er Jahre schien es, als seien sämtliche wichtigen Naturstoffklassen bereits synthetisch erfasst oder prinzipiell mit den bereits vorhandenen Methoden sehr leicht darstellbar zu sein. Durch immer weiter verfeinerte

Methoden zur Substanzisolierung und zur Analytik auch hochfunktionalisierter Naturstoffe sahen sich die Synthesechemiker des ausgehenden 20. Jahrhunderts jedoch immer neuen Herausforderungen, insbesondere im Bereich der stereoselektiven Synthese von Substanzen mit einer Vielzahl von stereogenen Zentren, gegenüber. Eine neue Generation von Synthesechemikern wie Nicolaou, Paterson oder Danishefsky erweiterte das Spektrum der Methoden und die Zahl totalsynthetisch erfasster Verbindungen. Beispiele für die Leistungsfähigkeit der chemischen Synthese sind die Darstellungen solch komplexer Naturstoffe wie Rapamycin,[16] Brevetoxin B,[17] Manzamin A[18] oder Discodermolid.[19] Die organische Synthesechemie, im Speziellen die Synthese komplexer Naturstoffe entwickelte und entwickelt sich zu einer Schlüsselwissenschaft für eine Reihe von Feldern, mit deren Hilfe eine immer größere Anzahl von Leitstrukturen für die medizinische Chemie, teilweise auch durch die fortgeschrittenen Techniken der kombinatorischen Chemie, bereitgestellt werden kann. Modulare Synthesestrategien ermöglichen die Etablierung von Struktur-Aktivitätsbeziehungen und die Entwicklung immer potenterer Wirk- und Werkstoffe. Zum Ende des 20. Jahrhunderts und auch weiterhin hat sich die Naturstoffsynthese von einer primär wissenschaftlichen Grundlagenforschungsdisziplin, die vor allem die Erweiterung des chemischen Repertoires in den Mittelpunkt stellte, zu einer immer stärker ergebnisorientierten Wissenschaft entwickelt, die ihren Platz bei der Entwicklung des technologischen Fortschritts im Zusammenspiel mit den anderen Fachrichtungen wie der Physik, der Biologie oder den Materialwissenschaften eingenommen hat.

2.2 Die Diels-Alder-Reaktion – Bedeutung für Biologie und Chemie

2.2.1 Allgemeines[20, 21]

Die Diels-Alder-Reaktion, eine pericyclische [4+2]-Cycloaddition, wurde im Jahr 1928 von Diels und seinem Schüler Alder entdeckt und als Syntheseprinzip erkannt.[22] Dabei handelt es sich um die thermische Reaktion eines konjugierten Diens mit einem Alken oder Alkin unter Ausbildung eines Sechsringes. Dabei können gleichzeitig bis zu vier stereogene Zentren aufgebaut werden, was den Wert dieser Synthesemethode deutlich unterstreicht.

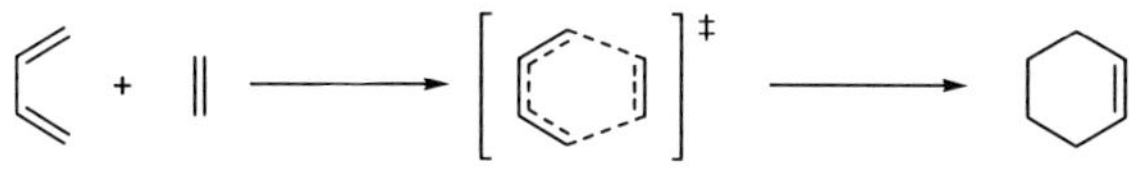

14 + 15 → [ ]‡ → 16

Schema 1: Prinzipieller Ablauf einer Diels-Alder-Reaktion.

Praktisch alle Diels-Alder-Reaktionen sind konzertierte Reaktionen, d. h. sie laufen einstufig ab. Wenn die Reaktion unter Ausbildung von stereogenen Zentren abläuft, so geschieht dies deshalb mit vorhersagbarer Stereoselektivität. Beispielsweise wird bei der Reaktion von *E,E*-2,4-Hexandien (**17**) mit Tetracyanoethen (**18**) nur das *cis*-Produkt **19** erhalten, während die Reaktion von *E,Z*-Hexandien (**20**) das *trans*-Produkt **21** liefert (Schema 2).

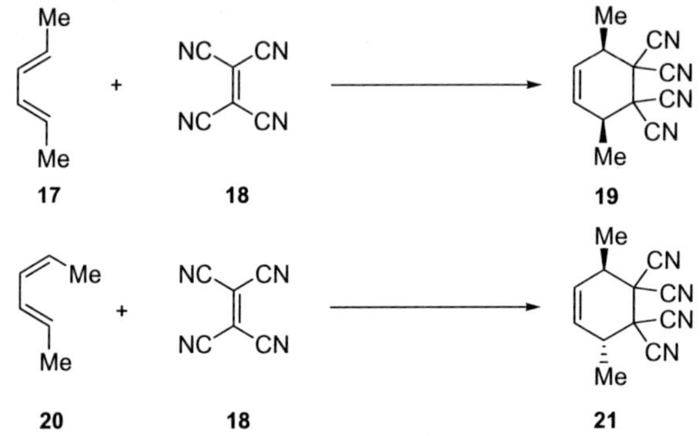

Me Me NC CN NC CN Me CN CN CN CN Me
17 18 19
Me Me NC CN NC CN Me CN CN CN CN Me
20 18 21

Schema 2: Beispiel für den stereoselektiven Verlauf einer Diels-Alder-Reaktion.

Die Diels-Alder-Reaktion ist jedoch nicht nur im Bezug auf das Substitutionsmuster des eingesetzten Diens stereoselektiv, sondern auch bezüglich der Orientierung der beiden Ausgangsverbindungen zueinander. Betrachtet man die Reaktion von Cyclopentadien (**22**) mit Maleinsäuredimethylester (**23**), so sind prinzipiell zwei Produkte vorstellbar, die sich durch unterschiedliche räumliche Annäherung des Olefins an das Dien erklären lassen. Dabei zeigt sich, dass diese Annäherung immer so erfolgt, dass die Substituenten unterhalb des Cyclopentadienringes zu liegen kommen, was zum sog. *endo*-Produkt **25** führt. Diese *endo*-Regel geht auf Alder zurück[23] und wird meist durch sekundäre Orbitalwechselwirkungen erklärt.

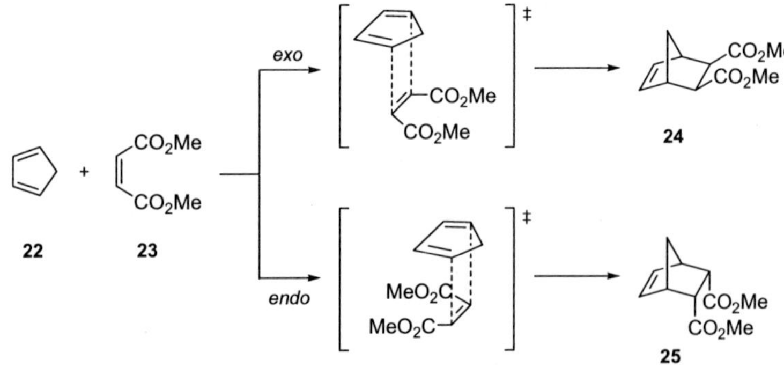

CO_2Me CO_2Me 22 23 *exo* CO_2Me CO_2Me ‡ CO_2Me CO_2Me 24
endo MeO_2C MeO_2C ‡ CO_2Me CO_2Me 25

Schema 3: Erläuterung der *endo*-Regel.

Die Geschwindigkeit einer Diels-Alder-Reaktion hängt sehr stark von den Substituenten an beiden Reaktionspartnern ab. Die konzertierte Reaktion verläuft über Grenzorbitalwechselwirkungen der beiden Komponenten, d. h. die Reaktion ist um so schneller, je besser der Übergangszustand stabilisiert wird. Dies ist der Fall, wenn elektronenarme Dienophile wie Acrolein oder Maleinsäureanhydrid mit elektronenreichen Dienen wie Cyclopentadien (**22**) reagieren (Diels-Alder-Reaktion mit normalem Elektronenbedarf) bzw. wenn elektronenreiche Dienophile mit elektronenarmen Dienen umgesetzt werden (Diels-Alder-Reaktion mit inversem Elektronenbedarf). Bei diesen Kombinationen liegt eine Annäherung des HOMOs bzw. des LUMOs der beiden Reaktionspartner vor, was die Reaktion deutlich erleichtert und beschleunigt. Diese Effekte lassen sich noch verstärken, indem mehrere Elektronenakzeptoren oder -donoren angebracht werden. Bei ausreichender Stabilisierung sind auch Diels-Alder-Reaktionen bei Raumtemperatur durchführbar. Ebenso kann der Zusatz geeigneter Lewis-Säuren eine Beschleunigung von Diels-Alder-Reaktionen ermöglichen.[24]

Aus der Betrachtung der Grenzorbitalwechselwirkungen ist auch eine Vorhersage der Orientierung der Substituenten im Produkt möglich. Dies soll anhand von Abbildung 3 erläutert werden.

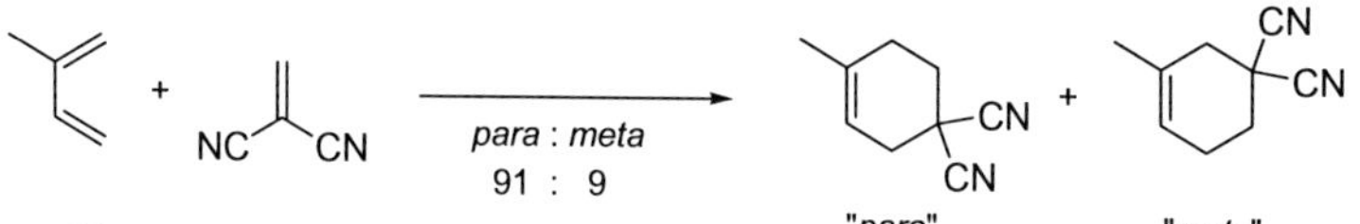

NC CN
para : *meta*
91 : 9
CN CN
CN CN
"*para*" "*meta*"
26 **27** **28** **29**

Abbildung 3: Orientierungsselektivität der Diels-Alder-Reaktion.

Setzt man 2-Methyl-1,3-butadien (**26**) mit 1,1-Dicyanoethen (**27**) um, so bilden sich die beiden möglichen regioisomeren Produkte **28** und **29** in einem Verhältnis von ca. 9:1 zugunsten des Produktes **28**, bei dem die Substituenten in 1- und 4-Position liegen, dem sog. „*para*“-Produkt. Dies kann durch die Werte der Grenzorbitalkoeffizienten der Reaktionspartner erklärt werden. Je ähnlicher sich diese sind, desto besser ist der Übergangszustand stabilisiert und umso schneller ist die entsprechende Reaktion. Die Orbitalkoeffizienten an den reagierenden Atomen des Moleküls unterscheiden sich bei unsymmetrisch substituierten Molekülen, so dass eine Vorzugsorientierung für die Diels-Alder-Reaktion existiert, die zum empirischen Befund der *para*-Regel führt. Auch die Bildung des *ortho*-Produkts bei 1-substituierten Dienen ist bevorzugt, so dass man dort von einer *ortho*-Regel sprechen kann.

Neben den intermolekularen Diels-Alder-Reaktionen spielen für die Synthese komplexer Naturstoff auch die intramolekularen Cycloadditionen eine sehr wichtige Rolle, bei denen die relative Orientierung der Substituenten durch die Struktur des Vorläufermoleküls bereits vorgegeben ist. Dabei unterscheidet man oft noch zwischen der Reaktion eines linearen Vorläufers, der eigentlichen intramolekularen Diels-Alder-Reaktion[25] und der Reaktion eines bereits cyclischen Vorläufers, der sog. transannularen Diels-Alder-Reaktion.[26] Durch sterische Restriktionen des Übergangszustandes kann man hier substratkontrolliert oft hohe Diastereoselektivitäten in der Ringschlussreaktion erhalten. Im Einzelnen soll dies aber in den folgenden Kapiteln mit geeigneten Beispielen illustriert werden.

2.2.2 Biosynthetische Diels-Alder-Reaktionen

Es existiert eine Vielzahl von Naturstoffen, die biosynthetisch über eine Diels-Alder-Reaktion dargestellt werden könnten, obwohl dies ein immer noch heftig diskutiertes Forschungsgebiet darstellt.[27] Oft wird auch über die Anwesenheit von katalysierenden Enzymen, den sog. Diels-Alderasen spekuliert, die sich jedoch deutlich von anderen Enzymen unterscheiden müssten. Enzyme katalysieren normalerweise Reaktionen durch Stabilisierung von Struktur und Ladung des zu bildenden Übergangszustandes, wobei sich Edukt und Produkt dieser Reaktionen typischerweise deutlich vom Übergangszustand der Reaktion unterscheiden, so dass diese deutlich schwächer an das Enzym gebunden sind, was letztendlich die Katalyse ermöglicht. Bei Diels-Alder-Reaktionen ist der Übergangszustand hoch geordnet, ungeladen und strukturell dem Produkt sehr ähnlich, so dass dieses ebenfalls stark an das Enzym gebunden sein müsste und somit einen Inhibtor der Enzymaktivität darstellen sollte, womit ein Fortschreiten der Reaktion verhindert würde. Andere katalytische Mechanismen wie die Destabilisierung der Edukte durch Aufbau von Torsionsspannung oder ähnliches sind vorstellbar, konnten aber bisher nicht experimentell nachgewiesen werden.[28]

Seit einigen Jahren ist bekannt, dass Biomoleküle in der Lage sind, Diels-Alder-Reaktionen zu katalysieren. Hilvert *et al.* entdeckten 1989 die katalytische Aktivität eines monoklonalen Antikörpers gegen das Hapten **30**, das strukturell dem Übergangszustand der Diels-Alder-Reaktion zwischen Tetrachlorthiophendioxid (**31**) und *N*-Ethylmaleimid (**32**) ähnelt (Schema 4). Dieser Antikörper bindet die beiden Reaktionspartner in einer reaktiven Konformation, wodurch die Aktivierungsentropie deutlich abgesenkt wird. Eine Inhibierung durch das Produkt wird hier dadurch verhindert, dass das zwischenzeitlich gebildete Produkt **33** Schwefeldioxid abspaltet und das Endprodukt **34** dem Hapten **30** nicht mehr ähnelt.[29] Ein weiteres Beispiel für einen katalytisch aktiven monoklonalen Antikörper stammt von Braisted und Schultz,[30] soll jedoch hier nicht näher betrachtet werden.

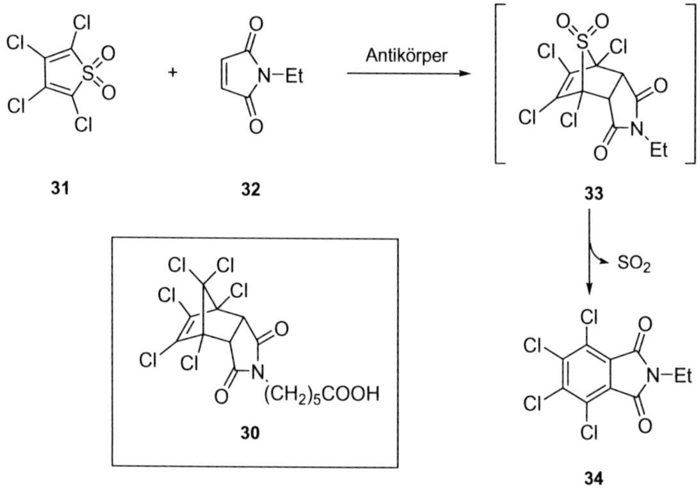

Schema 4: Beispiel einer Antikörper-katalysierten Diels-Alder-Reaktion.[29]

Darüber hinaus konnten verschiede Arbeitsgruppen zeigen, dass auch RNA Diels-Alder-Reaktionen katalytisch beschleunigen kann.[31] Dies geschieht jedoch nach einem völlig anderen Mechanismus. Da die Koordination eines Übergangsmetalls an eine geeignete RNA-Base notwendig ist, handelt es sich wohl im wesentlichen um eine Lewissäure-katalysierte Reaktion. Durch die Isolierung und Charakterisierung zweier potenziell in der Diels-Alder-Reaktion katalytisch aktiver Enzyme ist wahrscheinlich auch der Beweis für das Vorkommen entsprechender biosynthetischer Reaktionen erbracht.[32, 33]

Im Folgenden sollen nun exemplarisch einige Naturstoffe vorgestellt werden, für deren Biosynthese eine Diels-Alder-Reaktion vorgeschlagen wurde. Die am besten untersuchte Substanzklasse im Bezug auf ihre Biosynthese stellen die Polyketide dar. Dies begründet sich durch ihren teilweisen Aufbau aus Acetyl-CoA (vergl. Schema 22), das sehr leicht und günstig isotopenmarkiert darstellbar ist. In Fütterungsexperimenten können damit einfach und schnell entsprechende Vorläufer identifiziert werden. Das prominenteste Beispiel in diesem Zusammenhang stellt wohl das Lovastatin (**35**) dar, das auch als Mevilonin bekannt ist. Durch Fütterungsexperimente mit dem produzierenden Pilzstamm *Aspergillus terreus* konnte das Hexaketid **36** als Intermediat der Biosynthese aufgeklärt werden, welches stereoselektiv über den *endo*-Übergangszustand zum *trans*-annelierten Bicyclus **37** umgesetzt werden kann.[34, 35]

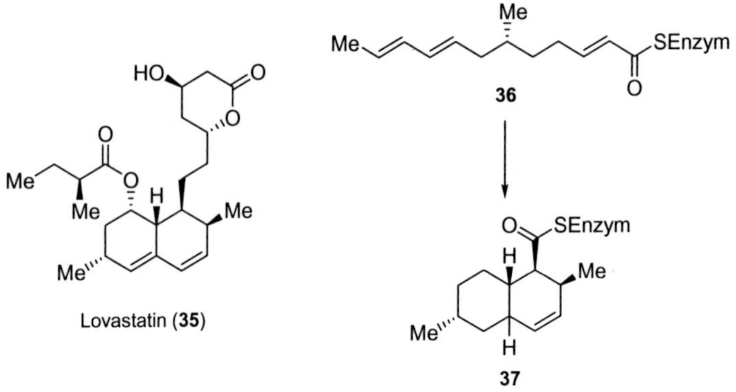

Lovastatin (**35**)

Schema 5: Biosynthese von Lovastatin (**35**) – Schlüsselschritt.[34, 35]

Im Zusammenhang mit der Aufklärung dieser Biosynthese wurden auch Untersuchungen zum stereochemischen Verlauf einer thermischen Diels-Alder-Reaktion des gezeigten Vorläufers gemacht. Dabei zeigte sich, dass diese ohne jede Selektivität abläuft und das *trans-* (aus dem *endo*-Übergangszustand) und das *cis*-annelierte Produkt (aus dem *exo*-Übergangszustand) im Verhältnis 1:1 liefert. Durch Lewissäurekatalyse ließ sich dieses Verhältnis jedoch zugunsten des *trans*-verknüpften Isomers verschieben.[36] Zusätzlich wurden Untersuchungen zur enzymatischen Aktivität eines neu isolierten Enzyms, das später als Diels-Alderase aufgefasst wurde, durchgeführt.[32] Dabei zeigte sich, dass nur unter der Enzymkatalyse das richtige Isomer des Naturstoffes gebildet wird, das aus dem eigentlich durch sterische Wechselwirkungen energiereicheren Übergangszustand gebildet wird. Dies ist ein sehr starkes Indiz für die katalytische Aktivität eines Enzyms in einer Diels-Alder-Reaktion. Als weitere Beispiele aus der Gruppe der Polyketide sind die Biosynthesen von Betaenon B (**38**),[37,38] die Cochleamycine (exemplarisch: B (**39**))[39,40] und die Endiandrinsäuren (exemplarisch: A (**40**))[41] zu nennen, auf die hier nicht näher eingegangen werden soll.

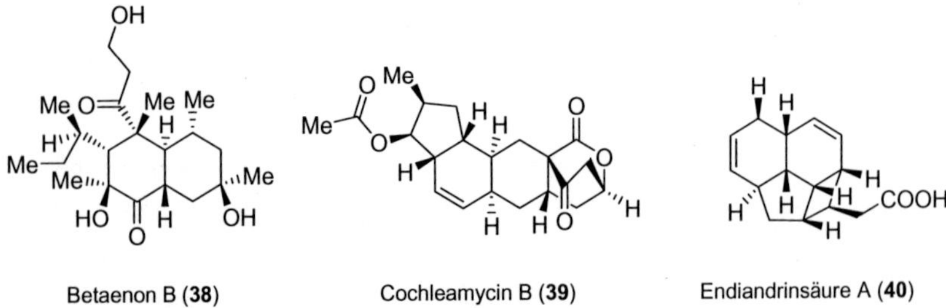
Betaenon B (**38**) Cochleamycin B (**39**) Endiandrinsäure A (**40**)

Abbildung 4: Weitere Polyketide mit möglicher Biosynthese durch Diels-Alder-Reaktion.

Daneben wurde für eine Vielzahl weiterer Naturstoffe bzw. Naturstoffklassen eine mögliche Synthese durch eine [4+2]-Cycloaddition angenommen bzw. postuliert. Dazu gehören Isoprenoide wie Plagiospirolid A (**41**)[42,43] oder Longithoron A (**42**),[44,45] Phenylpropanoide wie Kuwanon J (**43**)[46] und Alkaloide wie die Manzaminalkaloide (exemplarisch: Manzamin A (**44**))[47–49] oder Brevianamid A (**45**).[50–53]

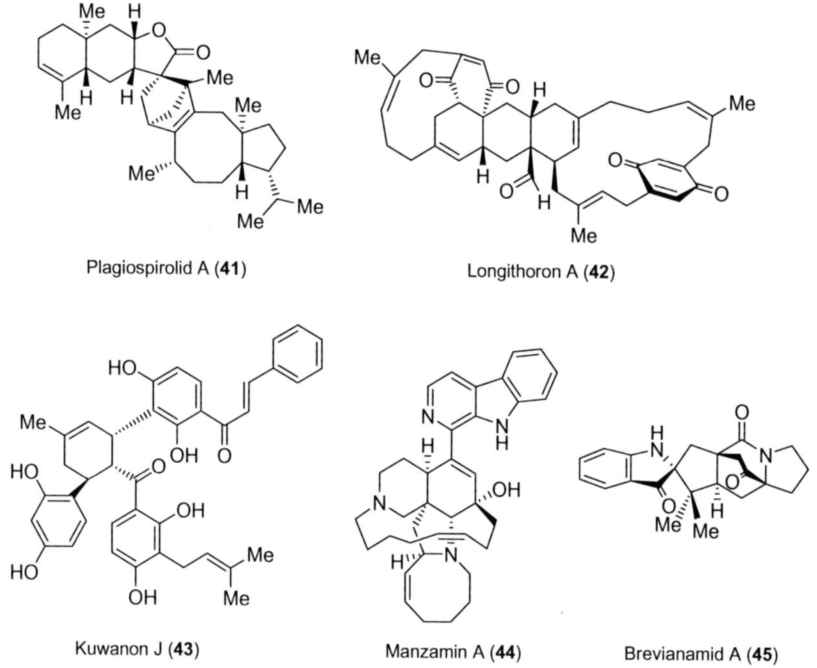

Plagiospirolid A (**41**)

Longithoron A (**42**)

Kuwanon J (**43**)

Manzamin A (**44**)

Brevianamid A (**45**)

Abbildung 5: Andere Naturstoffe mit postulierter Biosynthese durch Diels-Alder-Reaktion.

Zum Teil gelang auch die Synthese dieser Naturstoffe auf diesem „biomimetischen", d. h. die Biosynthese nachahmenden Weg, was ebenfalls für den entsprechenden postulierten biosynthetischen Verlauf spricht. Diese Naturstoffe sollen jedoch hier nur exemplarisch genannt werden, ohne weitere Details der eigentlichen Biosyntheserouten zu geben.

Im folgenden Abschnitt sollen nun Anwendungen der Diels-Alder-Reaktion in der Synthese komplexer Naturstoffe näher beleuchtet werden.

2.2.3 Die Diels-Alder-Reaktion in der Synthese komplexer Naturstoffe

Die Diels-Alder-Reaktion ist aufgrund ihrer Fähigkeit, sehr schnell komplizierte Ringsysteme aufbauen zu können, eine der wichtigsten Methoden zur Darstellung von Naturstoffen mit Sechsringen. Die oft intrinsische Diastereoselektivität der Reaktion kann zum Aufbau chiraler substituierter Ringsysteme verwendet werden, ebenso die neueren Entwicklungen auf dem Gebiet der asymmetrischen Synthese, sei es nun durch die Reaktionskontrolle mit einem chiralen Auxiliars oder durch katalytische Verfahren. Mit der Entdeckung der Hetero-Diels-Alder-Reaktionen konnte auch ein neuer Zugang zu heterocyclischen Verbindungen geschaffen werden. Durch Kaskadenreaktionen können schließlich oligo- und polycyclischen Verbindungen in Eintopfreaktionen effizient hergestellt werden. Im Folgenden sollen nun einige Beispiele für die verschiedenen Reaktionstypen genannt werden, die die breite Anwendbarkeit und den großen Nutzen dieses Reaktionstyps unterstreichen.[54]

Das wohl erste Beispiel einer Totalsynthese unter Verwendung einer Diels-Alder-Reaktion stellt die Synthese von Cortison (**48**) bzw. Cholesterin (**49**) durch Woodward im Jahre 1952 dar (Schema 6).[55]

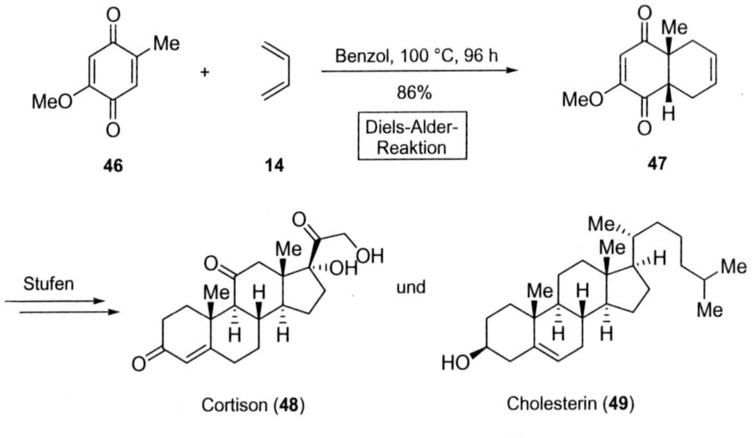

Schema 6: Woodwards Synthese von Cortison (**48**) bzw. Cholesterin (**49**).[55]

Dabei konnte durch Diels-Alder-Reaktion des Chinons **46** mit 1,3-Butadien (**14**) über den *endo*-Übergangszustand der Bicyclus **47** erhalten werden. Bemerkenswert hierbei ist, dass Woodward die unterschiedliche Reaktivität des methoxysubstituierten elektronenreichen Dienophils im Vergleich zum methylsubstituierten elektronenarmen Dienophil ausnutzt, das dann bevorzugt in der Cycloaddition umgesetzt wird. Darüber hinaus erwies sich die Epimierisierung des primär erhaltenen *cis*-Produktes zum thermodynamisch stabileren *trans*-Ringsystem als sehr einfach, so dass auf diesem Weg ein einfacher Zugang zu den beiden Steroiden **48** und **49** erreicht werden konnte.

Eine wichtige Errungenschaft der vergangenen Jahre stellte auch das sog. Danishefsky-Dien (**50**) dar, das wie in Schema 7 dargestellt, teilweise auch durch die fortgeschrittenen Techniken der kombinatorischen Chemie eine ausgezeichnete Regiokontrolle und die Einführung nützlicher funktioneller Gruppen gewährleistet.[56]

Schema 7: Allgemeiner Reaktionsverlauf der Diels-Alder-Reaktion mit dem Danishefsky-Dien (**50**).

Durch die synergistischen Effekte der beiden Etherfunktionen auf die Elektronendichte des Diens reagiert **50** mit den meisten Dienophilen mit sehr hoher *endo*-Selektivität. Darüber hinaus kann durch milde saure Hydrolyse des TMS-Ethers eine Kaskadenreaktion induziert werden, die unter Austritt der Methoxygruppe die α,β-ungesättigte Carbonylverbindung liefert. Der Wert dieser Methode kann durch Verwendung komplizierterer analoger Systeme noch gesteigert werden, wie sich beispielsweise in der Totalsynthese von Myrocin C belegen lässt.[57]

Trotz aller Erfolge der substratinduzierten Stereokontrolle in der Cycloaddition, wurde die Notwendigkeit asymmetrischer Diels-Alder-Reaktion immer deutlicher, wobei diese Problematik erst in jüngerer Zeit systematisch bearbeitet wurde. Dabei gibt es prinzipiell zwei verschiedene Vorgehensweisen: Die auxiliarkontrollierte Stereokontrolle oder die asymmetrische Katalyse durch geeignete chirale Reagenzien. Für diese beiden Konzepte sollen zwei Beispiele gezeigt werden, um die zugrunde liegenden Prinzipien zu erläutern.

Eine auxiliarkontrollierte Diels-Alder-Reaktion findet sich in einer Synthese von Prostaglandin $F_{2\alpha}$ (**11**) von Corey.[58]

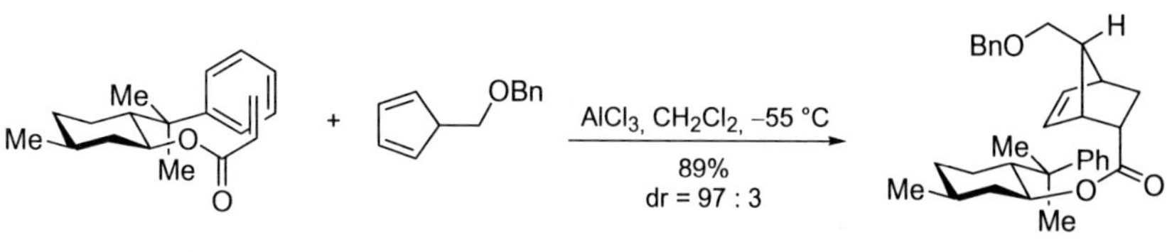

Schema 8: Auxiliarkontrollierte Diels-Alder-Reaktion in der Synthese von Prostaglandin $F_{2\alpha}$ (**11**) nach Corey.[58]

Dabei wurde durch Anbindung eines von Menthol abgeleiteten homochiralen Alkohols an das Dienophil eine enantioselektive Synthese des *endo*-Adduktes **56** erreicht. Dies lässt sich vermutlich dadurch erklären, dass das Dienophil in eine energetisch günstige Konformation mit minimalen sterischen Wechselwirkungen zwischen dem die Carbonylgruppe chelatisierenden $AlCl_3$ und dem Phenylring gezwungen wird. Damit handelt es sich um eines der ersten Beispiele einer solchen Reaktion in der Totalsynthese.

Eines der ersten Katalysatorsysteme mit relativ breitem Substratspektrum, (*S* bzw. *R*)-Binol-$TiCl_2$,[59] wurde 2000 durch White zum ersten Mal in einer Naturstoffsynthese, der Darstellung von (–)-Imbogamin, eingesetzt.[60] Als Beispiel soll hier die Synthese von (–)-Colombiasin A (**61**) durch Nicolaou vorgestellt werden.[61]

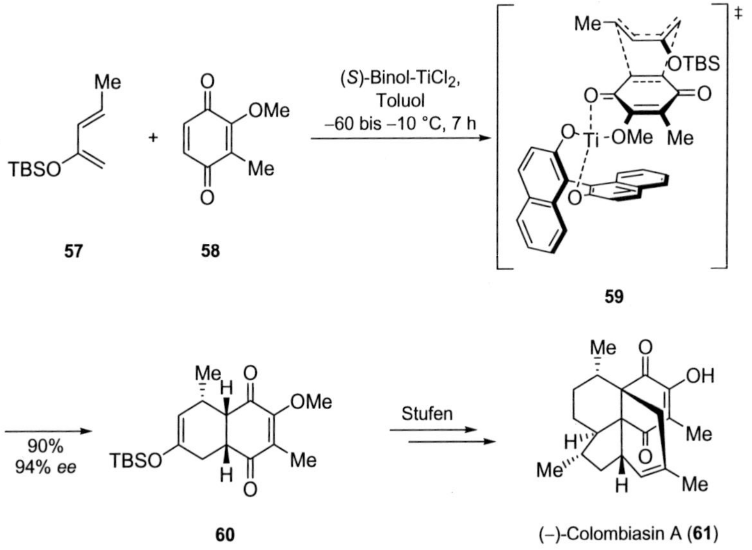

Schema 9: Katalytische asymmetrische Diels-Alder-Reaktion nach Nicolaou.[61]

Zu einem relativ frühen Zeitpunkt in der Synthesesequenz wird hier eine Diels-Alder-Reaktion zwischen der zum Danishefsky-Dien analogen substituierten Verbindung **57** und dem Chinon **58** durchgeführt. Unter Zusatz von 30 mol% (*S*)-Binol-$TiCl_2$ erhält man das gewünschte Produkt mit einem exzellenten Enantiomerenüberschuss von 94% *ee*. Wie aus dem Übergangszustand **59** leicht ersichtlich ist, wird die chirale Information des Liganden über das koordinierende Titan übertragen. Die Unterseite des Chinons ist dabei vollständig durch einen der Naphtolringe des Binols abgeschirmt, was vermutlich durch π-π-Wechselwirkungen noch verstärkt wird. Daher greift das Dien von der dem Liganden entgegengesetzten Seite im Sinne einer *endo*-Orientierung an. Die hohe Katalysatorbeladung begründet sich in diesem Fall damit, dass auch die unkatalysierte Cycloaddition schnell abläuft, was bei geringen Katalysatormengen zu einer deutlichen Reduktion des Enantiomerenüberschusses führt.

Eine weitere wichtige moderne Weiterentwicklung der Diels-Alder-Reaktion stellt die Anwendung in der Synthese von Heterocyclen, die sog. Hetero-Diels-Alder-Reaktion dar.[62] Lange Zeit war diese Methode als Sonderfall aufgefasst worden bis weiterreichende Studien zu den elektronischen Eigenschaften der Diels-Alder-Reaktion gemacht wurden, die die Möglichkeit von Reaktionen mit inversem Elektronenbedarf erkannten, der hauptsächlich von Heteroatom-substituierten Dienen und Dienophilen beschritten wird.[63] Die Entwicklung von einer Vielzahl dieser Vertreter führte zu mehr Anwendungen in der Naturstoffsynthese und zu einer Reihe von hervorragenden Ergebnissen.[64] Ein Beispiel in diesem Zusammenhang stellt die Totalsynthese von Isochrysohermidin (**68**) von Boger dar.[65]

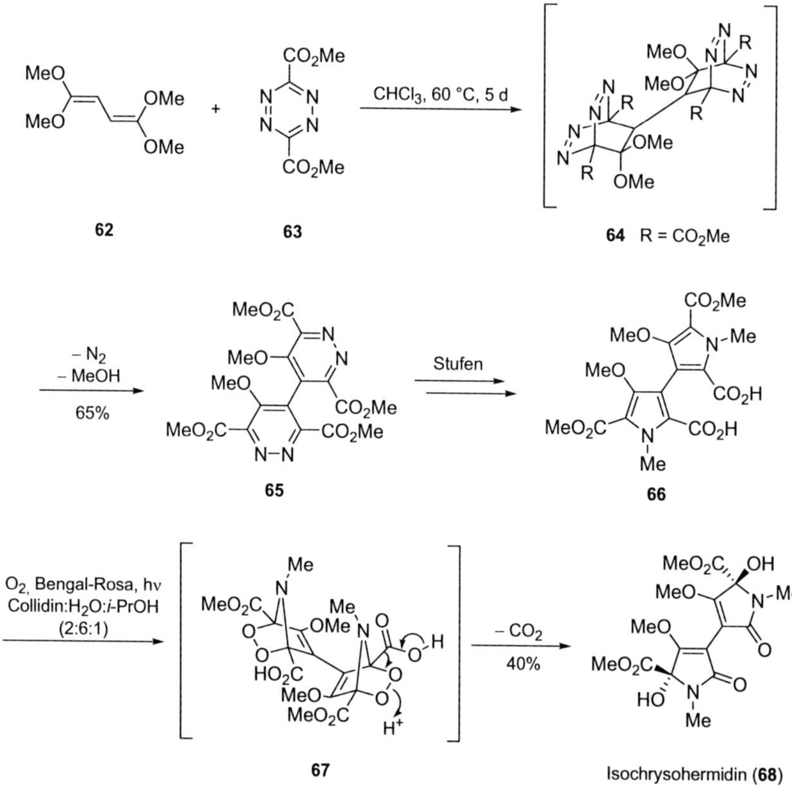

Schema 10: Synthese von Isochrysohermidin (**68**) nach Boger.[65]

Dieses wirksame Reagenz zur Quervernetzung von DNA kann ausgehend vom elektronenreichenreichen Dienophil **62** und dem elektronenarmen Azadien **63** erhalten werden. Dabei wird durch zweifache Cycloaddition das Primärprodukt **64** gebildet, das relativ schnell unter Stickstoff- und Methanolabspaltung zum Pyridazinderivat **65** zerfällt. Nach einigen weiteren Stufen führte die doppelte Hetero-Diels-Alder-Reaktion von **66** mit Singulettsauerstoff zur intermediären Peroxoverbindung **67**, die schnell unter Kohlendioxidabspaltung zum Produkt **68** zerfällt. Damit konnte die Totalsynthese dieses Naturstoffs in acht Stufen, darunter zwei Diels-Alder-Reaktionen, erreicht werden. Weitere Beispiele finden sich beispielsweise in den Totalsynthesen von Pseudotabersonin,[66] Carpanon[67] oder (–)-Norsecurinin.[68]

Zum Abschluss der Betrachtungen zu den Diels-Alder-Cycloadditionen sollen noch einige Kaskadenreaktionen betrachtet werden.[69] Diese stellen einen sehr attraktiven Zugang zu komplizierten cyclischen Systemen dar, da sie Moleküle effizient, meist selektiv und atomökonomisch aufbauen können.[70] Ein Beispiel ist die Totalsynthese des (–)-Chlorthricolids (**73**) von Roush aus dem Jahr 1994 (Schema 11).[71] Dabei konnte in einem einzigen Schritt, einer Kombination aus einer intermolekularen und einer intramolekularen Diels-Alder-Reaktion, ein hochsubstituierter Cyclohexenring sowie ein substituiertes *trans*-Decalin-System mit insgesamt sieben neuen stereogenen Zentren neu aufgebaut werden. Wichtig für den erfolgreichen Verlauf dieser Synthese war die hohe Diastereoselektivität der intermolekularen *exo*-Cycloaddition zwischen dem Dien **69** und dem Dienophil **70**. Die folgende intramolekulare Diels-Alder-Reaktion wurde durch die Anwesenheit der TMS-Gruppe gesteuert, so dass auch diese mit hoher Selektivität ablief. Dies ist sehr bemerkenswert, da inklusive aller regioisomeren, diastereofacialen bzw. *endo-*/*exo*-Anordnungen insgesamt 96 verschiedene Isomere möglich sind, was zusätzlich die Leistungsfähigkeit dieses Syntheseansatzes unterstreicht.

Ein weiteres sehr interessantes Beispiel stellt die Totalsynthese von Dendrobin (**78**) durch Padwa dar.[72] Dabei wird zuerst durch eine *exo*-selektive intramolekulare Cyclisierung des nichtaktivierten Olefins mit dem Furan die Sauerstoff-überbrückte Verbindung **75** gebildet. Die hohe Selektivität der Reaktion erklärt sich dadurch, dass aufgrund des aromatischen Furan-π-Systems keine sekundären Orbitalwechselwirkungen auftreten, die den thermodynamisch ungünstigeren *endo*-Übergangszustand fördern. Im Folgenden wird durch Elektronenverschiebung vom Stickstoff zuerst der überbrückende Ring gespalten, dann erfolgt unter Hydridwanderung die Umlagerung zum gewünschten tricyclischen Vorläufer **77** in 74%, wiederum ein Beweis der Effizienz dieser Vorgehensweise.

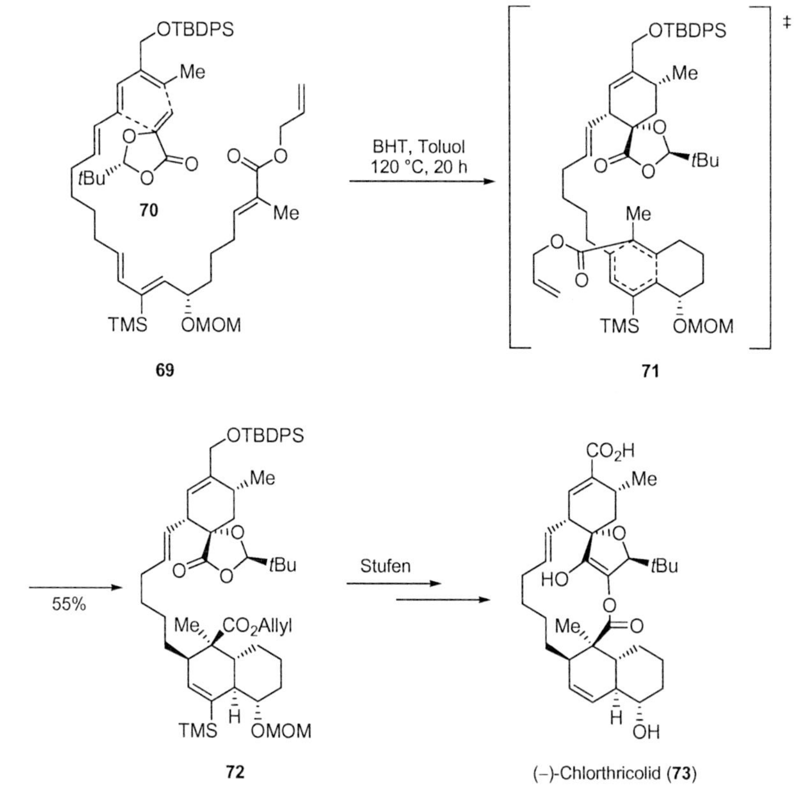
OTBDPS
Me
tBu
70
Me
TMS
OMOM
69
BHT, Toluol
120 °C, 20 h
‡
tBu
71
55%
72
CO2Allyl
Stufen
CO2H
HO
OH
(–)-Chlorthricolid (73)

Schema 11: Totalsynthese von (–)-Chlorthricolid (**73**) nach Roush.[71]

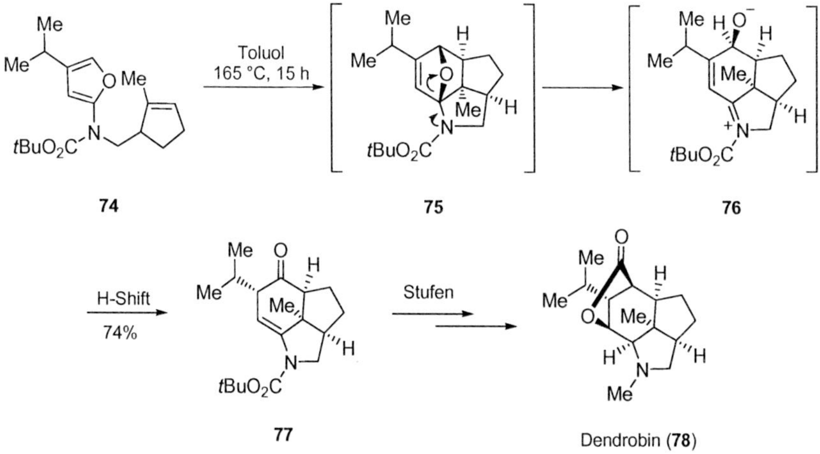
Toluol
165 °C, 15 h
tBuO2C
74
75
76
H-Shift
74%
77
Stufen
Dendrobin (78)

Schema 12: Totalsynthese von Dendrobin (**78**) nach Padwa.[72]

Darüber hinaus existieren eine Vielzahl weiterer Naturstoffsynthesen, die [4+2]-Cycloadditionen als Schlüsselschritt verwenden, da aus relativ einfachen substituierten Olefinen als Vorläufern bis zu vier stereogene Zentren gleichzeitig aufgebaut werden können – insbesondere auch quarternäre stereogene Zentren, die auf anderen Wegen deutlich schwieriger herzustellen sind. Exemplarisch sollen hier noch die Synthesen von Pinnatoxin A (Kishi),[73] Taxol (Nicolaou)[74] und Dynemycin (**82**, Danishefsky)[75] genannt werden.
Zusammenfassend lässt sich sagen, dass die Diels-Alder-Reaktion in ihren verschiedenen Anwendungsgebieten Erweiterungen eines der leistungsfähigsten Werkzeuge in der Synthese komplexer funktioneller Strukturen darstellt.

2.3 Naturstoffe als Leitstrukturen für die Wirkstoffentwicklung

Die Behandlung der großen Volkskrankheiten wie Krebs, Asthma und vielen anderen stellt eine der großen Aufgaben für die kommenden Jahre dar, so dass die Wirkstoffentwicklung und -optimierung eines der vordringlichsten Ziele organischer Synthesechemiker darstellt.
Für die Auffindung von Wirkstoffen gibt es prinzipiell verschiedene Herangehensweisen: 1) Die Strukturfindung durch Screening von Substanzbibliotheken, die auf kombinatorischem Weg dargestellt werden, 2) durch Modifikation eines bekannten Wirkstoffs oder 3) auf Naturstoffen basierende Leitstrukturen. Vergleicht man die Herkunft der im Zeitraum von 1981–2002 zugelassenen 1031 Wirkstoffe, so zeigt sich, dass über 60% mittel- oder unmittelbar auf Naturstoffe zurückzuführen sind (Abbildung 6). Im Einzelnen sind dies die Naturstoffe selbst, entweder durch Isolation oder Totalsynthese erhalten, Derivate von pharmakologisch aktiven Naturstoffen, Mimics oder Biomakromoleküle wie Proteine oder Peptide.[76] Dies unterstreicht die große Wichtigkeit der Isolierung, Analyse, Synthese und Modifikation von Naturstoffen, um auch in Zukunft potente Arzneimittel zur Behandlung einer Vielzahl von Krankheiten zur Verfügung stellen zu können.

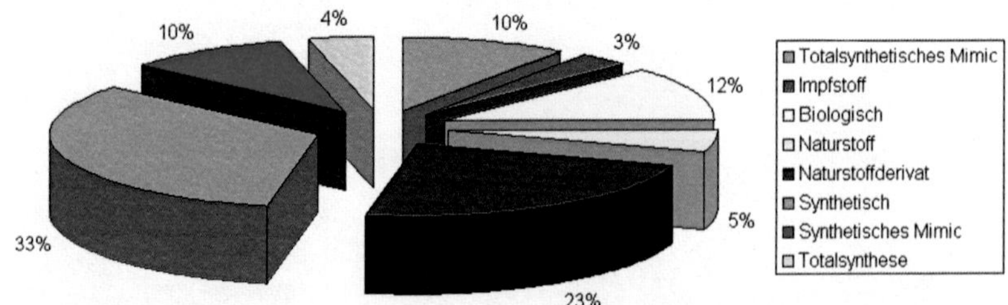

Abbildung 6: Herkunft der Wirkstoffe aus dem Zeitraum 1981–2001.[76]

2.4 *Virantmycin*

2.4.1 Herkunft

Unter den auf dem Festland vorkommenden Lebewesen stellen Mikroorganismen wie Bakterien oder Schimmelpilze den größten Anteil potenter biologisch aktiver Substanzen zur Verfügung. Insbesondere die Vertreter der Gattung *Streptomyces*, die in praktisch allen Böden vorkommen, produzieren aufgrund ihres stark ausgeprägten Sekundärmetabolismus ein reichhaltiges Arsenal von Substanzen mit antibiotischer, antifungaler u.a. Wirkungen.[77] Tatsächlich lässt sich über die Hälfte der heute eingesetzten Antibiotika auf diese Gattung zurückführen; betrachtet man auch die anderen Wirkstoffe, so können über 6000 aktuelle Wirkstoffe mittel- oder unmittelbar den *Streptomyceten* zugerechnet werden.

Bei den *Streptomyces* handelt es sich um Vertreter der gram-positiven Actinobakterien (Ordnung *Streptomycetales*, Familie *Streptomycetaceae*). Sie sind filamentöse Bakterien (Beispiele: Abbildung 7), die sich über Sporenbildung verbreiten, für den Menschen jedoch völlig ungefährlich sind. Ihre natürliche Funktion ist die Zersetzung organischen Materials.

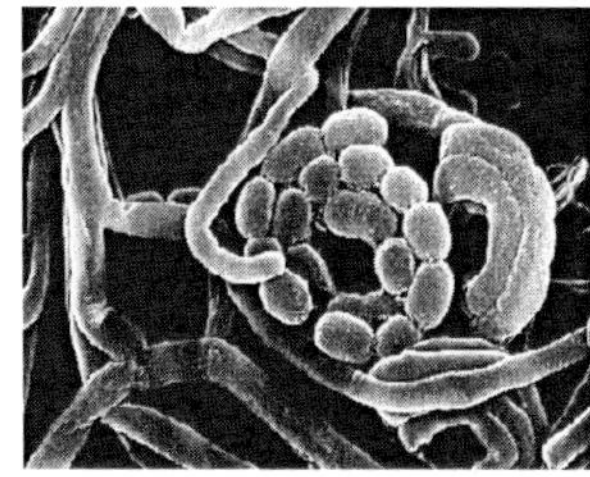
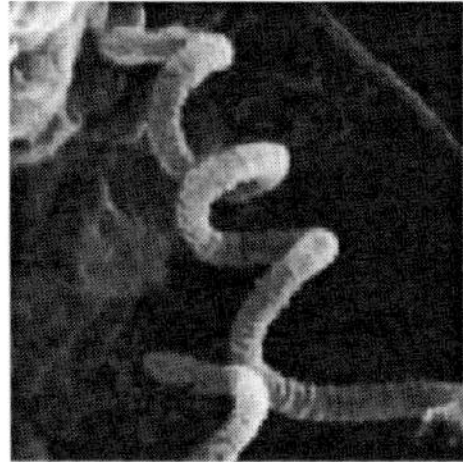

Abbildung 7: *Streptomyces coelicolor* (links)[78] und *Streptomyces albus* (rechts).[79]

Bekannte von *Streptomyces* produzierte Antibiotika sind beispielsweise das Aminoglykosidantibiotikum Streptomycin,[80] das bereits genannte Erythromycin A (**9**),[11] oder das Glykopeptidantibiotikum Vancomycin (**79**),[81] das heute als Reserveantibiotikum gegen methicillinresistente Bakterienstämme eingesetzt wird.[82] Die überwiegende Zahl der Wirkstoffe wird auf biotechnologischem Weg gewonnen, da wie gezeigt die strukturelle Komplexität der Verbindungen sehr hoch ist. Vor einigen Jahren wurde deshalb das Genom des in Abbildung 7 gezeigten *Streptomyces coelicolor* entziffert, was heute bereits zur gezielten genetischen Veränderung verwendet wird.[83] Dieser Organismus ist deshalb in der Lage, eine ganze Reihe von Antibiotika, auch solche, die natürlicherweise nicht produziert werden, in kurzer Zeit und in hohen Ausbeuten herzustellen. Damit konnte ein deutlich effektiverer Zugang zu einer großen Zahl von Wirkstoffen erreicht werden.

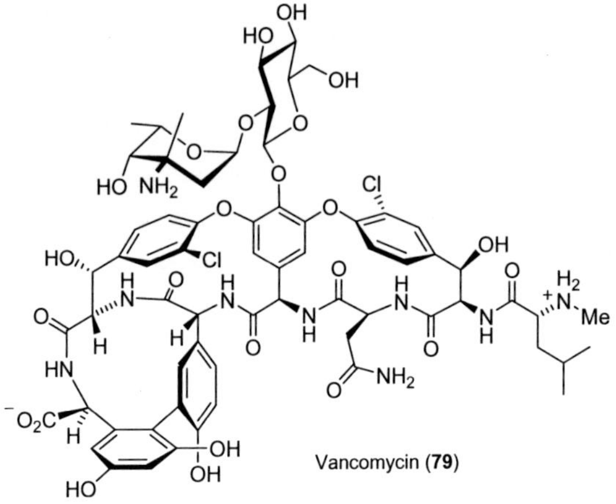

Vancomycin (**79**)

Abbildung 8: Vancomycin (**79**).

Im Jahre 1981 konnten Ōmura *et al.* aus einer Bodenprobe einen neuen Stamm der Bakterienart *Streptomyces nitrosporeus* isolieren, der ein strukturell neuartiges Antibiotikum, das Virantmycin (**80**), produziert.[84,85]

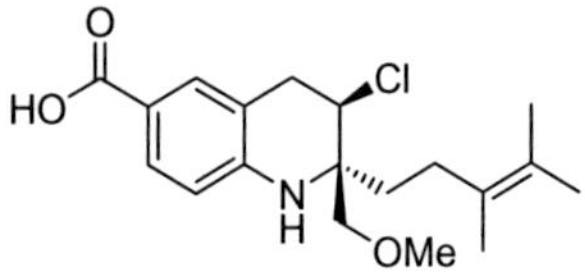

80

Abbildung 9: Struktur des natürlich vorkommenden (–)-Virantmycins ((–)-**80**).

Die isolierte Verbindung zeigte bei biologischen Tests starke antivirale Wirksamkeit gegen einige DNA- und RNA-Viren, wie zum Beispiel *Herpes simplex* HSV-1 und HSV-2, bereits bei sehr geringen Konzentrationen (0.1–1 µg/ml). Auch eine schwache antifungale Wirksamkeit konnte nachgewiesen werden. Im Jahre 1981 konnte durch die selbe Arbeitsgruppe die Struktur von Virantmycin mit Hilfe von NMR-Untersuchungen und durch gezielte chemische Modifikationen aufgeklärt werden,[86] wobei die relative und absolute Stereochemie an C-2 und C-3 noch für einige Zeit unbekannt bleiben sollte. Erst im Jahr 1996 konnte durch gezielte stereospezifische Synthesen die Konfiguration der stereogenen Zentren zweifelsfrei festgestellt und die Struktur (–)-**80** zugeordnet werden.[87,88] Virantmycin (**80**) gehört zur Gruppe der 1,2,3,4-Tetrahydrochinoline, einer diversen Substanzklasse mit interessanten pharmakologischen Eigenschaften, auf die im folgenden Abschnitt näher eingegangen werden soll.

2.4.2 Tetrahydrochinoline – Eigenschaften

Die 1,2,3,4-Tetrahydrochinole gehören zur Gruppe der Alkaloide und sind zum größten Teil biologisch aktiv. In dieser Substanzklasse finden sich Verbindungen mit antidepressiven,[89] immunsuppressiven,[90] antithrombischen,[91] und Antitumoreigenschaften.[92] Einige Tetrahydrochinoline stellen Inhibitoren unterschiedlichster Enzyme, wie beispielsweise der Lipoxygenase[93] oder der (H^+/K^+)-Adenosin-Triphosphatase,[94] dar. Neben den vielfältigen pharmazeutischen Anwendungen finden sich unter den Tetrahydrochinolin-Derivaten nützliche Pestizide,[95] Antioxidantien[96] und auch Farbstoffe.[97]

Die natürlich vorkommenden Tetrahydrochinoline können aus einer Vielzahl von Quellen gewonnen werden und weisen durchaus diverse strukturelle Merkmale auf. Das 2-Methyl-1,2,3,4-tetrahydrochinolin beispielsweise kommt im menschlichen Gehirn vor,[98] Alkaloide wie Cusparein (**81**) können aus Pflanzen isoliert werden,[99] und Dynemycin (**82**), ein natürliches Antitumor-Antibiotikum, weist eine auf dem Tetrahydrochinolin-System basierende komplexe Struktur auf.[100]

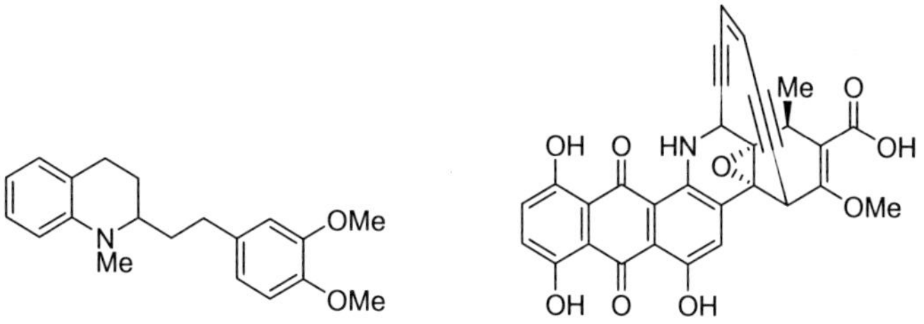

Cusparein (**81**)

Dynemycin (**82**)

Abbildung 10: Ausgewählte Naturstoffe mit Tetrahydrochinolingrundgerüst.

2.4.3 Tetrahydrochinoline – Synthesen

Aufgrund der großen Zahl möglicher Anwendungen für neue Tetrahydrochinoline ist leicht einzusehen, dass eine Vielzahl von Methoden entwickelt wurde, um Zugänge zu dieser Stoffklasse zu ermöglichen. Unter den Möglichkeiten zum Aufbau des Ringsystems finden sich Reduktionen ausgehend vom Chinolin- oder Dihydrochinolinsystem,

Ringschlussreaktionen unter Knüpfung einer oder auch zweier Bindungen, Insertions- oder Ringexpansions- und Ringkontraktionsreaktionen.[101–103]

Im Licht der in Kapitel 1.2 angestellten Betrachtungen erscheint im speziellen die Synthese von substituierten Tetrahydrochinolen unter Verwendung einer Diels-Alder-Reaktion als sehr attraktiv. Entsprechende Arbeiten wurden von Corey 1999 publiziert, bei denen die Aza-Diels-Alder-Reaktion sowohl in der inter- als auch in der intramolekularen Variante zum Aufbau verschiedener Tetrahydrochinolinsysteme verwendet wurde.[104]

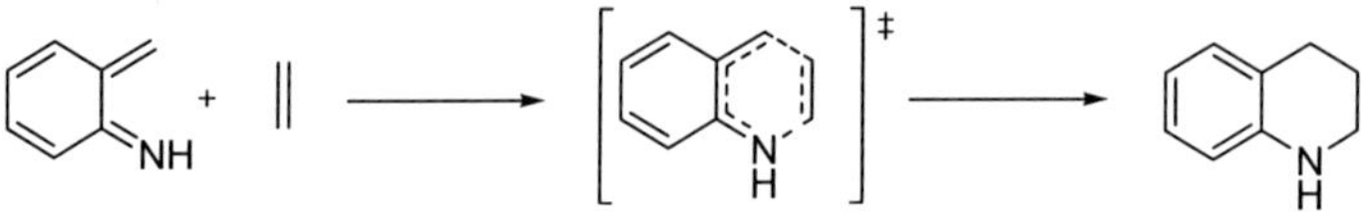

83 **15** **84**

Schema 13: Die Aza-Diels-Alder-Reaktion.

Bei dieser Reaktion werden *o*-Azaxylylene **83** als Dien-Komponente mit geeigneten Olefinen oder Alkinen in einer [4+2]-suprafacialen Cycloaddition umgesetzt (Schema 13). Die Erzeugung solcher *o*-Azaxylylene **83** geschah vorher üblicherweise durch photochemische Fragmentierung von Benzotriazinen,[105] durch fluoridinduzierte Eliminierung aus (*o*-Trimethylsilylaminobenzyl)-trimethylammoniumsalzen[106] oder durch pyrolytische Eliminierung aus *o*-Hydroxymethylanilinen.[107] Im Gegensatz zu diesen etwas umständlichen Methoden verwendeten Corey und Steinhagen die baseninduzierte Eliminierung von Chlorwasserstoff aus *N*-substituierten *o*-Chlormethylanilinen zur Erzeugung der für die Diels-Alder-Reaktion benötigten Azazylylene. Sulfonamide wie **85** sowie Carbamate wie **86** ließen sich mit Hilfe dieser Reaktion in guten Ausbeuten mit Ethylvinylether intermolekular zum entsprechenden Tetrahydrochinolinsystem **87** bzw. **88** umsetzen (Schema 14).

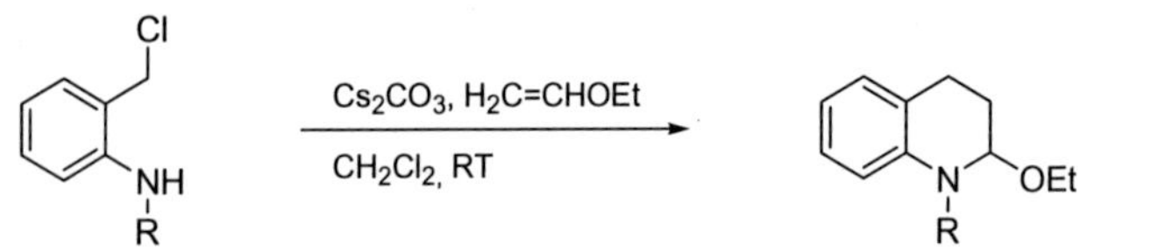

Cs_2CO_3, $H_2C{=}CHOEt$ / CH_2Cl_2, RT

85, R = SO_2Me
86, R = CO_2tBu

87, R = SO_2Me (78%)
88, R = CO_2tBu (83%)

Schema 14: Intermolekulare Variante der Aza-Diels-Alder-Reaktion.[104]

Außer mit diversen Olefinen konnte die intermolekulare Variante der Reaktion auch mit Alkinen in guten Ausbeuten durchgeführt werden, wobei die entsprechenden 1,4-Dihydrochinoline erzeugt werden konnten. Unter naturstoffsynthetischen Gesichtspunkten ist jedoch die intramolekulare Variante (Schema 15) die wesentlich interessantere, da in diesem Fall keine Probleme bezüglich der Regiospezifität der Diels-Alder-Reaktion auftreten können.

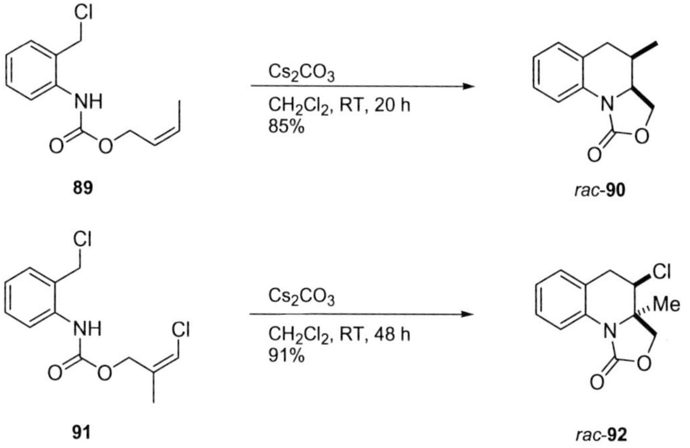

Cs_2CO_3
CH_2Cl_2, RT, 20 h
85%

89 → *rac*-**90**

Cs_2CO_3
CH_2Cl_2, RT, 48 h
91%

91 → *rac*-**92**

Schema 15: Intramolekulare Variante der Aza-Diels-Alder-Reaktion.[104]

Der stereochemische Verlauf der Reaktion als suprafaciale *cis*-Cycloaddition konnte an diesen Beispielen zweifelsfrei durch Röntgenstrukturanalysen sowie NMR-Untersuchungen bestätigt werden. Die Darstellung der für diese Variante der Aza-Diels-Alder-Reaktion benötigten Carbamate war jedoch aufwendig (Schema 16).

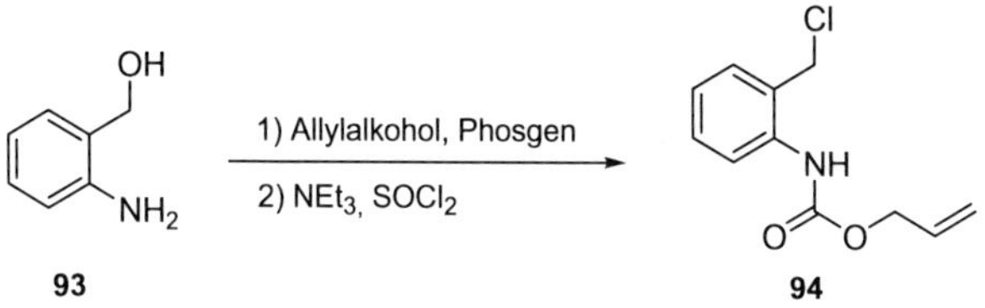

1) Allylalkohol, Phosgen
2) NEt_3, $SOCl_2$

93 → **94**

Schema 16: Synthese der Carbamate am Beispiel Allylalkohol.[104]

Zu einer Lösung von Phosgen in Toluol wurde der entsprechende Allylalkohol zugetropft und bei verschiedenen Temperaturen gerührt. Anschließend wurde die gebildete Chlorformiat-Lösung mittels einer Transfernadel zu 2-Aminobenzylalkohol (**93**) gegeben und gerührt. Das entstandene Hydroxycarbamat wurde gereinigt und mit Triethylamin und Thionylchlorid zum Chlorcarbamat **94** umgesetzt, das für die Aza-Diels-Alder-Reaktion verwendet werden konnte.

Aufgrund der relativ aufwendigen Synthesevorschrift zur Darstellung der für die Aza-Diels-Alder-Reaktion als Vorläufer benötigten 2-Chlormethylphenylcarbamate entwickelten Bräse *et al.* einen neuen Zugang zu dieser Substanzklasse.[108] Die Autoren bezogen sich dabei auf Arbeiten von Rolf Appel aus dem Jahr 1975, der die Spaltung von Arylthiocarbamaten mit Triphenylphosphin/Tetrachlormethan zu Alkylchloriden und Arylisocyanaten beschrieben hatte.[109] Verwendet man nun ein cyclisches Arylthiocarbamat, so kann in einer Eintopfsynthese unter Zugabe des korrespondierenden Allylalkohols das für die intramolekulare Aza-Diels-Alder-Reaktion nach Corey und Steinhagen benötigte 2-Chlormethylphenylcarbamat erzeugt werden, was eine wesentliche Vereinfachung der Synthese und die Vermeidung von Phosgen als Reagenz bedeutet (Schema 17).

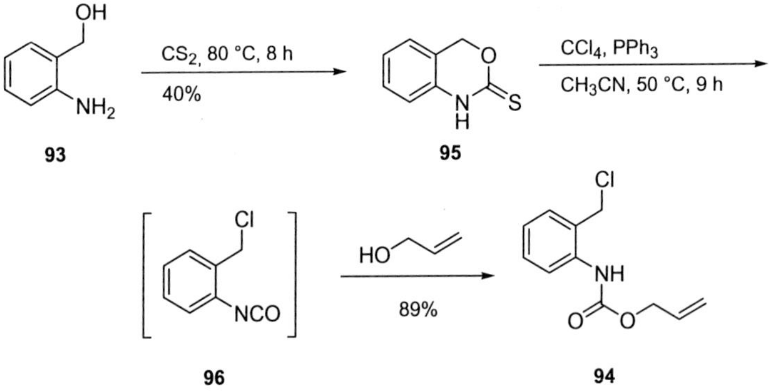

OH NH2 **93** — CS_2, 80 °C, 8 h / 40% → **95** (O, S, N, H) — CCl_4, PPh_3 / CH_3CN, 50 °C, 9 h → [**96** (Cl, NCO)] — HO (Allylalkohol) / 89% → **94** (Cl, NH, O, O)

Schema 17: Bildung von (2-Chlormethylphenyl)carbaminsäureallylester (**94**) nach Bräse.[108]

Bräse *et al.* konnten zeigen, dass der Einsatz des literaturbekannten 1,4-Dihydrobenzo[*d*][1,3]oxazin-2-thions (**95**)[110] unter den angegebenen Bedingungen tatsächlich zum 2-Chlormethylphenylisocyanat (**96**) in quantitativer Ausbeute führte. Außerdem konnte gezeigt werden, dass eine Umsetzung mit geeigneten Allylalkoholen in einer Ein-Topf-Synthese möglich ist. Das heißt, dass sich die gewünschten Carbamate in einem einzigen Schritt in guten bis sehr guten Ausbeuten erzeugen ließen. Die Cyclisierung wurde anschließend unter den Bedingungen nach Corey und Steinhagen mit Cs_2CO_3 durchgeführt, so dass hier auf eine weitere Beschreibung der Synthese verzichtet werden kann. Ein Problem dieser Strategie stellte jedoch die Synthese des Thions **95** dar, die nur in mäßigen Ausbeuten von maximal 40% durchgeführt werden konnte. Zusammenfassend lässt sich aber nichts desto trotz sagen, dass es sich bei der Tetrahydrochinolinsynthese nach Bräse *et al.* um einen einfachen und schnellen Zugang zu dieser Substanzklasse handelt, der auch für die Synthese komplexerer Naturstoffe wie beispielsweise Virantmycin geeignet sein könnte.

2.4.4 Totalsynthesen von Virantmycin

Aufgrund der relativ starken antiviralen Wirksamkeit und des ungewöhnlichen Chlorsubstituenten hat Virantmycin (**80**) bereits kurz nach seiner Entdeckung im Jahre 1980 die Aufmerksamkeit der Naturstoffchemiker auf sich gezogen. Die erste Totalsynthese von racemischem (±)-Virantmycin wurde bereits 1986 von Hill und Raphael beschrieben.[111] Weitere Totalsynthesen stammen von Shirahama, dem auch die gezielte Synthese des unnatürlichen (+)-Enantiomers (+)-**80** gelang.[112,88] Aus neuerer Zeit stammen die Synthesen von Kogen[113] bzw. Wulff und Back,[114] denen die ersten stereoselektiven Synthesen des natürlich vorkommenden (–)-Virantmycins ((–)-**80**) gelangen, auf die hier jedoch nicht näher eingegangen werden soll.

Im Folgenden soll die Totalsynthese von (±)-Virantmycin basierend auf der im vorigen Abschnitt vorgestellten Aza-Diels-Alder-Reaktion näher betrachtet werden, da diese einen relativ einfachen Zugang zum Grundgerüst des Naturstoffes ermöglicht. Die Synthese wurde 1999 ebenfalls von Corey und Steinhagen abgeschlossen.[115] Dabei wurde die in Schema 18 gezeigte retrosynthetische Zerlegung vorgenommen.

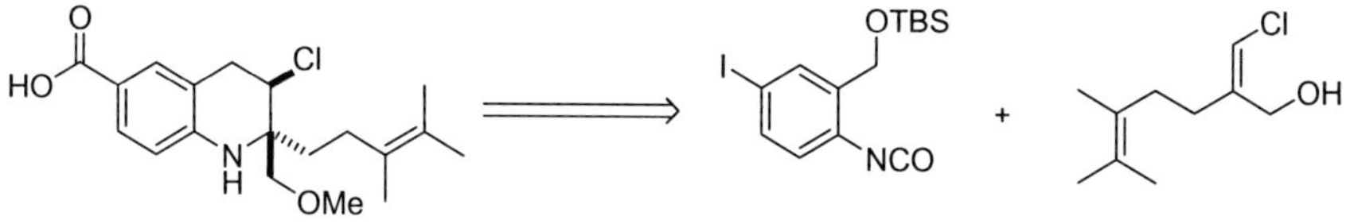

Schema 18: Retrosynthetische Zerlegung von (±)-Virantmycin ((+)-**80**) nach Corey.[115]

Dabei wurden das iodsubstituierte aromatische Isocyanat **97** sowie der chlorsubstituerte Allylalkohol **98** als Schlüsselbausteine identifiziert.

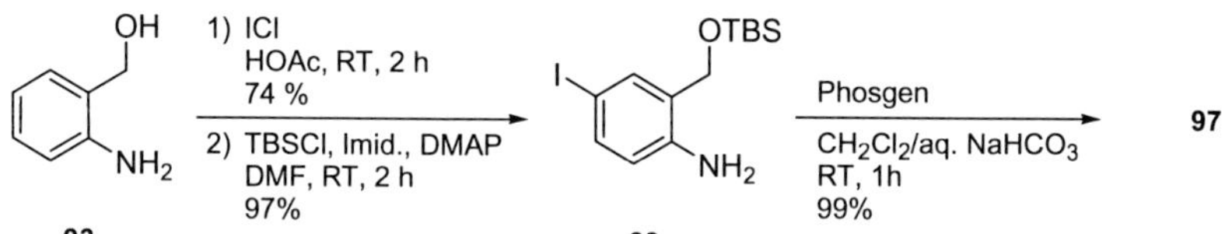

Schema 19: Synthese des aromatischen Isocyanats **97**.[115]

Der Schlüsselbaustein, das Isocyanat **97**, konnte aus 2-Aminobenzylalkohol (**93**) durch Iodierung mit Iodmonochlorid in Essigsäure, Schützung der Hydroxygruppe mit TBS-Chlorid und Isocyanatbildung durch Umsetzung mit Phosgen und wässriger ges. $NaHCO_3$-Lösung gewonnen werden (Schema 19).

Die Synthese des Allylalkohols **98** war demgegenüber deutlich aufwändiger (Schema 20). Die Umsetzung von Propiolsäureethylester (**100**) mit Methylvinylketon (**101**) unter Pd(II)-Katalyse in Gegenwart von Lithiumchlorid führte zur Bildung des Keto-Esters **102** mit 93:7 *Z*/*E*-Selektivität. Dieser wurde anschließend mit DIBAL vollständig zum Diol reduziert und mit TIPS-Chlorid selektiv an der primären Alkoholfunktion geschützt. Der monogeschützte Alkohol **103** wurde dann einer Oxidation unter Swern-Bedingungen unterzogen, das entstandene Keton mit Isopropyltriphenylphosphoniumiodid und KHMDS in einer Wittig-Reaktion umgesetzt und nach Entschützung mit TBAF in den Allylalkohol **98** überführt.

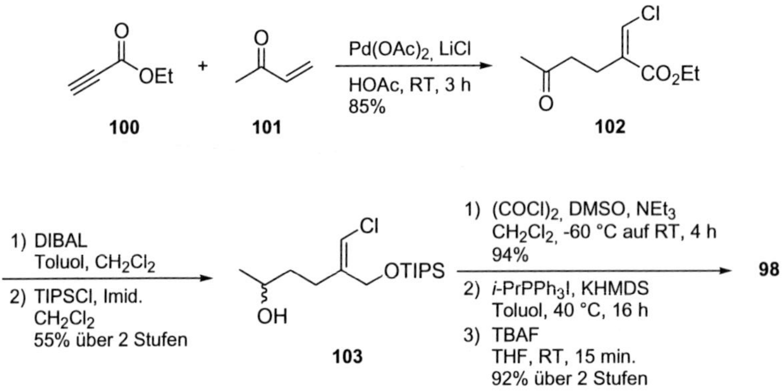

Cl
O
O
OEt
+
Pd(OAc)$_2$, LiCl
HOAc, RT, 3 h
85%
CO$_2$Et
O
100
101
102

1) DIBAL
Toluol, CH_2Cl_2
2) TIPSCl, Imid.
CH_2Cl_2
55% über 2 Stufen
Cl
OTIPS
OH
103
1) $(COCl)_2$, DMSO, NEt_3
CH_2Cl_2, -60 °C auf RT, 4 h
94%
2) *i*-PrPPh$_3$I, KHMDS
Toluol, 40 °C, 16 h
3) TBAF
THF, RT, 15 min.
92% über 2 Stufen
98

Schema 20: Synthese des Allylalkohols **98**.[115]

Der Abschluss der Synthese erfolgte schließlich wie in Schema 21 gezeigt. Dazu wurden zuerst unter DMAP-Katalyse die beiden Bausteine **97** und **98** zum für die Diels-Alder-Reaktion benötigten Carbamat **104** umgesetzt. Nach Abspaltung der TBS-Schutzgruppe unter Standardbedingungen wurde durch Chlorierung mit Thionylchlorid der Vorläufer **105** für die 1,4-Eliminierung gebildet. Unter Einwirkung von Cäsiumcarbonat konnte dann das cyclisierte Produkt **106** nach 48 h in einer exzellenten Ausbeute von 90% mit vollständiger Diastereoselektivität als racemische Mischung erhalten werden. Reduktive Ringöffnung unter Verwendung von DIBAL und *n*-Butyllithium führte nach Methylierung mit Kaliumhydrid und Methyliodid zum Methylether **107**. Dieser konnte anschließend unter Palladiumkatalyse in Gegenwart von Kohlenmonoxid in Methanol zum entsprechenden Methylester umgesetzt werden, der unter Verseifung mit Lithiumhydroxid (±)-Virantmycin ((±)-**80**) lieferte.

Der Zugang zu dieser Naturstoffklasse über die Diels-Alder-Reaktion ist sehr verlässlich und lässt vielfältige Möglichkeiten für die Synthese von Analoga durch einfache Variation des aromatischen Bausteins oder des Allylalkohols zu. Aus diesem Grund sollte diese Schlüsselreaktion für eine modifizierte Synthesestrategie zur Darstellung von Virantmycin verwendet werden.

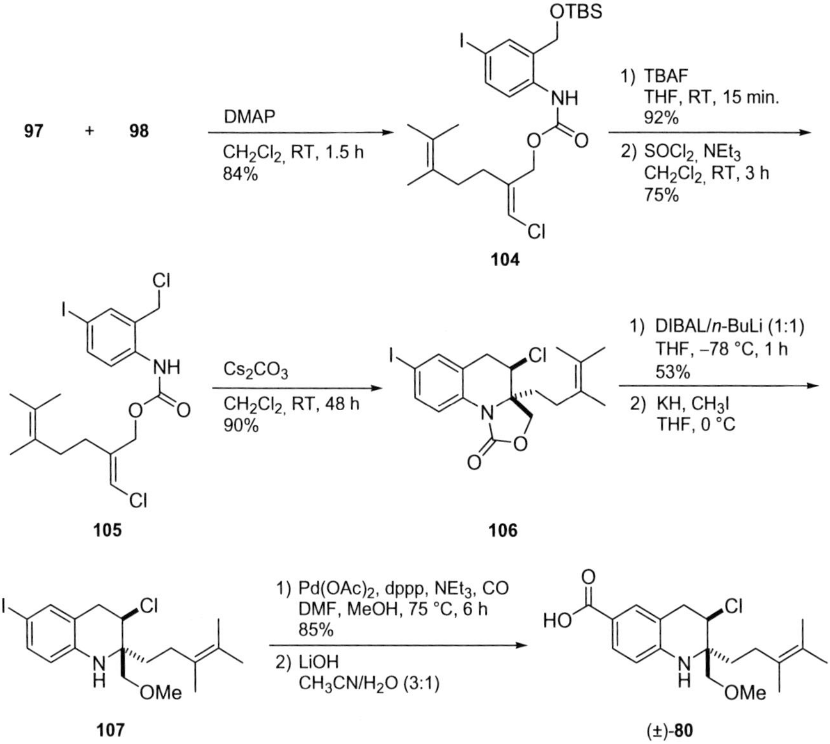

Schema 21: Abschließende Schritte der Totalsynthese von (±)-Virantmycin ((±)-**80**) nach Corey.[115]

2.5 *Spiculoinsäuren*

2.5.1 Marine Naturstoffe

Während aus Landquellen bereits eine Vielzahl biologisch aktiver Substanzen aus den verschiedensten Organismen wie Pflanzen, Pilzen und Bakterien erhalten werden konnte, ist die Zahl der aus marinen Quellen isolierten Naturstoffe noch relativ klein, obwohl die Meere mit 70% der Erdoberfläche den größten Lebensraum der Erde bilden.

Dies lässt sich vor allem auf die Tatsache zurückführen, dass die Zugänglichkeit relativ eingeschränkt ist und einen großen finanziellen und apparativen Aufwand erfordert, speziell wenn die entsprechenden Organismen in großer Tiefe vorkommen und die Substanzen nur in sehr kleinen Mengen produziert werden. Darüber hinaus lassen sich marine Organismen oft schlecht in Kultur halten, um ausreichende Mengen der zu untersuchenden Sekundärmetabolite zu erhalten. Zusätzlich werden die gefundenen Substanzen z. T. nicht vom primär untersuchten Organismus, sondern beispielsweise von assoziierten Bakterien hergestellt, was das gesamte Verfahren zusätzlich verkomplizieren kann. Allerdings stellt das Meer, wie sich immer wieder zeigt, eine riesige Menge von chemischen Verbindungen zur Verfügung, die an Land keine Entsprechung haben, was die Zahl an Leitstrukturen für die medizinische Chemie immens vergrößert, so dass der betriebene Aufwand zumeist als lohnend betrachtet werden kann. Eine Reihe von Übersichtsartikeln hat sich mit verschiedenen Aspekten der Chemie und Biologie mariner Naturstoffe beschäftigt.[116]

Betrachtet man das Wirkungsprofil der meisten marinen Naturstoffe, so stellt man fest, dass die überwiegende Zahl der Substanzen Antitumor- bzw. cytotoxische Wirksamkeit aufweist, jedoch oft verbunden mit einer hohen akuten Toxizität, so dass pharmazeutische Wirkstoffe normalerweise nur durch Derivatisierung oder Synthese von Analoga erhalten werden können. Beispielsweise ist Maitotoxin, ein toxischer Sekundärmetabolit der Fischart *Ctenochaetus striatus*, das stärkste nicht-peptidische natürlich vorkommende Gift.[117] Eine ganze Reihe von aktiven Substanzen marinen Ursprungs befindet sich in klinischen Tests,[118] wobei momentan nur die Cephalosporine, potente β-Lactamantibiotika, in der therapeutischen Anwendung eingesetzt werden. Diese Verbindungen leiten sich von dem aus *Acremonium chrysogenium* isolierten Cephalosporin C (**108**) ab. Die eingesetzten Cephalosporine sind meist semisynthetisch hergestellte Derivate dieser Stammverbindung. Darüber hinaus existiert eine große Zahl weiterer vielversprechender Kandidaten für die Wirkstoffforschung, die zumeist aus marinen Schwämmen bzw. den assoziierten Mikroorganismen gewonnen werden können.

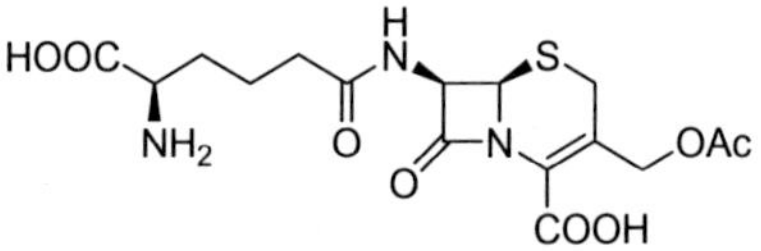

HOOC, NH_2, O, H, N, S, O, N, OAc, COOH

Cephalosporin C (**108**)

Abbildung 11: Cephalosporin C (**108**).

2.5.2 Sekundärmetabolite von Schwämmen der Gattung *Plakortis*

Schwämme gehören zu den am besten untersuchten Meeresorganismen und sind die Quelle eines Großteils der heute bekannten marinen Naturstoffe. Unter dieser wichtigen Klasse von Lebewesen stellen die Vertreter der Gattung *Plakortis* (Stamm *Porifera*, Klasse *Demosporgiae*, Ordnung *Homosclerophorida*, Familie *Plakinidae*) ein besonders faszinierendes Forschungsobjekt dar, wobei die beiden Arten *P. halichondrioides* bzw. *P. simplex* die bekanntesten Vertreter darstellen. Die Organismen sind besonders interessant, da sie eine Vielzahl von teilweise strukturell sehr ungewöhnlichen Sekundärmetaboliten hervorbringen, wobei eine nicht unerhebliche Zahl dieser Verbindungen auch interessante pharmakologische Eigenschaften besitzt. Einige der vorkommenden Strukturtypen sollen im Folgenden exemplarisch beleuchtet werden.

Plakortin (**109**), die Stammverbindung einer ganzen Klasse von Peroxoverbindungen aus *P. halichondirioides*, wurde 1978 von Faulkner isoliert.[119] Die Substanz zeigte antimikrobielle Wirksamkeit. Die strukturell völlig verschiedenen Plakortone (exemplarisch: A (**110**) und B (**111**)), eine Gruppe von momentan vier strukturell ähnlichen Bicyclen, wirken als Aktivatoren der kardialen SR-Ca^{2+}-ATPase und stellen damit potentielle Wirkstoffe für die Myokardinfarktprävention dar.[120] Darüber hinaus existiert eine Vielzahl weiterer Verbindungen, von denen hier nur die biologisch inaktiven Glanvillinsäuren (exemplarisch: A (**112**)) genannt werden sollen. Diese gehören zur ungewöhnlichen Gruppe Furan-basierter Naturstoffe.[121]

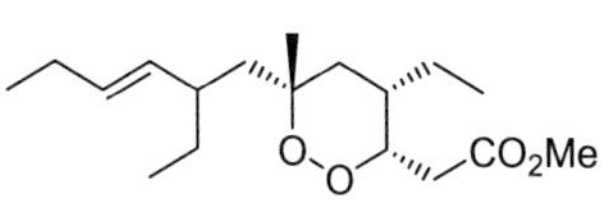

Plakortin (**109**)

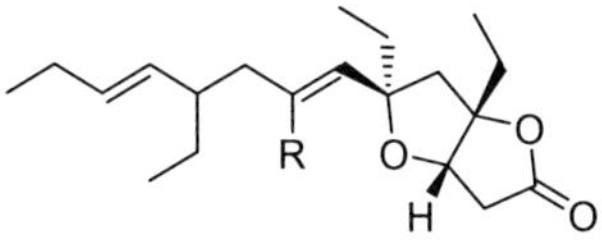

R = Et Plakorton A (**110**)
R = Me Plakorton B (**111**)

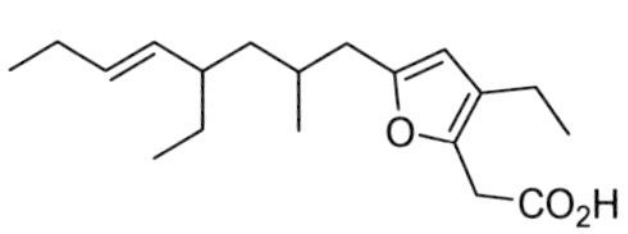

Glanvillinsäure A (**112**)

Abbildung 12: Beispiele für Naturstoffe aus *Plakortis halichondrioides*.

Für *Plakortis simplex* sollen exemplarisch Plakortolid H (**113**)[122] und das strukturell ungewöhnliche Simplakidin A (**114**)[123] gezeigt werden. Letzteres weist eine schwache Cytotoxizität gegenüber RAW 264-7 (Makrophagen) auf.

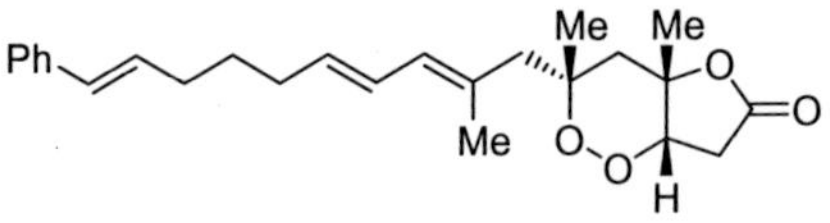

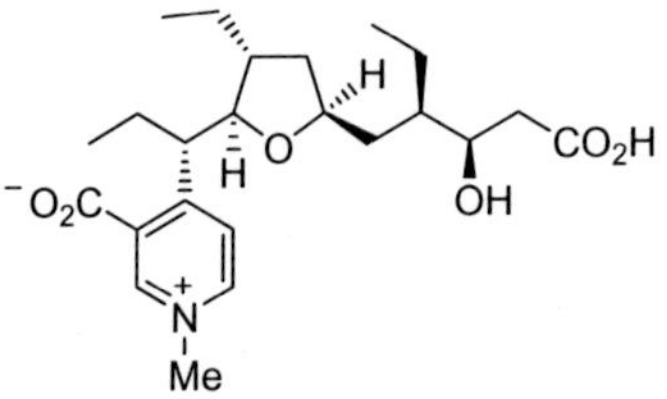

Plakortolid H (**113**) Simplakidin A (**114**)

Abbildung 13: Beispiele für Naturstoffe aus *Plakortis simplex*.

Außerdem existiert eine große Vielzahl weiterer Verbindungen mit strukturell diversem Aufbau, auf die hier jedoch nicht weiter eingegangen werden soll.

Die meisten der vorgestellten Naturstoffe gehören zur Substanzklasse der Polyketide, sind aber aufgrund der Ethylseitenketten als eher ungewöhnlich einzustufen. Polyketide werden typischerweise durch iterative Verknüpfung von Malonyl- (**115**) bzw. Methylmalonyl-CoA (**116**) an einen Acetyl-CoA-Vorläufer (**117**), wie in Schema 22: beispielhaft gezeigt, dargestellt.

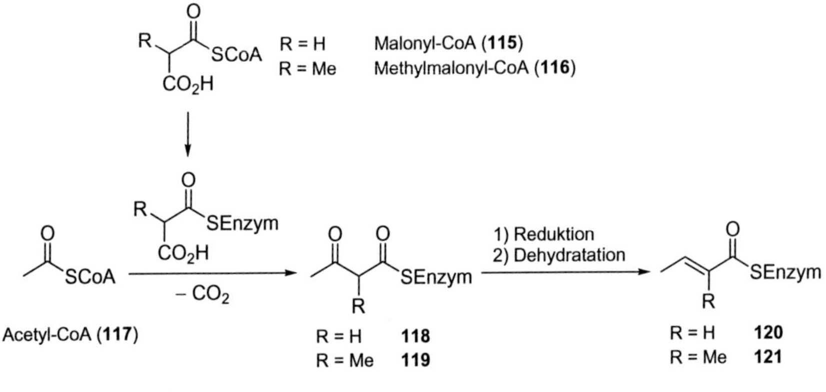

R = H Malonyl-CoA (**115**)
R = Me Methylmalonyl-CoA (**116**)

Acetyl-CoA (**117**) — $- CO_2$ → R = H **118**, R = Me **119** — 1) Reduktion 2) Dehydratation → R = H **120**, R = Me **121**

Schema 22: Exemplarische Darstellung der Biosynthese von Polyketiden.

Für Malonyl-CoA (**115**) handelt es sich hierbei um den Mechanismus der Biosynthese von ungesättigten Fettsäuren, durch Reduktion der Doppelbindung mit NADPH können die entsprechenden gesättigten Verbindungen erhalten werden. Durch Einbau von Methylmalonyl-CoA (**116**), formal einer Propionsäuregruppe, können gesättigte und ungesättigte Verbindungen mit Methylsubstituent erhalten werden. Durch stereoselektive enzymatische Reduktion liegen die entstehenden Naturstoffe meist als enantiomerenreine oder zumindest sehr stark enantiomerenangereicherte Verbindungen vor. Die Einführung von

Ethylseitenketten kann ganz analog durch den biosynthetischen Einsatz von Ethylmalonyl-CoA (**122**), einer formalen Butyrat-Einheit, geschehen. Dieser Vorläufer wird, wie in Schema 23 gezeigt durch Verknüpfung von Acetyl-CoA (**117**) und Malonyl-CoA (**115**), mit anschließender Reduktion des Ketons, Dehydratation, Reduktion der entstehenden Doppelbindung und Carboxylierung erhalten werden, was durch Fütterungsexperimente mit ^{13}C-markierten Vorläufern belegt werden konnte.[124]

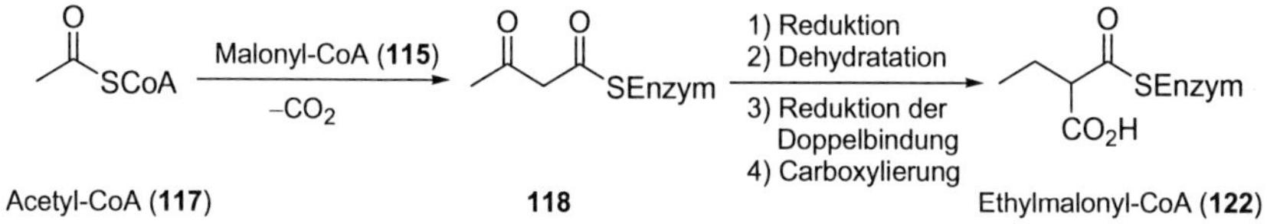

SCoA — Malonyl-CoA (**115**), $-CO_2$ → SEnzym — 1) Reduktion 2) Dehydratation 3) Reduktion der Doppelbindung 4) Carboxylierung → SEnzym, CO_2H

Acetyl-CoA (**117**) **118** Ethylmalonyl-CoA (**122**)

Schema 23: Biosynthese von Ethylmalonyl-CoA (**122**).

Dieser zusätzliche Biosyntheseweg einiger mariner Organismen ermöglicht eine noch größere Vielfalt struktureller Variationen und trägt zusätzlich zur Diversität der aus dem Meer stammenden Naturstoffe bei, was sich auch am Beispiel der im Folgenden beschriebenen Spiculoinsäuren sehr gut belegen lässt.

2.5.3 Die Spiculoinsäuren

Im Jahr 2004 isolierten Andersen *et al.* zwei strukturell neuartige polyketidische Naturstoffe aus Proben des karibischen Schwammes *Plakortis angulospiculatus* (Carter), die sie als Spiculoinsäuren bezeichneten.[125]

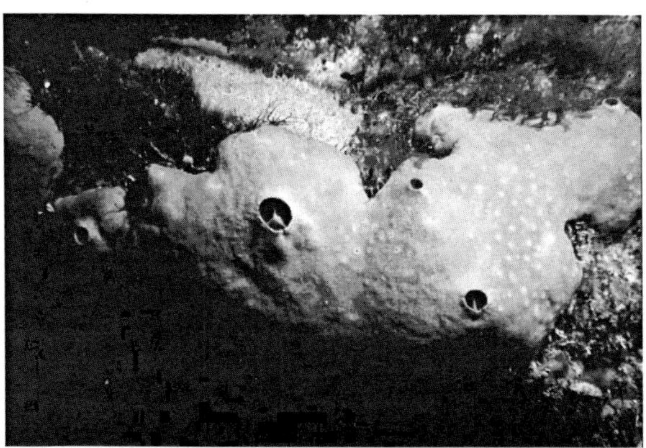

Abbildung 14: *Plakortis angulospiculatus* (Carter).[126]

Die komplexe bicyclische Hydrindan-Struktur, von Andersen als Spiculan-Struktur bezeichnet, wurde auf der Basis von 2D-NMR Experimenten ausgewertet. Andersen ordnete dem Naturstoff die Struktur (–)-**123** zu, was sich jedoch als falsch herausstellte. Der von Andersen isolierte Naturstoff wies eine optische Drehung von +110° (0.1 g/mol, CH_2Cl_2) auf. Durch Totalsynthese konnten Baldwin *et al.* 2006 nachweisen, dass die von Andersen postulierte Struktur einen negativen Drehwert (–97°, 0.16 g/mol, CH_2Cl_2), aufweist, so dass dem Naturstoff zweifelsfrei die Struktur (+)-**123** zugeordnet werden konnte.[127]

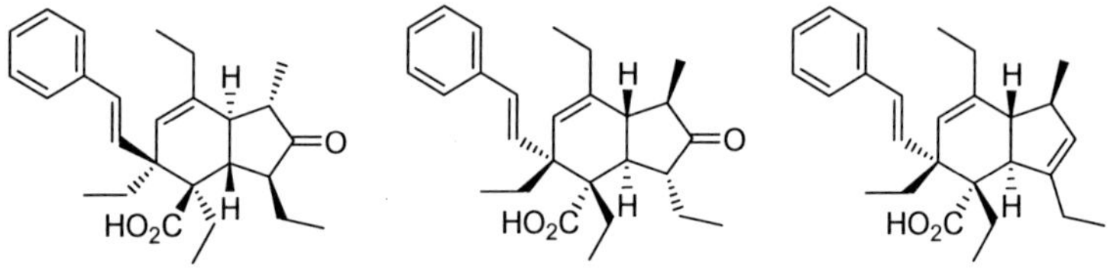

(+)-Spiculoinsäure A ((+)-**123**) (natürliches Enantiomer) | (–)-Spiculoinsäure A ((–)-**123**) | Spiculoinsäure B (**124**) (wie von Andersen postuliert)

Abbildung 15: Spiculoinsäure A (**123**) und B (**124**).[125, 127]

In Analogie zur Spiculoinsäure A (**123**) ist davon auszugehen, dass auch im Fall der Spiculoinsäure B (**124**) eine zur postulierten Struktur enantiomere Absolutkonfiguration aufweist, was jedoch noch nicht belegt ist. Das natürlich vorkommende Isomer der Spiculoinsäure A ((+)-**123**) zeigte in biologischen Tests *in vitro*-Cytotoxizität gegen eine menschliche Brustkrebszellinie (MCF-7, IC_{50} = 8 µg/ml), wohingegen Spiculoinsäure B (**124**) inaktiv war.

Neben diesen beiden Verbindungen wurden 2005 weitere Vertreter dieser Substanzklasse aus *Plakortis zyggompha* isoliert und als *Iso*- (**125**), *Nor*- (**126**) bzw. *Dinor*-Spiculoinsäure (**127**) bezeichnet (Abbildung 16).[128]

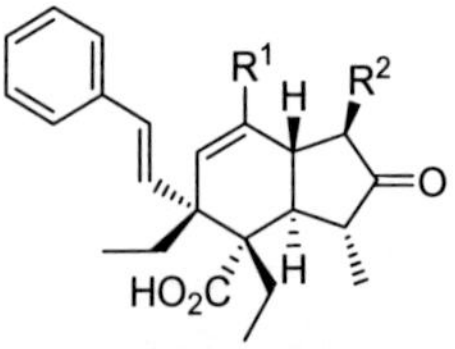

R^1 = Et, R^2 = Et *Iso*-Spiculoinsäure (**125**)
R^1 = Et, R^2 = Me *Nor*-Spiculoinsäure (**126**)
R^1 = Me, R^2 = Me *Dinor*-Spiculoinsäure (**127**)

Abbildung 16: Postulierte Struktur von *Iso*- (**125**), *Nor*- (**126**) bzw. *Dinor*-Spiculoinsäure (**127**).[128]

Die absolute Stereochemie dieser Verbindungen wurde in Analogie zu den anderen Spiculoinsäuren vorgenommen, da auch sie große positive Drehwerte aufweisen. Es ist also auch hier relativ wahrscheinlich, dass die Naturstoffe tatsächlich eine zu den in Abbildung 16 gezeigten Strukturen enantiomere Stereochemie aufweisen, was jedoch bisher nicht belegt ist, so dass hier die postulierten Strukturen gezeigt werden.

Andersen *et al.* entwickelten auch eine mögliche Biosynthese für Spiculoinsäure A, die in Schema 24 dargestellt ist.

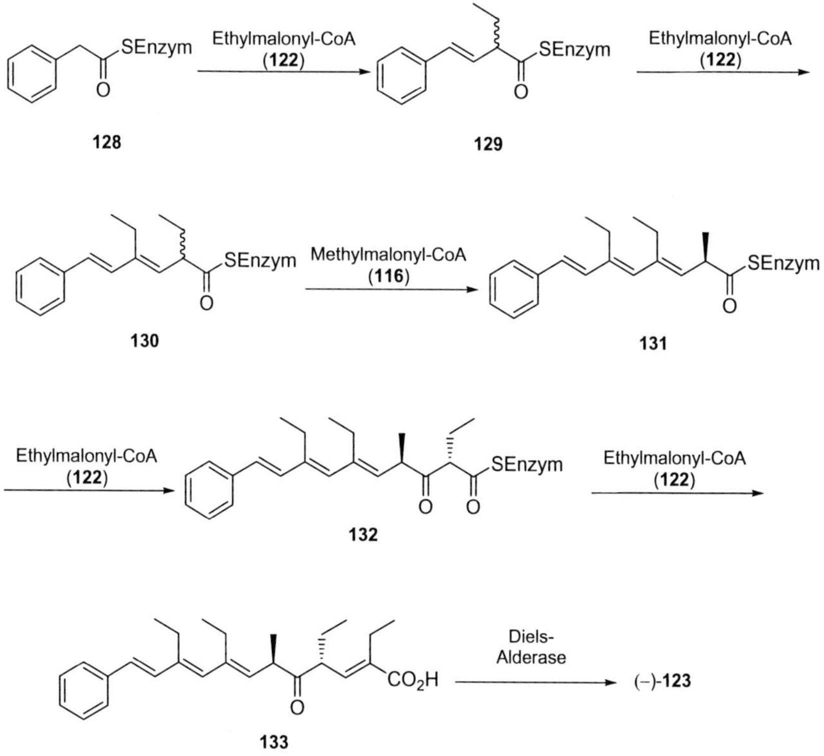

SEnzym
Ethylmalonyl-CoA (**122**)
SEnzym
Ethylmalonyl-CoA (**122**)
128 **129**

SEnzym
Methylmalonyl-CoA (**116**)
SEnzym
130 **131**

Ethylmalonyl-CoA (**122**)
SEnzym
Ethylmalonyl-CoA (**122**)
132

CO_2H
Diels-Alderase
(–)-**123**
133

Schema 24: Vorgeschlagene Biosynthese für Spiculoinsäure A (am Beispiel von (–)-**123**).[125]

Ausgehend vom Phenylessigsäurevorläufer (**128**) wird über Addition von Ethylmalonyl-CoA (**122**), Reduktion des entstehenden β-Ketons und eine ungewöhnliche Dehydratation (nicht zum α,β-ungesättigten Ester) das zum Phenylring konjugierte Intermediat **129** erhalten. Zwei weitere solche Sequenzen mit Ethylmalonyl-CoA (**122**) bzw. Methylmalonyl-CoA (**116**) führen mit ebensolchen ungewöhnlichen Dehydratationen zum vollständig konjugierten Produkt **131**. Anschließend wird ebenfalls eine Butyrat-Einheit addiert, jedoch ohne folgende Reduktion, so dass die Dicarbonylverbindung **132** erhalten wird, die über eine letzte Ethylmalonat-Additions-/Reduktions-/Dehydratationssequenz zum linearen Vorläufer **133** führt. Dieser wird dann in einer Diels-Alder-Reaktion,[22] möglicherweise katalysiert durch eine Diels-Alderase, zum Produkt (–)-**123** umgesetzt. Diese Zyklisierung kann ebenfalls als ungewöhnlich angesehen werden, da zwei nebeneinander liegende quaternäre stereogene Zentren selektiv aufgebaut werden. Dies belegt die große Leistungsfähigkeit dieser Reaktion, die auch in einer möglichen Totalsynthese des Naturstoffes eingesetzt werden könnte.

3. Aufgabenstellung

Im Rahmen der vorliegenden Arbeit sollten Untersuchungen zur Synthese der pharmakologisch interessanten Naturstoffe Virantmycin (**80**) und Spiculoinsäure A (**123**) durchgeführt werden. Dabei sollte in beiden Fällen auf eine Diels-Alder-Reaktion zum Aufbau der Ringsysteme zurückgegriffen werden, da diese Reaktion eines der wichtigsten und weitreichendsten Prinzipien zur Darstellung substituierter Sechsringe darstellt.

3.1 Synthese von Virantmycin

Ziel dieses Teilprojektes war die Entwicklung einer einfachen und effizienten Synthesestrategie zum Aufbau dieses medizinisch interessanten Naturstoffes, die gegebenenfalls auch zur Synthese verschiedener Analoga verwendet werden könnte. Dazu sollte basierend auf den in Kapitel 1.4 vorgestellten Vorarbeiten von Bräse *et al.*[108] zur Verwendung der Appel-Reaktion für die Darstellung von Chlormethylphenylcarbamaten die Synthese eines geeigneten Cyclisierungsvorläufers erreicht werden.

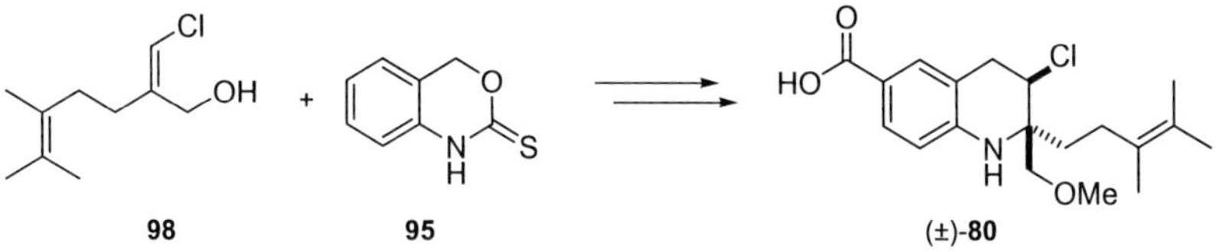

Cl OH + O N H S → O HO Cl N H OMe

98 95 (±)-80

Schema 25: Überlegungen zur Synthese von (±)-Virantmycin ((±)-**80**).

Insbesondere sollten im Verlauf der praktischen Arbeiten Versuche zur Verbesserung der Ausbeute des 1,4-Dihydrobenzo[*d*][1,3]oxazin-2-thion (**95**) sowie zur Optimierung der Appel-Reaktion durchgeführt werden. Einen weiteren Teilaspekt dieser Arbeiten sollte die Synthese des benötigten Allylalkohols **98** darstellen, dessen Aufbau verkürzt und effektiver gestaltet werden sollte, um einen praktikablen Zugang zu dieser Substanzklasse zu ermöglichen.

3.2 Synthese von Spiculoinsäure A

Im Rahmen dieses Teilprojektes sollte eine auf einer Diels-Alder-Reaktion beruhende biomimetische Totalsynthese der Spiculoinsäure A (**123**) erreicht werden. Zum Zeitpunkt des Beginns der Arbeiten wurde die von Andersen vorgeschlagene Struktur (–)-**123** als Zielmolekül identifiziert.[125]

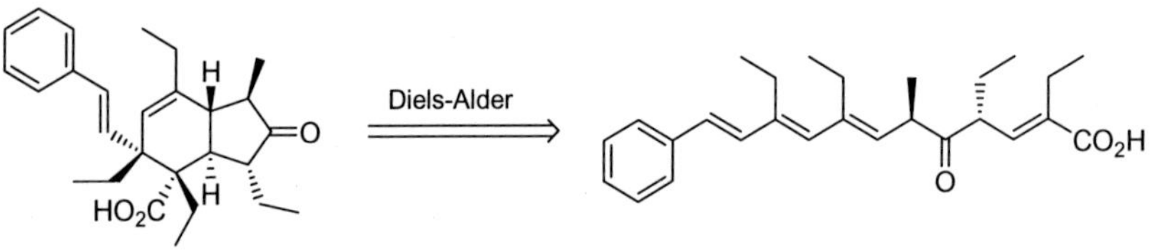

Diels-Alder

(–)-Spiculoinsäure A ((–)-**123**) **133**

Schema 26: Biomimetische Diels-Alder-Reaktion zur Synthese von (–)-**123**.

Dabei sollte ein geeignetes Syntheseäquivalent für **133** gefunden werden, das über eine möglichst modulare Synthesestrategie hergestellt werden sollte, um einen Zugang zu Strukturanaloga zu erlangen, die in Struktur-Aktivitäts-Untersuchungen eingesetzt werden sollten.

Da für die Synthese von polyketidischen Naturstoffen mit Ethylseitengruppen, wahrscheinlich aufgrund der geringen Anzahl bisher isolierter Verbindungen, wenige Syntheseverfahren bekannt waren, sollten allgemeingültige Reaktionsprinzipien zur Einführung dieses Strukturmotivs entwickelt werden. Dazu sollte ein breites Spektrum stereoselektiver Reaktionen zum Aufbau der Stereozentren und insbesondere der entsprechenden trisubstituierten *E*-Olefine angewendet werden. Die Anwendung der Diels-Alder-Reaktion als Schlüsselschritt der Synthese würde einen einfachen und stereoselektiven Zugang zu dieser und strukturanalogen Verbindungen bedeuten. Gegebenenfalls müssten hier Studien zum Einsatz chiraler Auxiliare oder Katalysatoren durchgeführt werden, um falls notwendig den stereochemischen Verlauf der Cycloaddition zu beeinflussen.

Während der Durchführung der praktischen Arbeiten gelang Baldwin *et al.* die Synthese von (–)-**123**, das sich allerdings als das Enantiomer des natürlichen vorkommenden Isomers der Spiculoinsäure A herausstellte.[127] Dieses Isomer (+)-**123** sollte jedoch auf dem entsprechenden Weg ausgehend vom enantiomeren linearen Vorläufer *ent*-**133** oder einer analogen Vorstufe darstellbar sein, so dass sich sämtliche Ergebnisse auch auf dieses Produkt anwenden lassen sollten.

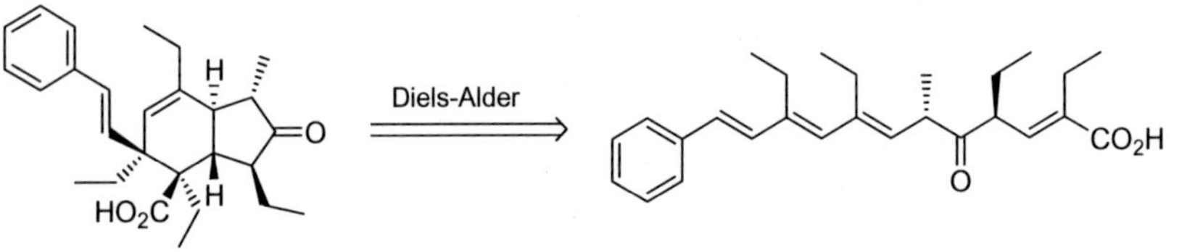

Diels-Alder

(+)-Spiculoinsäure A ((+)-**123**) *ent*-**133**

Schema 27: Biomimetische Diels-Alder-Reaktion zur Synthese des natürlich vorkommenden Isomers (+)-**123**.

4. Hauptteil

4.1 Arbeiten zur Synthese von Virantmycin

4.1.1 Retrosynthetische Betrachtungen

Wie in der Aufgabenstellung beschrieben, sollte als Schlüsselreaktion zur Synthese von Virantmycin (**80**) die Aza-Diels-Alder-Reaktion Anwendung finden, wie sie bereits Corey in seiner Totalsynthese dieses Naturstoffes verwendet hatte.[115] Zusätzlich sollte die von Bräse entwickelte Methodik zur Synthese von Carbamaten zum Einsatz kommen.[108] Unter diesen Voraussetzungen kann die in Schema 28 gezeigte retrosynthetische Betrachtung vorgenommen werden.

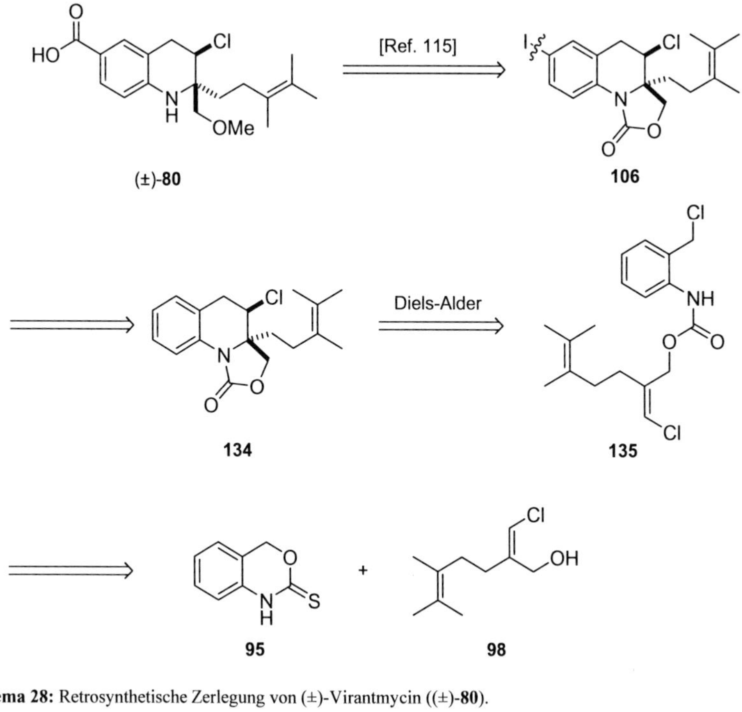

Schema 28: Retrosynthetische Zerlegung von (±)-Virantmycin ((±)-**80**).

Die abschließenden Schritte können dabei analog der Synthese von Corey (Schema 21) durchgeführt werden, so dass hier auf eine nähere Betrachtung der Umwandlung von Tricyclus **106** in **80** verzichtet werden soll. Mit der Synthese dieses Bausteins **106** wäre auch die formale Totalsynthese des Naturstoffes abgeschlossen. Ausgehend von **106** kann die

Zerlegung zum deiodierten Tricyclus **134** fortgesetzt werden, entsprechend einer späten elektrophilen aromatischen Substitution. Die folgende Aza-Diels-Alder-Reaktion zum Carbamatvorläufer **135** stellt die Schlüsseltransformation der Retrosynthese dar. Im Gegensatz zur Synthese von Corey[115] kann die weitere Zerlegung zum Thion **95** und zum Allylalkohol **98** durch die bereits beschriebene Appel-Reaktion erreicht werden, was einen deutlich effektiveren und einfacheren Zugang zu dieser Verbindung gewährleisten soll.

4.1.2 Synthese von 1,4-Dihydrobenzo[*d*][1,3]oxazin-2-thion (95)

Ein Schlüsselbaustein für die geplante Syntheseroute zur Darstellung von Virantmycin (**80**) stellt 1,4-Dihydrobenzo[*d*][1,3]oxazin-2-thion (**95**) dar. Trotz der Tatsache, dass die Substanz bereits seit über 110 Jahren bekannt ist, gibt es bis heute keine verlässliche Methode, **95** in guten Ausbeuten zu produzieren. Die klassische Methode von Paal und Laudenheimer,[110] bei der 2-Aminobenzylalkohol (**93**) mit Schwefelkohlenstoff für mehrere Stunden unter Rückfluss erhitzt wird, liefert das gewünschte Produkt in maximal 30% Ausbeute. Wird die Reaktion in einem abgeschmolzenen Glasrohr durchgeführt, so lässt sich die Ausbeute auf ca. 40% erhöhen. Eine weitere Darstellungsmöglichkeit wurde von Molina *et al.* entwickelt. Diese synthetisierten ausgehend von 2-Azidobenzylalkohol in einer Staudinger-artigen Reaktion unter Einsatz von Triphenylphosphin ein Iminophosphoran, das bei erhöhter Temperatur mit Schwefelkohlenstoff umgesetzt werden konnte, wobei ebenfalls das Thion **95** erhalten wurde.[129] Die maximale Ausbeute bei dieser Methode liegt bei 53%. Während diese beiden Synthesemethoden in ihrer Relevanz durch die niedrige Ausbeute limitiert sind, liegt der Nachteil der dritten literaturbekannten Methode in der Verfügbarkeit der verwendeten Reagenzien. Die Methode von Hirai und Mitarbeitern setzt das teurere Thiocarbonyldiimidazol als Überträger der Thiocarbonyleinheit ein, das durch Zusatz eines nicht kommerziell erhältlichen Thiazoliumkatalysators aktiviert wird.[130] Das gewünschte Produkt **95** kann dabei allerdings in einer guten Ausbeute von 74% erhalten werden.

Bei der Literaturrecherche bezüglich der Synthese anderer zyklischer Thiocarbamate bestätigte sich die Arbeitshypothese, dass die geringen Reaktionsausbeuten der direkten Umsetzung von Schwefelkohlenstoff mit 2-Aminobenzylalkohol (**93**) auf die unzureichende Neigung zur Abspaltung von Schwefelwasserstoff sowie die Reversibilität dieses Reaktionsschrittes zurückführen lassen können. Aus diesem Grund sollen Reagenzien gefunden werden, die die gebildeten Schwefelspezies irreversibel aus der Reaktionsmischung entfernen und gleichzeitig kompatibel mit dem gebildeten Produkt sind. Darüber hinaus sollten sie möglichst ungiftig und leicht anwendbar sein. Wie sich dabei herausstellte, können die Reaktionsausbeuten bei der Bildung von 2-Thioxo-1,3-*O*,*N*-heterocyclen durch Zugabe von Additiven wie beispielsweise Chlorameisensäure,[131,132] Bleinitrat[133,134] oder Wasserstoffperoxid[135] zum Teil drastisch erhöht werden. Vor allem die Methode unter Verwendung von Wasserstoffperoxid war besonders interessant, weil sie einfach, d. h. ohne Schutzgas- bzw. Schlenktechnik, preiswert und schnell durchführbar sein sollte. Die Reaktion wurde jedoch bisher nur für reine Alkylsysteme angewendet.

Ausgehend von diesen Vorarbeiten wurde eine Syntheseroute entwickelt, die das gewünschte Thion in guten Ausbeuten von bis zu 78% lieferte. Die Synthesesequenz ist in Schema 29 zusammengefasst dargestellt.

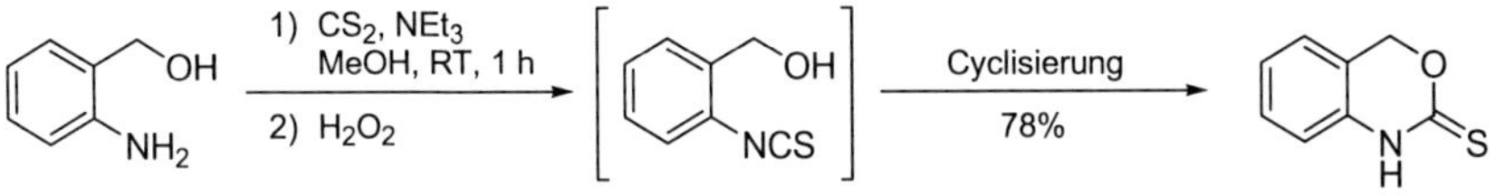

Schema 29: Optimierte Synthese von 1,4-Dihydrobenz[*d*][1,3]oxazin-2-thion (**95**).

Dabei wurde 2-Aminobenzylalkohol (**93**) in Methanol mit drei Äquivalenten Schwefelkohlenstoff sowie einem Äquivalent Triethylamin als Hilfsbase versetzt. Bei weiteren Versuchen stellte sich heraus, dass die Ausbeute durch Erhöhung der Schwefelkohlenstoffmenge nicht mehr gesteigert werden konnte. Bei Anwendung von Imidazol als Base oder CH_2Cl_2 als Lösungsmittel konnte kein Umsatz beobachtet werden.

Durch Zugabe von Wasserstoffperoxid zu der erhaltenen Mischung kam es zu starker Erwärmung und Färbung der Reaktionsmischung und zur Bildung eines Niederschlags von elementarem Schwefel. Die Aufarbeitung der Reaktion erwies sich aufgrund der schwierigen Trennung von Produkt und Edukt sowie der schlechten Löslichkeit des Produktes als problematisch. Durch Optimierung konnte eine kurze säulenchromatographische Reinigung des in Methanol gelösten Rohproduktes mit anschließender Umkristallisation als beste Lösung identifiziert werden. Damit konnte das Produkt in einer guten Ausbeute isoliert werden. Die Verbesserung der Reaktionsausbeute erklärt sich dabei durch die verbesserte Bildung des intermediären Thioisocyanats **136**, das in einem intramolekularen nucleophilen Angriff zum gewünschten Thion **95** führt.

Die hier vorgestellte Methodik stellt die erste Anwendung dieses Reaktionsprinzips auf die Klasse der benzoanellierten Thiocarbamate dar und bietet damit einen neuen und effizienten Zugang zu dieser Substanzklasse.

4.1.3 Synthese des Allylalkohols (98)

Den zweiten Schlüsselbaustein für den Abschluss der formalen Totalsynthese stellte der Allylalkohol **98** dar. Die Synthesestrategie nach Corey[115] erschien dabei zu langwierig, so dass ein schnellerer und einfacherer Zugang zur Substanzklasse der *Z*-chlorsubstituierten Allylalkohole gefunden werden sollte.

Ausgangspunkt sollten in diesem Fall Arbeiten von Lu und Wang[136] bzw. Lu und Lei[137] sein, die entsprechende Verbindungen mit Hilfe einer Palladium(II)-katalysierten Reaktion aufbauen. In der ersten Arbeit aus dem Jahr 1996 zeigten die Autoren, dass Propiolsäureester unter Palladium(II)-Katalyse mit α,β-ungesättigten Verbindungen wie Acrolein (**138**) in Gegenwart einer Halogenidquelle wie Lithiumchlorid oder -bromid zur Reaktion gebracht werden können, wobei die entsprechenden chlor- bzw. bromsubstituierten Allylalkohole in guten Ausbeuten und Selektivitäten erhalten werden können (Schema 30).

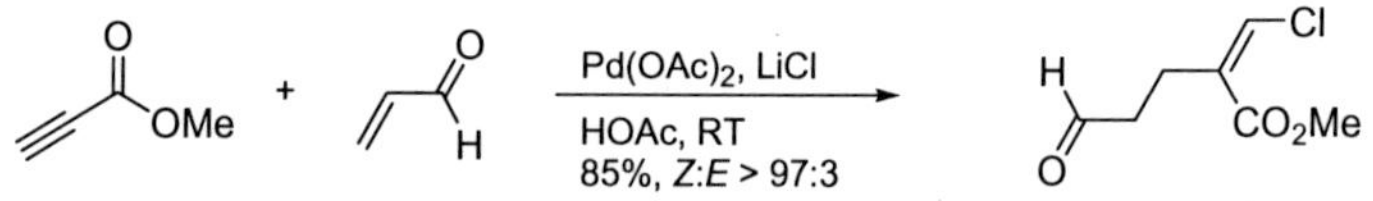

O OMe **137** + O H **138** $Pd(OAc)_2$, LiCl; HOAc, RT; 85%, *Z*:*E* > 97:3 → H O Cl CO_2Me **139**

Schema 30: Pd-katalysierte konjugate Addition von Propiolsäureestern an α,β-ungesättigte Aldehyde.[136]

Bei der Literaturrecherche zeigte sich, dass die entsprechende Umsetzung unter Verwendung eines ungeschützten oder geschützten Propargylalkohols kaum bearbeitet worden war. Es exisitierte nur ein Beispiel, wiederum von Lu, der die Reaktion von 2-Propinyltosylcarbamat (**140**) mit Acrolein (**138**) in Gegenwart eines Palladium(II)-Katalysators und Lithiumbromid berichtete, die ebenfalls stereoselektiv, aber nur in einer moderaten Ausbeute von 59% zum gewünschten Produkt **141** führte (Schema 31).

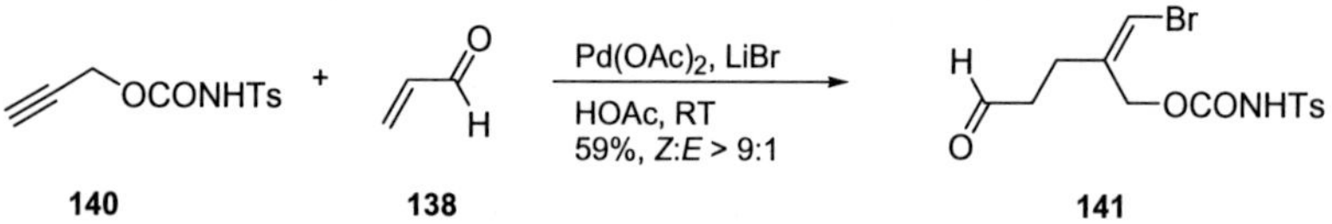

OCONHTs **140** + O H **138** $Pd(OAc)_2$, LiBr; HOAc, RT; 59%, *Z*:*E* > 9:1 → H O Br OCONHTs **141**

Schema 31: Pd-katalysierte konjugate Addition von Propargylalkoholen an α,β-ungesättigte Aldehyde.[137]

Wang und Lu schlagen dabei den in Schema 32 gezeigten Mechanismus für die Reaktion vor. Der Katalysecyclus beginnt mit der Bildung eines π-Komplexes **143** zwischen dem Alkin **142** und der Palladium(II)-Spezies. Dieser wird durch ein geeignetes Nucleophil, beispielsweise

Chlorid oder Bromid angegriffen, so dass **144** insgesamt das Produkt einer *trans*-selektiven Nucleopalladierung darstellt.

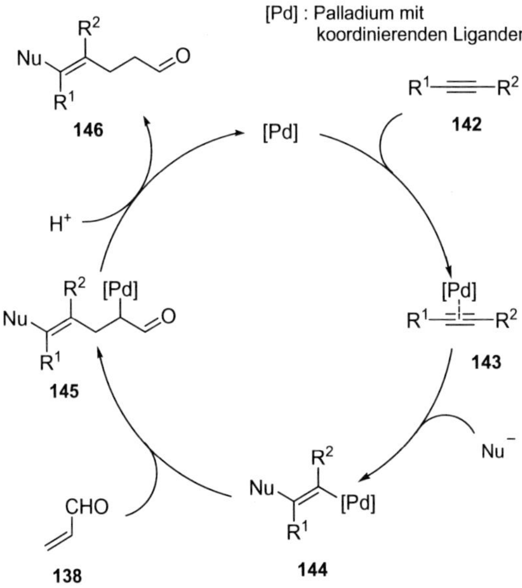

Schema 32: Katalysecyclus der Pd(II)-vermittelten Kupplung eines Alkins mit α,β-ungesättigten Aldehyden.[136]

Dieses Vinylpalladiumintermediat **144** reagiert anschließend unter Acroleininsertion zur (2-Oxyalkyl)palladium-Zwischenstufe **145**. Die abschließende protolytische Spaltung setzt das gewünschte Produkt **146** sowie die regenerierte Palladiumspezies frei.

Eine Erweiterung dieses Reaktionsprinzips war bereits von Corey und Steinhagen berichtet worden, die Methylvinylketon in entsprechender Art und Weise zum Einsatz gebracht hatten.[115] Entsprechende ausgearbeitete Vorschriften für die Umsetzung von Propiolsäureethylester (**100**) mit Methylvinylketon (**101**) waren im Arbeitskreis Bräse vorhanden,[138] so dass diese als Ausgangspunkt für die Reaktion von geeigneten Propargylalkoholen mit Methylvinylketon (**101**) verwendet wurden.

Zuerst wurden dabei Versuche mit nicht geschütztem Propargylalkohol (**147**) durchgeführt. Wie sich allerdings herausstellte, konnte kein Produkt isoliert werden, vielmehr wurde unter einer Vielzahl von Reaktionsbedingungen nur das 1,4-Additionsprodukt **148** von Essigsäure an Methylvinylketon (**101**) erhalten (Schema 33). Dieser Befund wurde auf eine mögliche Zersetzung des Katalysators durch den freien Alkohol zurückgeführt, da es bei Zugabe von

Propargylalkohol (**147**) zur Bildung eines Niederschlags von Palladiumschwarz kam, so dass der Katalysator dem Katalysecyclus entzogen wurde.

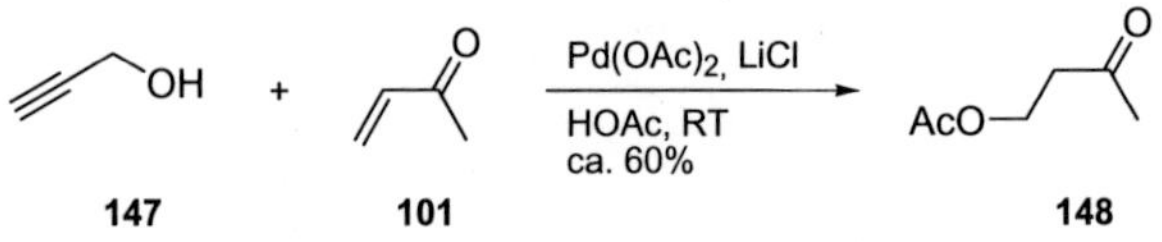

Pd(OAc)2, LiCl
HOAc, RT
ca. 60%
AcO
147 101 148

Schema 33: Reaktion von Propargylalkohol (**147**) mit Methylvinylketon (**101**).

Nachdem deutlich geworden war, dass die direkte Umsetzung mit Propargylalkohol (**147**) nicht einfach möglich ist, sollten weitere Versuche mit geschützten Derivaten durchgeführten werden. Als Testsubstrat für die Durchführung dieser Reaktion wurde 4-methoxybenzylgeschützter Propargylalkohol **150** ausgewählt, da die PMB-Schutzgruppe ausreichend robust ist, um die essigsauren Reaktionsbedingungen der Kreuzkupplung zu überstehen, aber auch ausreichend leicht unter oxidativen Bedingungen abspaltbar ist. Die Synthese der Verbindung **150** kann prinzipiell auf zwei Wegen realisiert werden (Schema 34): durch Umsetzung von Propargylalkohol (**147**) mit 4-Methoxybenzylchlorid (**149**)[139] oder invers durch Einsatz von Propargylbromid (**151**) und 4-Methoxybenzylalkohol (**152**).[140]

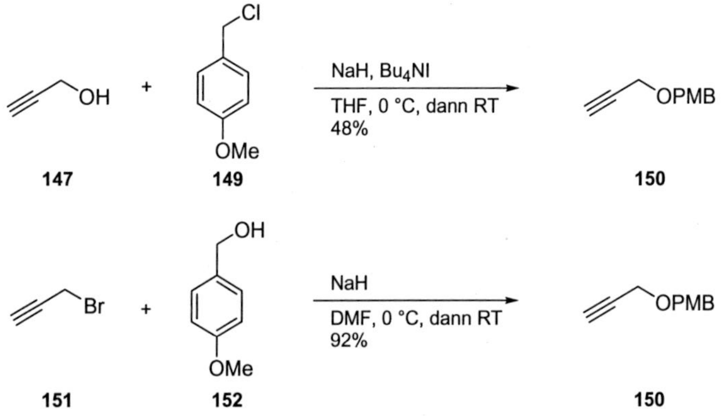

NaH, Bu4NI
THF, 0 °C, dann RT
48%
OPMB
147 149 150

NaH
DMF, 0 °C, dann RT
92%
OPMB
151 152 150

Schema 34: Synthese von PMB-geschütztem Propargylalkohol **150**.

Dabei zeigte sich, dass die Vorgehensweise unter Verwendung von Propargylbromid (**151**) und 4-Methoxybenzylalkohol (**152**) deutlich effektiver ist. Die isolierte Ausbeute betrug bei dieser Variante 92%, während die inverse Vorgehensweise eine maximale Ausbeute von 48% erbrachte.

Der erhaltene PMB-Propargylalkohol **150** wurde dann als Substrat für die Kreuzkupplungsreaktion mit Methylvinylketon eingesetzt (Tabelle 1). Wie sich zeigte, waren die Standardbedingungen, die bei der Umsetzung von Propiolsäureestern sehr gute Ergebnisse geliefert hatten, für die Umsetzung des geschützten Alkohols nur mäßig geeignet (Eintrag 1).

Tabelle 1: Optimierung der Kreuzkupplung von **150** und **101**.[a]

OPMB + O → Pd(OAc)2, LiCl / HOAc → Cl, OPMB, O

150 **101** **153**

Eintrag	Äquiv. $Pd(OAc)_2$	Reaktionszeit	Ausbeute
1	0.02	4 h	25%
2	0.02	6 h	32%
3	0.02	15 h	34%
4	0.03	5 h	33%
5	0.03	15 h	48%
6[b]	0.05	15 h	61%

[a] Alle Reaktionen wurden mit 4 Äquiv. Methylvinylketon und 4 Äquiv. Lithiumchlorid durchgeführt. [b] Reaktion wurde mit 3.5 Äquiv. Lithiumchlorid durchgeführt.

Durch Erhöhung der Reaktionszeit auf 6 h (Eintrag 2) bzw. 15 h (Eintrag 3) konnten die Reaktionsausbeuten nur leicht auf 32 bzw. 34% gesteigert werden, was für eine langsamere Zersetzung des Katalysators sprechen könnte. Aus diesem Grund wurden weitere Versuche mit einer größeren Katalysatorbeladung von 3 mol% und Reaktionszeiten von 5 h bzw. 15 h durchgeführt. Dabei konnte das gewünschte Produkt in 33% (Eintrag 4) und 48% Ausbeute (Eintrag 5) isoliert werden. Durch weitere Erhöhung der Katalysatormenge auf 5 mol% bei einer Reaktionszeit von 15 h konnte die Ausbeute bis auf 61% gesteigert werden, was sich jedoch durch weitere Veränderungen der Äquivalentmengen und Reaktionszeiten nicht mehr verbessern ließ. Das hauptsächlich auftretende Nebenprodukt dieser Reaktion war das bereits beschriebene Additionsprodukt **148** von Essigsäure an Methylvinylketon, eine Nebenreaktion, die durch die höheren Katalysatormengen zurückgedrängt werden kann. Daneben wurden jeweils kleine Mengen des korrespondierenden *E*-Doppelbindungsisomers isoliert.

Nachdem die Methode zur Synthese von Allylalkohol **153** etabliert worden war, sollte dieser weiter in einer Wittig-Reaktion[152] mit *iso*-Propyltriphenylphosphoniumiodid umgesetzt werden. Wie sich dabei herausstellte, konnte diese Reaktion unter Verwendung von *n*-Butyllithium in THF nicht durchgeführt werden. Bei diesen Reaktionsbedingungen wurden jeweils nur Zersetzungsprodukte bzw. eingesetztes Edukt reisoliert. Auch die Verwendung von Lithiumhexamethyldisilazan (LiHMDS) in Toluol erbrachte nicht das gewünschte Produkt. Durch Verwendung von Kaliumhexamethyldisilazan (KHMDS) konnte schließlich das gewünschte tetrasubstituierte Olefin **154** in einer Ausbeute von 56% erhalten werden, wobei zusätzlich 17% der Ausgangsverbindung **153** zurück erhalten wurden, so dass die Ausbeute bezogen auf das zurückgewonnene Edukt bei 69% lag (Schema 35).

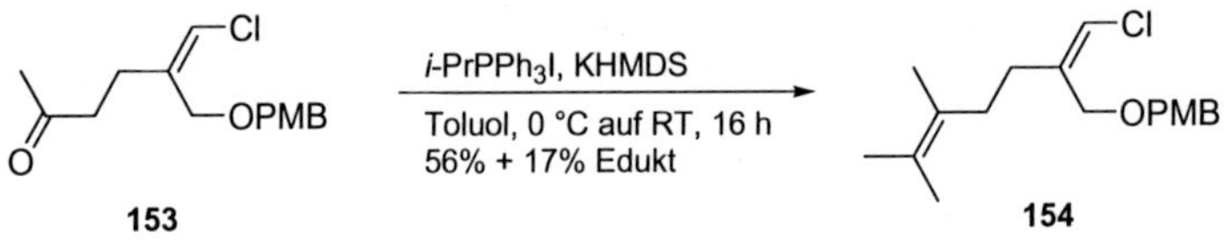

Cl, OPMB, O — **153**

i-$PrPPh_3I$, KHMDS
Toluol, 0 °C auf RT, 16 h
56% + 17% Edukt

Cl, OPMB — **154**

Schema 35: Wittig-Reaktion zur Synthese des PMB-geschützten Olefins **154**.

Weitere Variationen der Reaktionsbedingungen wie beispielsweise der Zusatz von Additiven, verlängerte Reaktionszeiten u. a. erbrachten keine Verbesserung. Eine mögliche Erklärung für die relativ niedrige Reaktionsausbeute und die Isolierung nicht unerheblicher Mengen des Eduktes stellt die Acidität der benzylischen Protonen der PMB-Schutzgruppe dar. Diese führt zu einer bevorzugten Deprotonierung dieser Position durch das gebildete Wittig-Ylid im Gegensatz zur nucleophilen Reaktion am Carbonylkohlenstoff. Darüber hinaus besteht auch die Möglichkeit der Enolatbildung. In beiden Fällen steht das Ylid nicht mehr für die Olefinierungsreaktion zur Verfügung.

Nachdem auch für diesen Reaktionsschritt eine Synthesemethode etabliert und optimiert worden war, musste als abschließende Transformation die Schutzgruppe entfernt werden, um den für die weitere Synthese von Virantmycin benötigten Allylalkohol **98** freizusetzen. Die Standardmethoden zur Entfernung der 4−Methoxybenzylschutzgruppe stellen die oxidativen Spaltbedingungen unter Verwendung von Cer(IV)ammoniumnitrat[141] oder DDQ[142] dar, darüber hinaus existieren Methoden unter Verwendung von Lewis- oder Brønstedsäuren wie Cer(III)chlorid-Heptahydrat[143] oder Trifluoressigsäure.[144] Als eher ungewöhnliche Methode ist eine vor kurzem publizierte Abspaltung durch festphasengebunden Sulfonamide zu nennen.[145]

Unter den Standardbedingungen mit 1.5 Äquivalenten DDQ in einer 19:1-Mischung von Dichlormethan und Wasser konnte das vollständig entschützte Produkt nach einer Stunde in praktisch quantitativer Ausbeute isoliert werden (Schema 36).

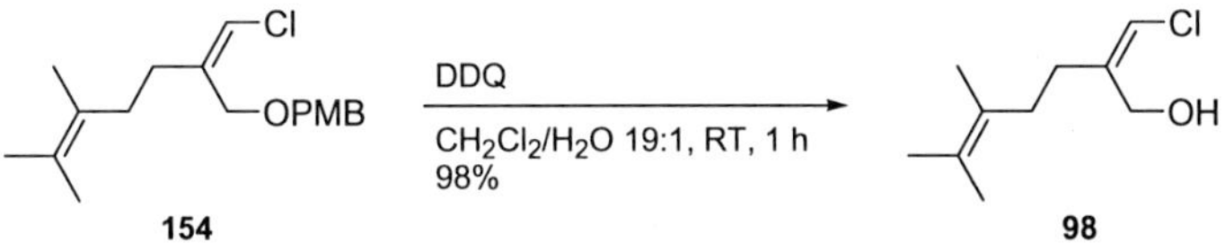

DDQ

CH_2Cl_2/H_2O 19:1, RT, 1 h
98%

154 98

Schema 36: Entschützung von **154** mit DDQ.

Damit konnte die Synthese des benötigten Allylalkohols in einer kombinierten Ausbeute von 31% in 3 Stufen ausgehend von geschütztem Propargylalkohol realisiert werden, was im Hinblick auf die Ausbeute keine Verbesserung zur Synthese von Corey darstellte,[115] die den selben Baustein **98** in einer Gesamtausbeute von 40% über 6 Stufen ergibt. Allerdings konnte durch die Ausarbeitung der neuen Synthesestrategie ein deutlich kürzerer und damit auch schnellerer Zugang zu **98** entwickelt werden.

Weitere Versuche sollten nun einen möglichen Einfluss der Schutzgruppe auf die ausgearbeitete Synthesesequenz untersuchen. Dazu wurden die tri-*iso*-propylsilyl- sowie *tert*-butyldimethylsilylgeschützten Derivate **155** und **156** eingesetzt, wobei **156** kommerziell erhältlich ist und der Silylether **155** in einer einfachen Umsetzung aus dem Silylchlorid in Gegenwart von Imidazol[146] in einer Ausbeute von 93% erhalten werden konnte (Schema 37).

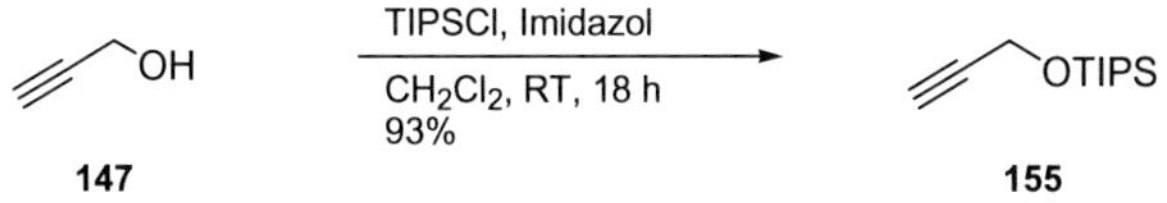

TIPSCl, Imidazol

CH_2Cl_2, RT, 18 h
93%

147 155

Schema 37: Schützung von Propargylalkohol **147** als TIPS-Derivat.[146]

Wurden die beiden Propargylalkohole **155** und **156** unter den für das PMB-Derivat **150** optimierten Bedingungen umgesetzt, so konnte das TIPS-Produkt **157** in 61% Ausbeute isoliert werden, während das TBS-Produkt **158** in nur 47% erhalten werden konnte (Schema 38).

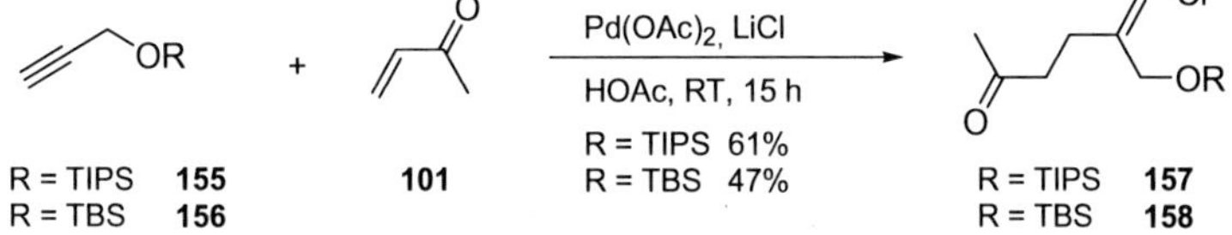

$Pd(OAc)_2$, LiCl

HOAc, RT, 15 h

R = TIPS 61%
R = TBS 47%

R = TIPS **155**
R = TBS **156**

101

R = TIPS **157**
R = TBS **158**

Schema 38: Kreuzkupplung der TIPS- bzw. TBS-geschützten Propargylalkohole **155** bzw. **156**.

Die niedrigere Ausbeute des TBS-Derivates lässt sich dabei vermutlich auf die Tatsache zurückführen, dass TBS-Ether säurelabil sind, so dass eine teilweise Entschützung des

Eduktes stattfindet, was zu einer schnelleren Zersetzung des aktiven Katalysators führt. Da die robusteren TIPS- und PMB-Derivate in gleicher Ausbeute gebildet werden, kann die angewendete Reaktionsmethode aber nichts desto trotz als verlässlich, robust und gut geeignet für die Synthese entsprechender Allylalkohole bezeichnet werden.

Die beiden erhaltenen Ketone wurden dann ebenfalls in der Wittig-Reaktion unter den bereits etablierten Bedingungen umgesetzt. Dabei zeigten sich wiederum deutlich Unterschiede in den Ausbeuten. Im Fall des TIPS-geschützten Ketons **157** konnte das gewünschte Produkt **159** in 90% Ausbeute erhalten werden, während das TBS-Derivat **158** nur in 48% Ausbeute zum zugehörigen Olefin **160** umgesetzt werden konnte, wobei die Ausbeute wie im Fall des PMB-geschützten Ketons **159** durch Einsatz größerer Mengen des Wittig-Ylids nicht gesteigert werden konnte.

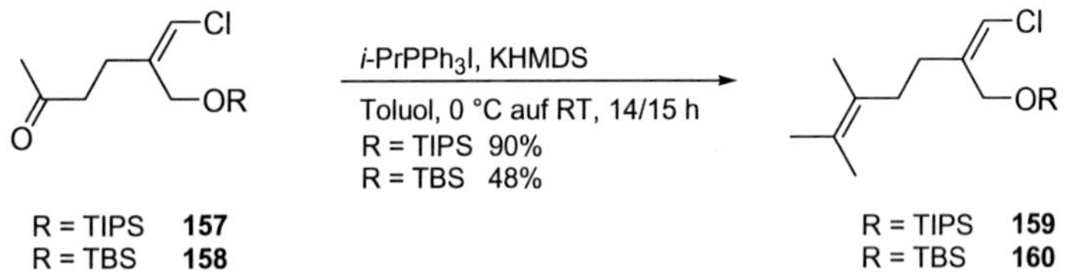

Cl, OR, O
R = TIPS **157**
R = TBS **158**

i-PrPPh$_3$I, KHMDS
Toluol, 0 °C auf RT, 14/15 h
R = TIPS 90%
R = TBS 48%

Cl, OR
R = TIPS **159**
R = TBS **160**

Schema 39: Wittig-Reaktion am TIPS-Derivat **157** sowie am TBS-Derivat **158**.

Auch hier könnte die Erklärung wiederum in der höheren Acidität der TBS-Schutzgruppe sowie deren offensichtlich höheren Labilität begründet sein, darüber hinaus könnte die sehr sperrige TIPS-Schutzgruppe auch die Deprotonierung in α-Stellung zur Carbonylgruppe verhindern. Aufgrund der schlechten Reaktionsausbeuten der TBS-Derivate wurde auf eine weitere Verwendung dieser Schutzgruppe verzichtet.

Die Entschützung des TIPS-geschützten Allylalkohols **159** konnte nach einer literaturbekannten Standardmethode unter Verwendung von Tetra-*n*-butylammoniumfluorid Trihydrat[147] innerhalb von 15 min in einer sehr guten Ausbeute von 90% erreicht werden (Schema 40).

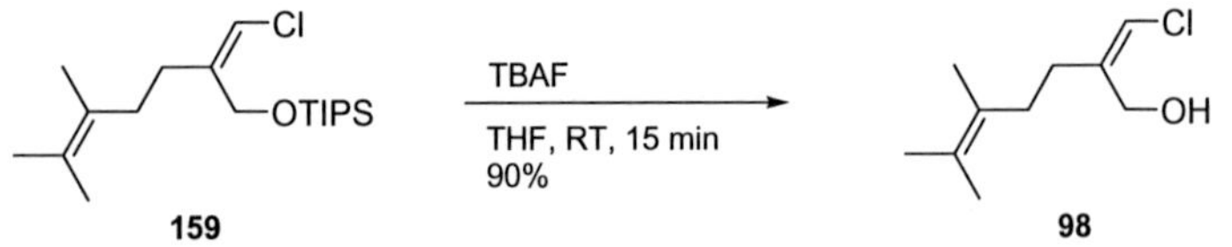

Cl, OTIPS
159

TBAF
THF, RT, 15 min
90%

Cl, OH
98

Schema 40: TIPS-Entschützung von **159** mit TBAF.

Damit konnte der gewünschte Allylalkohol **98** über die TIPS-Schutzgruppenstrategie in 49% Gesamtausbeute ausgehend vom geschützten Propargylalkohol **155** synthetisiert werden, was eine deutliche Verbesserung der bisherigen Syntheseroute darstellt. Zusammenfassend lässt sich sagen, dass erfolgreich eine neue Strategie zur Synthese Z-Chlorsubstituierter Allylalkohole unter Anwendung einer Palladium(II)-katalysierten Kreuzkupplung etabliert werden konnte, die sich insbesondere durch ihre Kürze und Effizienz auszeichnet.

4.1.4 Synthese des Carbamates 135 durch Appel-Reaktion

Nachdem verbesserte Synthesen sowohl für 1,4-Dihydrobenzo[*d*][1,3]oxazin-2-thion (**95**) als auch für den Allylalkohol 2-Chlormethylen-5,6-dimethylhept-5-en-1-ol (**98**) entwickelt worden waren, sollten diese nun unter den von Bräse *et al.* optimierten Reaktionsbedingungen umgesetzt werden.[108]

Wie sich allerdings bei ersten Versuchen herausstellte, war die Isolierung der gebildeten Carbamate schwierig, da sich das als Nebenprodukt der Reaktion anfallende Triphenylphosphinsulfid durch Säulenchromatographie oder Umkristallisation nicht vollständig aus dem Produkt entfernen ließ oder die vollständige Reinigung zu sehr großen Ausbeuteverlusten führte. Aus diesem Grund wurden alternative Aufarbeitungsmethoden ins Auge gefasst, die als Konzept einerseits die die Umwandlung des Triphenylphosphinsulfids in eine leichter abzutrennende Verbindung oder andererseits die Adsorption an einem geeigneten Bindungspartner, d. h. eine Art Affinitätschromatographie, beinhalteten.

Komplexe von Triphenylphosphin mit Iod[148] und Metallhalogeniden[149] sind seit langem bekannt, allerdings führten Versuche zur Adsorption an auf Kieselgel immobilisierten Metallsalzen zu keinerlei Reinigungseffekt, so dass dieser Ansatz verworfen wurde. Zur Derivatisierung von Triphenylphosphinsulfid sind nur sehr wenige Beispiele bekannt, wobei die Alkylierung mit Methyltrifluormethansulfonat[150] aufgrund der möglichen Methylierung des gebildeten Produkts, beispielsweise am Stickstoffatom, als nicht praktikabel angesehen werden kann. Interessanter erschien in diesem Zusammenhang die von Michalski beschriebene Umwandlung von Triphenylphosphinsulfid in Triphenylphosphinoxid, das möglicherweise leichter abzutrennen sein würde, unter Verwendung von Trifluoressigsäureanhydrid. Der von Michalski postulierte Mechanismus für diese Umwandlung ist in Schema 41 dargestellt.[151]

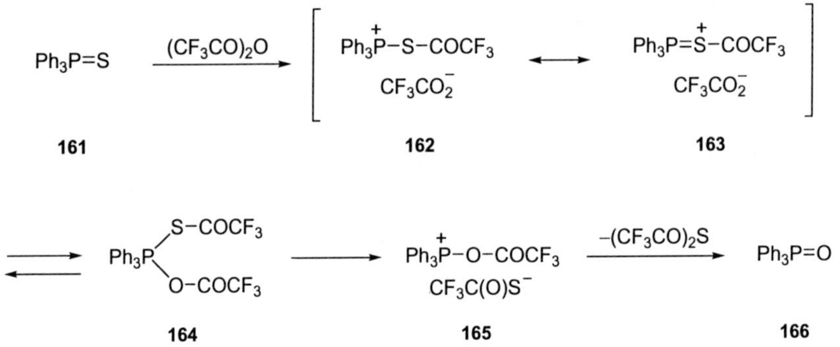

Schema 41: Mechanismus der Umwandlung von Triphenylphosphinsulfid in das Oxid nach Michalski.[151]

Eine Reaktion des wesentlich weniger nucleophilen Stickstoffs des Carbaminsäureesters erschien unwahrscheinlich, so dass Versuche zur Aufarbeitung des Rohproduktes der Appel-Reaktion durchgeführt wurden. Es stellte sich heraus, dass bei vollständiger Entfernung der flüchtigen Bestandteile aus dem Rohprodukt, Lösen in Dichlormethan und Umsatz mit 1.5 Äquivalenten Trifluoressigsäureanhydrid innerhalb von 4 h vollständige Umwandlung zum Triphenylphosphinoxid erreicht werden konnte, das sich säulenchromatographisch restlos entfernen ließ. Die optimierten Ergebnisse sind in Schema 42 zusammengefasst.

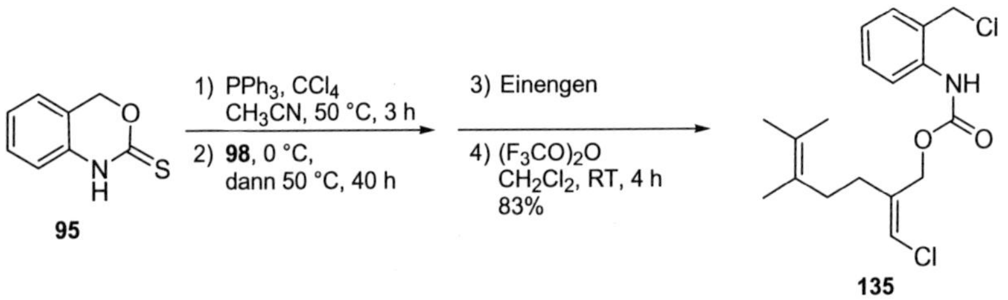

Schema 42: Synthese des Carbamates **135**.

Unter Verwendung dieser verbesserten Methodik konnte das Produkt der Appel-Reaktion, das gewünschte Carbamat **135,** in einer sehr guten Ausbeute von 83% erhalten werden.

4.1.5 Abschluss der formalen Totalsynthese: Cyclisierung und Iodierung

Mit der etablierten Sequenz zur Synthese des Carbamates **135** war der Weg bereitet für die abschließenden Schritte zur formalen Totalsynthese von Virantmycin (**80**). Dazu wurde **135** in der Aza-Diels-Alder-Reaktion unter Standardbedingungen[108] mit verlängerter Reaktionszeit umgesetzt. Hierzu wurde trockenes Cäsiumcarbonat zu der in Dichlormethan gelösten Verbindung gegeben und 96 h bei Raumtemperatur gerührt, wobei das Produkt in einer sehr guten Ausbeute von 85% isoliert werden konnte (Schema 43).

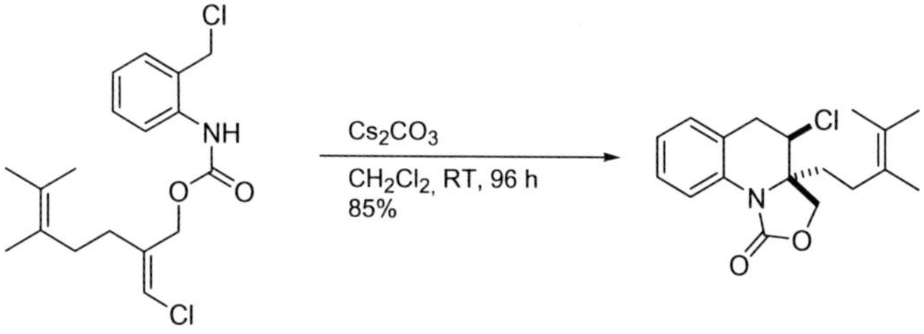

Schema 43: Intramolekulare Diels-Alder-Reaktion zur Synthese des Tricyclus **134**.

Zum Abschluss der formalen Totalsynthese von (±)-Virantmycin ((±)-**80**) sollte der Tricyclus **134** regioselektiv iodiert werden, was durch Einsatz von Iodmonochlorid in Dichlormethan in einer sehr guten Ausbeute von 90% erreicht werden konnte (Schema 44).

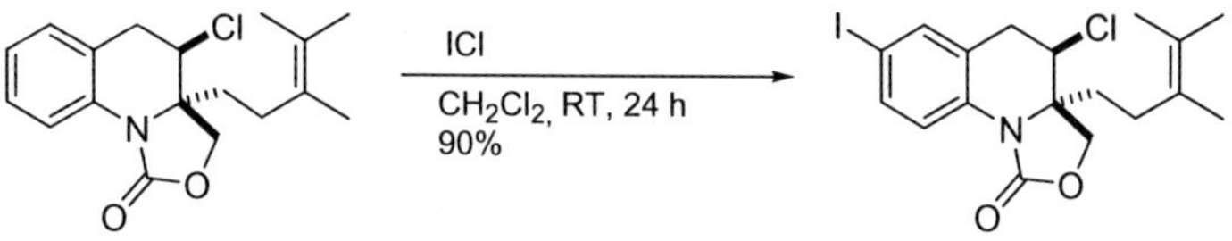

Schema 44: Abschließende Iodierung zur Synthese von **106**.

Damit konnte die Synthese des fortgeschrittenen Intermediats **106** ausgehend vom Thion **95** in 4 Stufen in einer Gesamtausbeute von 49% ausgehend erreicht werden. Die abschließenden Schritte zur Totalsynthese entsprechen denjenigen in der literaturbekannten Synthese von Corey,[115] die in der Einleitung beschrieben wurde (Schema 21). Diese beinhalten eine reduktive Ringöffnung, Methylierung des freien Alkohols, Palladium-katalysierte Carboxymethylierung und abschließende basenkatalysierte Verseifung des Methylesters. Mit der Iodierung konnte deshalb formal die Totalsynthese von Virantmycin (**80**) abgeschlossen werden konnte.

4.2 Arbeiten zur Synthese von Spiculoinsäure A

4.2.1 Retrosynthetische Betrachtungen zur Spiculoinsäure A

Wie bereits in der Aufgabenstellung beschrieben, sollte die biomimetische Diels-Alder-Reaktion die Schlüsselzerlegung in der retrosynthetischen Analyse der (–)-Spiculoinsäure ((–)-**123**) darstellen. Wie in Schema 45 gezeigt sind dabei zwei verschiedene Schutzgruppenstrategien möglich, die sich jedoch in ihrer Durchführung kaum unterscheiden, so dass im Folgenden nur auf die weitere Zerlegung der Verbindung **168** eingegangen werden soll.

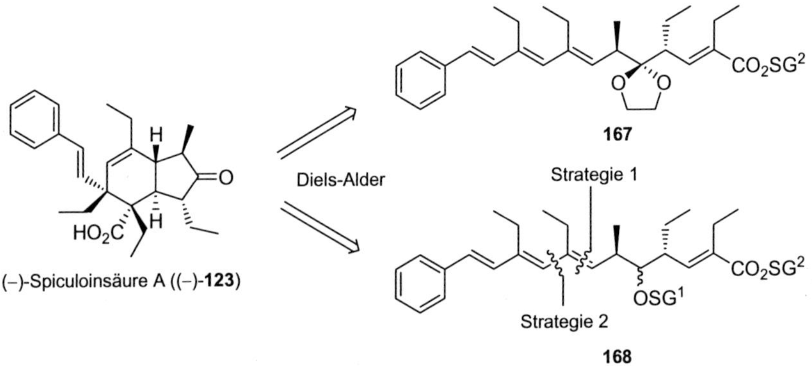

Schema 45: Retrosynthetische Zerlegung durch Diels-Alder-Reaktion – mögliche Schutzgruppenstrategien.

Wie aus Schema 45 leicht ersichtlich, sind zur Gewährleistung eines möglichst konvergenten Zugangs zum linearen Vorläufer **168** zwei verschiedene retrosynthetische Zerlegungen möglich, die im weiteren Verlauf als Strategie 1 bzw. Strategie 2 bezeichnet werden sollen. Bei Strategie 1 handelt es sich um den Aufbau von **168** durch eine Wittig-Reaktion,[152] während für Strategie 2 eine geeignete Kreuzkupplung zum Einsatz kommen sollte. In Betracht gezogen wurden hierbei im speziellen die Negishi-,[153] die Suzuki-[154] und die Stille-Kupplung.[155]

Unter Verwendung von Strategie 1 kann der lineare Vorläufer **168** in das konjugierte ungesättigte Keton **169**, das Phosphoniumiodid **170** sowie ein geeignetes phosphorbasierendes Olefinierungsreagenz **171**, ein Wittig-Salz oder ein Phosphonsäureester zur Durchführung einer HWE-(Horner-Wadsworth-Emmons)-Reaktion (Schema 46).[156] Das ungesättigte Keton **169** kann über eine geeignete Kreuzkupplung aus einem Metallreagenz **172** und einem Vinylhalogenid oder -triflat **173** hergestellt werden. Das zweite Hauptfragment **170** lässt sich auf Ketoalkohol **175** zurückführen, der über eine Borvermittelte Paterson-Aldol-Reaktion[157] leicht aus Keton **176** erhältlich ist. Dieses lässt sich schließlich auf Ester **177** zurückführen (Schema 47).

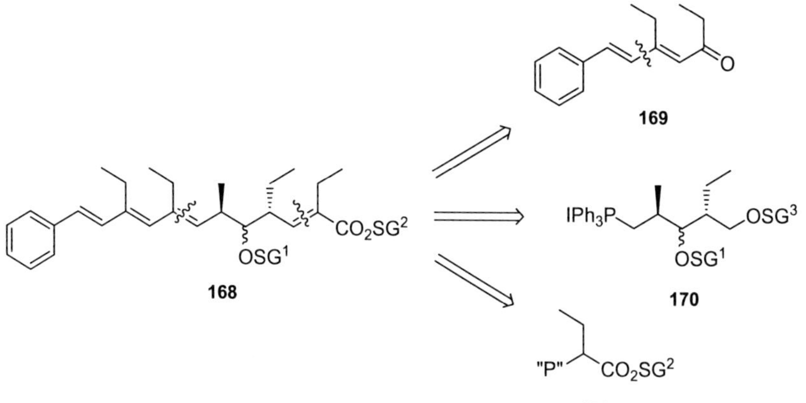

168 169 170 171

Schema 46: Strategie 1 – Verknüpfung der Hauptfragmente **169** und **170** durch eine Wittig-Reaktion.

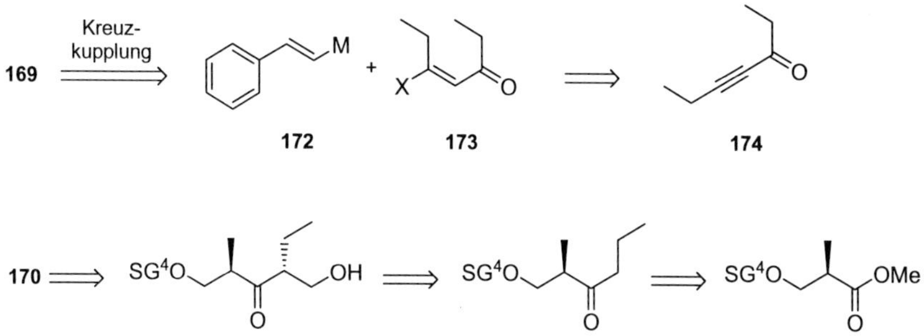

172 173 174

175 176 177

Schema 47: Strategie 1 – Überlegungen zum Aufbau der Fragmente **169** und **170**.

Unter Verwendung von Strategie 2, der Fragmentkupplung über eine Kreuzkupplung erhält man als Vorläufer ein geeignetes Vinylhalogenid **178**, das Dibromolefin **179**, das direkt oder nach Umwandlung in das Alkin in einer Negishi-Kupplung umgesetzt werden kann, sowie das bereits genannte Olefinierungsreagenz **171**. Das Vinylhalogenid **178** kann auf das Alkin **180** zurückgeführt werden, während das geminale Dibromid **179** sich mit einigen Schutzgruppenoperationen sowie Anpassung der Oxidationsstufen ebenfalls auf den aus der Paterson-Aldol-Reaktion erhältlichen Baustein **175** zurückführen lässt, so dass beide Synthesestrategien ausgehend von einem gemeinsamen Vorläufer durchführbar sein sollten.

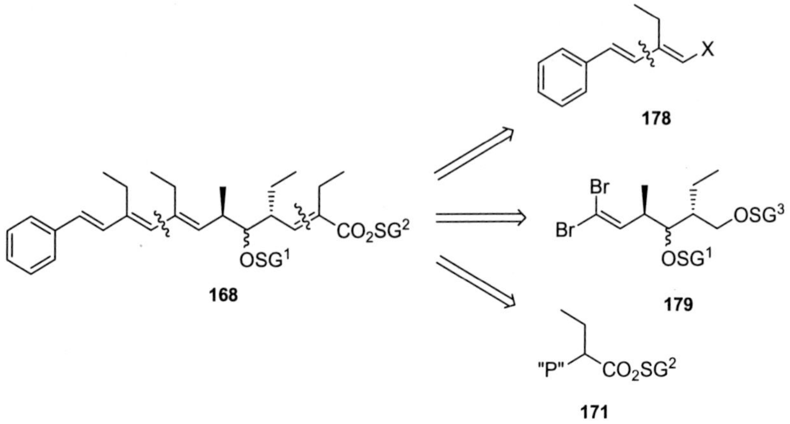

Schema 48: Strategie 2 – Verknüpfung der Hauptfragmente **178** und **179** durch eine Kreuzkupplung.

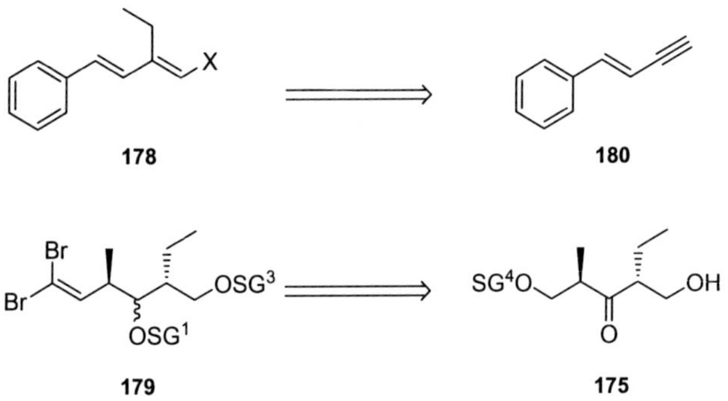

Schema 49: Strategie 2 – Überlegungen zum Aufbau der Fragmente **178** und **179**.

Nachdem die retrosynthetischen Betrachtungen der Spiculoinsäure A (**123**) damit abgeschlossen sind, sollen im Folgenden die durchgeführten Arbeiten beschrieben werden.

4.2.2 Strategie 1 – Fragmentkupplung über Wittig-Reaktion

4.2.2.1 Synthese des chiralen zentralen Bausteins

Die Totalsynthese der Spiculoinsäre A (**123**) erfordert wie in der retrosynthetischen Zerlegung im Kapitel 4.2.1 beschrieben die Synthese eines chiralen Bausteins **175**. Dieser sollte über eine Paterson-Aldol-Reaktion[157] erhalten werden. Der für diese Reaktion benötigte Ketonvorläufer (*R*)-**184** wurde wie in Schema 50 gezeigt auf einfachem Wege in einer dreistufigen Sequenz erhalten.

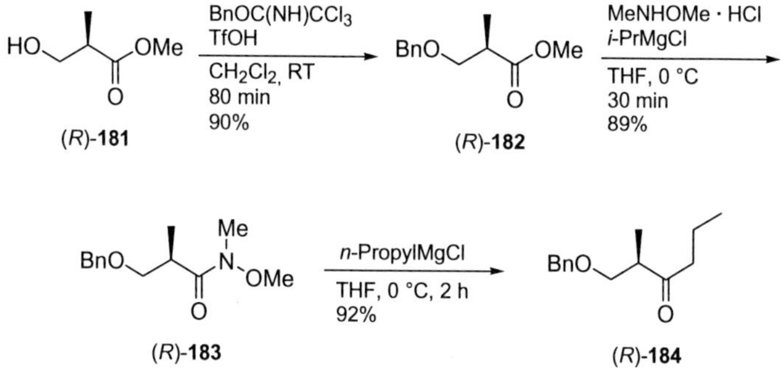

Schema 50: Synthese des Propylketons (*R*)-**184**.

Dabei wurde ausgehend von (*R*)-3-Hydroxy-2-methylpropionsäuremethylester ((*R*)-**181**), dem sog. Roche-Ester, durch Benzyletherbildung mit dem korrespondierenden Trichloracetimidat unter Zusatz katalytischer Mengen Trifluormethansulfonsäure[158] in 90% Ausbeute das entsprechende benzylgeschützte Derivat (*R*)-**182** erhalten. Die Entscheidung fiel hierbei auf diese Schutzgruppe, da sie eine leichte Einführbarkeit mit einer hohen Stabilität gegenüber einer ganzen Reihe von Reaktionsbedingungen verbindet und darüber hinaus mit verschiedensten Methoden relativ leicht wieder abspaltbar ist. Verbindung (*R*)-**183** wurde anschließend nach einer ursprünglich von Williams *et al.*[159] entwickelten und von Paterson optimierten Methode[160] unter Einsatz von *iso*-Propylmagnesiumchlorid und *N*,*O*-Dimethylhydroxylaminhydrochlorid das Weinreb-Amid[161] (*R*)-**183** erhalten, das in einer Grignard-Reaktion[162] mit *n*-Propylmagnesiumchlorid zum gewünschten Propylketon (*R*)-**184** umgesetzt werden konnte. Damit gelang die Synthese dieses Vorläufers für die Aldol-Reaktion in einer Ausbeute von 74% über drei Stufen. Wie sich zeigte, ist die Reaktionsausbeute dabei in einem weiten Ansatzgrößenbereich (500 mg bis 20 g) stabil. Die Methode stellt damit einen verlässlichen Zugang zu diesem wichtigen Baustein dar.

Die so erhaltene Verbindung (*R*)-**184** wurde dann in einer Paterson-Aldol-Reaktion mit gasförmigem Formaldehyd umgesetzt, der durch Erhitzen von wasserfreiem Paraformaldehyd erhalten wurde (Schema 51). Das primär gebildete Bor-Addukt wurde anschließend durch oxidative Aufarbeitung mit Wasserstoffperoxid gespalten, wobei der Ketoalkohol (2*R*,4*R*)-**185** erhalten wurde. Durch NMR-Spektroskopie des Rohproduktes konnte ein Diastereomerenverhältnis von >19:1 zugunsten des *anti*-Isomers (2*R*,4*R*)-**185** bestimmt werden. Nach säulenchromatographischer Reinigung konnte das laut NMR diastereomerenreine Produkt in einer Ausbeute von 90% erhalten werden. Auch hier erwies sich die Reaktionsausbeute über weite Ansatzgrößenbereiche als konstant.

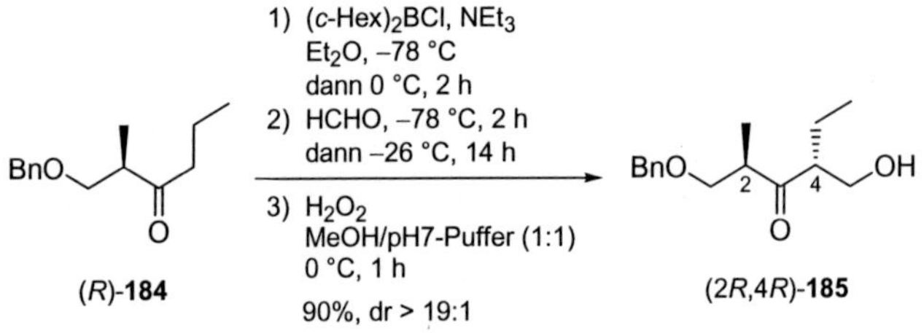

1) (c-Hex)$_2$BCl, NEt$_3$
Et$_2$O, –78 °C
dann 0 °C, 2 h
2) HCHO, –78 °C, 2 h
dann –26 °C, 14 h
3) H$_2$O$_2$
MeOH/pH7-Puffer (1:1)
0 °C, 1 h
90%, dr > 19:1

(*R*)-**184** → (2*R*,4*R*)-**185**

Schema 51: Paterson-Aldol-Reaktion des Propylketons (*R*)-**184** mit Formaldehyd.

Der hohe Grad der Diastereoselektivität dieser Reaktion bedingt hohe Spezifität in beiden stereochemisch wichtigen Teilaspekten der Aldol-Reaktion, was im Folgenden näher beleuchtet werden soll.

Den ersten selektivitätsbestimmenden Teilaspekt der Aldol-Reaktion stellt die selektive Deprotonierung unter Ausbildung des *E*- bzw. *Z*-Enolates aus. Durch die Verwendung eines geeigneten Borreagenzes und einer passenden Base können die entsprechenden Enolate in hervorragenden Selektivitäten erhalten werden. Für die Synthese von *E*-Enolaten wurde bereits von Brown die Kombination von Chlordicyclohexylboran und Triethylamin als optimal erkannt.[163] Die Verwendung von Triethylamin erwies sich dabei als wichtig, da das sterisch anspruchsvollere Di-*iso*-propylethylamin schlechtere Selektivitäten ergab, ebenso war der Einsatz von Diethylether als Lösungsmittel von essentieller Bedeutung. Im Gegensatz dazu sind zur Synthese von *Z*-Enolaten Dialkylbortriflate wie Di-*n*-butylbortriflat in Verbindung mit Aminbasen geeignet.[164]

Den zweiten selektivitätsbestimmenden Teilaspekt stellt die diastereofaciale Selektivität des Angriffs auf das Enolat dar, d.h. die Frage von welcher Seite der Doppelbindung die Reaktion stattfindet. Dies kann im Wesentlichen durch die Betrachtung des mit der Reaktion zusammenhängenden Übergangszustandes erklärt werden, was in Schema 52 zusammenfassend dargestellt ist. Dabei führt der Angriff von der *re*-Seite, also von „vorne“ zum gezeigten Übergangszustand ÜZ 1, während der *anti*-Angriff (von „hinten“) zu ÜZ 2 führt. Die Erklärung der Selektivität dieser Reaktionen erfordert die Betrachtung der relativen sterischen und elektronischen Wechselwirkungen der beiden möglichen Übergangszustände. Wie theoretische Berechnungen nahe legen, läuft die Aldol-Reaktion über einen hochgeordneten sechsgliedrigen Übergangszustand ab, wobei ÜZ 1 das Konformer mit der niedrigsten Energie darstellt.[165] Diese sesselförmige Struktur minimiert die 1,3-Allylspannung[166] mit dem *E*-Enolethylsubstituenten und führt dazu, dass der Methylsubstituent nach außen und der Benzyloxymethylsubstituent nach innen in Richtung des Aldehyds gerichtet ist. Da dies die Konformation mit den größeren sterischen Wechselwirkungen darstellt, muss es sich bei der selektivitätsbestimmenden Wechselwirkung also um einen primär elektronischen Effekt handeln.[157,165] Dies wird zusätzlich dadurch belegt, dass bei einem analogen System der Ersatz des Benzylethersauerstoffs durch einer Methylengruppe zu einem deutlichen Einbruch der Selektivität von 98:2 (*Si*:*Re*) zu 72:28 (*Si*:*Re*) führt.[157] Die wahrscheinlichste Erklärung beruht auf der Annahme, dass es zu einer Wechselwirkung der freien Elektronenpaare des Benzylethersauerstoffs mit dem Enolethersauerstoff kommt, die den ÜZ 2 destabilisiert und damit die Reaktion über die *Re*-Seite, ÜZ 1 und die *anti*-Aldol-Reaktion begünstigt. Es handelt sich also bei dieser Reaktion um eine Umsetzung mit praktisch vollständig substratkontrollierter Stereoselektivität.

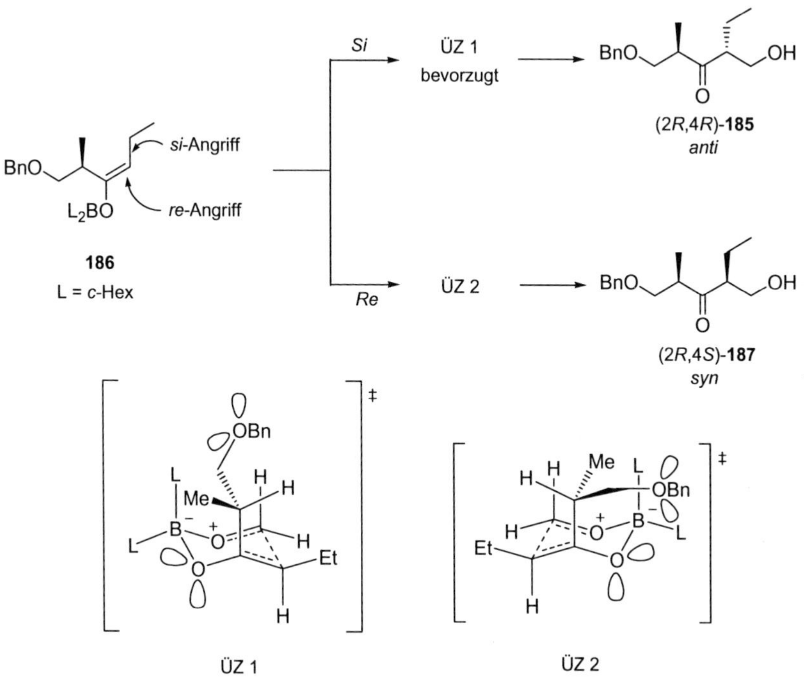

Schema 52: Begründung der Selektivität der durchgeführten Aldol-Reaktion.

In den folgenden Versuchen sollte nun eine geeignete Schutzgruppenstrategie entwickelt werden, die die notwendigen Transformationen zum Wittig-Salz ermöglicht. Die Schützung von Verbindung (2*R*,4*R*)-**185** in Form eines Ketals, vorzugsweise als 1,3-Dioxolan, erschien zu diesem Zeitpunkt als am besten geeignet, da die Ketogruppe an C-3 auch im Produkt benötigt wird und so eine Einstellung der Oxidationsstufe an diesem Kohlenstoff obsolet wäre. Darüber hinaus würde die Reduktion des Ketons im schlechtesten Fall eine

1:1-Mischung der beiden möglichen diastereomeren Alkohole liefern, was die weitere Bearbeitung zusätzlich verkomplizieren würde. In einem ersten Versuch wurde die Bildung des 1,3-Dioxolans von Verbindung (2*R*,4*R*)-**185** unter Standardbedingungen untersucht (Schema 53).

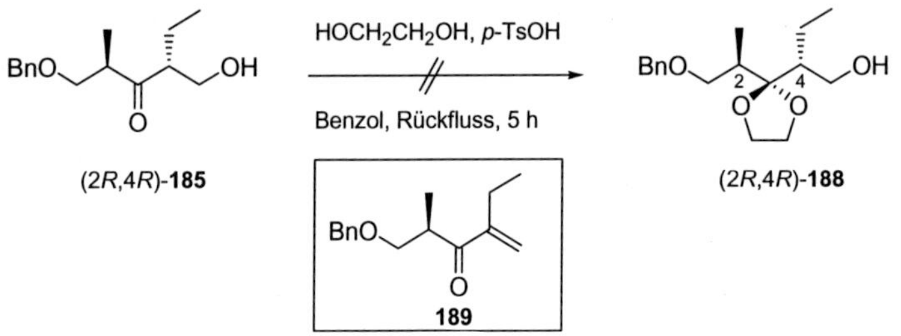

HOCH$_2$CH$_2$OH, *p*-TsOH

Benzol, Rückfluss, 5 h

(2*R*,4*R*)-**185** (2*R*,4*R*)-**188** **189**

Schema 53: Versuchte Schützung von (2*R*,4*R*)-**185** als 1,3-Dioxolan (2*R*,4*R*)-**188**.

Wie sich jedoch herausstellte, konnte kein Umsatz zum gewünschten Ketal (2*R*,4*R*)-**188** erreicht werden, vielmehr erfolgte fast vollständiger Umsatz zum α,β-ungesättigten Keton **189**, das aus der säurekatalysierten Eliminierung von Wasser erhalten werden kann. Aufgrund dieser Vorergebnisse wurde auf weitere Versuche mit dem ungeschützten Alkohol (2*R*,4*R*)-**185** verzichtet und die weiteren Umsetzungen mit geeignet geschützten Derivaten betrachtet. Dazu wurde (2*R*,4*R*)-**185** mit *p*-Methoxybenzyltrichloracetimidat[167] analog zur Benzylschützung in den entsprechenden PMB-geschützten Alkohol (2*R*,4*R*)-**190** überführt.[158] Diese Schutzgruppe zeichnet sich durch hohe Stabilität und relativ milde oxidative Abspaltbedingungen aus und sollte deshalb für die weiteren Umsetzungen gut geeignet sein. Allerdings erwies sich die Reinigung dieses Produktes als schwierig, so dass routinemäßig die leicht mit *p*-Methoxybenzylalkohol verunreinigte Verbindung ein- und umgesetzt werden musste (Schema 54).

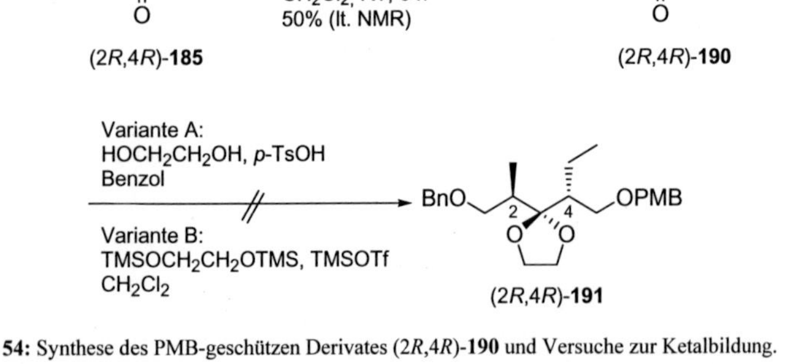

PMBOC(NH)CCl$_3$
TfOH

CH$_2$Cl$_2$, RT, 6 h
50% (lt. NMR)

(2*R*,4*R*)-**185** (2*R*,4*R*)-**190**

Variante A:
HOCH$_2$CH$_2$OH, *p*-TsOH
Benzol

Variante B:
TMSOCH$_2$CH$_2$OTMS, TMSOTf
CH$_2$Cl$_2$

(2*R*,4*R*)-**191**

Schema 54: Synthese des PMB-geschützen Derivates (2*R*,4*R*)-**190** und Versuche zur Ketalbildung.

Das so erhaltene Produkt (2*R*,4*R*)-**190** wurde anschließend verschiedenen Ketalisierungsbedingungen unterworfen (Schema 54), wobei die zugehörigen Ergebnisse in Tabelle 2 zusammengefasst dargestellt sind.

Tabelle 2: Versuche zur Ketalbildung am PMB-geschützten Keton (2*R*,4*R*)-**190**.

Eintrag	Variante	Temperatur	Zeit	Ergebnis
1	A	Rückfluss	20 h	PMBOH, **189**
2	A, 4 Å Molsieb	RT	30 min	Edukt
3	A, 4 Å Molsieb	75 °C	3 h	Edukt
4	B	0 °C, dann RT	5 h	Edukt
5	B	0 °C, dann RT	6 h	Edukt
6	B	0 °C, dann RT	10 h	Edukt

Die Umsetzung unter Standardbedingungen unter Verwendung von Ethylenglykol und *p*-Toluolsulfonsäure in Benzol unter Rückfluss (Eintrag 1) führte zu Eliminierung von *p*-Methoxybenzylalkohol unter Ausbildung des bereits beschriebenen Eliminierungsproduktes **189**. Deshalb wurde unter Zusatz von 4 Å Molsieb bei RT umgesetzt (Eintrag 2),[168] was allerdings ebenso wie die Reaktion bei 75 °C (Eintrag 3) nur zur Reisolierung des eingesetzten Eduktes führte. Zusätzlich wurden Versuche mit dem deutlich reaktiveren 1,2-Bis-[(trimethylsilyl)oxy]-ethan unter Zusatz katalytischer Mengen Trimethylsilyltrifluormethansulfonsäureester durchgeführt,[169] was jedoch bei verschiedenen Reaktionszeiten (Eintrag 4–6) ebenfalls keinerlei Umsatz ergab. Da in keinem der durchgeführten Versuche ein Umsatz beobachtet werden konnte, sollte in weiterführenden Arbeiten ein möglicher Einfluss der Schutzgruppe auf die Bildung des Ketals untersucht werden.

Die Wahl für eine alternative Schutzgruppe fiel dabei auf die Tri-*iso*-propylsilylschutzgruppe, die sich durch eine hohe Inertheit gegenüber den meisten Reaktionstypen, leichte Einführbarkeit und ebenfalls zur Benzylschutzgruppe orthogonale Abspaltbedingungen auszeichnet. Darüber hinaus ist die Neigung zur sauer katalysierten Abspaltung von Tri-*iso*-propylsilanol gegenüber *p*-Methoxybenzylalkohol deutlich erniedrigt, was auch harschere Bedingungen zur Synthese des Ketals erlauben sollte. Die Einführung gelang nach der Standardmethode unter Verwendung des Silylchlorids mit Imidazol als stöchiometrischer Base unter Zusatz von katalytischen Mengen 4-Dimethylaminopyridin in praktisch quantitativer Ausbeute (Schema 55).

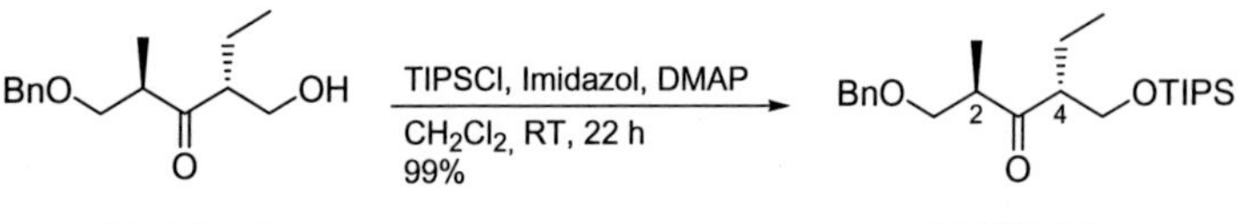

(2*R*,4*R*)-**185** → TIPSCl, Imidazol, DMAP; CH_2Cl_2, RT, 22 h; 99% → (2*R*,4*R*)-**192**

Schema 55: TIPS-Schützung von Ketoalkohol (2*R*,4*R*)-**185**.

Die Ketalisierung des so erhaltenen TIPS-geschützten Alkohols (2*R*,4*R*)-**192** wurde nun ebenfalls unter verschiedenen Bedingungen untersucht, die in Tabelle 3 zusammengefasst sind.

Tabelle 3: Versuche zur Bildung des 1,3-Dioxolans (2*R*,4*R*)-**193** ausgehend von (2*R*,4*R*)-**192**.

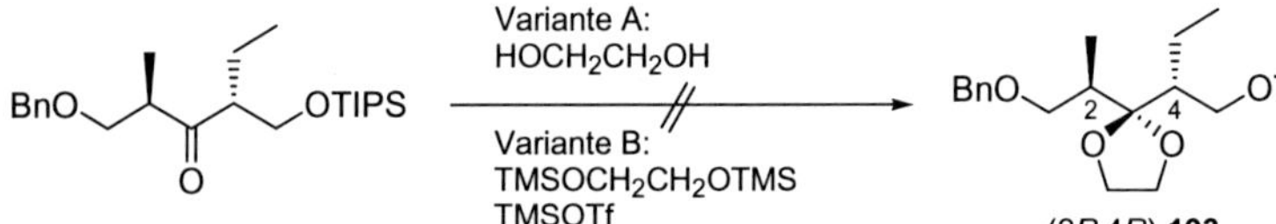

(2*R*,4*R*)-**192** → Variante A: $HOCH_2CH_2OH$; Variante B: $TMSOCH_2CH_2OTMS$, TMSOTf → (2*R*,4*R*)-**193**

Eintrag	Variante	Lösungs-mittel	Temperatur	Zeit	Ergebnis
1	A, *p*-TsOH, 4 Å MS	Benzol	Rückfluss	5 h	Edukt
2	A, *p*-TsOH, $CH(OMe)_3$	Benzol	60 °C	10 h	Edukt
3	A, *p*-TsOH, P_2O_5	Toluol	RT	72 h	Edukt
4	A, TMSCl	–	RT	18 h	Edukt
5	A, *p*-TsOH, Wasserabscheider	Benzol	Rückfluss	16 h	Edukt
6	A, *p*-TsOH, Wasserabscheider	Toluol	Rückfluss	19 h	Edukt
7	B	CH_2Cl_2	0 °C, dann RT	10 h	Edukt

Bei Einsatz von *p*-Toluolsulfonsäure unter Zusatz von 4 Å Molsieb (Eintrag 1) konnte dabei ebenso wenig Produkt erhalten werden wie unter Zusatz von Orthoameisensäuretrimethylester (Eintrag 2),[170] auch der Einsatz von Phosphorpentoxid als wasserentziehenden Zusatz mit Toluol als Lösungsmittel führte nicht zum Umsatz (Eintrag 3). Zusätzlich wurde auch die eher ungewöhnliche Methode nach Waldmann angewendet, bei der ohne Zusatz eines weiteren Lösungsmittels mit einem Überschuss Trimethylsilylchlorid umgesetzt wird,[171] was jedoch im vorliegenden Fall ebenfalls keinerlei Umsatz erbrachte (Eintrag 4). Auch durch Einsatz eines Wasserabscheiders unter Verwendung von Benzol (Eintrag 5) bzw. Toluol (Eintrag 6) konnte keinerlei Reaktion zum Produkt beobachtet werden. Als sich herausstellte, dass auch die Reaktion mit der aktivsten Ketalisierungsreagenzienkombination (Eintrag 7) nur zur Reisolierung des Eduktes führte, wurden Versuche zur Verwendung anderer Ketalschutzgruppen durchgeführt (Schema 56).

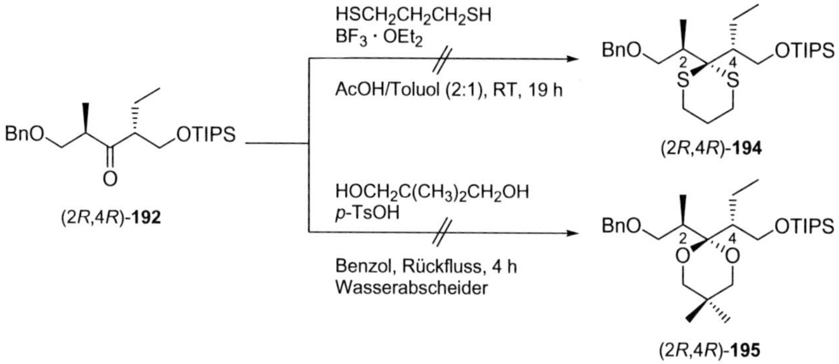

$HSCH_2CH_2CH_2SH$
$BF_3 \cdot OEt_2$
AcOH/Toluol (2:1), RT, 19 h

BnO OTIPS O (2*R*,4*R*)-**192**

BnO OTIPS S S (2*R*,4*R*)-**194**

$HOCH_2C(CH_3)_2CH_2OH$
p-TsOH
Benzol, Rückfluss, 4 h
Wasserabscheider

BnO OTIPS O O (2*R*,4*R*)-**195**

Schema 56: Versuche zur Synthese anderer Ketale ausgehend von (2*R*,4*R*)-**192**.

Die Wahl fiel dabei auf das 1,3-Dithian, das sich aufgrund der höheren Nucleophile möglicherweise leichter bilden sollte, sowie das 4,4-Dimethyl-1,3-dioxolan, das nach der Bildung des Halbacetals durch die geminale Dimethylsubstitution hin zum Acetal geschoben werden könnte.

Wie sich herausstellte, konnte jedoch weder bei der Synthese des Dithians unter Verwendung von Propandithiol und Bortrifluorid-Etherat in einer Mischung aus Essigsäure und Toluol[172] noch bei der Synthese des Dimethyldioxolans nach einer Standardmethode ein Umsatz erzielt werden, so dass die Möglichkeit der Acetalbildung an einem doppelt geschützten Derivat wie (2*R*,4*R*)-**190** und (2*R*,4*R*)-**192** verworfen wurde.

Aus diesem Grund wurden noch einige weitere abschließende Versuche zu Ketalisierungsreaktionen in Abwesenheit der Benzylschutzgruppe durchgeführt. Dazu wurde zuerst die Schutzgruppe durch Hydrierung mit Palladium auf Aktivkohle[173] in Methanol entfernt, was in praktisch quantitativer Ausbeute innerhalb von 4 Stunden gelang. Die Verwendung von Methanol erwies sich dabei als wichtig, da bei Einsatz von Ethanol kein Umsatz beobachtet werden konnte.

BnO
OTIPS
O
H2, 10% Pd/C
MeOH, RT, 4 h
99%
HO
2
4
OTIPS
O

(2*R*,4*R*)-**192** (2*R*,4*R*)-**196**

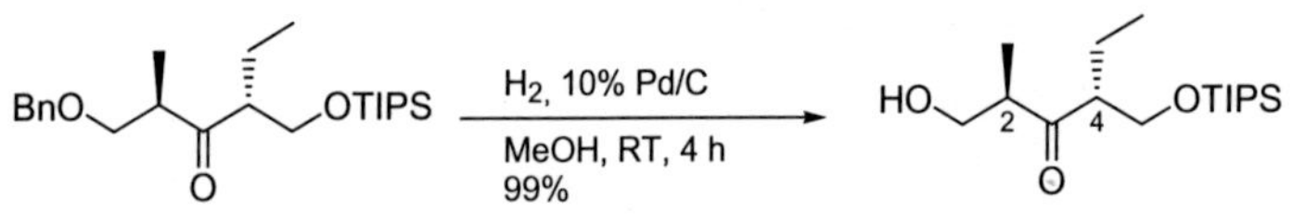

Schema 57: Entschützung des benzylgeschützten Derivates (2*R*,4*R*)-**192** durch Hydrogenolyse.

Der so erhaltene monogeschützte Ketoalkohol (2*R*,4*R*)-**196** wurde anschließend zwei verschiedenen Ketalisierungsbedingungen ausgesetzt (Schema 58).

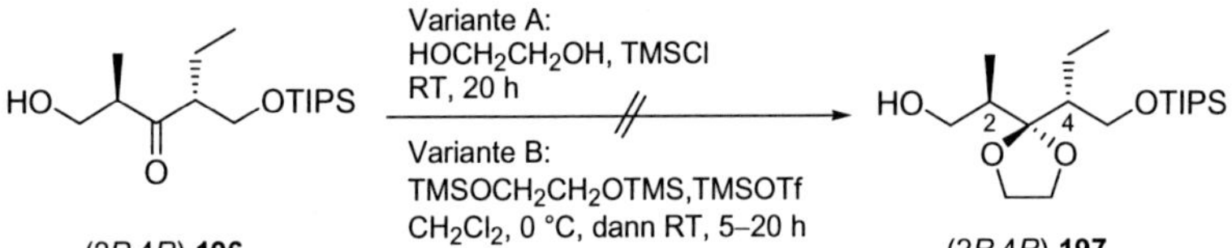

HO
OTIPS
O
Variante A:
HOCH2CH2OH, TMSCl
RT, 20 h
Variante B:
TMSOCH2CH2OTMS,TMSOTf
CH2Cl2, 0 °C, dann RT, 5–20 h
HO
2
4
OTIPS
O
O

(2*R*,4*R*)-**196** (2*R*,4*R*)-**197**

Schema 58: Ketalisierungsversuche am TIPS-geschützten Alkohol (2*R*,4*R*)-**196**.

Wie sich jedoch herausstellte, konnte weder unter Einsatz der Variante nach Waldmann[171] noch der effektivsten Variante mit 1,2-Bis-[(trimethylsilyl)oxy]-ethan und Trimethylsilyl-trifluormethansulfonsäureester mit verschiedenen Reaktionszeiten das gewünschte Ketal (2*R*,4*R*)-**197** erhalten werden. Nachdem auch diese letzten Versuche negativ verlaufen waren, konnten Effekte der Schutzgruppen auf die Bildung des Ketals weitgehend ausgeschlossen werden. Vielmehr scheint die Ketogruppe durch die doppelte α-Substitution sterisch so stark abgeschirmt zu sein, dass eine Ketalisierung verhindert wird. Aus diesem Grund wurde diese Verbindungsklasse als Schutzgruppenkonzept für die Synthese des zentralen Vorläufers verworfen.

Nachdem sich die Beibehaltung der Ketogruppe als nicht praktikabel erwiesen hatte, wurden Methoden zur stereoselektiven Reduktion der Carbonylgruppe zum Alkohol untersucht, der dann mit einer geeigneten Schutzgruppe versehen werden sollte, um die weitere Synthese des gewünschten chiralen Bausteins zu ermöglichen.

In einem ersten Vorversuch wurde deshalb die Reduktion des benzyl- und *p*-methoxygeschützten Derivates (2*R*,4*R*)-**190** mit Natriumborhydrid in Methanol untersucht. Wie zu erwarten war, wurde das Produkt (2*R*,4*R*)-**198** in diesem Fall in einer Ausbeute 75% ohne jede Stereokontrolle gebildet. Dies lässt sich damit erklären, dass die Reduktion in diesem Fall mit Hilfe von nascierendem Wasserstoff vonstatten geht, der sehr schnell und damit unselektiv an die Carbonylgruppe angreift. Darüber hinaus ist der relative

Größenunterschied zwischen einer Ethyl- und einer Methylgruppe nicht sehr groß, folglich können diese Substituenten keinen sehr starken stereokontrollierenden Effekt in dieser Reduktion haben.

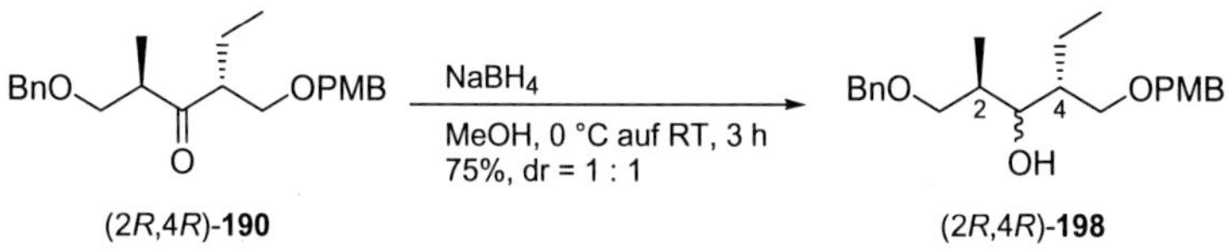

BnO OPMB O (2*R*,4*R*)-**190** $NaBH_4$ MeOH, 0 °C auf RT, 3 h 75%, dr = 1 : 1 BnO 2 4 OPMB OH (2*R*,4*R*)-**198**

Schema 59: Natriumborhydrid-Reduktion des doppelt geschützten Derivates (2*R*,4*R*)-**190**.

Entsprechende Versuche wurden auch mit dem benzyl- und tri-*iso*-propylsilylgeschützten Derivat (2*R*,4*R*)-**192** durchgeführt. Dazu wurden verschiedene Bedingungen zur Reduktion getestet, die in Tabelle 4 zusammengefasst sind.

Tabelle 4: Versuche zur Reduktion des TIPS- und Bn-geschützten Alkohols (2*R*,4*R*)-**192**.

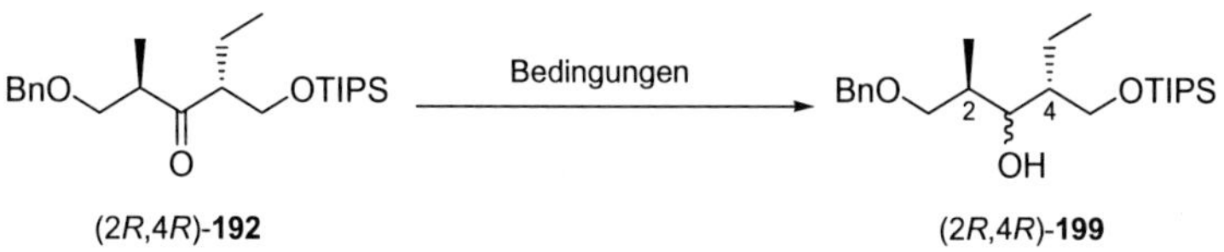

BnO OTIPS O (2*R*,4*R*)-**192** Bedingungen BnO 2 4 OTIPS OH (2*R*,4*R*)-**199**

Eintrag	Reagenzien	Lösungs-mittel	Temperatur	Zeit	Ergebnis
1	$NaBH_4$	MeOH	0 °C	1 h	88%, dr = 1:1
2	$NaBH_4$, $CeCl_3$	MeOH	–78 °C, RT	105 min	50%, dr = 1:1
3	$NaBH_3CN$, $TiCl_4$	CH_2Cl_2	–78 °C	30 min	Edukt
4	$NaBH(OAc)_3$	THF/HOAc	0 °C, RT	16 h	Edukt

Bei Verwendung von Natriumborhydrid in MeOH konnte auch in diesem Fall keinerlei Selektivität in der Reduktion beobachtet werden, so dass der Alkohol (2*R*,4*R*)-**199** in einer Ausbeute von 88% als 1:1-Mischung der beiden möglichen Diastereomere erhalten wurde (Eintrag 1). Auch die Reduktion unter Luche-Bedingungen,[174] die langsamer und damit selektiver ablaufen sollte, erbrachte nur eine Mischung der Alkohole (Eintrag 2). Bei Einsatz der selektiveren Reduktionsmethoden mit chelatisierenden Reagenzienkombination wie Natriumcyanoborhydrid in Verbindung mit Titantetrachlorid (Eintrag 3)[175] oder Natriumtriacetoxyborhydrid (Eintrag 4)[176] konnte kein Umsatz erreicht werden. Offensichtlich sind diese Reduktionsmittel nicht ausreichend stark, um ohne chelatisierende

Wechselwirkungen mit einer freien β-Hydroxygruppe eine Reduktion des Ketons zu erreichen.

Die weiteren Versuche wurden deshalb mit den beiden monogeschützten Ketonen, dem tri-*iso*-propylsilylgeschützten Derivat (2*R*,4*R*)-**196** und dem benzylgeschützten Derivat (2*R*,4*R*)-**185**, durchgeführt. Dabei ist insbesondere die stereoselektive Reduktion von α-chiralen β-Hydroxyketonen durch die Hydridüberträger Tetramethylammoniumtriacetoxyborhydrid bzw. Natriumtriacetoxyborhydrid literaturbekannt.[176] Wird, wie in Schema 60 gezeigt, das chirale β-Hydroxyketon **200** mit Tetramethylammoniumtriacetoxyborhydrid behandelt, so erhält man die beiden möglichen Produkte **201** und **202** in einer akzeptablen Stereoselektivität von 83:17 zugunsten des *syn*-Diastereomers.

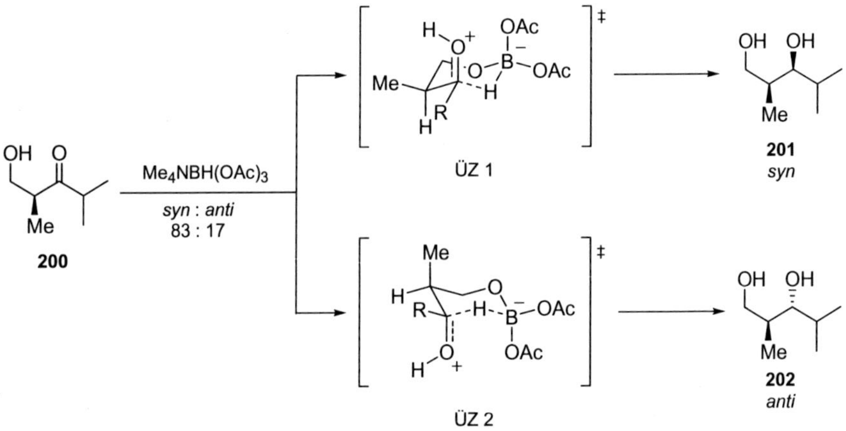

Schema 60: Stereoselektivität der Reduktion mit Tetramethylammoniumtriacetoxyborhydrid.[176]

Die Autoren begründen dies mit Hilfe stereoelektronischer Überlegungen auf der Basis des Anh-Eisenstein-Modells.[177] Dieses Modell sagt voraus, dass der α-Substituent bei der Addition an die Carbonylgruppe bevorzugt antiperiplanar zur sich neu bildenden C-H-Bindung steht und dass der entsprechende Übergangszustand stabilisert ist. Dies gilt im Beispiel für ÜZ 1, so dass die Reaktion mit einer signifikanten Bevorzugung zum *syn*-Produkt **201** abläuft.

Werden die beiden monogeschützten Verbindungen (2*R*,4*R*)-**185** und (2*R*,4*R*)-**196** mit Natriumtriacetoxyborhydrid in einer Mischung von THF mit Essigsäure bei 0 °C umgesetzt, so erhält man die jeweiligen *syn*-Alkohole (2*R*,3*R*,4*R*)-**203** bzw. (2*R*,3*S*,4*R*)**204** in Ausbeuten von 90% bzw. 72%. Die Diastereoselektivität der Reaktion, die durch NMR des Rohproduktes bestimmt wurde, war in beiden Fällen und auch in allen mehrfach durchgeführten Ansätzen stabil bei ca. 9:1. Damit besteht durch die gezeigte Schutzgruppenstrategie Zugang zu beiden an C-3 diastereomeren Alkoholen, was in späteren Arbeiten ggf. zur Untersuchung des Einflusses der Stereochemie auf die Cyclisierung in der Diels-Alder-Reaktion genutzt werden könnte.

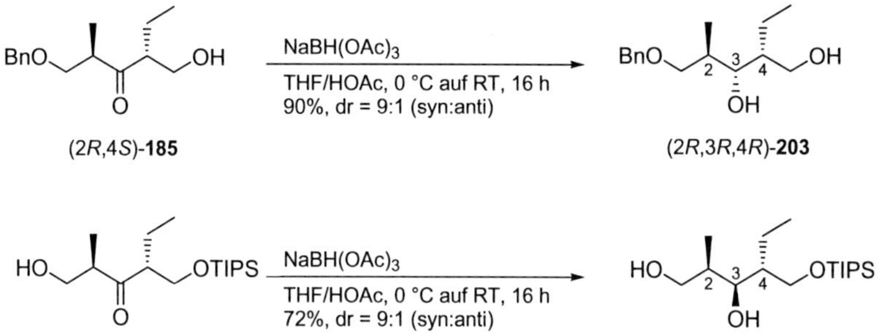

(2*R*,4*S*)-**185** → NaBH(OAc)$_3$, THF/HOAc, 0 °C auf RT, 16 h, 90%, dr = 9:1 (syn:anti) → (2*R*,3*R*,4*R*)-**203**

(2*R*,4*S*)-**196** → NaBH(OAc)$_3$, THF/HOAc, 0 °C auf RT, 16 h, 72%, dr = 9:1 (syn:anti) → (2*R*,3*S*,4*R*)-**204**

Schema 61: Stereoselektive Reduktion der beiden monogeschützten Derivate (2*R*,4*R*)-**185** und (2*R*,4*R*)-**196**.

Zuerst wurden weitere Umsetzungen an der Benzylverbindung (2*R*,3*R*,4*R*)-**203** untersucht. Dazu wurde Verbindung (2*R*,3*R*,4*R*)-**203** zuerst doppelt mit der *tert*-Butyldimethylsilylschutzgruppe versehen, was unter Verwendung von *tert*-Butyldimethylsilyltrifluormethansulfonat mit 2,6-Lutidin als Base[178] in einer Ausbeute von 64% gelang (Schema 62). Bei Umsatz mit dem entsprechenden Chlorsilan unter Zusatz von Imidazol konnte maximal eine Ausbeute von 30% erreicht werden.

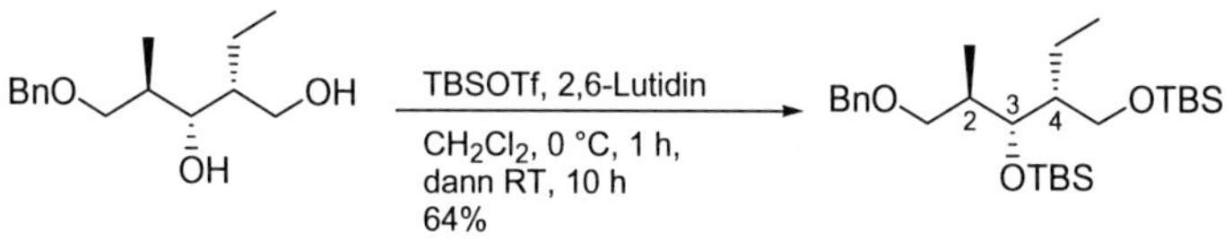

(2*R*,3*R*,4*R*)-**203** → TBSOTf, 2,6-Lutidin, CH_2Cl_2, 0 °C, 1 h, dann RT, 10 h, 64% → (2*R*,3*R*,4*R*)-**205**

Schema 62: Doppelte TBS-Schützung von (2*R*,3*R*,4*R*)-**203**.

Anschließend sollte die Silylschutzgruppe am primären Alkohol entfernt werden. Dies konnte in einer 1:1-Mischung von Dichlormethan und Methanol durch Zugabe von 0.2 Äquivalenten Pyridinium-*para*-toluolsulfonat in einer Ausbeute von 51% erreicht werden (Schema 63).[178] Die Ausbeuten der Reaktion konnten allerdings trotz aller Optimierungen im Bezug auf Lösungsmittel, Säureäquivalente und Reaktionsdauer nicht verbessert werden, da bei allen getesteten Bedingungen nicht unerhebliche Mengen des doppelt TBS-entschützten Produktes (2*R*,3*R*,4*R*)-**203** erhalten wurden.

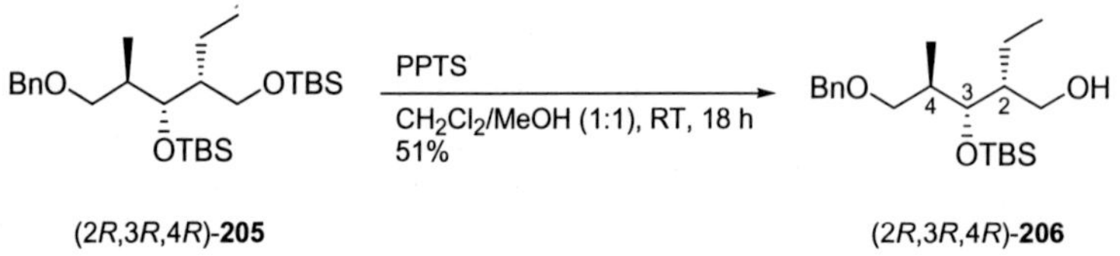

BnO ... OTBS / OTBS (2R,3R,4R)-205 → PPTS, CH2Cl2/MeOH (1:1), RT, 18 h, 51% → (2R,3R,4R)-206

Schema 63: Entschützung des primären Silylethers von (2*R*,3*R*,4*R*)-**205**.

Mit diesem Baustein in Händen wurden Versuche zur Oxidation und anschließenden Olefinierungsreaktion gemacht, um den Aufbau des Zentralfragmentes weitgehend abschließen zu können. Dabei wurden zwei Methoden zur Anwendung gebracht, die beide den gewünschten Aldehyd (2*S*,3*R*,4*R*)-**207** in guten Ausbeuten lieferten: die Parikh-Doering-Oxidation unter Verwendung von Schwefeltrioxid-Pyridin-Komplex[179] bzw. die TEMPO-Oxidation.[180] Aufgrund der Annahme, dass dieser racemisierungsgefährdet ist, wurde der Aldehyd (2*S*,3*R*,4*R*)-**207** direkt weiter umgesetzt.

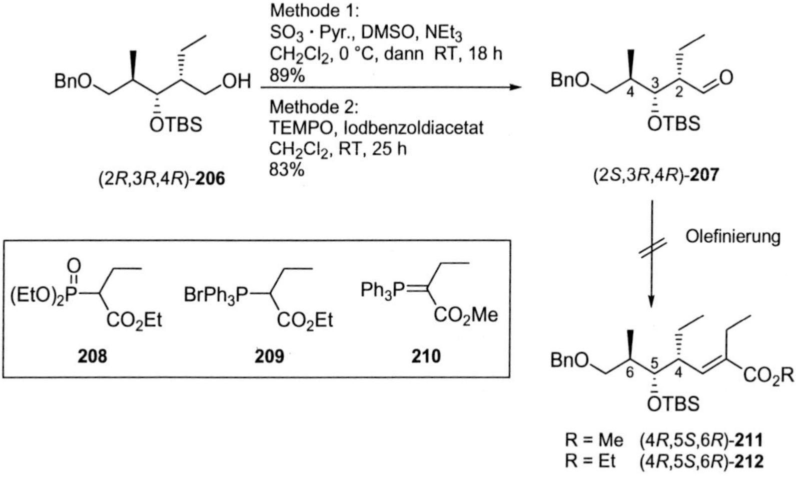

(2R,3R,4R)-206 → Methode 1: SO_3 · Pyr., DMSO, NEt_3, CH_2Cl_2, 0 °C, dann RT, 18 h, 89%; Methode 2: TEMPO, Iodbenzoldiacetat, CH_2Cl_2, RT, 25 h, 83% → (2S,3R,4R)-207 → Olefinierung (⧣) → R = Me (4R,5S,6R)-211; R = Et (4R,5S,6R)-212

$(EtO)_2P(O)$–CH(Et)–CO_2Et **208**; $BrPh_3P$–CH(Et)–CO_2Et **209**; Ph_3P=C(Et)–CO_2Me **210**

Schema 64: Oxidation des digeschützen Alkohols (2*R*,3*R*,4*R*)-**206** und Versuche zur Olefinierung.

Die durchgeführten Versuche zur Synthese des α,β-ungesättigten Esters (4*R*,5*S*,6*R*)-**211** bzw. (4*R*,5*S*,6*R*)-**212** blieben jedoch allesamt ergebnislos. Bei Verwendung von kommerziell erhältlichem Triethylphosphonobutyrat (**208**) unter Masamune-Roush-Bedingungen (Lithiumchlorid, Diazabicyclo[5.4.0]undec-7-en, Acetonitril)[181] wurde das Edukt zurück erhalten, bei Einsatz starker Basen wie KHMDS, *n*-Butyllithium[182] oder Natriumhydrid[183] kam es zur Zersetzung unter Bildung einer Reihe nicht näher definierbarer Produkte. Das nicht kommerziell erhältliche Wittig-Salz **209** wurde nach verschiedenen Methoden

(2-Brombutyrat, Triphenylphosphin in verschiedenen Lösungsmitteln, verschieden Temperaturen)[184] hergestellt, was sich aber aufgrund der Bildung verschiedener Polymerisationsprodukte während der Umsetzung schwierig gestaltete, so dass maximale Ausbeuten von ca. 40% erreicht wurden. Auch hier konnte jedoch unter Verwendung verschiedener starker Basen kein Umsatz bzw. Zersetzung des Eduktes beobachtet werden. Auch die Verwendung des Ylids **210**[185] in refluxierendem Benzol erbrachte keinen Umsatz zum gewünschten Produkt (4*R*,5*S*,6*R*)-**211**, sondern führte zur Reisolierung des eingesetzten Edukts.

Um einen möglichen Einfluss der TBS-Schutzgruppe auf die Olefinierungsreaktion zu untersuchen, wurde das benzylgeschützte Triol (2*R*,3*R*,4*R*)-**203** in der bereits beschriebenen TEMPO-Oxidation mit Iodbenzoldiacetat[185] umgesetzt, wobei selektiv die primäre Alkoholfunktion zum Aldehyd oxidiert wird, was mit den meisten anderen Oxidationsmethoden nicht zu erreichen ist, wobei auch hier auf eine weitergehende Reinigung des potentiell empfindlichen Aldehyds verzichtet wurde. Unter Verwendung des in Schema 64 gezeigten Phosphonats **208** konnte wiederum kein Umsatz erreicht werden bzw. es wurde die Zersetzung des Eduktes beobachtet, in diesem Fall vor allem durch Eliminierung von Wasser unter Ausbildung des α,β-ungesättigten Aldehyds.

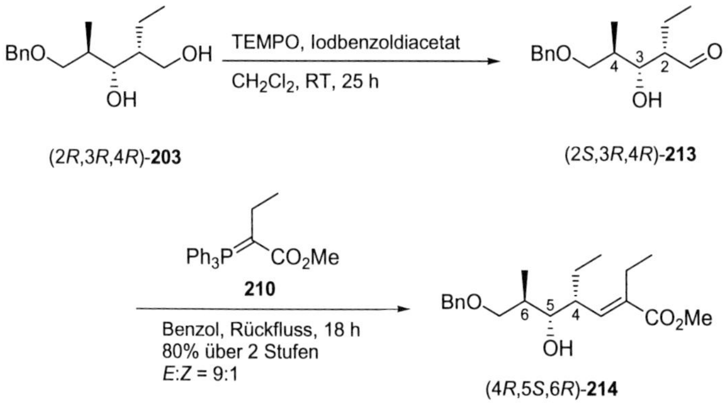

TEMPO, Iodbenzoldiacetat
CH_2Cl_2, RT, 25 h

(2*R*,3*R*,4*R*)-**203** (2*S*,3*R*,4*R*)-**213**

Ph_3P=C(Et)CO_2Me **210**
Benzol, Rückfluss, 18 h
80% über 2 Stufen
E:*Z* = 9:1

(4*R*,5*S*,6*R*)-**214**

Schema 65: Oxidation des benzylgeschützten Triols (2*R*,3*R*,4*R*)-**203** und anschließende Wittig-Reaktion.

Bei Verwendung des Ylids **210** konnte das gewünschte Olefin in einer Ausbeute von 80% über zwei Stufen erhalten werden, wobei die beiden möglichen Doppelbindungsisomere in einem Verhältnis von ca. 9:1 (bestimmt aus dem NMR-Spektrum des Rohproduktes) zugunsten des gewünschten *E*-Isomers erhalten wurden. Damit war der Beweis erbracht, dass die *tert*-Butyldimethylsilylschutzgruppe an der sekundären Alkoholfunktion von

(2*S*,3*R*,4*R*)-**207** durch ihren sterischen Anspruch den nucleophilen Angriff des Olefinierungsreagenzes auf die Carbonylfunktion blockiert oder das Substrat in eine Konformation zwingt, aus der eine solche Olefinierungsreaktion ebenfalls nicht möglich ist.

Das so erhaltene Olefin wurde dann einer TBS-Schützung unter den etablierten Bedingungen mit *tert*-Butyldimethylsilyltrifluormethansulfonat und 2,6-Lutidin in Dichlormethan unterzogen, wobei das gewünschte geschützte Produkt (4*R*,5*S*,6*R*)-**211** in einer Ausbeute von 80% erhalten werden konnte. Die Entschützung unter den für die Entfernung der Benzylschutzgruppe von Verbindung (2*R*,4*R*)-**192** optimierten Bedingungen lieferte auch hier, in Anwesenheit der konjugierten Doppelbindung, den gewünschten Alkohol in einer sehr guten Ausbeute von 95% (Schema 66). Insgesamt konnte der Baustein (4*R*,5*S*,6*R*)-**215** in einer Gesamtausbeute von 36% über 9 Stufen dargestellt werden.

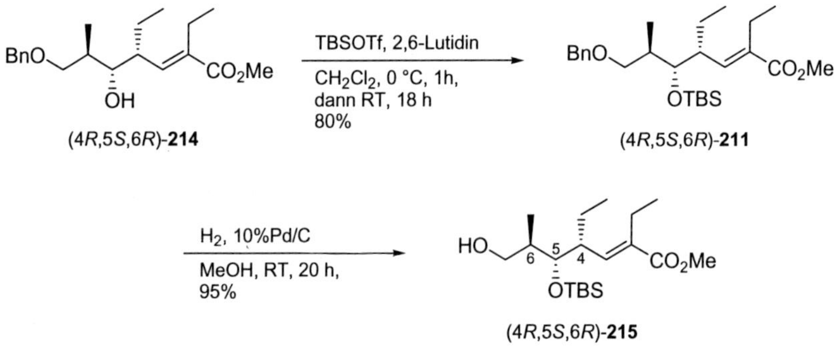

BnO … OH … CO_2Me (4*R*,5*S*,6*R*)-**214**

TBSOTf, 2,6-Lutidin
CH_2Cl_2, 0 °C, 1h,
dann RT, 18 h
80%

BnO … OTBS … CO_2Me (4*R*,5*S*,6*R*)-**211**

H_2, 10%Pd/C
MeOH, RT, 20 h,
95%

HO … 6 5 4 … OTBS … CO_2Me (4*R*,5*S*,6*R*)-**215**

Schema 66: TBS-Schützung und Benzylentschützung von (4*R*,5*S*,6*R*)-**214**.

Neben der Ausarbeitung der hier vorgestellten Synthese von (4*R*,5*S*,6*R*)-**215** ausgehend vom benzylgeschützten Triol (2*R*,3*R*,4*R*)-**203** wurden auch Untersuchungen zur Anwendung des TIPS-geschützten Triols (2*R*,3*S*,4*R*)-**204** in einer ähnlichen Sequenz vorgenommen, die die relative Eignung der beiden Bausteine zur Synthese eines Wittig-Salzes für die Verknüpfung der beiden Kernfragmente über eine Olefinierungsreaktion bestimmen sollte.

Dazu wurde das TIPS-geschützte Derivat (2*R*,3*S*,4*R*)-**204** zuerst unter Verwendung von Anisaldehyddimethylacetal und Säurekatalyse zum entsprechenden *para*-Methoxyphenyl-1,3-dioxan **216** umgesetzt,[186] die sich allerdings nicht vollständig vom als Nebenprodukt der Reaktion auftretenden Anisaldehyd trennen ließ, so dass das verunreinigte Produkt direkt weiter umgesetzt wurde. Dazu wurde das Acetal **216** in einer regioselektiven Öffnungsreaktion unter Bildung des höher substituierten *para*-Methoxybenzylethers **217** mit Di-*iso*-butylaluminiumhydrid umgesetzt (Schema 67).[187] Dies erklärt sich dadurch, dass der Angriff des DIBAL aus sterischen Gründen an der weniger gehinderten Position des geschützten Alkohols stattfindet. Dieser Befund gilt entsprechend auch für Benzylidenacetale und stellt eines der nützlichsten Prinzipien zur selektiven Schützung der höher substituierten Position eines 1,2- oder 1,3-Diols dar. Die in diesem Fall eher mäßige Ausbeute von 68% in diesem Reaktionsschritt erklärt sich durch teilweise auftretende vollständige Entschützung des PMB-Ethers.

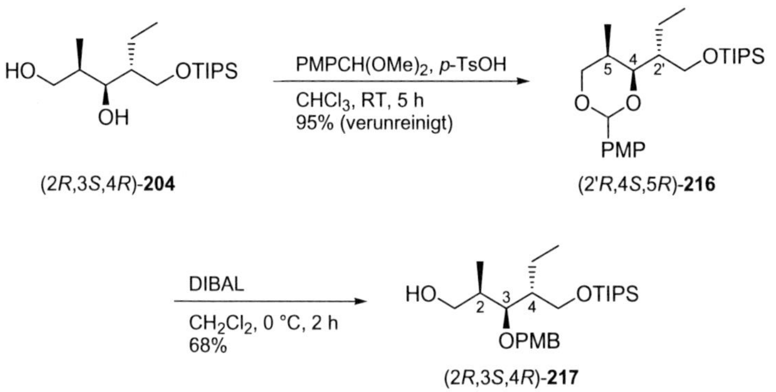

HO OTIPS OH (2*R*,3*S*,4*R*)-**204** — PMPCH(OMe)$_2$, *p*-TsOH; $CHCl_3$, RT, 5 h; 95% (verunreinigt) → OTIPS, O O, PMP, 5 4 2' (2'*R*,4*S*,5*R*)-**216**

— DIBAL; CH_2Cl_2, 0 °C, 2 h; 68% → HO OTIPS OPMB 2 3 4 (2*R*,3*S*,4*R*)-**217**

Schema 67: Schützung des TIPS-Derivates (2*R*,3*S*,4*R*)-**204** als Acetal und regioselektive Öffnung.

Mit der Synthese dieses Bausteins war die Möglichkeit zur Darstellung der entsprechenden Iodverbindung gegeben, die unter Einwirkung von elementarem Iod unter Zugabe von Imidazol und Triphenylphosphin, den klassischen Bedingungen einer Appel-Reaktion, in praktisch quantitativer Ausbeute erreicht werden konnte.[188] Die Umsetzung zum Wittig-Salz (2*S*,3*R*,4*R*)-**219** konnte durch lösungsmittelfreie Reaktion mit Triphenylphosphin erreicht werden. Dabei wurde das Iodid (2*S*,3*R*,4*R*)-**218** zusammen mit einem zehnfachen Überschuss von Triphenylphoshin vorgelegt und auf 95 °C erhitzt, wobei die eigentliche Reaktion dann in dieser Triphenylphosphinschmelze (Schmelzpunkt ca. 80 °C) stattfand. Nach Abkühlen wurde der Feststoff in Toluol aufgenommen und mittels einer säulenchromatographischen Reinigung aufbereitet, wobei das Wittig-Salz (2*S*,3*R*,4*R*)-**219** in einer guten Ausbeute von 84% erhalten werden konnte (Schema 68).[189] Allerdings blieben die NMR-Spektren des Produktes aufgrund der schlechten Löslichkeit in üblichen NMR-Lösungsmittel uneindeutig, die richtige Elementaranalyse belegt aber die Identität der angegebenen Verbindung.

Damit konnte die Synthese eines Wittig-Salzes für die Totalsynthese der Spiculoinsäure A (**123**) erfolgreich abgeschlossen werden, so dass im weiteren Verlauf die Synthese des zweiten Bausteins, des konjugierten Ketons **169** im Vordergrund stand.

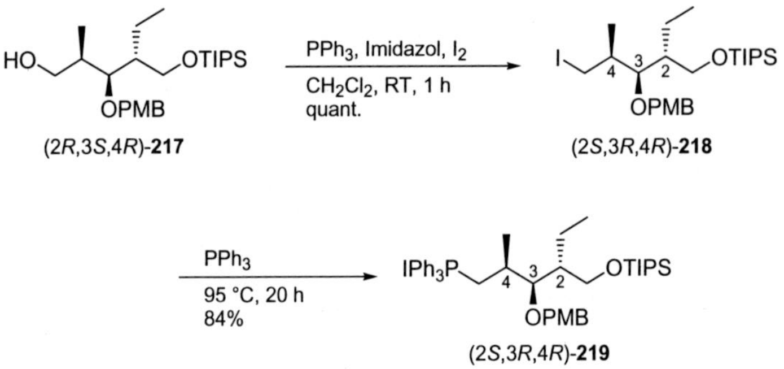
HO
OTIPS
OPMB
(2R,3S,4R)-217
PPh3, Imidazol, I2
CH2Cl2, RT, 1 h
quant.
I
4
3
2
OTIPS
OPMB
(2S,3R,4R)-218
PPh3
95 °C, 20 h
84%
IPh3P
4
3
2
OTIPS
OPMB
(2S,3R,4R)-219

Schema 68: Iodierung von Alkohol (2*R*,3*S*,4*R*)-**217** und Synthese des Wittig-Salzes (2*S*,3*R*,4*R*)-**219**.

4.2.2.2 Synthese des konjugierten Ketons

Die Darstellung des konjugierten Ketons **169** stellte die zweite Schlüsselsequenz auf dem Weg zur Totalsynthese dar. Wie sich herausstellte, waren auch in diesem Fall die Methoden zum Einbau von Ethylseitenketten eher selten und oft mit schlechten Reaktionsausbeuten verbunden.

Die ersten Versuche wurden unter Anwendung eines möglichst einfachen Syntheseansatzes durchgeführt. Die Wahl fiel dabei auf eine Aldolkondensation zwischen Benzaldehyd (**220**) und Methylethylketon (**221**) unter Basenkatalyse in Wasser als Lösungsmittel.[190] Die Reaktion verlief bei erhöhter Temperatur in guter Ausbeute und mit guter Stereoselektivität im Bezug auf die Doppelbindung, aber unter mäßiger Regiokontrolle bei der Enolisierung des Ketons, so dass eine weder säulenchromatographisch noch destillativ ausreichend trennbare 4:1-Mischung der Produkte **222** und **223** erhalten wurde, so dass diese Methode nicht weiter verfolgt wurde.

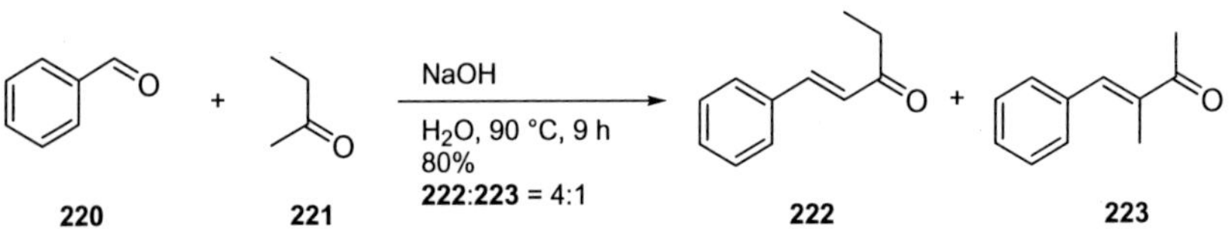
O
+
O
NaOH
H2O, 90 °C, 9 h
80%
222:223 = 4:1
O
+
O
220
221
222
223

Schema 69: Aldolkondensation zur Synthese des ungesättigten Ketons **222**.

Die anschließend untersuchte Verwendung einer Kreuzmetathese[191] von Styrol (**224**) und Ethylvinylketon (**225**) unter Einsatz des Grubbs-I-Katalysators (**226**) erbrachte keinen Umsatz zum gewünschten Produkt **222**.

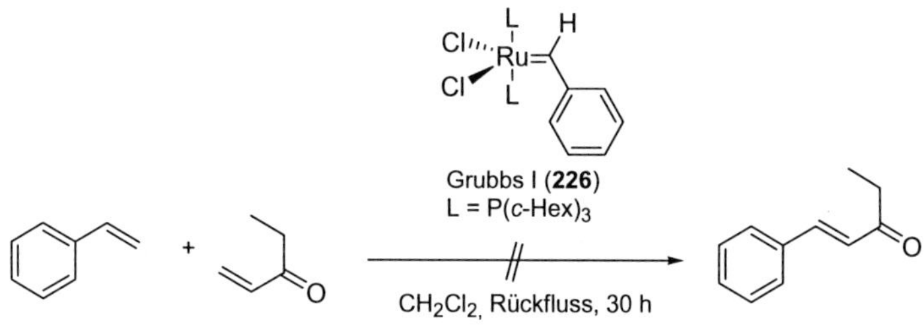

Grubbs I (**226**)
L = P(*c*-Hex)$_3$

CH_2Cl_2, Rückfluss, 30 h

224 **225** **222**

Schema 70: Versuchte Synthese von **222** durch Kreuzmetathese von Styrol (**224**) und Ethyvinylketon (**225**).

Die Synthese von **222** gelang schließlich durch eine Heck-Reaktion.[192] Dabei wurde nach einer Methode von Cacchi[193] Ethylvinylketon (**225**) unter Einfluss von Bis(triphenylphosphino)palladiumchlorid und Triethylamin als Hilfsbase mit Iodbenzol umgesetzt, wobei das gewünschte Produkt **222** stereoselektiv erhalten wurde. Die Ausbeute dieser Reaktion war mit 90% ausgesprochen gut und ermöglichte auch aufgrund der kleinen Katalysatorbeladung von nur 1 mol% die einfache und günstige Synthese des Ketons **222**.[194]

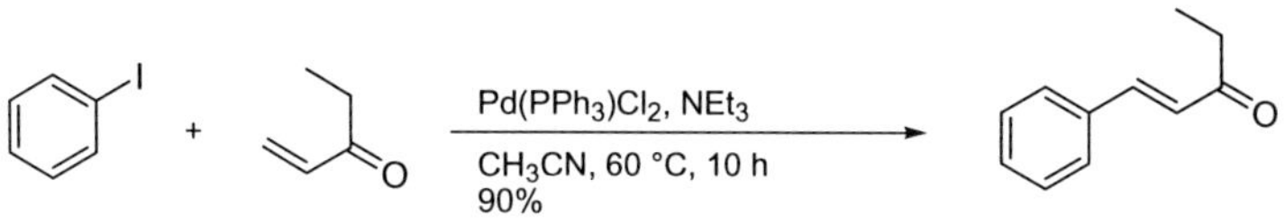

$Pd(PPh_3)Cl_2$, NEt_3
CH_3CN, 60 °C, 10 h
90%

227 **225** **222**

Schema 71: Heck-Kreuzkupplungsstrategie zur Synthese des konjugierten Ketons **222**.

Ausgehend von **222** wurden nun weitere Versuche zur Synthese des gewünschten Zielmoleküls **169** angestellt. Wie sich herausstellte war die Aldol-Reaktion unter Verwendung von Methylethylketon (**221**) an **222** nur in sehr schlechten Ausbeuten möglich und lieferte aufgrund der Enolisierbarkeit von **222** eine Mischung verschiedenster Produkte, so dass dieser Syntheseweg nicht verfolgt wurde. Als kürzeste Möglichkeit zur weiteren Umsetzung wurde in diesem Zusammenhang die Synthese des entsprechenden Iodolefins erachtet, das anschließend durch Halogen-Metall-Austausch und Reaktion mit Propionylchlorid zum Keton umgesetzt werden könnte. Dazu wurde nach einer literaturbekannten Methode Iodmethyltriphenylphosphoniumiodod (**228**) aus Diiodmethan und Triphenylphosphin in refluxierendem Benzol in einer Ausbeute von 93% dargestellt.[195] Im Folgenden wurde das Keton **222** mit dem durch Einwirkung von Natriumhexamethyldisilazan deprotonierten **228** umgesetzt,[196] wobei jedoch keinerlei Reaktion beobachtet werden konnte.

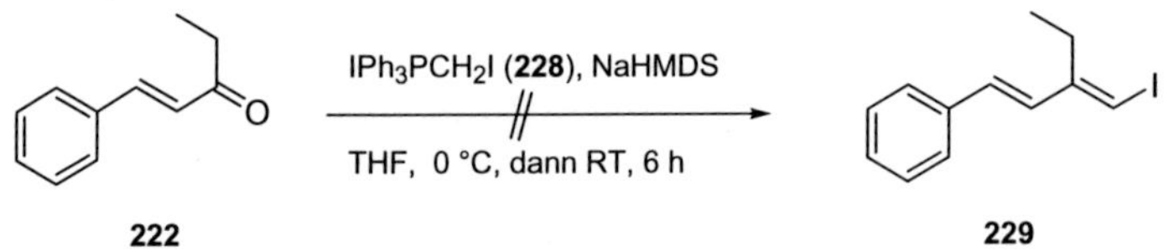

IPh_3PCH_2I (**228**), NaHMDS

THF, 0 °C, dann RT, 6 h

222 **229**

Schema 72: Versuch zur Bildung eines Iodolefins aus **222**.

Da auch Versuche mit anderen Wittig-Salzen nicht erfolgreich waren, wurde die Synthesestrategie für das Keton **169** geändert.

In weiteren Arbeiten sollte nun die Anwendung von Kreuzkupplungsreaktionen untersucht werden. Dazu wurde zuerst ein geeigneter aromatischer Baustein synthetisiert. Die erste Wahl fiel aufgrund der leichten Verfügbarkeit und Robustheit der zugehörigen Kreuzkupplungsreaktion, der Stille-Kupplung, auf ein Tributylzinnorganyl, das Tributylstyrylstannan (**231**). Dieses kann einfach durch radikalische Hydrostannylierung unter Verwendung von Tributylzinnhydrid mit Azobis-*iso*-butyronitril aus Phenylacetylen gewonnen werden.[197,198] Allerdings kann diese Verbindung nicht in völlig reiner Form erhalten werden, da sich das erhaltene Produkt während der Säulenchromatographie zersetzt.

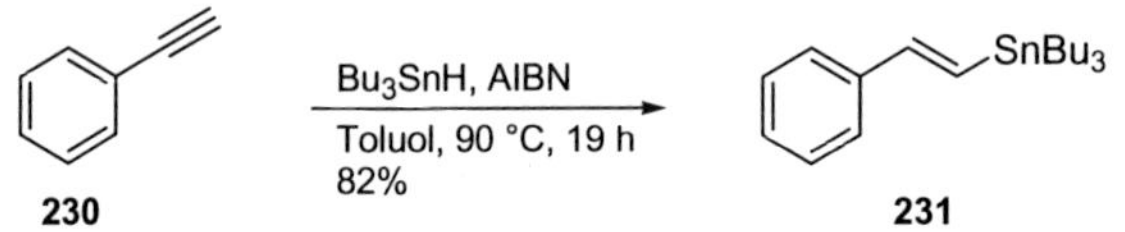

Bu_3SnH, AIBN

Toluol, 90 °C, 19 h

82%

$SnBu_3$

230 **231**

Schema 73: Synthese des Styrylstannans **231**.

Die zweite Verbindung für die angestrebte Kreuzkupplungsreaktion ist ein Vinylhalogenid bzw. -triflat, das ausgehend vom entsprechenden Alkin bzw. ausgehend von der zugehörigen 1,3-Dicarbonylverbindung darstellbar sein sollte.

Die Untersuchungen zur Synthese eines geeigneten Bausteins wurden ausgehend von kommerziell erhältlichem Pentinsäureethylester (**232**) durchgeführt, der durch Hydrometallierung und anschließenden Metall-Halogen-Austausch in das korrespondierende Vinylhalogenid umgewandelt werden sollte, wobei auch in diesem Fall für das vorliegende Substitutionsmuster keinerlei Literaturpräzedenzen vorhanden waren. In einem ersten Versuch wurde deshalb das Alkin **232** mit Schwartz-Reagenz (Zirconocenchloridhydrid) umgesetzt, das unter *syn*-Hydrozirkonierung analog zu Tributylzinnhydrid an die Dreifachbindung addiert.[199] Da die gebildeten Zirkoniumorganyle meist nicht stabil sind, wurde direkt mit elementarem Iod umgesetzt, wobei kein Produkt erhalten werden konnte. Die zweite untersuchte Umsetzung von **232** basierte auf einer Methode von Piers.[200] Dabei wird *in situ* durch Metallierung von Tributylzinnhydrid mit *n*-Butyllithium und anschließender Transmetallierung mit Kupferbromid-Dimethylsulfid-Komplex die katalytisch aktive Spezies $(Bu_3Sn)Cu \cdot SMe_2$ generiert. Diese addiert ebenfalls in einer *syn*-selektiven Reaktion an das Alkin, wobei eine gemischte Zinn-Kupfer-Verbindung gebildet wird. Durch Aufarbeitung mit einem protischen Lösungsmittel erhält man das Vinylstannan **234**, das sich jedoch wiederum nicht in völlig reiner Form darstellen ließ, da Reste von anderen Zinnverbindungen sich nicht chromatographisch entfernen ließen. Das so erhaltene Stannan **234** sollte anschließend durch Halogen-Metall-Austausch weiter umgesetzt werden. Dazu wurde **234** mit elementarem Iod in Dichlormethan zur Reaktion gebracht, wobei wiederum kein Produkt isoliert werden konnte (Schema 74).[201] Eine mögliche Begründung in diesem Fall wäre, dass die gebildete Iodverbindung instabil ist und bereits während der Reaktion oder während der folgenden Aufarbeitung zerfällt. Aus diesem Grund wurden keine weiteren Versuche zur direkten Iodierung von Pentinsäureethylester (**232**) durchgeführt.

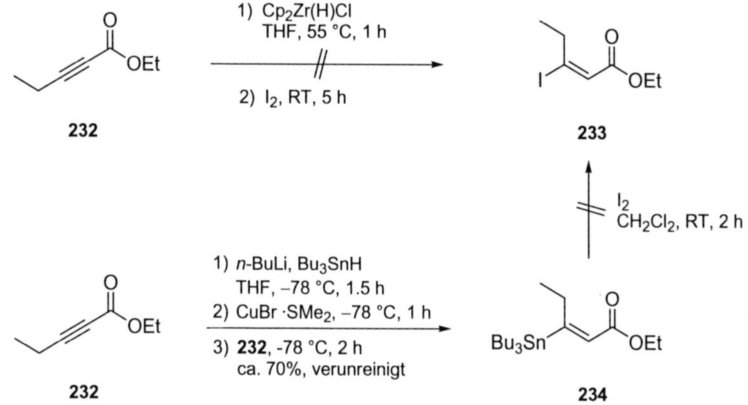

Schema 74: Versuch zur Hydrozirkonierung bzw. Hydrostannylierung von **232** mit anschließender Iodierung.

Im Folgenden sollten nun untersucht werden, ob die Bildung des Vinylhalogenids aus dem korrespondierenden Keton **174** an Stelle des Esters **232** erreicht werden kann. Dieses ist durch zwei einfache Transformationen, wie sie bereits bei der Synthese des Propylketons **184** angewendet worden waren, darstellbar.[160,161] Dazu wurde Pentinsäureethylester (**232**) zuerst zum Weinreb-Amid **235** umgesetzt, das in einer Grignardreaktion unter Standardbedingungen zum Ethylketon **174** führte (Schema 75).

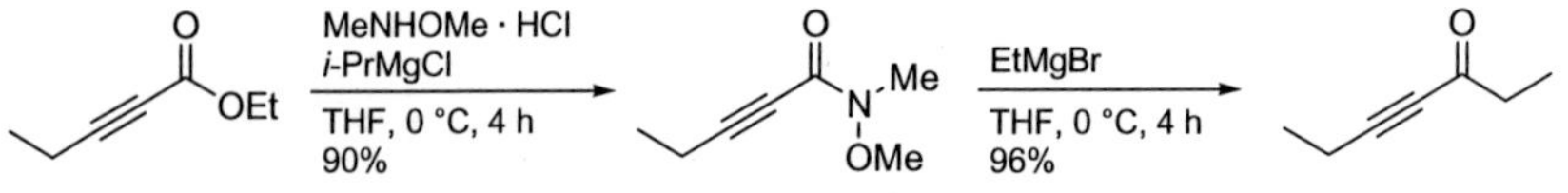

MeNHOMe · HCl
i-PrMgCl
THF, 0 °C, 4 h
90%

EtMgBr
THF, 0 °C, 4 h
96%

232 **235** **174**

Schema 75: Synthese des Ethylketons **174**.

Die Ausbeuten der beiden Reaktionen sind dabei mit 90 bzw. 96% sehr gut. Darüber hinaus waren die Produkte jeweils ausreichend sauber, so dass auf weitergehende Aufreinigung verzichtet werden konnte. Das hergestellte Ethylpentinketon (**174**) sollte anschließend unter geeigneten Bedingungen iodiert werden, wobei in diesem Fall aufgrund der Anwesenheit der Carbonylfunktion Hydrometallierungsreaktionen ausgeschlossen waren. Aus diesem Grund wurden zwei Methoden angewendet, die für analoge Ketone literaturbekannt waren (Schema 76).

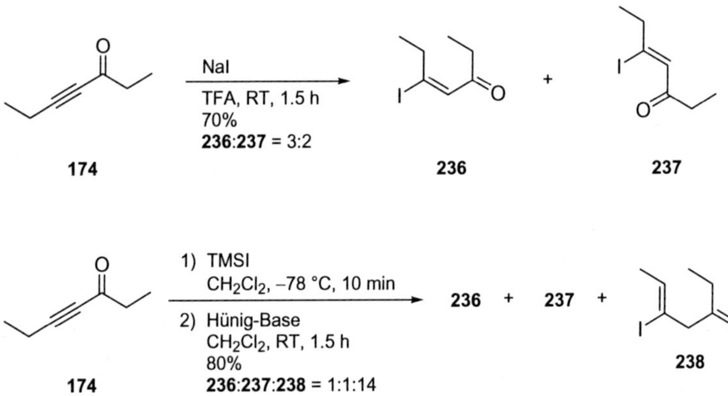

NaI
TFA, RT, 1.5 h
70%
236:**237** = 3:2

174 **236** + **237**

1) TMSI
CH_2Cl_2, –78 °C, 10 min
2) Hünig-Base
CH_2Cl_2, RT, 1.5 h
80%
236:**237**:**238** = 1:1:14

174 **236** + **237** + **238**

Schema 76: Versuche zur Iodierung von Ethylpentinketon (**174**).

Dabei wurde das Keton **174** zuerst mit Natriumiodid in Trifluoressigsäure, was zur Addition von Iodwasserstoff führt, umgesetzt,[202] wobei die beiden möglichen isomeren Iodierungsprodukte **236** und **237** in einem Verhältnis von 3:2 zugunsten des gewünschten *E*-Isomers **236** in einer Gesamtausbeute von 70% erhalten wurden. Allerdings konnten die Isomere durch Säulenchromatographie nicht vollständig getrennt werden, so dass in Folgereaktionen eine Mischung der Isomere eingesetzt wurde. Eine weitere Möglichkeit zur Synthese der gewünschten Ketone besteht in der Umsetzung mit Trimethylsilyliodid.[203] Dabei wird die Carbonylfunktion durch die Koordination des Trimethylsilylkations aktiviert, was die Michaeladdition des Iodidanions erleichtert, wobei vermutlich eine allenische Zwischenstufe durchlaufen wird, die jedoch schnell zum entsprechenden Vinyliodid umlagert.

Da es bei dieser Reaktion teilweise zur Bildung von β,β-Diiodketonen kommt, wird mit einer geeigneten Base wie Triethylamin oder der Hünig-Base umgesetzt, wobei unter Iodwasserstoffeliminierung die gewünschten Vinyliodide erhalten werden konnten. Wie gezeigt werden konnte, war das Hauptprodukt dieser Reaktion das dekonjugierte Produkt **238**. Das gewünschte Produkt **236** konnte auch durch versuchte Optimierung nicht in befriedigenden Ausbeuten erhalten werden, so dass die Synthesemethode unter Verwendung von Trimethylsilyliodid nicht weiter verfolgt wurde.

Der leicht verunreinigte Baustein **236** wurde anschließend unter den Bedingungen einer Stille-Kupplung unter Zusatz von Kupferiodid[204] mit Styrylstannan (**231**) zur Reaktion gebracht, wobei keinerlei Umsetzung beobachtet werden konnte (Schema 77).

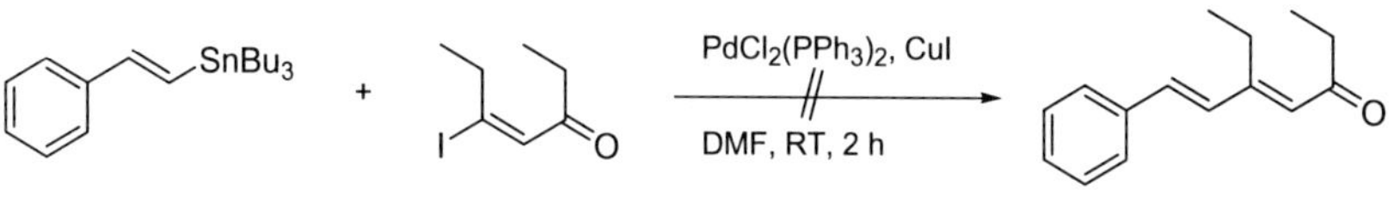

Schema 77: Versuch der Stille-Kupplung von Vinyliodid **236** und Styrylstannan (**231**).

Nachdem dieser erste Versuch nicht erfolgreich abgeschlossen werden konnte, wurde die inverse Reaktion des korrespondieren Styryliodids **239** mit der Vinylzinnverbindung **234** untersucht. Dazu wurde Styrylstannan **231** zuerst mit elementarem Iod in das entsprechende Vinyliodid **239** überführt, wobei das erhaltene Produkt ohne weitere Reinigung in einer Stille-Kupplung unter Standardbedingungen mit dem Vinylstannan **234** umgesetzt wurde, wobei jedoch ebenfalls nicht das gewünschte Produkt **240** erhalten werden konnte (Schema 78).

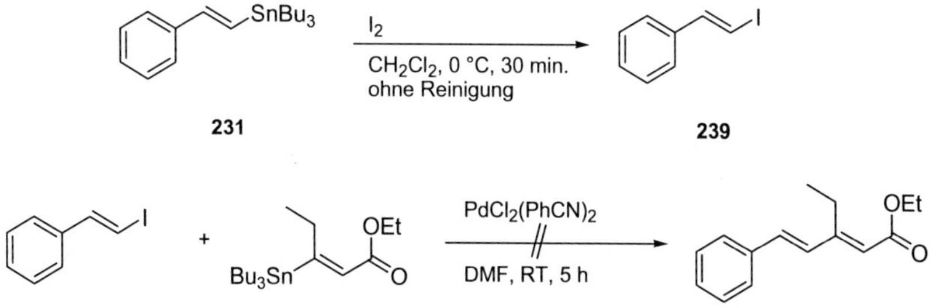

Schema 78: Versuch der „inversen“ Stillekupplung von Iodid **239** und Vinylstannan **234**.

Nachdem sich die Synthesestrategie unter Verwendung der Iodvinylketone bzw. -carbonsäureester als nicht praktikabel erwiesen hatte, sollte die zweite mögliche Route unter

Verwendung von geeigneten 1,3-Dicarbonylverbindungen, die in einem ersten Reaktionsschritt enolisiert und anschließend zum Triflat umgesetzt werden, untersucht werden (Schema 79).

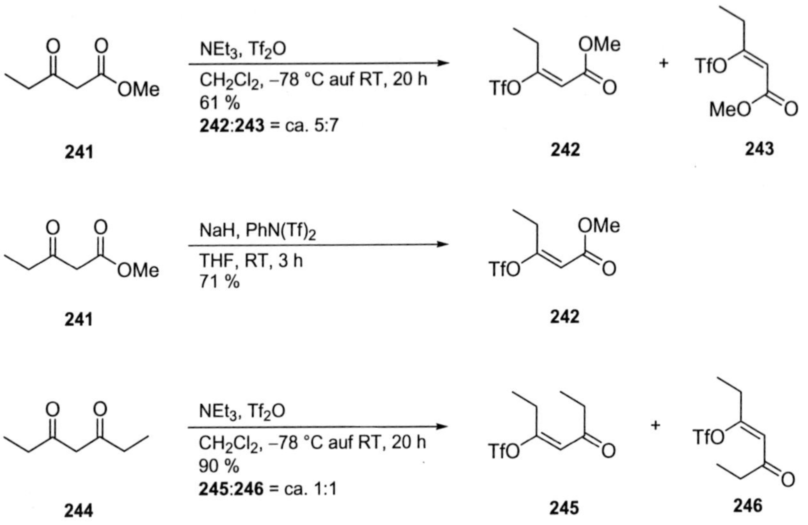

241 → NEt_3, Tf_2O; CH_2Cl_2, –78 °C auf RT, 20 h; 61 %; **242**:**243** = ca. 5:7 → **242** + **243**

241 → NaH, $PhN(Tf)_2$; THF, RT, 3 h; 71 % → **242**

244 → NEt_3, Tf_2O; CH_2Cl_2, –78 °C auf RT, 20 h; 90 %; **245**:**246** = ca. 1:1 → **245** + **246**

Schema 79: Synthese der Vinyltriflate.

Dabei wurde 3-Oxopentansäuremethylester (**241**) in Analogie zu einer literaturbekannten Methode[205] bei –78 °C mit Triethylamin und Trifluormethansulfonsäureanhydrid zur Reaktion gebracht, wobei die beiden möglichen Doppelbindungsisomere **242** bzw. **243** in einem Verhältnis von ca. 5:7 zugunsten des nicht benötigten *Z*-Isomers **243** in einer Gesamtausbeute von 61% erhalten wurden, was auch durch Optimierungsversuche nicht verbessert werden konnte. Allerdings konnten die Isomere säulenchromatographisch vollständig voneinander getrennt werden. Nichtsdestotrotz waren die Ausbeuten unbefriedigend und es wurde ein weiterer Versuch zur Triflatbildung unter Verwendung von *N*-Phenylbis(trifluormethansulfonimid)[206] durchgeführt, wobei das gewünschte *E*-Triflat **242** in einer Ausbeute von 71% als einziges Isomer erhalten wurde. Folglich war ein schneller und einfacher Zugang zu diesem Baustein gewährleistet war. Weitere Versuche wurden durchgeführt, um die Möglichkeit der Triflatbildung aus Heptan-3,5-dion (**244**) zu untersuchen, was bei einer folgenden Kreuzkupplung direkt zum gewünschten Keton **169** führen würde. Wie sich herausstellte, konnte die neu entwickelte Umsetzung von **244** mit Triethylamin und Trifluormethansulfonsäureanhydrid tatsächlich in exzellenten Ausbeuten durchgeführt werden, wobei allerdings bei allen Versuchen eine 1:1-Mischung der beiden

Doppelbindungsisomere **245** und **246** erhalten wurde. Darüber hinaus erwies sich das benötigte *E*-Isomer **245** als instabil und zerfiel innerhalb weniger Stunden, auch bei Aufbewahrung bei –20 °C unter Argon, zu Zersetzungsprodukten unbekannter Zusammensetzung. Aufgrund dieser Tatsache wurde auf eine entsprechende Umsetzung mit *N*-Phenylbis(trifluormethansulfonimid) verzichtet.

Neben den Triflaten sollten auch andere mögliche Abgangsgruppen für eine folgende Kreuzkupplung eingeführt werden, um mögliche Effekte auf Selektivität und Ausbeute untersuchen zu können (Schema 80).

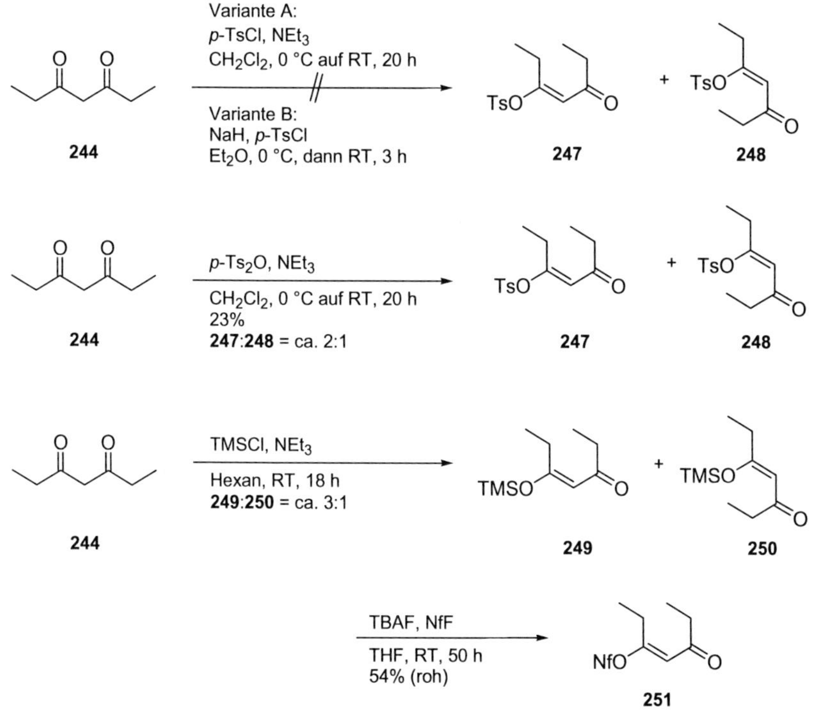

244 → Variante A: *p*-TsCl, NEt_3, CH_2Cl_2, 0 °C auf RT, 20 h // Variante B: NaH, *p*-TsCl, Et_2O, 0 °C, dann RT, 3 h → **247** + **248**

244 → *p*-Ts_2O, NEt_3, CH_2Cl_2, 0 °C auf RT, 20 h, 23%, **247**:**248** = ca. 2:1 → **247** + **248**

244 → TMSCl, NEt_3, Hexan, RT, 18 h, **249**:**250** = ca. 3:1 → **249** + **250**

→ TBAF, NfF, THF, RT, 50 h, 54% (roh) → **251**

Schema 80: Versuche zur Synthese der Tosylate bzw. Nonaflate.

Dazu wurde Heptan-3,5-dion (**244**) mit 4-Toluolsulfonsäurechlorid unter Zusatz von Triethylamin bzw. Natriumhydrid umgesetzt, wobei jedoch kein Umsatz zum Vinyltosylat **247** erreicht wurde. Bei Einsatz von 4-Toluolsulfonsäureanhydrid und Triethylamin konnte das Tosylat als 2:1-Mischung der Isomeren **247** und **248** in 23% Ausbeute erhalten werden,[207] was aber für weitere Synthesen als nicht praktikabel angesehen wurde. Die Synthese des korresponierenden Nonaflats **251** wurde ausgehend von **244** durch Bildung des

Trimethylsilylethers,[208] der als verunreinigte 3:1-Mischung von **249** und **250** anfiel, und anschließende Umsetzung dieser Mischung nach einer Vorschrift von Reißig *et al.* unter Zusatz von Tetra-*n*-butylammoniumfluorid und Perfluorbutansulfonsäurefluorid erreicht.[209] Dabei wurde das Nonaflat **251** als einziges Isomer in einer Ausbeute von 54% über zwei Stufen allerdings nicht vollständig rein erhalten, so dass die Folgereaktion mit dem nur teilweise gereinigten Produkt durchgeführt wurde.

Nachdem die Synthese der Vinyltriflate **242** und **243** bzw. **246** und des Vinylnonaflates **251** abgeschlossen war, sollten diese in einer geeigneten Kreuzkupplungsreaktion verknüpft werden. Die Wahl fiel dabei auf die Suzuki-Kupplung, da bekannt war, dass entsprechende Boronsäure bzw. Boronsäureester in guten Ausbeuten mit Triflaten umgesetzt werden können, wobei die Umsetzung eines 1-substituierten Triflates ebenso wie die des korrespondierenden Nonaflates nicht literaturbekannt war.[154] Als Reaktionspartner wurde aufgrund der kommerziellen Verfügbarkeit des Bausteins *E*-2-Phenylvinylboronsäure (**252**) ausgewählt. Die Ergebnisse der Umsetzung unter Standardbedingungen mit Tetrakis(triphenylphosphin)palladium und Natriumcarbonat als Hilfsbase sind in Tabelle 5 zusammengefasst.

Tabelle 5: Suzuki-Kupplung von 2-Phenylvinylboronsäure (**252**) mit Triflaten und Nonaflaten.

Eintrag	Edukt	Ausbeute	*E*:*Z*-Verhältnis
1	**242/243** (5:7)	72%	5:7 (**253**:**254**)
2	**242**	77%	nur *E* (**253**)
3	**243**	81%	nur *Z* (**254**)
4	**246**	64%	1:1 (**169**:**255**)
5	**251**	Kein Umsatz	—

Dabei wurde in einem ersten Versuch die aus der Triflatbildung mit Trifluormethansulfonsäureanhydrid erhaltene Mischung der beiden Isomere **242** und **243** unter den Bedingungen der Suzuki-Kupplung eingesetzt, wobei sich dieses Verhältnis auch bei den Produktisomeren widerspiegelte, die in 72% Gesamtausbeute erhalten werden konnten (Eintrag 1). Wurde das reine *E*-Isomer des Esters **242** eingesetzt, so konnte das *E*-Produkt **253** praktisch isomerenrein unter vollständigem Konfigurationserhalte in einer guten Ausbeute von 72% erhalten werden (Eintrag 2); entsprechendes galt bei Einsatz des *Z*-Isomers **243**, das in 81% Ausbeute zum gewünschten Produkt **254** umgesetzt werden konnte (Eintrag 3). Wurde das *Z*-Isomer **246**, das vom 1,3-Diketon **244** abgeleitet war, in der Suzuki-Reaktion eingesetzt, so kam es zu einem vollständigen Verlust der stereochemischen Information an der Doppelbindung und zur Isolierung einer trennbaren 1:1-Mischung der isomeren Ketone **169** und **255**, wobei **255** bereits das gewünschte Endprodukt darstellt (Eintrag 4). Das Nonaflat **251** konnte unter den angegebenen Reaktionsbedingungen nicht umgsetzt werden (Eintrag 5).

Um die Substratbandbreite der Reaktion zu untersuchen, wurden verschiedene kommerziell erhältliche Vinylboronsäuren mit dem Vinyltriflat **242** unter den entwickelten Standardbedingungen, d. h. unter Verwendung eines 1:1-Verhältnisses von Triflat und Boronsäure, Zusatz von Natriumcarbonat und Tetrakis(triphenylphosphin)palladium in Dioxan und Wasser und einer Reaktionszeit von 20 h, zur Reaktion gebracht. Die Ergebnisse dieser Umsetzungen sind in Tabelle 6 zusammengefasst dargestellt. In einem ersten Versuch wurde mit *trans*-1-Heptenylboronsäure (**256a**) unter den Standardbedingungen umgesetzt, wobei das gewünschte Kupplungsprodukt in einer guten Ausbeute von 77% erhalten werden konnte. Das Produkt fiel dabei als 9:1-Mischung des *E*-Isomers **257a** und des *Z*-Isomers **258a** der zum Ester konjugierten Doppelbindung an (Eintrag 1).

Im Rahmen der vorliegenden Arbeit konnte nicht abschließend geklärt werden, ob diese Isomerisierung auf eine Konfigurationslabilität des eingesetzten Vinyltriflates **242** oder auf eine möglicherweise basenkatalysierte Isomerisierung des Reaktionsproduktes zurückzuführen ist. Wurde *trans*-2-Cyclohexylvinylboronsäure (**256b**) eingesetzt, so konnte das entsprechende Produkt in einer ähnlichen Ausbeute von 83% erhalten werden, wobei in diesem Fall nur ca. 5% des unerwünschten *Z*-Produktes **258b** isoliert wurden (Eintrag 2). Die Umsetzungen unter Verwendung von *trans*-3-Phenyl-1-propen-1-ylboronsäure (**256c**) und *trans*-2-(4-Biphenyl)-vinylboronsäure (**256d**) erbrachten die korrespondierenden Produkte **257c** und **257d** in guten Ausbeuten von 83% bzw. 71%, wobei die *E*:*Z*-Verhältnisse bei 9:1 (**257c**:**258c**) bzw. besser als 19:1 (**257d**:**258d**) lagen (Eintrag 3 und 4).

Tabelle 6: Umsetzung verschiedener Boronsäuren **256a–f** mit Vinyltriflat **242**.

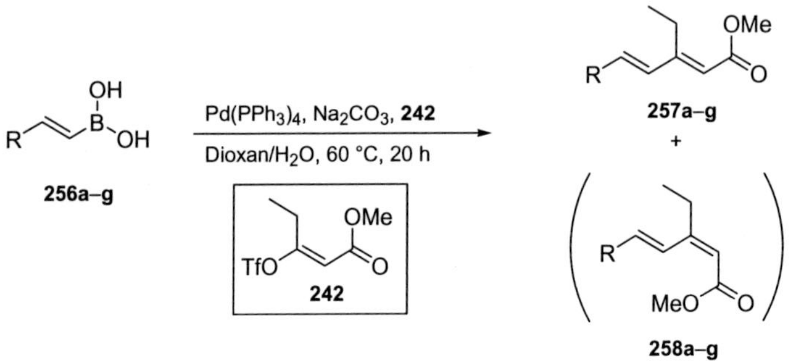

Eintrag	R =	Edukt	Ausbeute	Verhältnis 257:258
1	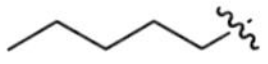	**256a**	77%	ca. 9:1
2	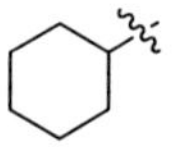	**256b**	83%	ca. 19:1
3	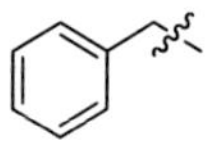	**256c**	83%	ca. 9:1
4	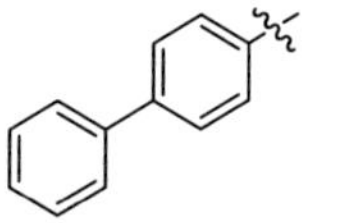	**256d**	71%	>19:1
5	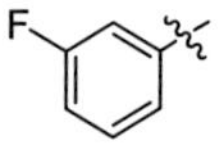 F	**256e**	86%	ca. 3:1
6	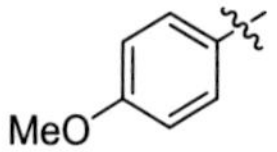 MeO	**256**	38%	> 19:1

Als problematischer stellten sich in diesem Zusammenhang die substituierten Aromaten dar. Bei Verwendung von *trans*-2-(3-Fluorphenyl)-vinylboronsäure (**256e**) konnte das gewünschte Produkt zwar in einer sehr guten Ausbeute von 86% dargestellt werden, wobei das *E*:*Z*-Verhältnis mit 3:1 jedoch relativ schlecht war (Eintrag 5). Dies lässt sich vermutlich auf die Tatsache zurückführen, dass der elektronenziehende Fluorsubstituent und das daraus resultierende elektronenarme aromatische System auch eine niedrigere Elektronendichte in den konjugierten Doppelbindungen bedingen, die diese anfälliger für eine basenkatalysierte

Isomerisierung unter Einfluss von Natriumcarbonat machen. Demgegenüber war bei Einsatz der donorsubstituierten aromatischen *trans*-2-(4-Methoxyphenyl)-vinylboronsäure (**256f**) das *E*:*Z*-Verhältnis besser als 19:1, die Ausbeute mit 38% unter den gegebenen Reaktionsbedingungen jedoch verbesserungsfähig. Aufgrund der Tatsache, dass in dieser Reaktion nicht unerhebliche Mengen der Boronsäure reisoliert werden konnten, ist davon auszugehen, dass die Umsetzung in diesem Fall deutlich langsamer vonstatten geht. Dies lässt sich wahrscheinlich auf die erhöhte Elektronendichte der vinylischen Doppelbindung, die den elektrophilen Angriff der Boronsäure auf das im Katalysezyklus auftretende Palladiumintermediat erschwert. Da Verbindung **257f** jedoch für den weiteren Verlauf der Synthese nicht benötigt wurde, wurden keine weiteren Optimierungen in diesem Zusammenhang vorgenommen.

Nach diesen zusätzlichen Belegen des großen Nutzens der Suzuki-Kupplungsstrategie für die Synthese entsprechender ungesättigter Ester, sollte der für die Synthese des Ketons **169** benötigte Methylester **253** weiter umgesetzt werden. Dies konnte wiederum durch die bereits angewendete Sequenz aus der Bildung des korrespondierenden Weinreb-Amids[161] mit anschließender Addition eines Grignard-Reagenzes[162] nach den bereits beschriebenen Methoden erreicht werden. Dazu wurde der *E*-Ester **253** unter den optimierten Standardbedingungen zum Weinreb-Amid **259** umgesetzt, was in einer guten Ausbeute von 83% erreicht werden konnte. Die anschließende Grignard-Reaktion mit Ethylmagnesiumbromid ergab in einer guten Ausbeute von 71% das gewünschte (*E*,*E*)-5-Ethyl-7-phenylhepta-4,6-dien-3-on (**169**), den Baustein für die Fragmentkupplung über eine Wittig-Reaktion. Um den Wert dieser Methodik untermauern zu können, wurde die entsprechende Synthesesequenz auch unter Verwendung des *Z*-Isomers **254** durchgeführt. Wie sich herausstellte, lassen sich die entsprechenden Reaktionen in ähnlichen Ausbeuten realisieren. Bei der Umsetzung zum Weinreb-Amid konnte eine etwas schlechtere Ausbeute von 75% erreicht werden, ebenso wie bei der Grignard-Reaktion, die in einer Ausbeute von 65% realisiert werden konnte. Damit war eine Möglichkeit geschaffen, um sowohl das *E*,*Z*-Isomer **255** als auch das *E*,*E*-Isomer **169** in guten Ausbeuten darstellen zu können.

Zusammenfassend konnte eine auf einer Suzuki-Kreuzkupplung basierende Synthese des benötigten Ketons **169** entwickelt werden. Bei Anwendung des 1,3-Diketons **244** als Vorläufer kann das Produkt dabei in einer Gesamtausbeute von 15% in 2 Stufen erhalten werden, während bei der Synthese ausgehend vom 3-Oxoester **241** das Produkt **169** in einer Ausbeute von 32% über 4 Stufen synthetisiert werden konnte. Darüber hinaus gelang die

Darstellung des *Z*-Isomers **255** in einer Gesamtausbeute von 28%. Diese Umsetzung erfolgte dabei ebenfalls in 4 Stufen.

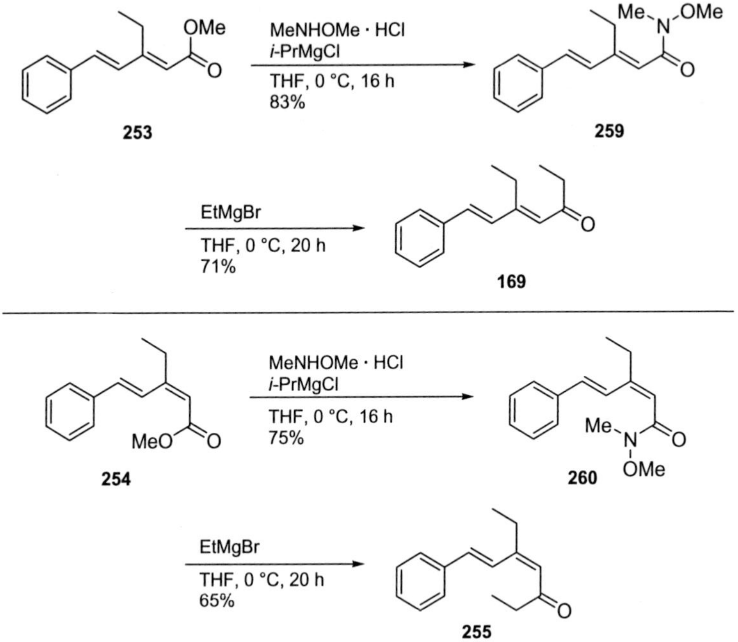

Schema 81: Umsetzung der Ester **253** und **254** zu den korrespondierenden Ethylketonen **169** und **255**.

4.2.2.3 Versuche zur Fragmentkupplung

Nachdem die Synthese der Bausteine **169** und (2*S*,3*R*,4*R*)-**219** optimiert und abgeschlossen worden war, sollten diese in der der Wittig-Reaktion, der Schlüsselreaktion dieser Synthesestrategie, miteinander verknüpft werden. Da das aus dem dargestellten Wittig-Salz (2*S*,3*R*,4*R*)-**219** erzeugte Ylid nicht stabilisiert ist, kann dieses nicht isoliert werden, sondern muss *in situ* erzeugt werden, wobei aufgrund einer möglichen Racemisierungstendenz des Wittig-Salzes von der Verwendung der stärksten Basen wie *n*-Butyllithium oder Lithiumdi-*iso*-propylamid abgesehen wurde. Die entsprechenden Versuche wurden deshalb in Anlehnung an Arbeiten von Evans *et al.* durchgeführt, der ein ähnliches System in seiner Synthese von Lonomycin A mit einem Aldehyd umsetzte.[210] Die dabei erhaltenen Ergebnisse sind in Tabelle 7 zusammengefasst.

Tabelle 7: Versuche zur Verknüpfung von **169** und (2*S*,3*R*,4*R*)-**219** durch Wittig-Reaktion.[a]

Eintrag	Base	Temperatur und Zeit[b]	Ergebnis
1	LiHMDS	–78 °C, 1 h, während 20 h auf RT	kein Umsatz
2	LiHMDS	–78 °C, 1 h, dann Rückfluss, 10 h	kein Umsatz
3	LiHMDS	–78 °C, 1 h, dann Rückfluss, 20 h	kein Umsatz
4[c]	KHMDS	RT, 30 min, dann Rückfluss, 20 h	kein Umsatz

[a] Alle Reaktionen wurden in THF mit äquimolaren Mengen von Keton, Wittig-Salz und Base durchgeführt. [b] Das Wittig-Salz wurde vorgelegt und während der angegebenen Zeit mit der Base umgesetzt, anschließend wurde das Keton zugegeben. [c] Reaktion in Benzol mit 1.05 Äquivalenten Base.

In einem ersten Versuch wurde das Wittig-Salz (2*S*,3*R*,4*R*)-**219** in THF vorgelegt und bei –78 °C unter Verwendung von Lithiumhexamethyldisilazan deprotoniert, mit einer Lösung des Ketons in THF versetzt und langsam während 20 h auf RT aufgetaut. Wie sich herausstellte, konnte unter diesen Bedingungen kein Umsatz der Edukte erreicht werden, vielmehr wurden Keton und Wittig-Salz, vermutlich als Hydroxid, zurückgewonnen (Eintrag 1). Dieses Ergebnisse wurden auf die Tatsache zurückgeführt, dass die Wittig-Reaktion mit Ketonen, insbesondere bei hohem sterischen Anspruch, erschwert ist, so dass erhöhte Temperaturen notwendig sind, um den nucleophilen Angriff des Wittig-Ylids zu ermöglichen, der vermutlich den kritischen Punkt dieser Umsetzung darstellt. Aus diesem Grund wurde ein weiterer Versuch mit gleichen Deprotonierungsbedingungen durchgeführt, wobei die Reaktionsmischung nach Auftauen auf Raumtemperatur noch für 10 h unter Rückfluss erhitzt wurde. Wie sich jedoch zeigte, konnte auch in diesem Fall keinerlei Umsatz zum gewünschten Produkt erreicht werden (Eintrag 2), auch nicht bei Anwendung noch längerer Reaktionszeiten von 20 h unter Rückfluss (Eintrag 3). Nachdem diese Versuche ebenfalls erfolglos abgelaufen waren, sollte ein möglicher Einfluss des Gegenions des Ylids auf den Verlauf der Wittig-Reaktion untersucht bzw. ausgeschlossen werden, gleichzeitig sollte ein höher siedendes Lösungsmittel verwendet werden, dass die Möglichkeit zu stärkerer thermischer Aktivierung bieten sollte. Die Reaktion wurde deshalb unter Verwendung von Kaliumhexamethyldisilazan in Benzol, einem typischen Lösungsmittel für Wittig-Reaktionen, durchgeführt. Die Deprotonierung wurde in diesem Fall bei RT durchgeführt, um eine vollständige Bildung des Ylids zu gewährleisten. Nach Zugabe des Ketons wurde die Reaktionsmischung dann für 20 h unter Rückfluss erhitzt, aber wie in den anderen Fällen konnte auch hier keinerlei Umsatz beobachtet werden (Eintrag 4). Ein letzter Versuch unter Einsatz von *n*-Butyllithium zur Deprotonierung des Wittig-Salzes (2*S*,3*R*,4*R*)-**219** führte zur Zersetzung unter Bildung eines nicht identifizierbaren Produktes.

Als mögliche Ursachen für die nicht mögliche Umsetzung der Bausteine **169** und (2*S*,3*R*,4*R*)-**219** unter den genannten Bedingungen sind verschiedene Punkte denkbar, wobei die wahrscheinlichste Erklärung die bereits genannte sterische Hinderung beim nucleophilen Angriff des Ylids auf das Keton, insbesondere die Wechselwirkung zwischen der Methylgruppe im Phosphorreagenz und der Ethylgruppe des Ketons, darstellt. Da diese sterische Hinderung auch im Falle der „inversen" Wittig-Reaktion, d. h. bei Verwendung des Aldehyds am Zentralfragment und eines sekundären Phosphoniumsalzes, auftreten sollte, wurde nach diesen negativen Ergebnissen die angedachte Synthesestrategie unter Verwendung der Wittig-Reaktion verworfen.

Im Folgenden sollte nun eine Strategie unter Verwendung einer geeigneten Kreuzkupplungsreaktion zur Verknüpfung der Fragmente angewendet werden.

4.2.3 Strategie 2 – Fragmentkupplung über Kreuzkupplung

4.2.3.1 Synthese des chiralen zentralen Bausteins

Ebenso wie die Strategie unter Verwendung einer Wittig-Reaktion zur Fragmentkupplung werden für die Verknüpfung über eine Palladium-katalysierte Kreuzkupplung ebenfalls zwei Hauptbausteine benötigt, ein chirales zentrales Fragment sowie ein 2,2-disubstituiertes Vinylhalogenid oder –triflat (Schema 48). In diesem ersten Abschnitt soll die Synthese des chiralen zentralen Bausteins beschrieben werden.

Die ersten Arbeiten in diesem Themenfeld wurden ausgehend vom benzylgeschützten (*R*)-3-Hydroxy-2-methylpropionsäuremethylester (*R*)-**182** durchgeführt. Da auch in diesem Fall das monogeschützte Triol (2*R*,3*R*,4*R*)-**203** als Edukt von Nutzen sein würde, aber die erarbeitete Synthesesequenz zwei diastereoselektive Reaktionen (Paterson-Aldol-Reaktion und Reduktion mit Natriumtriacetoxyborhydrid) mit teilweisem Materialverlust beinhaltete, sollte zuerst eine alternative Darstellungsmöglichkeit von (2*R*,3*R*,4*R*)-**203** entwickelt werden.

Die Wahl fiel dabei auf die diastereoselektive Evans-Aldol-Reaktion, die je nach Wahl des eingesetzten Auxiliars bzw. Reagenzes in der Lage ist, alle vier möglichen Stereoisomere jeweils gezielt darzustellen. In diesem Zusammenhang sollte die *syn*-selektive Variante zum Einsatz kommen, bei der Auxiliare, die sich von Phenylalanin, Valin oder Norephedrin ableiten, zusammen mit einem geeigneten Borreagenz sowie einer Base zum Einsatz kommen.[211] Damit kann die gleiche stereochemische Triade wie durch die bereits angesprochene zweistufige Sequenz aufgebaut werden. Die Anwendung der *anti*-selektiven Variante dieser Reaktion, die unter Verwendung von Magnesiumreagenzien und schwefelanalogen Auxiliaren in etwas schlechteren Selektivitäten durchgeführt werden kann,[212] würde zum zu (2*R*,3*R*,4*R*)-**203** diastereomeren (genauer: epimeren) Alkohol (2*R*,3*S*,4*R*)-**262** führen.

Die Arbeiten im Rahmen dieser Arbeit wurden ausgehend von (*S*)-(–)-4-Benzyl-2-oxazolidinon ((*S*)-**263**), das kommerziell erhältlich ist, aber auch nach einer literaturbekannten Syntheseroute aus (*S*)-Phenylalanin durch Reduktion und anschließende Umsetzung mit Diethylcarbonat einfach und in exzellenten Ausbeuten erhalten werden kann, durchgeführt.[213] In einem ersten Reaktionschritt wurde das Oxazolidinon (*S*)-**263** mit *n*-Butyllithium metalliert und mit Butyrylchlorid umgesetzt,[214] wobei das Butyryloxazolidinon (*S*)-**264** in einer hervorragenden Ausbeute von 95% erhalten werden konnte (Schema 82). Verbindung (*S*)-**264**, die leicht in großen Mengen zugänglich ist, stellt eines der Edukte für die geplante Evans-Aldol-Reaktion dar.

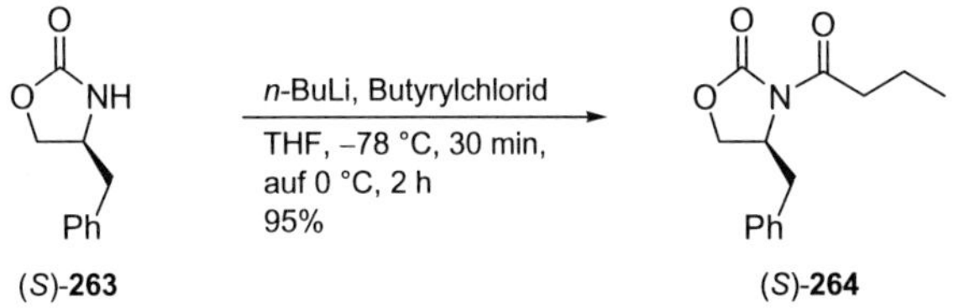

O
O NH
Ph
(*S*)-**263**

n-BuLi, Butyrylchlorid
THF, –78 °C, 30 min,
auf 0 °C, 2 h
95%

O O
O N
Ph
(*S*)-**264**

Schema 82: Synthese des Butyryloxazolidinons (*S*)-**264**.

Die zweite für diese Umsetzung benötigte Verbindung sollte wie bereits angedeutet ausgehend vom Ester (*R*)-**182** realisiert werden. Dieser sollte in einem ersten Reaktionsschritt bis zum Alkohol (*S*)-**265** reduziert werden, wofür eine Vielzahl von Methoden existiert. In diesem Fall konnte die vollständige Reduktion durch Behandlung mit Lithiumaluminiumhydrid in Diethylether[215] innerhalb von zwei Stunden erreicht werden, wobei das Produkt in einer Ausbeute von 89% erhalten werden konnte. Alkohol (*S*)-**265** wurde anschließend unter den Standardbedingungen einer Swern-Oxidation,[215,216] d. h. unter

Verwendung von Oxalylchlorid, Dimethylsulfoxid und Triethylamin, zum korrespondierenden Aldehyd (*R*)-**266** in einer Ausbeute von 76% umgesetzt (Schema 83). Dieser wurde nach Trocknen ohne weitere Reinigung in der Folgereaktion eingesetzt, da er bereits analysenrein war.

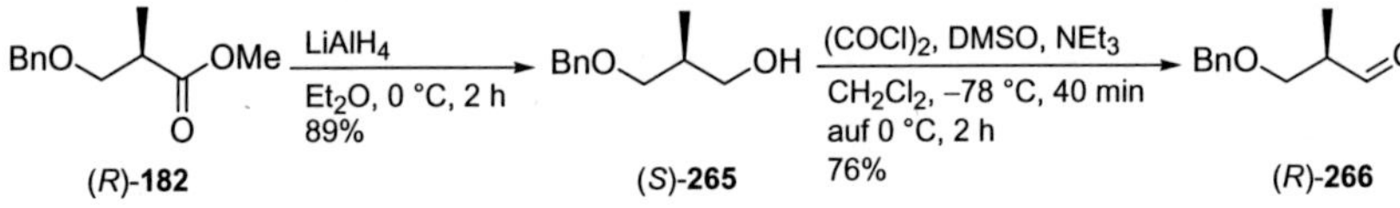

Schema 83: Synthese des benzylgeschützten Aldehyds (*R*)-**266** ausgehend vom Ester (*R*)-**182**.

Da die Ausbeute der Darstellung des Aldehyds (*R*)-**266** nicht optimal erschien, wurde Alkohol (*S*)-**265** auch unter Parikh-Doering-Bedingungen[179] mit Schwefeltrioxid-Pyridin-Komplex umgesetzt, wobei das Produkt in einer exzellenten Ausbeute von über 90% erhalten werden konnte. Wie sich allerdings durch Messung des Drehwertes zeigte, war es bei der Reaktion zu vollständiger Racemisierung des stereogenen Zentrums an C-2 gekommen, so dass diese Methode nicht anwendbar war.

Der erhaltene Aldehyd (*R*)-**266** wurde anschließend in der angesprochenen Evans-Aldol-Reaktion in einer von Smith *et al.* entwickelten Variante[189] eingesetzt. Dabei wurde das (*S*)-4-Benzyl-3-butyryloxazolidin-2-on ((*S*)–**264**) vorgelegt und bei 0 °C mit Di-*n*-butylbortriflat und Hünig-Base versetzt. Anschließend wurde auf –78 °C abgekühlt und bei dieser Temperatur mit einer Lösung des Aldehyds in Dichlormethan langsam versetzt. Nach 1 h bei –78 °C und 2 h bei 0 °C wurde die Reaktion durch Zugabe von pH7-Phosphatpuffer abgebrochen. Durch Zusatz einer 2:1-Mischung von Methanol und 30%igem wässrigem Wasserstoffperoxid wurde das bei der Reaktion erhaltene Boraddukt oxidativ gespalten und das gezeigte Produkt (4*S*,2'*R*,3'*S*,4'*S*)-**267** konnte als einziges detektierbares Diastereomer in einer sehr guten Ausbeute von 91% isoliert werden (Schema 84).

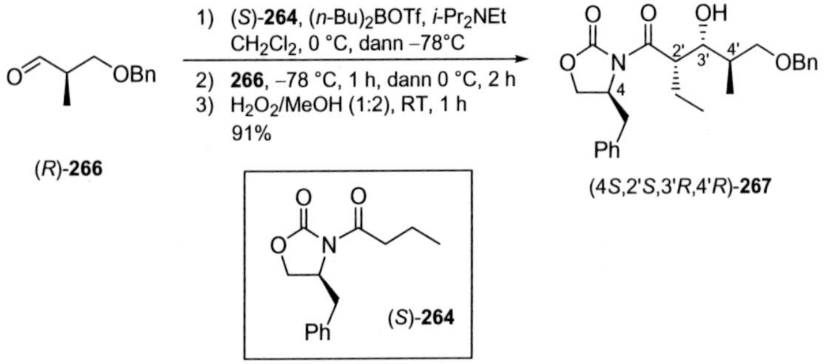

Schema 84: Evans-Aldol-Reaktion von Butyryloxazolidinon (*S*)-**264** mit dem geschützten Aldehyd (*R*)-**266**.

Die starke Diastereoselektivität der Evans-Aldol-Reaktion findet ihre Begründung in der großen Selektivität der beiden Teilschritte der Aldol-Reaktion, der Bildung des Enolates und des nucleophilen Angriffs auf die Carbonylkomponente.

Die hohe Selektivität der Bildung des Enolats wird dabei unter anderem durch die Koordination der Borverbindung an die 1,3-Dicarbonylposition erklärt, die die beiden funktionellen Gruppen relativ fest konformationell fixiert.

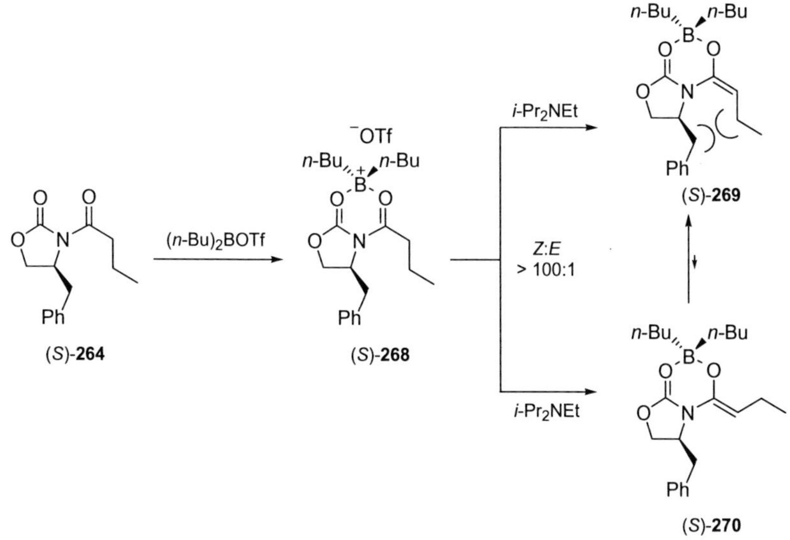

(*S*)-**264** —(*n*-Bu)$_2$BOTf→ (*S*)-**268** — *i*-Pr$_2$NEt → (*S*)-**269** / (*S*)-**270**; *Z*:*E* > 100:1

Schema 85: Selektive Bildung des *Z*-Borenolates (*S*)-**270**.

Wird nun eine reversible Base wie die Hünig-Base zugegeben, findet die Bildung des zugehörigen Enolates quasi unter thermodynamischen Bedingungen statt, d. h. es wird bevorzugt das thermodynamisch günstigere Produkt gebildet. Betrachtet man die beiden möglichen Produkte (*S*)-**269** bzw. (*S*)-**270**, so erkennt man, dass es im Falle des *E*-Enolates (*S*)-**269** zu einer starken sterischen Wechselwirkung zwischen dem Benzylsubstituenten des Oxazolidinonteils und der Alkylkette kommt, die diese Verbindung deutlich destabilisiert. Diese Wechselwirkung ist beim *Z*-Isomer (*S*)-**270** nicht vorhanden, so dass dieses deutlich bevorzugt ist und sich aufgrund der reversiblen Natur der Deprotonierung anreichert. Das Ausmaß der Destabilisierung bzw. Stabilisierung kann an der immensen Bevorzugung des *Z*-Isomers (*S*)-**270** abgelesen werden, dass praktisch als einziges Isomer entsteht (Schema 85).

Das damit in hoher Selektivität erhaltene *Z*-Enolat (*S*)-**270** ist in dieser Form jedoch unreaktiv, da für die eigentliche Umsetzung eine freie Koordinationsstelle am Bor benötigt wird, wie im folgenden noch näher dargelegt werden soll (Schema 86).

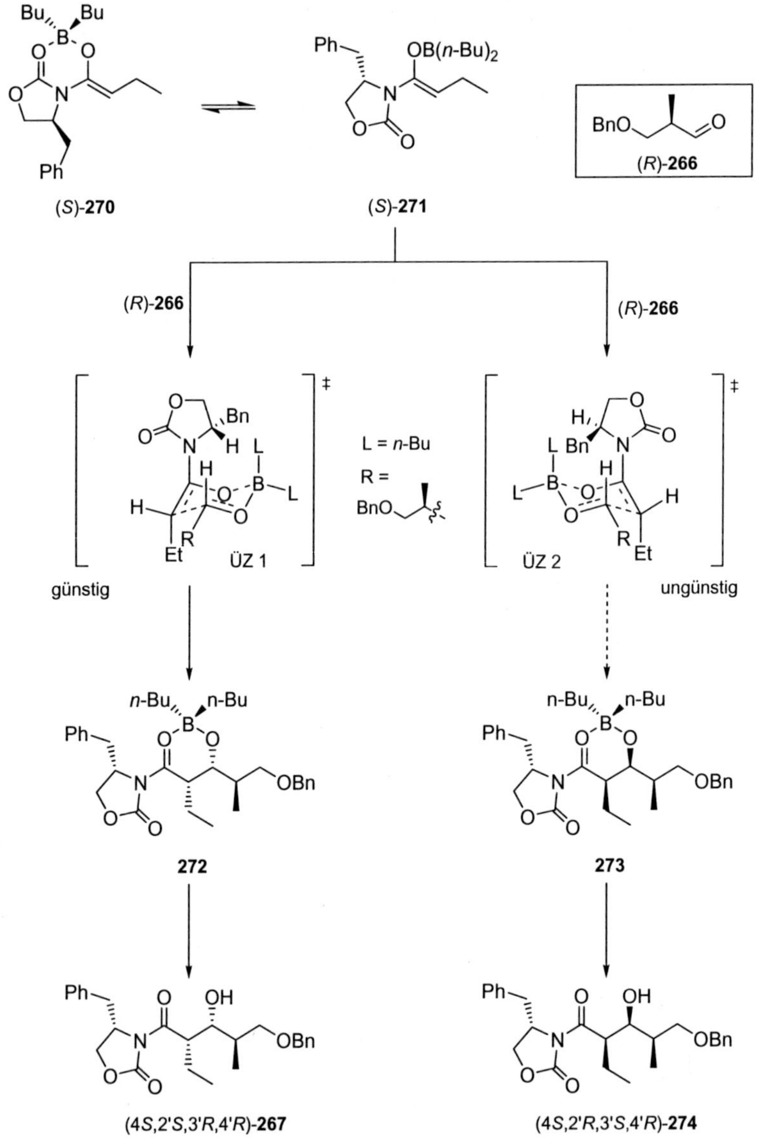

(*S*)-**270** ⇌ (*S*)-**271**

(*R*)-**266**

(*R*)-**266** | (*R*)-**266**

ÜZ 1 günstig | L = *n*-Bu, R = BnO… | ÜZ 2 ungünstig

272 | **273**

(4*S*,2'*S*,3'*R*,4'*R*)-**267** | (4*S*,2'*R*,3'*S*,4'*R*)-**274**

Schema 86: Begründung der Selektivität des Angriffs der Carbonylkomponente (*R*)-**266**.[211]

Verbindung (*S*)-**270** steht jedoch im Gleichgewicht mit der offenen Form (*S*)-**271**. Bemerkenswert ist in diesem Zusammenhang auch, dass sich der Oxazolidinonring in der gezeichneten Weise anordnet, was sich durch die Tendenz zur Minimierung des Dipolmomentes erklären lässt.[217] Ausgehend vom Enolat (*S*)-**271** existieren zwei Möglichkeiten des Angriffs der Carbonylverbindung (*R*)-**266**, formal ein Angriff von der *Re*- oder von der *Si*-Seite. Da die Aldol-Reaktionen von Metall-Enolaten wie bereits von Zimmerman und Traxler erkannt[218] über sechsgliedrige sesselförmige Übergangszustände ablaufen, werden im vorliegenden Fall die beiden möglichen Übergangszustände ÜZ 1 bzw. ÜZ 2 durchlaufen. Auch hier ist wiederum zu bemerken, dass die Tendenz zur Minimierung des Dipolmomentes dazu führt, dass sich das Oxazolidinon in der angegebenen Weise ausrichtet, bei der dessen Carbonylgruppe möglichst entgegengesetzt zur Carbonylgruppe des angreifenden Aldehyds steht. Wie leicht ersichtlich ist, kommt im Übergangszustand ÜZ 2 der Benzylsubstituent über dem Ringsystem zu liegen und es kommt zu starken Wechselwirkungen zwischen diesem Substituenten und dem Butylrest am Bor. Diese Wechselwirkung findet sich in ÜZ 1 nicht, so dass dieser deutlich begünstigt ist. Damit schirmt also der Oxazolidinonring formal eine der beiden Seiten besser ab, so dass eines der beiden *syn*-Diastereomere deutlich bevorzugt gebildet wird. Die hohe Selektivität begründet sich im Falle des Bors vor allem dadurch, dass die Bor-Sauerstoffbindung relativ stark und kurz ist, so dass praktisch keine Reaktion über einen acyclischen Reaktionspfad abläuft. Zusätzlich werden durch den notwendigerweise sehr engen Übergangszustand die sterischen Wechselwirkungen maximiert, so dass auch in diesem Reaktionsschritt eine praktisch vollständige Stereokontrolle erreicht werden kann. Das Produkt der Aldol-Reaktion fällt wie bereits angesprochen als Boraddukt **272** an, das durch oxidative Behandlung zum Produkt **267** umgesetzt werden kann (Schema 86).

Nachdem die Evans-Aldol-Reaktion wie beschrieben in exzellenten Ausbeuten und mit praktisch vollständiger Stereokontrolle durchgeführt werden konnte, wurden zwei mögliche Strategien zur Abspaltung des Auxiliars untersucht, in Anwesenheit einer Schutzgruppe und ohne Schutzgruppe. Dazu wurde zuerst das Aldolprodukt (4*S*,2'*S*,3'*R*,4'*R*)-**267** unter den bereits beschriebenen Bedingungen mit *tert*-Butyldimethylsilyltrifluormethansulfonat und 2,6-Lutidin zum entsprechenden Silylether (4*S*,2'*S*,3'*R*,4'*R*)-**275** umgesetzt. Dies gelang in Ausbeuten von maximal 61%, was möglicherweiser auf die im Edukt (4*S*,2'*S*,3'*R*,4'*R*)-**267** vorherrschende sterische Hinderung und die relative Größe der Schutzgruppe zurückgeführt werden kann. Die Abspaltung des Auxiliars wurde in diesem Fall unter Verwendung von Lithiumborhydrid und Ethanol vollzogen, wobei ein Temperaturprofil gewählt wurde, das sich an Literaturpräzedenzen an ähnlichen Systemen[189] anlehnte. Dabei konnte der doppelt geschützte Alkohol (2*R*,3*R*,4*R*)-**206** in einer mäßigen Ausbeute von 60% isoliert werden, wobei die Hauptnebenreaktion wohl in der teilweisen weiteren Entschützung, vornehmlich des TBS-Ethers, dieser Verbindung begründet ist. Die Abspaltung des Oxazolidinons vom benzylgeschützten Aldolprodukt (4*S*,2'*S*,3'*R*,4'*R*)-**267** wurde ebenfalls unter Einsatz von Lithiumborhydrid und Ethanol bei 0 °C durchgeführt,[219] wobei nach 4 h das gewünschte Triol (2*R*,3*R*,4*R*)-**203**, das auch schon durch Paterson-Aldol-Reaktion und diastereoselektive Reduktion hergestellt wurde (vergl. Schema 51 und Schema 61), in einer Ausbeute von 81% erhalten werden konnte (Schema 87).

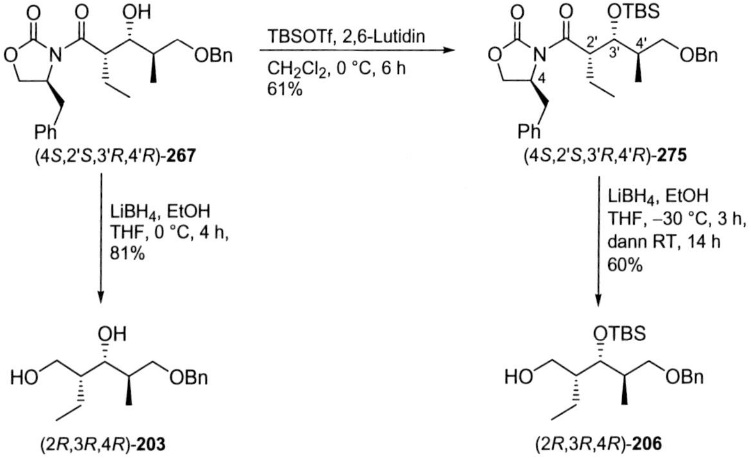

TBSOTf, 2,6-Lutidin
CH_2Cl_2, 0 °C, 6 h
61%

(4*S*,2'*S*,3'*R*,4'*R*)-**267**

(4*S*,2'*S*,3'*R*,4'*R*)-**275**

$LiBH_4$, EtOH
THF, 0 °C, 4 h,
81%

$LiBH_4$, EtOH
THF, –30 °C, 3 h,
dann RT, 14 h
60%

(2*R*,3*R*,4*R*)-**203**

(2*R*,3*R*,4*R*)-**206**

Schema 87: Routen zur Abspaltung des Oxazolidinonauxiliars.

Es lässt sich also feststellen, dass die Abwesenheit einer Schutzgruppe der Effektivität der Abspaltung des Auxiliars zuträglich ist. Da bei Anwesenheit der Schutzgruppe auch die Wittig-Reaktion an der oxidierten freien Alkoholfunktion nicht durchgeführt werden konnte (Schema 64), wurden keine weiteren Untersuchungen in diesem Zusammenhang durchgeführt. Das monogeschützte Triol **203** wurde anschließenden unter den bereits beschriebenen Bedingungen (Schema 65 und Schema 66) zum TBS-geschützten Olefin (4*R*,5*S*,6*R*)-**215** umgesetzt, was analog zu den bereits beschriebenen Daten in einer Gesamtausbeute von 61% über die 4 Stufen Oxidation, Wittig-Reaktion, TBS-Schützung und Benzylabspaltung (Schema 65 und Schema 66), gelang.

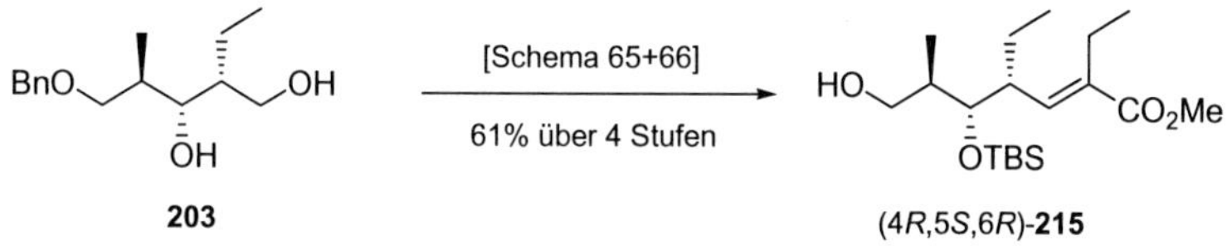

[Schema 65+66]
61% über 4 Stufen

203 → (4*R*,5*S*,6*R*)-**215**

Schema 88: Bereits in 4.2.2 dargestellte Umsetzungen zum TBS-geschützen Olefin (4*R*,5*S*,6*R*)-**215**.

Mit der gezeigten Methode konnte der Kernbaustein (4*R*,5*S*,6*R*)-**215** über die Evans-Methodik in einer Ausbeute von 27% über 9 Stufen ausgehend von (*R*)-3-Hydroxy-2-methylpropionsäuremethylester ((*R*)-**181**) erhalten werden. Da eine Reihe von Reaktionen nicht ideal abliefen und sich die Reaktonsausbeuten, beispielsweise in der Swern-Oxidation auch durch ausgiebige Optimierungen nicht verbessern ließen, wurde in weiteren Arbeiten ein möglicher Einfluss der Benzylschutzgruppe auf die beobachteten Reaktionsausbeuten untersucht.

Aus diesem Grund wurde ausgehend von (*R*)-3-Hydroxy-2-methylpropionsäuremethylester ((*R*)-**181**) die entsprechende Umsetzung zum tritylgeschützten Derivat untersucht. Dabei wurde auf Arbeiten von Ley *et al.* zurückgegriffen,[220] die unter Standardbedingungen, d. h. Verwendung von Triethylamin und katalytischer Mengen 4-Dimethylaminopyridin mit Triphenylmethylchlorid, das gewünschte Produkt (*R*)-**276** in einer Ausbeute von 95% erhalten konnten, wobei keine säulenchromatographische Reinigung notwendig war. Die anschließende Reduktion mit Lithiumaluminiumhydrid konnte ebenso wie die folgende Swern-Oxidation in exzellenten Ausbeuten durchgeführt werden (Schema 89).

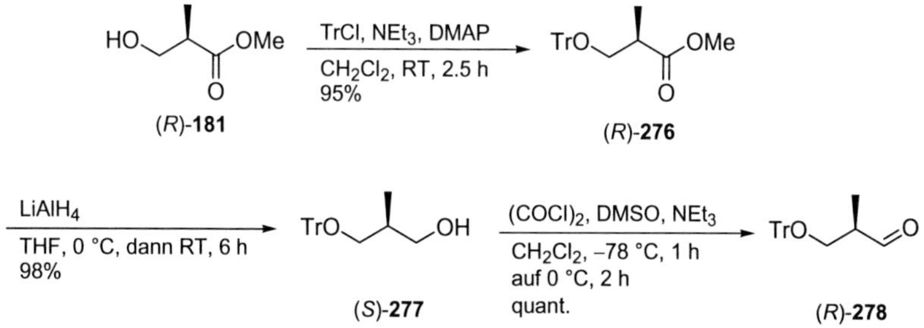

TrCl, NEt_3, DMAP; CH_2Cl_2, RT, 2.5 h; 95%

(*R*)-**181** → (*R*)-**276**

$LiAlH_4$; THF, 0 °C, dann RT, 6 h; 98% → (*S*)-**277**

$(COCl)_2$, DMSO, NEt_3; CH_2Cl_2, −78 °C, 1 h; auf 0 °C, 2 h; quant. → (*R*)-**278**

Schema 89: Synthese des tritylgeschützten Aldehyds (*R*)-**278** ausgehend vom Ester (*R*)-**181**.

Dabei erwiesen sich auch bei diesen Umsetzungen säulenchromatographische Reinigung als nicht notwendig, so dass diese Reaktionssequenz problemlos auch zur Synthese größerer Substanzmengen geeignet ist.

Der Aldehyd (*R*)-**278** wurde anschließend unter den Bedingungen der Evans-Aldol-Reaktion umgesetzt, wobei das gewünschte Produkt wiederum mit praktisch vollständiger Stereokontrolle erhalten werden konnte. Bei der Durchführung dieser Reaktion erwies es sich als absolut notwendig, die Lösung des Aldehyds ebenfalls auf –78 °C abzukühlen und die Zugabe sehr langsam durchzuführen, da es in dieser Umsetzung bei Temperaturerhöhung zur Abspaltung der Tritylschutzgruppe kam. Nach Optimierung der Reaktionsbedingungen konnte jedoch auch diese Reaktion in einer sehr guten Ausbeute von 87% durchgeführt werden (Schema 90).

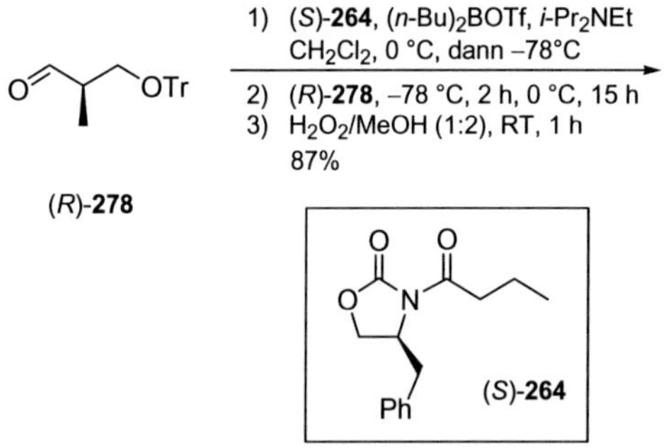

(*R*)-**278**

1) (*S*)-**264**, $(n\text{-Bu})_2BOTf$, $i\text{-Pr}_2NEt$, CH_2Cl_2, 0 °C, dann –78°C
2) (*R*)-**278**, –78 °C, 2 h, 0 °C, 15 h
3) H_2O_2/MeOH (1:2), RT, 1 h
87%

(4*S*,2'*S*,3'*R*,4'*R*)-**279**

(*S*)-**264**

Schema 90: Evans-Aldol-Reaktion des tritylgeschützten Aldehyds (*R*)-**278**.

Nachdem die Aldol-Reaktion erfolgreich mit der Synthese der Verbindung (4*S*,2'*S*,3'*R*,4'*R*)-**279** abgeschlossen werden konnte, wurde diese analog zum benzylgeschützten Derivat (4*S*,2'*S*,3'*R*,4'*R*)-**267** weiter umgesetzt.

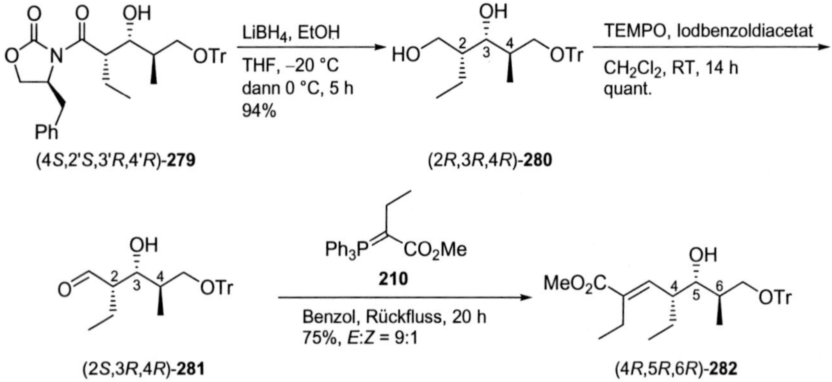

(4*S*,2'*S*,3'*R*,4'*R*)-**279** → $LiBH_4$, EtOH, THF, –20 °C dann 0 °C, 5 h, 94% → (2*R*,3*R*,4*R*)-**280** → TEMPO, Iodbenzoldiacetat, CH_2Cl_2, RT, 14 h, quant. →

(2*S*,3*R*,4*R*)-**281** → $Ph_3P{=}C(Et)CO_2Me$ **210**, Benzol, Rückfluss, 20 h, 75%, *E*:*Z* = 9:1 → (4*R*,5*R*,6*R*)-**282**

Schema 91: Abspaltung des Auxiliars und Umsetzung zum tritylgeschütztem Olefin (4*R*,5*R*,6*R*)**282**

Dazu wurde im ersten Reaktionsschritt das Auxiliar unter Verwendung von Lithiumborhydrid und Ethanol in einer im Gegensatz zum Benzylderivat (4*S*,2'*S*,3'*R*,4'*R*)-**267** deutlich besseren Ausbeute von 94% abgespalten. Die anschließende Oxidation zum Aldehyd (2*S*,3*R*,4*R*)-**281** unter Verwendung von TEMPO und Iodbenzoldiacetat verlief wie zuvor in praktisch quantitativer Ausbeute, die folgende Wittig-Reaktion erbrachte in diesem Fall eine isolierte Ausbeute des *E*-Isomers (4*R*,5*R*,6*R*)-**282** von 75%, wobei das *E*:*Z*-Verhältnis im Rohprodukt bei 9:1 lag (Schema 91).

Das so erhaltene Olefin wurde dann ebenfalls unter den Standardbedingungen, d. h. Verwendung des TBS-Trifluormethansulfonates, in einer Ausbeute von 85% als TBS-Ether (4*R*,5*R*,6*R*)-**283** geschützt. Die Abspaltung der Tritylschutzgruppe gelang unter Verwendung von wasserfreier Ameisensäure in Diethylether in einer Ausbeute von 89%.[221] Für gute Reaktionsausbeuten war es notwendig, den Reaktionsverlauf genau zu kontrollieren, da unter den leicht sauren Bedingungen auch eine langsame Entschützung des TBS-Ethers beobachtet werden konnte (Schema 92). Die Verwendung anderer Entschützungsmethoden wie Iod in Methanol,[222] Umsetzung mit Triethylsilan, Trimethylsilyltrifluormethansulfonat und anschließendem Zusatz von Pyridinium-*p*-toluolsulfonat[223] oder Einsatz von Chlorcatecholboran in Methanol[224] ergaben entweder keinen Umsatz oder vollständige Entfernung beider Schutzgruppen.

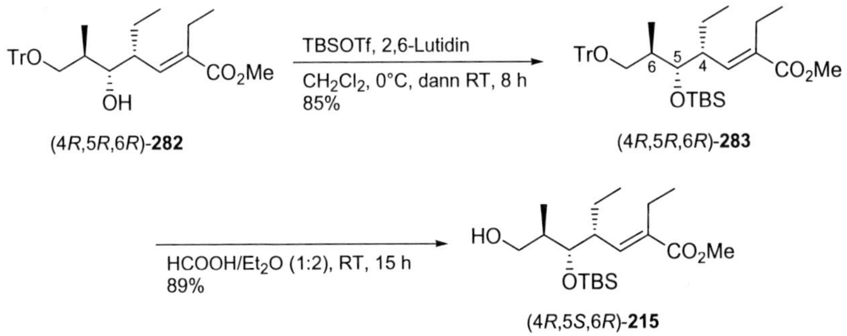

TrO OH CO_2Me (4*R*,5*R*,6*R*)-**282**

TBSOTf, 2,6-Lutidin
CH_2Cl_2, 0°C, dann RT, 8 h
85%

TrO 6 5 4 OTBS CO_2Me (4*R*,5*R*,6*R*)-**283**

HCOOH/Et_2O (1:2), RT, 15 h
89%

HO OTBS CO_2Me (4*R*,5*S*,6*R*)-**215**

Schema 92: TBS-Schützung des tritylgeschützen Olefins (4*R*,5*R*,6*R*)-**282** und Abspaltung der Schutzgruppe.

Damit konnte die Synthese dieses Bausteins auf der Route unter Verwendung der Tritylschutzgruppe ausgehend von (*R*)-3-Hydroxy-2-methylpropionsäuremethylester ((*R*)-**181**) in einer Gesamtausbeute von 43% über 9 Stufen erreicht werden, was eine deutliche Verbesserung im Vergleich zur Benzylschutzgruppenstrategie (27%) bedeutet. Darüber hinaus lassen sich vor allem die ersten Reaktionen in höheren Ausbeuten ohne die Notwendigkeit von säulenchromatographischen Reinigungen durchführen, was für eine

Übertragung auf größere Reaktionsmaßstäbe wichtig ist. Zusammenfassend wurde damit ein effizienter Zugang zu diesem wichtigen Intermediat in der Totalsynthese der Spiculoinsäure A entwickelt und optimiert.

Ausgehend von dem so erhaltenen Olefin (4*R*,5*S*,6*R*)-**215** wurden dann die weiteren Reaktionen zur Darstellung eines für die Kreuzkupplung geeigneten Bausteins untersucht. Dazu sollte der Alkohol (4*R*,5*S*,6*R*)-**215** in einer Parikh-Doering-Oxidation unter Einwirkung von Schwefeltrioxid-Pyridin-Komplex, Triethylamin und Dimethylsulfoxid zum korrespondierenden Aldehyd (4*R*,5*S*,6*S*)-**284** umgesetzt werden, was auch in 80% Ausbeute nach säulenchromatographischer Reinigung gelang. Wurde diese Oxidation unter den Swern-Bedingungen durchführt, so konnte das Produkt (4*R*,5*S*,6*S*)-**284** in ähnlichen Ausbeuten isoliert werden. Der Aldehyd (4*R*,5*S*,6*S*)-**284** wurde anschließend zum Dibromolefin (4*R*,5*R*,6*R*)-**285** umgesetzt, was unter Einsatz von Tetrabrommethan und Triphenylphosphin in einer Ausbeute von 96% gelang (Schema 93).[225] Bei dieser Reaktion handelt es sich um die erste Stufe der Corey-Fuchs-Homologisierung von Aldehyden zu Alkinen.[226] Dabei wird aus den beiden Reagenzien *in situ* unter formaler Bromabspaltung ein Wittig-Reagenz gebildet, das anschließend mit einer Carbonylverbindung zum Dibromolefin und Triphenylphosphinoxid abreagiert.

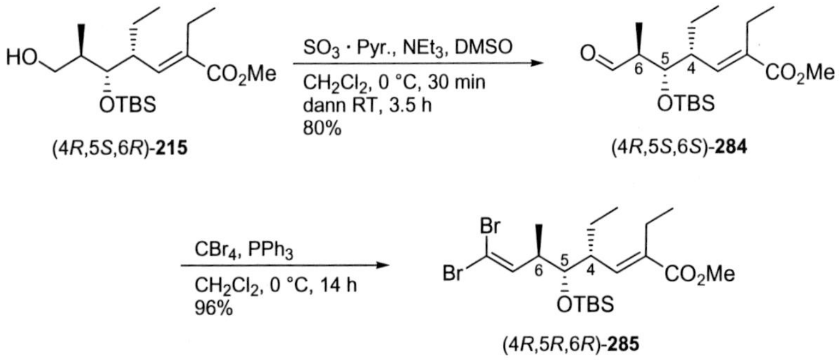

HO … CO_2Me, OTBS
(4*R*,5*S*,6*R*)-**215**

$SO_3 \cdot$ Pyr., NEt_3, DMSO
CH_2Cl_2, 0 °C, 30 min
dann RT, 3.5 h
80%

O … 6 5 4 … CO_2Me, OTBS
(4*R*,5*S*,6*S*)-**284**

CBr_4, PPh_3
CH_2Cl_2, 0 °C, 14 h
96%

Br, Br … 6 5 4 … CO_2Me, OTBS
(4*R*,5*R*,6*R*)-**285**

Schema 93: Oxidation und Synthese des Dibromolefins (4*R*,5*R*,6*R*)-**285**.

Verbindung (4*R*,5*R*,6*R*)-**285** stellt bereits einen möglichen Baustein für eine Kreuzkupplungsreaktion dar. Dibromolefine sind etablierte Edukte für die Negishi-Kupplung, in der sie unter Verwendung geeigneter Katalysatoren *E*-selektiv eingesetzt werden können.[153] Es existieren allerdings auch einige Beispiele für die Verwendung der Suzuki- oder Stille-Kupplung zur Umsetzung solcher Dibromverbindungen.

Nach Abschluss der Synthese des möglichen Bausteins (4*R*,5*R*,6*R*)-**285**, der als Akzeptor mit einer geeigneten Metallkomponente umgesetzt werden würde, wurde auch eine weitere Umwandlung von (4*R*,5*R*,6*R*)-**285** untersucht, um durch eine geeignete Hydrometallierungsreaktion, die inverse Kreuzkupplungsreaktion, durchführen zu können oder um das 1-Ethyl-1-iodolefin herzustellen, das ebenfalls als Edukt in der Kupplung fungieren könnte. Dazu wurde der zweite Teil der Corey-Fuchs-Synthese durchgeführt.[227] Das Dibromolefin (4*R*,5*R*,6*R*)-**285** wurde bei –78 °C mit *n*-Butyllithium versetzt, wobei es zu einem Halogen-Metall-Austausch und damit zur Bildung eines 1-Lithium-1-bromolefins kommt, das unter Ausbildung einer Carbenzwischenstufe in einer α-Eliminierung Lithiumbromid erzeugt. Dieses reagiert schnell im Sinne einer Fritsch-Buttenberg-Wiechell-Umlagerung[228] weiter zum Alkin. Durch Einsatz von 2 Äquivalenten *n*-Butyllithium wurde das entstehende Alkin direkt deprotoniert und das Lithiumacetylid mit Ethyliodid umgesetzt, wobei in einer Gesamtausbeute von 75% in einer Eintopfreaktion das Ethylalkin (4*R*,5*S*,6*R*)-**286** gebildet wurde (Schema 94).

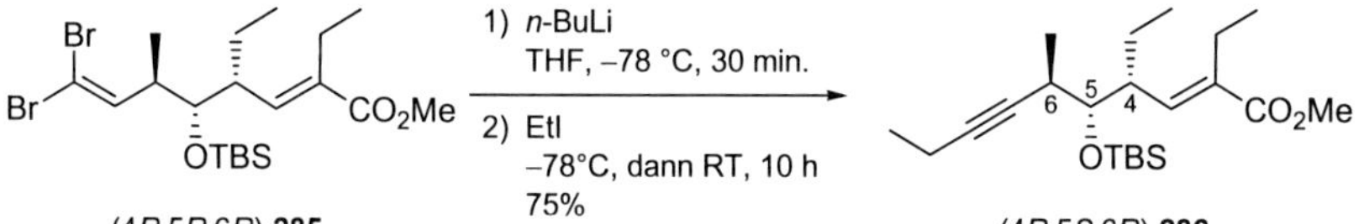

Br, Br, CO_2Me, OTBS, (4*R*,5*R*,6*R*)-**285**

1) *n*-BuLi, THF, –78 °C, 30 min.
2) EtI, –78°C, dann RT, 10 h, 75%

6, 5, 4, CO_2Me, OTBS, (4*R*,5*S*,6*R*)-**286**

Schema 94: Synthese des Ethylalkins (4*R*,5*S*,6*R*)-**286**.

Dieses stellt, wie bereits angedeutet, einen weiteren möglichen Baustein für die im weiteren Verlauf dieser Arbeit beschriebenen Kreuzkupplungen dar.

Während der Durchführung der dieser Arbeiten wurde durch die Synthese der (–)-Spiculoinsäure ((–)-**123**) durch Baldwin[127] die Struktur des Naturstoffes korrigiert, so dass die enantiomeren Bausteine (4*S*,5*S*,6*S*)-**285** bzw. (4*S*,5*R*,6*S*)-**286** für die Totalsynthese des natürlichen Isomers, (+)-**123**, notwendig waren. Aus diesem Grund wurden die vorgestellten Umsetzungen der Tritylschutzgruppenstrategie auch auf die Synthese der enantiomeren Verbindungen angewendet, was im Folgenden kurz beschrieben werden soll.

Für die Darstellung dieser enantiomeren Bausteine war auch die Verwendung des enantiomeren Butyryloxazolidinons (*R*)-**264** notwendig, das nach einer analogen Vorschrift unter Verwendung von *n*-Butyllithium und Butyrylchlorid in einer Ausbeute von 94% isoliert werden konnte. Zur Synthese des enantiomeren Aldehyds (*S*)-**278** diente in diesem Fall (*S*)-3-Hydroxy-2-methylpropionsäuremethylester ((*S*)-**181**) das unter Einsatz von

Tritylchlorid, Triethylamin und DMAP in 2 h und 96% Ausbeute zum tritylgeschützen Ester (*S*)-**276** umgesetzt werden konnte. Dieser wurde in der bereits beschriebenen Sequenz zuerst mit Lithiumaluminiumhydrid in einer Ausbeute von 94% zum Alkohol (*R*)-**277** reduziert und unter den etablierten Swern-Bedingungen in 98% Ausbeute zum für die Evans-Aldol-Reaktion benötigten Aldehyd (*S*)-**278** oxidiert. Die angesprochene Aldol-Reaktion konnte dann unter Einsatz von (*R*)-**264** in einer sehr guten Ausbeute von 92% durchgeführt werden, wobei auch hier praktisch nur das gezeigte Diastereomer (4*R*,2'*R*,3'*S*,4'*S*)-**279** erhalten wurde (Schema 95). Die Ausbeute dieser Synthesesequenz ist mit 81% über 4 Stufen identisch mit der für das enantiomere Produkt (4*S*,2'*R*,3'*S*,4'*S*)-**279**.

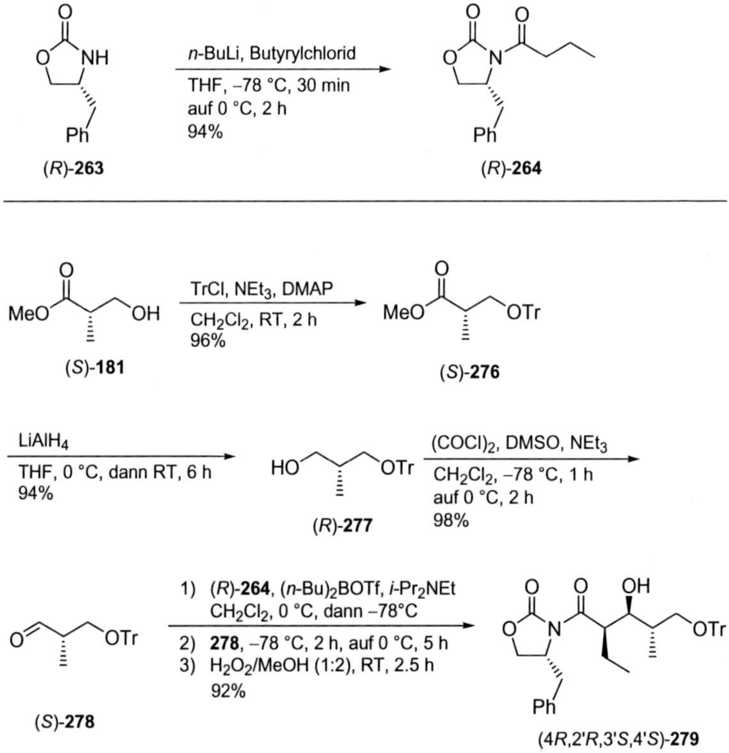

(*R*)-**263** → *n*-BuLi, Butyrylchlorid; THF, –78 °C, 30 min; auf 0 °C, 2 h; 94% → (*R*)-**264**

(*S*)-**181** → TrCl, NEt_3, DMAP; CH_2Cl_2, RT, 2 h; 96% → (*S*)-**276**

→ $LiAlH_4$; THF, 0 °C, dann RT, 6 h; 94% → (*R*)-**277** → $(COCl)_2$, DMSO, NEt_3; CH_2Cl_2, –78 °C, 1 h; auf 0 °C, 2 h; 98% →

(*S*)-**278** → 1) (*R*)-**264**, $(n\text{-}Bu)_2BOTf$, $i\text{-}Pr_2NEt$, CH_2Cl_2, 0 °C, dann –78°C; 2) **278**, –78 °C, 2 h, auf 0 °C, 5 h; 3) H_2O_2/MeOH (1:2), RT, 2.5 h; 92% → (4*R*,2'*R*,3'*S*,4'*S*)-**279**

Schema 95: Synthese des enantiomeren Bausteins – Teil 1.

Die folgende Auxiliarabspaltung von Verbindung (4*R*,2'*R*,3'*S*,4'*S*)-**279** wurde anschließend wiederum unter Verwendung von Lithiumborhyrid und Ethanol in 92% Ausbeute erreicht. Die Oxidation mit TEMPO und Iodbenzoldiacetat als stöchiometrischem Oxidationsmittel verlief auch hier in quantitativen Ausbeuten, während die Wittig-Reaktion mit dem Ylid **210** in 72% Ausbeute mit einer Selektivität von 9:1 zugunsten des gewünschten *E*-Doppelbindungsisomers abgeschlossen werden konnte. Die anschließende Einführung des *tert*-Butyldimethyl-silylethers gelang unter den etablierten Bedingungen unter Verwendung von *tert*-Butyldi-methylsilyltrifluormethansulfonat unter Zusatz von 2,6-Lutidin mit einer isolierten Ausbeute von 88% (Schema 96). Auch in diesem Fall bewegen sich die Ausbeuten erwartungsgemäß in ähnlichen Größenordnungen wie bei den enantiomeren Verbindungen.

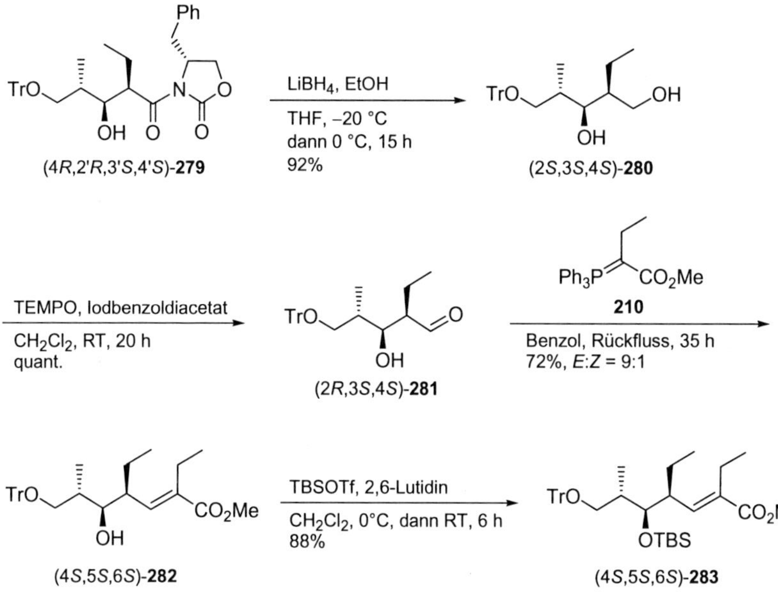

Schema 96: Synthese des enantiomeren Bausteins – Teil 2.

Das digeschützte Olefin (4*S*,5*S*,6*S*)-**283** wurde dann selektiv an der primären Alkoholfunktion tritylentschützt, was in einer Ausbeute von 90% innerhalb von 20 h gelang. Oxidation unter den bekannten Parikh-Doering-Bedingungen lieferte den korrespondierenden Aldehyd (4*S*,5*R*,6R)-**284** in einer isolierten Ausbeute von 80%. Die folgende erste Stufe der Corey-Fuchs-Reaktion, die Bildung des Dibromolefins (4*S*,5*S*,6*S*)-**285** unter Einsatz von Tetrabrommethan und Triphenylphosphin, konnte dann in einer exzellenten Ausbeute von 96% durchgeführt werden. Die Umsetzung zum Ethylalkin (4*S*,5*R*,6*S*)-**286** konnte auch hier durch Verwendung von *n*-Butyllithium und Ethyliodid in einer Eintopfreaktion in einer Ausbeute von 88% erreicht werden (Schema 97).

Damit konnte die Synthese des Dibrombausteins (4*S*,5*S*,6*S*)-**285** in einer guten Gesamtausbeute von 35% über 11 Stufen erreicht werden, was auch in etwa der Ausbeute für den enantiomeren Baustein (4*R*,5*R*,6*R*)-**285** entspricht (33% über 11 Stufen). Die weitere Umsetzung zum Ethylalkin (4*S*,5*R*,6*S*)-**286** gelang in 31% Gesamtausbeute über 12 Stufen, während der enantiomere Baustein (4*R*,5*R*,6*R*)-**286** in 25% Ausbeute über 12 Stufen hergestellt werden konnte. Nachdem diese Verbindungen in guten Ausbeuten zur Verfügung standen, sollten nun im weiteren Verlauf Untersuchungen zur Synthese des benötigten Reaktionspartners durchgeführt werden, die im nachfolgenden Abschnitt beschrieben sind.

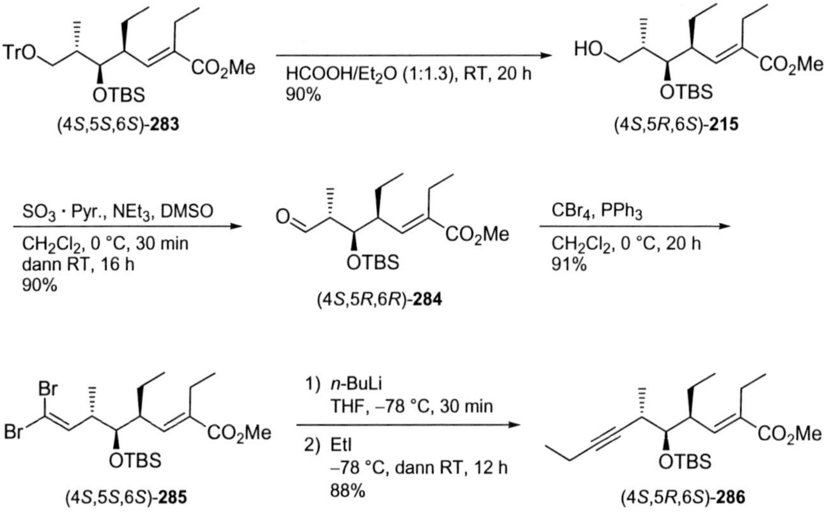

TrO … CO_2Me, OTBS (4*S*,5*S*,6*S*)-**283** → $HCOOH/Et_2O$ (1:1.3), RT, 20 h, 90% → HO … CO_2Me, OTBS (4*S*,5*R*,6*S*)-**215**

→ $SO_3 \cdot$ Pyr., NEt_3, DMSO, CH_2Cl_2, 0 °C, 30 min dann RT, 16 h, 90% → O … CO_2Me, OTBS (4*S*,5*R*,6*R*)-**284** → CBr_4, PPh_3, CH_2Cl_2, 0 °C, 20 h, 91% →

Br, Br … CO_2Me, OTBS (4*S*,5*S*,6*S*)-**285** → 1) *n*-BuLi, THF, –78 °C, 30 min; 2) EtI, –78 °C, dann RT, 12 h, 88% → … CO_2Me, OTBS (4*S*,5*R*,6*S*)-**286**

Schema 97: Synthese des enantiomeren Bausteins – Teil 3.

Nach dem Abschluss der Synthese der beiden möglichen Zentralfragmente **285** und **286** wurden, wie bereits angedeutet, Untersuchungen zur Synthese eines geeigneten Kupplungspartners durchgeführt.

4.2.3.2 Synthese des Vinylhalogenids

Die einfachste Methode zur Darstellung eines solchen Kupplungspartners würde dabei eine Carbohalogenierungsreaktion an But-1-en-3-inylbenzol (**180**) darstellen. Da das Alkin **180** nicht kommerziell erhältlich ist, musste in ersten Arbeiten die Synthese durchgeführt und optimiert werden. Dabei wurde zuerst eine literaturbekannte Sequenz[229] basierend auf einer Corey-Fuchs-Homologisierung durchgeführt. Die Bildung des Dibromolefins **288** gelang dabei ausgehend von *trans*-Zimtaldehyd (**287**) unter Verwendung von Tetrabrommethan und Triphenylphosphin in einer guten Ausbeute von 81%. Der Halogen-Metall-Austausch/α-

Eliminierung/Umlagerung zum Alkin **180** unter Einsatz von *n*-Butyllithium gelang dann in einer Ausbeute von 75%, so dass **180** in einer Ausbeute von 61% über 2 Stufen dargestellt werden konnte. Diese Sequenz sollte sich nach Gennet, Rassat und Michel[230] jedoch auch einstufig durchführen lassen. Dazu wird aus Tetrabrommethan und Triphenylphosphin durch Zugabe von Wasser das isolierbare Wittig-Salz Dibrommethyltriphenylphosphoniumbromid (**289**) in einer Ausbeute von 62% dargestellt.[231] Dieses wird dann unter Verwendung von Kalium-*tert*-butanolat als Base eingesetzt, wobei im ersten Reaktionsschritt intermediär ebenfalls das Dibromolefin **288** gebildet wird, dass durch weitere Zugabe der Base zum Alkin umgelagert werden sollte. Wie sich herausstellte, konnte das Produkt jedoch durch Anwendung dieser Reaktionsbedingungen, auch nach eingehender Optimierung, nicht erhalten werden, so dass die Methodik nicht weiter untersucht wurde. Eine weitere Methode zur Synthese eines Alkins ausgehend vom korrespondierenden Aldehyd kann mit Trimethylsilyldiazomethan durchgeführt werden.[232] Dabei wird durch Deprotonierung mit Lithiumdi-*iso*-propylamid das entsprechende Lithiumtrimethylsilyldiazomethan gebildet, das an die Carbonylfunktion des Aldehyds addiert. Unter Abspaltung von Lithiumtrimethylsilanolat wird ein terminales Diazoalken gebildet, das unter Stickstoffabspaltung zum Alkin **180** umlagert. Diese Reaktionssequenz wird auch als Colvin-Umlagerung[233] bezeichnet und konnte unter Einsatz von Zimtaldehyd (**287**) in einer Ausbeute von 75% durchgeführt werden und ist damit eine konkurrenzfähige Methode zum Aufbau des Alkins **180**. Eine letzte Methode zur Synthese von But-1-en-3-inylbenzol (**180**) ist die Umsetzung von Benzylidenaceton (**290**) mit Lithiumdi-*iso*-propylamid und Diethylchlorphosphat,[234] wobei im ersten Reaktionsschritt ein Phosphoenolether gebildet wird, der unter Basenzusatz in einer β-Eliminierung zum gewünschten Alkin **180** führt, was jedoch im vorliegenden Fall nur in einer Ausbeute von maximal 50% gelang (Schema 98). Weitere Methoden wie die Umsetzung von Phenylvinylboronsäure (**252**) und 1-Iod-2-trimethylsilylacetylen[235] in einer Suzuki-Kupplung zur Synthese des TMS-geschützten Alkins[236] führten nicht zum Erfolg (Schema 98).

Damit stellt die Methode unter Verwendung von Trimethylsilyldiazomethan und Lithiumdi-*iso*-propylamid die beste Methode zur Darstellung des benötigten Alkins **100** dar und wurde auch in größeren Maßstäben mit gleich bleibend hohen Ausbeuten durchgeführt, so dass ein verlässlicher Zugang zu diesem Vorläufer zur Verfügung steht.

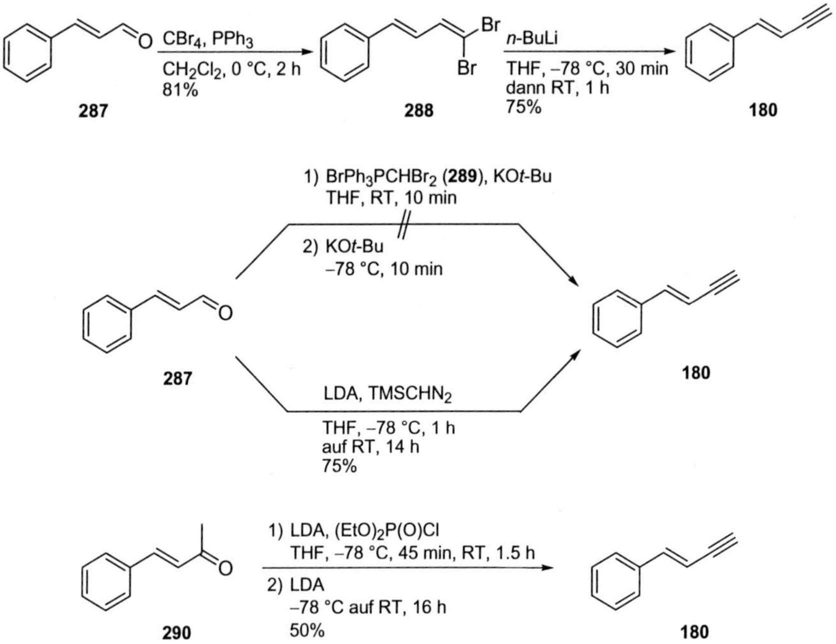

287 — CBr_4, PPh_3 / CH_2Cl_2, 0 °C, 2 h, 81% → 288 — *n*-BuLi / THF, –78 °C, 30 min dann RT, 1 h, 75% → 180

287 — 1) $BrPh_3PCHBr_2$ (**289**), KO*t*-Bu, THF, RT, 10 min; 2) KO*t*-Bu, –78 °C, 10 min —//→ 180

287 — LDA, TMSCHN$_2$ / THF, –78 °C, 1 h auf RT, 14 h, 75% → 180

290 — 1) LDA, $(EtO)_2P(O)Cl$, THF, –78 °C, 45 min, RT, 1.5 h; 2) LDA, –78 °C auf RT, 16 h, 50% → 180

Schema 98: Verschiedene Methoden zur Synthese von But-1-en-3-inylbenzol (**180**).[229,230,232,234]

Anschließend sollten geeignete Carbohalogenierungsreaktionen untersucht werden, die eine einstufige Synthese eines geeigneten Bausteins für die Fragmentverknüpfung über Kreuzkupplung erlauben sollten.

Eine der am häufigsten Methoden in diesem Zusammenhang, wenn auch meist bei der Synthese von Olefinen mit Methylseitengruppen, stellt die Carboaluminierung/Iodierung nach Negishi dar.[237] Diese Reaktion beruht auf der Additionsreaktion von Trialkylaluminiumverbindungen an Alkine, die jedoch unkatalysiert thermisch sehr langsam abläuft. Negishi konnte jedoch zeigen, dass durch Zusatz von Zirkonocendichlorid in katalytischen Mengen die Reaktion deutlich beschleunigt werden kann, so dass sie bei Raumtemperatur oder darunter innerhalb weniger Stunden oder sogar Minuten in guten Ausbeuten zum Produkt führt. Durch anschließenden Zusatz einer geeigneten Halogenquelle wie Iod in THF kommt es zu einem Iod-Metall-Austausch am intermediär gebildeten Vinylaluminat und Ausbildung des gewünschten Vinylhalogenids. In Analogie zu einer literaturbekannten Methode[238] unter Verwendung von Triethylaluminium statt des dort eingesetzten Trimethylalumuniums (Schema 99, Variante A) konnte jedoch keinerlei Umsatz des Alkins **180** zum gewünschten Vinyliodid **229** erreicht werden. Aus diesem Grund wurde eine Variante nach Wipf angewendet (Schema 99, Variante B), der von einer Beschleunigung dieser Reaktion durch Zusatz von Wasser berichtet hatte,[239] was aber wiederum nicht zur Isolierung des gewünschten Produktes führte. Vielmehr wurde in beiden Fällen das unveränderte Edukt reisoiert wurde.

Variante A:
Cp_2ZrCl_2, Et_3Al
CH_2Cl_2, 0 °C, dann RT, 16 h
dann I_2, THF, –40 °C, 30 min

Variante B:
Cp_2ZrCl_2, Et_3Al, H_2O
CH_2Cl_2, –20 °C, 1 h, dann RT
dann I_2, THF, –20 °C, 10 min

180 **229**

Schema 99: Versuche zur Carboaluminierung/Iodierung.

Aufgrund der geringen Anzahl an erfolgreichen Literaturbeispielen für die Carboaluminierung unter Verwendung von Triethylaluminium wurden keine weiteren Versuche in diesem Zusammenhang unternommen. Vielmehr beschäftigten sich die folgenden Arbeiten mit der ebenfalls sehr häufig angewendeten kupfermediierten Addition an Alkine.[240] Das dabei gebildete Vinylcuprat kann ebenfalls unter Einsatz von Iod in einem Halogen-Metall-Austausch zum Iodid umgesetzt werden. Die entsprechenden Umsetzungen wurden dabei in Analogie zu literaturbekannten Synthesen durchgeführt, wobei keinerlei Vorarbeiten zur Addition an das eingesetzte ungesättigte Alkin **180** vorlagen.

In einem ersten Versuch wurde dabei das Normantcuprat aus Ethylmagnesiumbromid und Kupferbromid-Dimethylsulfid-Komplex gebildet, dass mit dem Alkin **180** zur Reaktion gebracht wurde. Der Metall-Halogen-Austausch sollte in diesem Fall durch Zugabe von elementarem Iod erreicht werden, wobei jedoch kein Umsatz zum Produkt erreicht werden konnte (Tabelle 8, Eintrag 1).[225] Bei Einsatz einer Methode von Knochel unter Verwendung des selben Grignardreagenzes, aber Kupferiodid als Kupfer(I)-Quelle und unter Zugabe des Iods als Lösung in THF konnten kleine Mengen des Produktes verunreinigt nach Säulenchromatographie erhalten werden (Eintrag 2).[241] Wurden die Reaktionsbedingungen analog zu Eintrag 1 in THF als Lösungsmittel angewendet, so konnte auch bei verändertem Temperaturprofil kein Umsatz zum Produkt erreicht werden (Eintrag 3).[242] Wurden jedoch diese Reaktionsbedingungen in Diethylether und Dimethylsulfid als Lösungsmittel zusammen mit verlängerten Reaktionszeiten mit dem Alkin **180** angewendet, so konnte das gewünschte Vinyliodid **229** allerdings wiederum verunreinigt in ca. 6% Ausbeute erhalten werden (Eintrag 4). Bei weiterer Erhöhung der Reaktionszeit von 6 auf 13 h konnte die Ausbeute jedoch nur auf ca. 8% gesteigert werden (Eintrag 5). In einem weiteren Versuch wurde der Einfluss des Grignard-Vorläufers auf die Reaktionsausbeuten untersucht. Dabei wurde Ethylmagnesiumchlorid unter den für Eintrag 5 verwendeten Bedingungen eingesetzt, was zu einer isolierten Ausbeute von ca. 16% führte (Eintrag 6). Die Erhöhung der Reaktionstemperatur sowie die Verwendung von reinem Diethylether als Lösungsmittel zusammen mit einer niedrigeren Temperatur beim Metall-Halogen-Austausch erbrachten die besten Ergebnisse, eine Ausbeute von ca. 20% (Eintrag 7).

Tabelle 8: Synthese des Vinyliodids **229** über Carbocuprierung/Iodierung.

Bedingungen

180 **229**

Eintrag	Cupratbildung	Reaktion	Iodierung	Ausbeute
1	EtMgBr, CuBr · SMe_2 Et_2O/Me_2S, –45 °C, 2 h	**180**, –45 °C dann –25 °C, 2 h	I_2, –50 °C dann 0 °C, 1 h	–
2	EtMgBr, CuI THF, –25 °C	**180**, –25 °C auf –10 °C, 4 h	I_2/THF, –30 °C, 0.5 h dann 0 °C, 0.5 h	ca. 6%
3	EtMgBr, CuBr · SMe_2 THF, –45 °C, 1.5 h	**180** –45 °C, 6 h	I_2, –45 °C, 1 h	–
4	EtMgBr, CuBr · SMe_2 Et_2O/Me_2S, –45 °C, 1.5 h	**180**, –45 °C dann –25 °C, 6 h	I_2, –50 °C dann 0 °C, 1 h	ca. 6%
5	EtMgBr, CuBr · SMe_2 Et_2O/Me_2S, –45 °C, 1.5 h	**180**, –45 °C dann –25 °C, 13 h	I_2, –50 °C dann 0 °C, 1.5 h	ca. 8%
6	EtMgCl, CuBr · SMe_2 Et_2O/Me_2S, –45 °C, 1.5 h	**180**, –45 °C dann –25 °C, 13 h	I_2, –50 °C dann 0 °C, 1.5 h	ca. 16%
7	EtMgBr, CuBr · SMe_2 Et_2O, –35 °C, 0.5 h	**180**, –35 °C dann –10 °C, 13 h	I_2, –50 °C dann –30 °C, 2 h	ca. 20%

Neben Edukt wurden in allen Fällen nicht charakterisierbare Nebenprodukt in nicht unerheblichen Mengen erhalten, so dass die vorgestellte Methodik nicht geeignet erschien, um einen Baustein für die Fragmentkupplung zur Verfügung zu stellen.

In weiteren Versuchen sollte nun geklärt werden, ob die niedrigen Reaktionsausbeuten darin begründet liegen, dass die Addition an die Dreifachbindung nicht stattfindet oder ob sich das gebildete Produkt unter den Reaktionsbedingungen zu schnell zersetzt. Dazu wurden zwei Methoden unter Verwendung von Zinnreagenzien untersucht. Beim Verfahren nach Uenishi *et al.*[243] wird aus Zinn(II)chlorid, *n*-Butyllithium und Methylmagnesiumiodid *in situ* die aktive Spezies $MeMgSnBu_3$ gebildet, die sich unter Kupfer(I)katalyse an das Alkin addiert. Dabei handelt es sich im Prinzip um eine Nozaki-Reaktion.[244] Das dabei entstehende Olefin, das an der 1-Position einen Tributylzinnrest und an der 2-Position einen Methylmagnesiumrest trägt, kann mit einem geeigneten Elektrophil umgesetzt werden, wobei der Magnesiumrest substituiert wird. Das resultierende Tributylstannylolefin kann dann durch Umsetzung mit Iod zum Vinyliodid **229** umgesetzt werden. Wie sich dabei herausstellte, konnte das Produkt in mäßigen Ausbeuten gebildet werden, jedoch ließ sich das Produkt nicht von den als Nebenprodukt auftretenden Zinnorganylen abtrennen, so dass keine Ausbeute angegeben wird. Bei der zweiten Methode wird *in situ* ein Cyanocuprat der Form *n*-Bu_3SnCu(*n*-Bu)$CNLi_2$ gebildet,[245] das allerdings ähnliche Reaktivität wie das eben beschriebene Magnesiumstannan aufweist und mit dem die Darstellung von ca. 53% (Ausbeute bestimmt durch NMR) mit Zinnorganylen verunreinigtem **229** gelang (Schema 100).

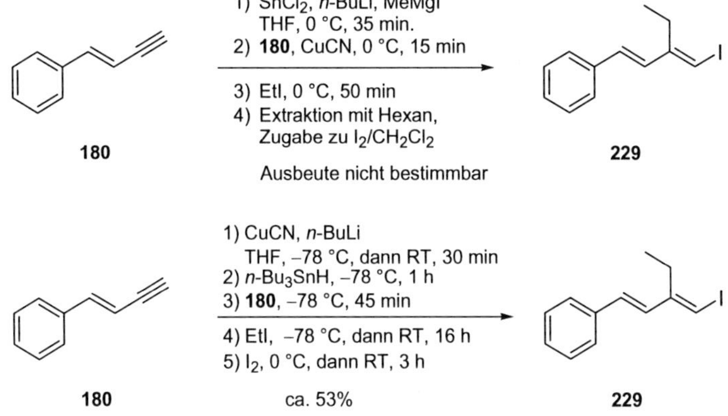

Schema 100: Versuche zur Synthese des Vinyliodids **229** über Zinncuprate.

Offensichtlich waren die schlechten Ausbeuten der vorher beschriebenen Additionen der Normantcuprate tatsächlich auf die verwendeten Reaktionsbedingungen zurückzuführen, wobei die Maximalausbeute von 53% verunreinigten Produktes ebenfalls als nicht ausreichend betrachtet wurde. Zusätzlich stellte sich heraus, dass das Vinyliodid **229** in höchstem Maße isomerisierungsempfindlich war; innerhalb weniger Stunden konnten im NMR-Spektrum die Signale des *Z*-Iodisomers nachgewiesen werden. Nach ca. zwei Tagen bei Raumtemperatur unter Argonatmosphäre und Lichtausschluss war die Isomerisierung vollständig. Daraus lässt sich schließen, dass die Synthese großer Mengen des Vinyliodids

229 nicht praktikabel ist, sondern dass dieses erst direkt vor der eigentlichen Kreuzkupplung dargestellt werden sollte. Im Folgenden sollten nun geeignete Vorstufen gesucht werden, die sich leicht zum Iodid **229** umsetzen lassen. Alternativ wurde auch die Verwendung der entsprechenden Bromide in Erwägung gezogen.

Als ein möglicher Vorläufer wurde das korrespondierende Trimethylsilylderivat **291** untersucht. Dieses kann nach einer Methode von Murai *et al.*[246] ebenfalls aus dem Alkin **180** durch eine Palladium-katalysierte Reaktion dargestellt werden. Dabei wurde **180** mit Tetrakis(triphenylphosphin)palladium in Dioxan vorgelegt und nacheinander mit Diethylzink (kommerziell erhältliche 1 M Lösung in Hexan) sowie Trimethylsilyliodid versetzt und gerührt. Nach säulenchromatographischer Reinigung konnten in dieser Umsetzung 60% des gewünschten Produktes leicht verunreinigt erhalten werden (Schema 101). Eine vollständige Reinigung war aufgrund der sehr ähnlichen Polaritäten von Produkt und Nebenprodukten bzw. Edukten leider nicht möglich. Nichtsdestotrotz stellt diese Methode einen Zugang zu den entsprechenden Halogeniden dar.

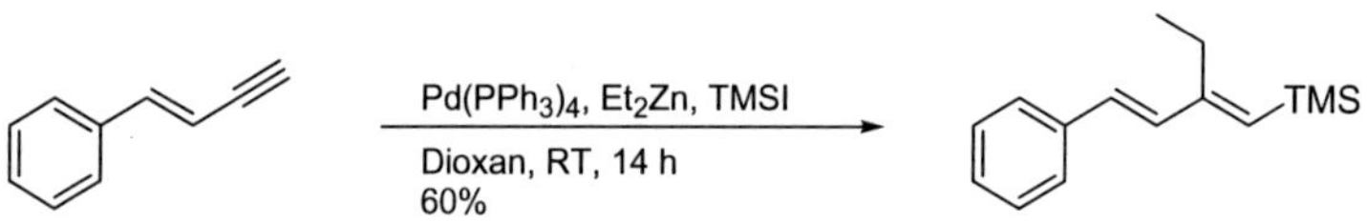

$Pd(PPh_3)_4$, Et_2Zn, TMSI
Dioxan, RT, 14 h
60%

180 **291** TMS

Schema 101: Palladium-katalysierte Carbosilylierung von But-1-en-3-inylbenzol (**180**).

Die Reaktion läuft dabei vermutlich nach dem in Schema 102 dargestellten von Murai postulierten Katalysezyklus ab.[246] Die Zyklus beginnt wie üblich mit der Bildung des aktiven Palladium(0)katalysators durch Abspaltung von zwei der vier Phosphinliganden. Dieser reagiert mit dem eingesetzten Trimethylsilyliodid im Sinne einer oxidativen Addition unter Ausbildung der Zwischenstufe **292**, die in einem *syn*-selektiven Angriff an das Alkin **293** addiert, wobei Zwischenstufe **294** gebildet wird. In einer Kreuzkupplung kommt es dann zur Synthese des 1-trimethylsilyl-2-ethylsubstituierten Olefins **295**. Gleichzeitig wird die katalytisch aktive Spezies wieder frei gesetzt und der Katalysezyklus wird geschlossen, als Nebenprodukt wird Ethylzinkiodid gebildet.

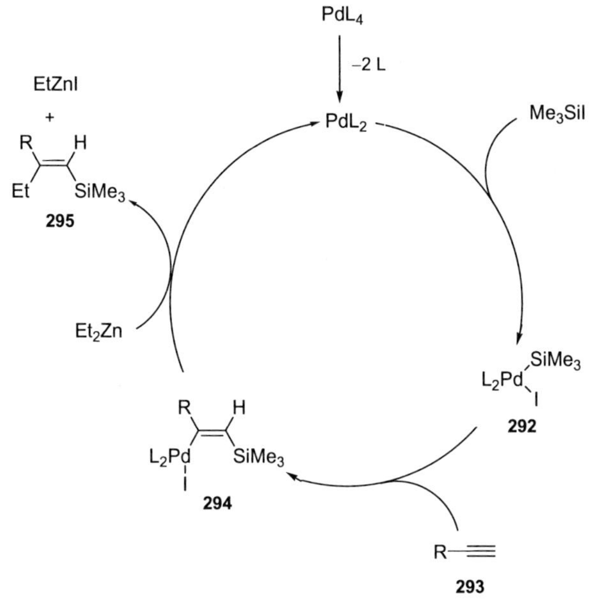

Schema 102: Katalysezyklus der Palladium-katalysierten Carbosilylierung nach Murai.[246]

Um die Eignung dieser Methode für die Darstellung des Vinyliodides zu testen, wurde die entsprechende Umsetzung durchgeführt, die meist unter Verwendung von *N*-Iodsuccinimid erreicht werden kann.[247] Wie sich dabei herausstellte, lässt sich diese Reaktion in einer Ausbeute von ca. 48% durchführen, wobei das Produkt nicht isomerenrein erhalten werden konnte, obwohl die Reaktion unter Lichtausschluss durchgeführt wurde (Schema 103).

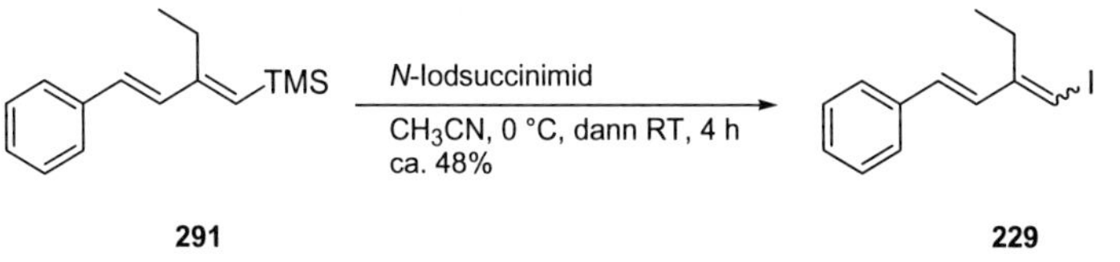

Schema 103: Metall-Halogen-Austausch am TMS-Olefin **291**.

Die entsprechende Umsetzung unter Verwendung von *N*-Bromsuccinimid[248] lieferte das entsprechende Vinylbromid in schlechteren Ausbeuten. Da auch diese Route zur Synthese eines entsprechenden Kupplungspartners nicht erfolgreich abgeschlossen werden konnte, wurden keine weiteren Versuche im Zusammenhang mit der Addition an But-1-en-3-inylbenzol (**180**) unternommen und die folgenden Arbeiten ausgehend von anderen Edukten durchgeführt.

Dabei sollte die Iodolefineinheit zuerst aufgebaut werden, um dann in einem folgenden Reaktionsschritt die Verknüpfung mit dem aromatischen Rest vorzunehmen. Als erstes wurde dabei die Carboiodierung eines der einfachsten vorstellbaren Vorläufer, Propargylalkohol (**147**), untersucht. Die einzigen literaturbekannten Synthesen in diesem Zusammenhang waren Carbozirkonierung/Iodierungsreaktionen nach Negishi, allerdings ebenfalls nur unter Verwendung von Trimethylaluminium. Bei Anwendung der optimierten Bedingungen von White *et al.*[249] unter Einsatz von Zirkonocendichlorid und Triethylaluminium mit anschließender Zugabe einer etherischen Lösung von elementarem Iod konnte jedoch kein Produkt isoliert werden. Auch die Änderung des Temperaturprofils oder der Einsatz von Iodmonochlorid[238] als Iodquelle erbrachten nicht den gewünschten Erfolg (Schema 104).

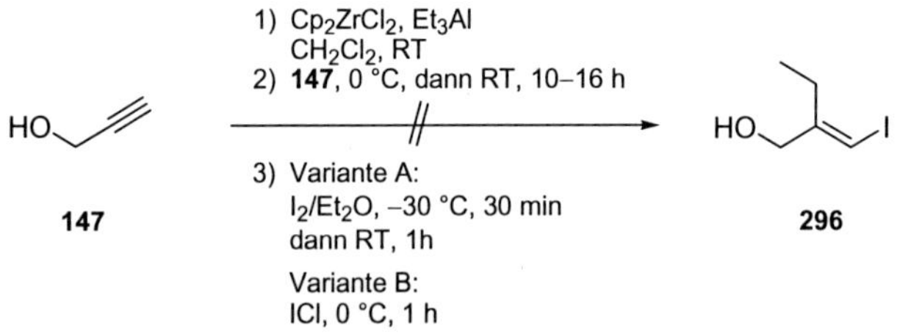

1) Cp_2ZrCl_2, Et_3Al
CH_2Cl_2, RT
2) **147**, 0 °C, dann RT, 10–16 h
3) Variante A:
I_2/Et_2O, –30 °C, 30 min
dann RT, 1h
Variante B:
ICl, 0 °C, 1 h

HO **147** → HO I **296**

Schema 104: Versuche zur Carbozirkonierung/Iodierung von Propargylalkohol (**147**).

Da die Reaktion unter den Negishi-Bedingungen auch in diesem Fall keine Umsetzung zum gewünschten Produkt erbracht hatte und entsprechende Umsetzungen mit geschützten Propargylalkoholen, -estern und -aldehyden nicht literaturbekannt waren, wurde auf weitere Optimierungsversuche verzichtet.

In der Folge wurden Versuche zur kupfermediierten Carboiodierung von *tert*-Butyldimethylsilylgeschütztem Propargylalkohol **147** durchgeführt, die sich an die entsprechenden Arbeiten am But-1-en-3-inylbenzol (**180**) anlehnten (Tabelle 9). In einer ersten Reaktion wurde dabei das Zinncyanocuprat n-$Bu_3SnCu(n$-$Bu)CNLi_2$ eingesetzt,[245] das wiederum *in situ* aus Tri-*n*-butylzinnhydrid, *n*-Butyllithium und Kupfercyanid dargestellt wurde (vergl. Schema 100). Die anschließende Umsetzung mit Ethyliodid und einer Lösung von Iod in Tetrahydrofuran erbrachte das Produkt in sehr geringer Ausbeute, das darüber hinaus stark mit Zinnresten verunreinigt war (Eintrag 1). Die Reaktion mit Ethylmagnesiumbromid und Kupferbromid-Dimethylsulfid-Komplex[225] unter den bereits beschriebenen Bedingungen erbrachte ebenfalls keinerlei Produkt (Eintrag 2), bei Verwendung von Ethylmagnesiumchlorid als Cupratvorläufer[242] konnte mit dem angegebenen Temperaturprofil das Edukt sogar vollständig zurück erhalten werden (Eintrag 3). Diese

Umsetzung wurde mit einem verändertem Temperaturprofil wiederholt, darüber hinaus wurde mit elementarem Brom als Halogendonor versetzt,[250] wobei auch in diesem Fall kein Produkt erhalten werden konnte (Eintrag 4), so dass dieser Reaktionstyp ebenfalls nicht weiter untersucht wurde.

Tabelle 9: Synthese des Vinyliodids **297** bzw. Vinylbromids **298** über Carbocuprierung.

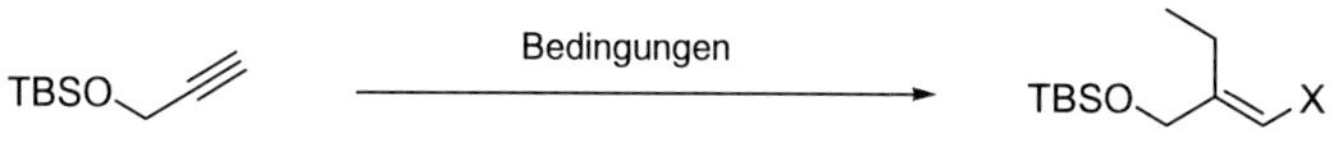

156

X = I **297**
X = Br **298**

Eintrag	Cuprat	Reaktion	Halogenierung	Ausbeute
1	*n*-Bu_3SnCu(*n*-Bu)CNLi_2	**156**, DMPU –78 °C, 45 min dann EtI, RT, 14 h	I_2/THF 0 °C, 12 h	<10%
2	EtMgBr, CuBr · SMe_2 Et_2O/Me_2S, –45 °C, 1.5 h	**156**, –78 °C, dann –25 °C, 13 h	I_2, –50 °C dann 0 °C, 1.5 h	–
3	EtMgCl, CuBr · SMe_2 THF, –45 °C, 1.5 h	**156** –45 °C, 14 h	I_2, –45 °C, 2 h	Edukt
4	EtMgCl, CuBr · SMe_2 THF, 0 °C, 0.5 h	**156**, 0 °C dann RT, 2 h	Br_2, 0 °C dann RT, 12 h	–

Nachdem die Carbocuprierung/Iodierung als Synthesemethode nicht die gewünschten Ergebnisse erbracht hatte, wurden weitere Untersuchungen mit den korrespondierenden Trimethylsilylderivaten durchgeführten. Ausgehend von Arbeiten von Spino und Gobdout aus dem Jahr 2003,[251] die 3-Trimethylsilyl-2-propin-1-ol (**299**) durch Umsetzung mit Grignard-Reagenzien und einem Kupfer(I)katalysator in die entsprechenden 1-Trimethylsilyl-2-alkylsubstituierten Allylalkohole umsetzen konnten, wurden die Tabelle 10 zusammengefassten Versuche durchgeführt. Die Reaktion unter Verwendung von Ethylmagnesiumbromid und Kupferiodid in siedendem THF erbrachte dabei innerhalb von 6 h keinerlei Umsatz zum gewünschten Produkt **300** (Eintrag 1). Der Einsatz von Ethylmagnesiumchlorid als Grignard-Reagenz, laut Literaturangabe sogar besser geeignet, und Kupferiodid in Diethylether mit einer Reaktionszeit von 14 h bei Rückflusstemperatur erbrachte ebenso keinen Umsatz (Eintrag 2) wie die entsprechende Reaktion in siedendem THF bei einer Reaktionszeit von 20 h (Eintrag 3). Um einen möglichen Einfluss der Kupfer(I)quelle zu untersuchen, wurde eine Reaktion unter Verwendung von Ethylmagnesiumchlorid und Kupfer(I)bromid als Kupferdonor durchgeführt. Aber auch bei einer Reaktionszeit von 35 h bei Rückflusstemperatur von THF konnte nur das Edukt reisoliert werden (Eintrag 4). Nachdem auch diese Umsetzungen nicht erfolgreich durchgeführt werden konnten, wurden die kupfermediierten Additionen an Alkine als Reaktionsprinzip zur Darstellung eines geeigneten Bausteins für die Schlüsselreaktion der Synthesestrategie, die Kreuzkupplung, nicht weiter verfolgt.

Tabelle 10: Versuche zur kupfer-vermittelten Addition an 3-Trimethylsilyl-2-propin-1-ol (**299**).

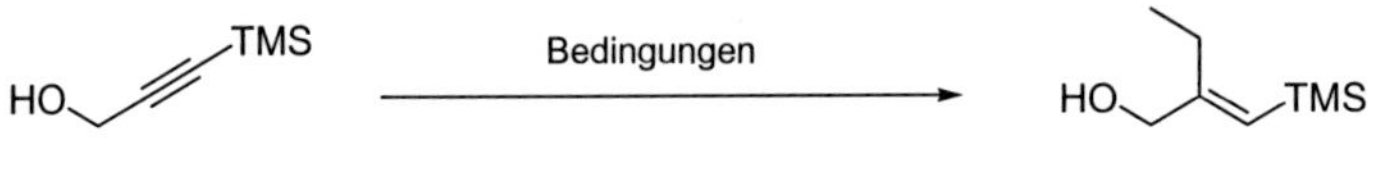

HO–CH2–C≡C–TMS (**299**) —Bedingungen→ **300**

Eintrag	Reagenzien	Lösungsmittel	Reaktionsbedingungen	Ausbeute
1	EtMgBr, CuI	THF	Reflux, 6 h	Edukt
2	EtMgCl, CuI	Et_2O	Reflux, 14 h	Edukt
3	EtMgCl, CuI	THF	Reflux, 20 h	Edukt
4	EtMgCl, CuBr	THF	Reflux, 35 h	Edukt

Im Folgenden wurde die bereits an But-1-en-3-inylbenzol (**180**) erfolgreich durchgeführte Palladium-katalysierte Carbosilylierungsreaktion nach Murai *et al.* untersucht.[246] Wie sich herausstellte, konnte unter optimierten Reaktionsbedingungen *tert*-Butyldimethyl(prop-2-inyloxy)silan (**156**) unter Verwendung von Tetrakis(triphenylphosphin)palladium, Diethylzink und Trimethylsilyliodid innerhalb von 6 h bei Raumtemperatur in ca. 70% Ausbeute zum TBS-geschützten substituierten Allylalkohol **301** umgesetzt werden (Schema 105). Allerdings konnte auch in diesem Fall kein vollständig reines Produkt erhalten werden, da sich die auftretenden Verunreinigung nicht säulenchromatographisch abtrennen ließen und sich das Produkt während der versuchten Destillation zersetzte. Nichtsdestotrotz handelt es sich bei dieser Methode um eine Möglichkeit zur Darstellung eines entsprechenden Silylvorläufers, der weiter umgesetzt werden kann.

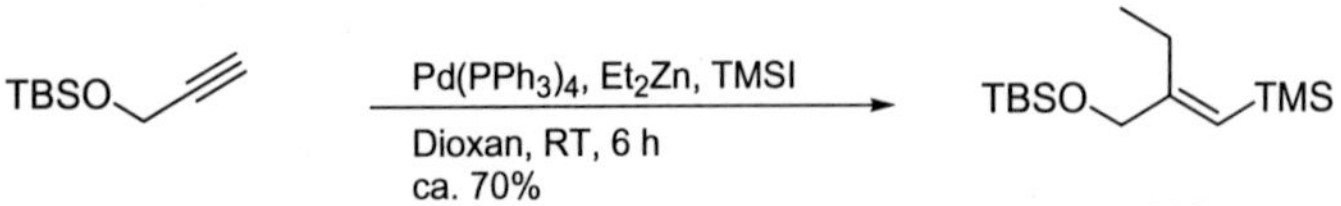

156 —$Pd(PPh_3)_4$, Et_2Zn, TMSI; Dioxan, RT, 6 h; ca. 70%→ **301**

Schema 105: Carbosilyierung von *tert*-Butyldimethyl(prop-2-inyloxy)silan (**156**).

Wie sich jedoch zeigte, war die TBS-Entschützung aus Verbindung **301** unter Standardbedingungen nicht möglich. Bei Verwendung von Pyridinium-*para*-toluolsulfonat[252] kam es zur Zersetzung des Eduktes, vermutlich unter Abspaltung des Trimethylsilylsubstituenten, bei Verwendung von Tetra-*n*-butylammoniumfluorid in THF konnte unter verschiedenen Bedingungen kein Umsatz erreicht werden (Schema 106). Auch die Substitution des Trimethylsilylrestes durch Iodid konnte nicht realisiert werden.

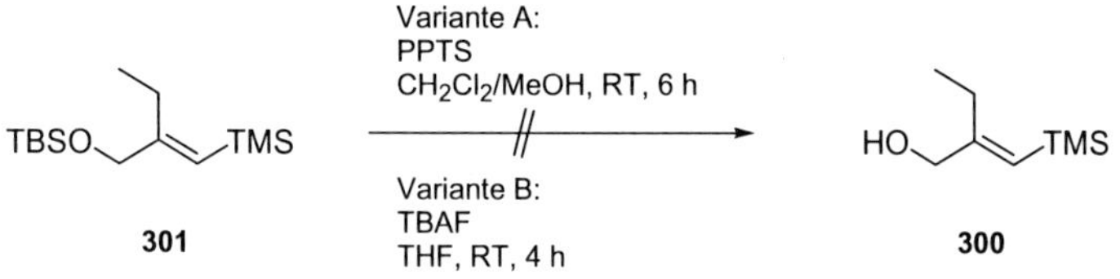

Schema 106: Versuche zur Entfernung der TBS-Schutzgruppe von Verbindung **301**.

Im Folgenden sollte nun eine Kreuzkupplungsstrategie zur Synthese eines geeigneten Bausteins getestet werden. In diesem Zusammenhang hatten Nicolaou *et al.* im Jahr 1995 über die Möglichkeit zur Bildung von Vinylstannanen aus 1-trimethylsilylgeschützten Acetylenen berichtet.[253] Dabei wird das enstprechende Acetylen unter katalytischer Wirkung des ungewöhnlichen Molybdänkomplexes Mo(allyl)Br$(CO)_2(CH_3CN)_2$ mit Tri-*n*-butylstannan umgesetzt, wobei in einer *syn*-selektiven Hydrostannylierung das gewünschte Produkt erhalten wird. Da das für die Reaktion benötigte 1-Trimethylsilylbut-1-in (**303**) nicht kommerziell verfügbar ist, wurde dieses in Anlehnung an eine literaturbekannte Methode[254] aus Trimethylsilylacetylen durch Deprotonierung mit *n*-Butyllithium und Alkylierung mit Ethyliodid in DMPU in einer Ausbeute von 62% dargestellt. Der ebenfalls nicht kommerziell erhältliche Molybdänkomplex konnte in einer einfachen Umsetzung von Molybdänhexacarbonyl mit Allylbromid in Benzol und Acetonitril in einer Ausbeute von 79% erhalten werden.[255] Wie sich jedoch zeigte, konnte die Hydrostannylierung nur in schlechten Ausbeuten von maximal 30% durchgeführt werden, wobei die beiden möglichen regioisomeren Vinylstannane **304** und **305** in einem Verhältnis von 2:1 erhalten wurden und sich nicht voneinander trennen ließen (Schema 107). Die Ausbeute und das Verhältnis der Produkte konnte auch durch Optimierung der Reaktionsbedingungen nicht verbessert werden. Es konnte nicht abschließend geklärt werden, ob dies auf Flüchtigkeit des Produktes zusammen mit zu geringer sterischer Differenzierung an der Dreifachbindung zurückzuführen ist oder ob durch einen möglicherweise fehlerhaften Katalysator ein geringer Umsatz und schlechte Regiokontrolle ausgelöst wurde. Da die Mischung der beiden isomeren Stannane

304 und **305** in einer Stille-Kupplung mit (2-Iodvinyl)benzol (**239**) nicht zur Reaktion gebracht werden konnten, waren weitere Versuche in diesem Zusammenhang obsolet.

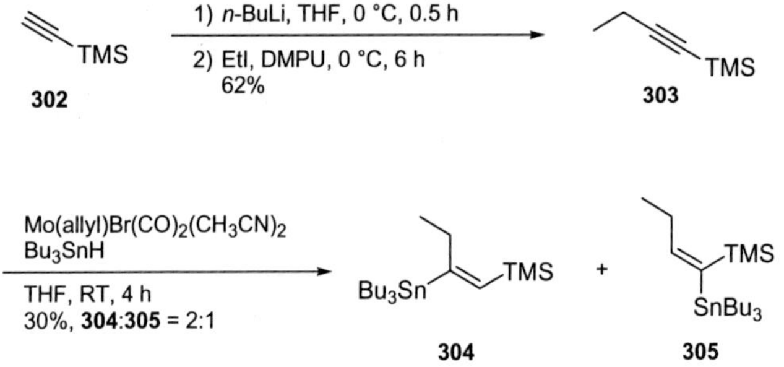

1) *n*-BuLi, THF, 0 °C, 0.5 h
2) EtI, DMPU, 0 °C, 6 h
62%

TMS **302** → TMS **303**

Mo(allyl)Br(CO)$_2$(CH$_3$CN)$_2$
Bu$_3$SnH
THF, RT, 4 h
30%, **304**:**305** = 2:1

Bu$_3$Sn TMS **304** + TMS SnBu$_3$ **305**

Schema 107: Synthese von TMS-Butin **303** und Molybdän-katalysierte Hydrostannylierung.

Als weitere Möglichkeit zur Synthese eines geeigneten Bausteins wurde nun auf eine Methode zurückgegriffen, die Mehta in seiner Darstellung eines Spiculoinsäure-Analogons angewendet hatte.[256] Allerdings konnte dabei nicht auf experimentelle Daten aus dieser Publikation zurückgegriffen werden, so dass die Vorschriften aus der Originalmitteilung für die Synthese des analogen methylsubstituierten Systems verwendet wurden.[257] Die Synthesesequenz beginnt mit der Diiodmethylierung von Ethyldimethylmalonat (**306**), die entsprechenden Ergebnisse sind in Tabelle 11 zusammengefasst. Das Produkt dieser Reaktion sollte anschließend einer Iodwasserstoffabspaltung unterzogen werden, wobei der entsprechende Iodacrylsäuremethylester erhalten werden kann. In der ersten Umsetzung wurde der Malonsäureester **306** zu einer Suspension von Natriumhydrid in Diethylether hinzugetropft und anschließend für 2.5 h refluxiert, dann wurde das Triiodmethan hinzu gegeben und für weitere 18 h unter Lichtausschluss zum Sieden erhitzt, wobei praktisch kein Umsatz zum Produkt erreicht werden konnte (Eintrag 1). Um eine mögliche mangelhafte Deprotonierung auszuschließen wurde in einem weiteren Versuch mit einer vergrößerten Mengen Natriumhydrid und verlängerter Reaktionszeit umgesetzt, wobei aber wiederum nur Spuren des Produktes erhalten werden konnten (Eintrag 2). Auch die Anwendung anderer Basen wie Kalium-*tert*-butanolat (Eintrag 3) oder Natriummethanolat in Methanol (Eintrag 4) erbrachten keinen Umsatz zum gewünschten Produkt. Aus diesem Grund wurde die sehr starke Base Natriumhexamethyldisilazan eingesetzt, die eine vollständige Deprotonierung gewährleisten sollte, und die Reaktionszeit wurde drastisch auf 40 h erhöht, wobei zwar größere Mengen des Produktes erhalten wurden, was bezogen auf die eingesetzten Mengen jedoch nur einen geringen Umsatz von <5% bedeutete (Eintrag 5). Offensichtlich ist der nucleophile Angriff des Malonates auf das Triiodmethan sterisch so stark gehindert, dass keine Umsetzung erreicht werden konnte, was im klaren Widerspruch zu den von Mehta publizierten Ergebnissen steht.

Tabelle 11: Versuche zur Diiodmethylierung von Ethyldimethylmalonat (**306**).

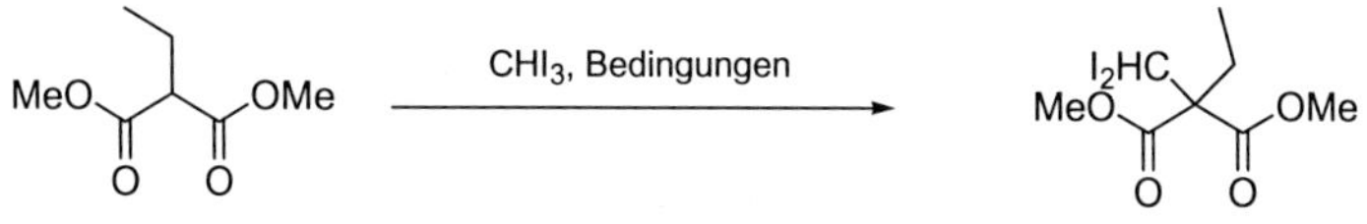

Eintrag	Base	Lösungsmittel	Reaktionsbedingungen	Ausbeute
1	NaH	Et_2O	Base, Rückfluss, 2.5 h CHI_3, Rückfluss, 18 h	–
2	NaH	Et_2O	Base, Rückfluss, 5 h CHI_3, Rückfluss, 20 h	Spuren
3	KO*t*Bu	Et_2O	Base, Rückfluss, 2 h CHI_3, Rückfluss, 20 h	Spuren
4	NaOMe	MeOH	Base, Rückfluss, 3 h CHI_3, Rückfluss, 18 h	Spuren
5	NaHMDS	Et_2O	Base, RT, 4 h CHI_3, Rückfluss, 40 h	Spuren

Nachdem die Synthese des entsprechenden iodsubstituierten Allylalkohols nicht realisiert werden konnte, wurden weitere Untersuchungen zur Darstellung des korrespondierenden Bromids unternommen. Dazu wurde in einer ersten Reaktionssequenz ausgehend von Ethyldimethylmalonat (**306**) 2-Ethylacrylsäuremethylester (**309**) dargestellt. Dies konnte durch basische Hydrolyse eines der beiden Methylester erreicht werden, wobei Verbindung **308** isoliert werden konnte, die anschließend in einer Knoevenagel-Kondensation mit Paraformaldehyd umgesetzt wurde,[258] wobei der gewünschte Acrylsäureester **309** in einer optimierten Ausbeute von 68% über 2 Stufen erhalten werden konnte. Das Produkt war dabei bereits so sauber, dass auf eine säulenchromatographische oder destillative Reinigung verzichtet werden konnte (Schema 108).

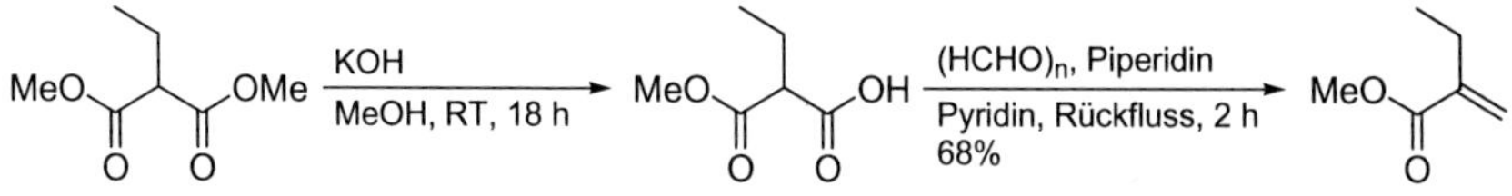

Schema 108: Synthese von 2-Ethylacrylsäuremethylester (**309**).

Nachdem die Synthese dieses Intermediates **309** in guten Ausbeuten möglich war, wurde die anschließende Einführung eines Bromsubstituenten untersucht. An analogen Systemen war aus der Literatur bekannt, dass eine Sequenz aus Dibromierung und anschließender baseninduzierter Dehydrohalogenierung zur Synthese entsprechender Verbindungen angewendet werden kann.[259] Wurde 2-Ethylacrylsäuremethylester (**309**) in Chloroform bei 0 °C mit Brom und Essigsäure behandelt, so konnte in quantitativer Rohausbeute das dibromierte Produkt **310** isoliert werden. Dieses wurde anschließend unter Einwirkung von 1,8-Diazabicyclo[5.4.0]undecen in siedendem Tetrahydrofuran in einer Ausbeute von 62% über beide Stufen zum Vinylbromid **311** umgesetzt (Schema 109).

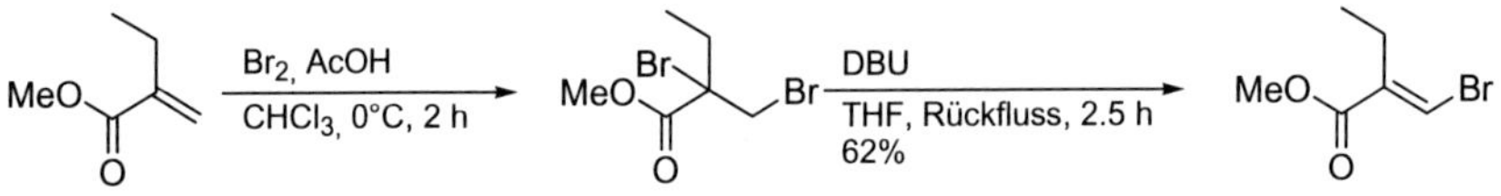

Schema 109: Bromierung und Dehydrobromierung zur Synthese des Vinylbromids **311**.

Wie sich herausstellte, war eine einstufige Reduktion des Carbonsäureesters **311** zum eigentlich benötigten Aldehyd nicht möglich, so dass im Folgenden eine vollständige Reduktion von **311** zum Allylalkohol **312** durchgeführt wurde. Dies konnte durch Anwendung von Lithiumaluminiumhydrid in THF erreicht werden,[260] wobei der Allylalkohol **312** in einer sehr guten Ausbeute von 88% isoliert werden konnte (Schema 110). Auch in diesem Fall erwies sich eine säulenchromatographische Reinigung als nicht notwendig.

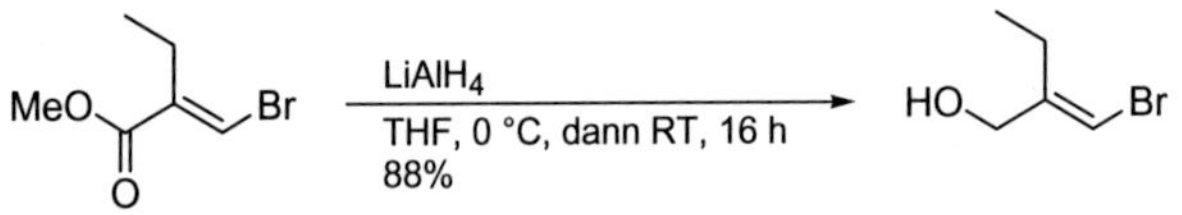

Schema 110: Reduktion des Esters **311** zum Alkohol **312**.

Der so erhaltene Allylalkohol **312** sollte nun zum korrespondierenden Aldehyd **313** umgesetzt werden. Die klassische Reaktion in diesem Zusammenhang stellt die Braunstein-Oxidation dar. [261] Dabei wurde der Alkohol **312** in Dichlormethan gelöst und mit einem großen Überschuss Mangan(IV)oxid behandelt. Das Produkt konnte nach Filtration über Celite ohne weitere Reinigungsschritte in einer Ausbeute von 80% erhalten werden. Der Substanzverlust in der Reaktion erklärt sich im Wesentlichen durch die relativ hohe Flüchtigkeit der Verbindung **313**. In diesem Zusammenhang soll noch darauf hingewiesen werden, dass

Aldehyd **313** prinzipiell auch durch Umsetzung von Ethacrolein mit Brom und anschließender Dehydrohalogenierung hergestellt werden kann. Neben der Tatsache, dass Ethacrolein nicht in reiner Form kommerziell erhältlich und sehr polymerisierungsgefährdet ist, konnte aus der entsprechenden Reaktion auch unter verschiedenen Reaktionsbedingungen nicht das gewünschte Produkt erhalten werden, so dass auf die hier beschriebene längere Syntheseroute zurück gegriffen werden musste. Die abschließende Olefinierung zum Baustein **314** gelang durch eine Horner-Wadsworth-Emmons-Reaktion unter Verwendung von Diethylbenzylphosphonat und *n*-Butyllithium als Base[262] in einer isolierten Ausbeute von 74%, wobei die Reaktion gleichzeitig *E*-selektiv ablief (Schema 111). Wie sich herausstellte, war der Einsatz von *n*-Butyllithium für gute Reaktionsausbeuten wichtig, bei Verwendung von Kalium-*tert*-butanolat wurden Ausbeuten von maximal 30% bei gleichen Reaktionszeiten erreicht.

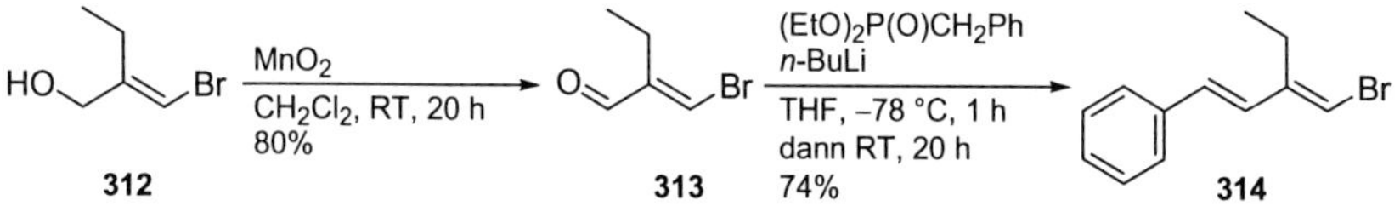

HO ... Br **312** → MnO_2, CH_2Cl_2, RT, 20 h, 80% → O ... Br **313** → $(EtO)_2P(O)CH_2Ph$, *n*-BuLi, THF, –78 °C, 1 h, dann RT, 20 h, 74% → Br **314**

Schema 111: Oxidation und abschließende HWE-Reaktion zur Synthese des Bausteins **314**.

Damit war eine geeignete Syntheseroute zum Aufbau eines Bausteins für die anschließende Kreuzkupplung entwickelt und optimiert worden. Das Vinylbromid konnte in einer Gesamtausbeute von 22% über 7 Stufen ausgehend von Ethyldimethylmalonat (**306**) stereoselektiv erhalten werden. Wie gezeigt werden konnte, war jedoch auch dieser Baustein **314** isomerisierungsempfindlich, wenn auch in deutlich geringerem Maß als die entsprechende Iodverbindung **229**. Bei Lagerung unter Argon und Lichtausschluss war nach ca. 4 Tagen deutliche Isomerisierung (ca. 25%) aufgetreten, bei Lagerung bei –20 °C war ein ähnliches Ergebnis erst nach ca. 8 Tagen aufgetreten.

Zur Ermöglichung einer anderen Verknüpfungsvariante wurde das Vinylbromid **314** nach einer literaturbekannten Palladium-katalysierten Reaktion zum korrespondierenden Pinacolboran **315** umgesetzt.[263] Dazu wurde das Vinylbromid **314** mit einer Mischung von Bis(diphenylphosphino)ferrocenpalladium(II)dichlorid, Kaliumacetat und Bis(pinacolato)-dibor in DMSO umgesetzt, wobei das entsprechenden Pinacolboran **315** in einer Ausbeute von 44% erhalten werden konnte (Schema 112). Dieses könnten dann in einer geeigneten Suzuki-Kupplung zur Verknüpfung der Fragmente eingesetzt werden.

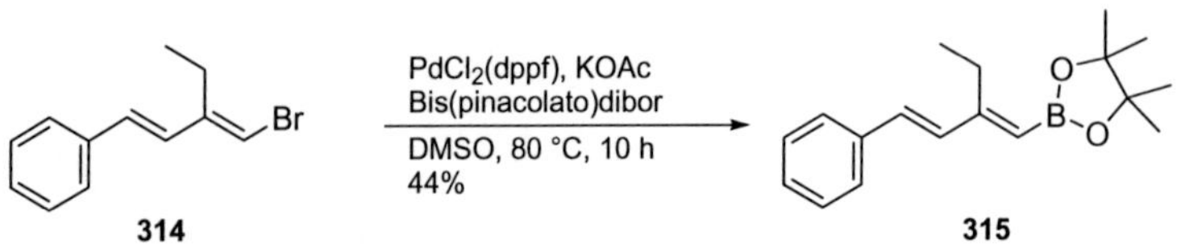

PdCl$_2$(dppf), KOAc
Bis(pinacolato)dibor
DMSO, 80 °C, 10 h
44%

314 315

Schema 112: Synthese des Pinacolborans **315**.

4.2.3.3 Versuche zur Fragmentkupplung

In den ersten Untersuchungen in diesem Zusammenhang sollte das Dibromolefin **285** als Edukt in der Fragmentkupplung zum Einsatz kommen. Die stereoselektive Kupplung von Dibromolefinen ist relativ gut untersucht, wobei ein Großteil der Arbeiten in diesem Zusammenhang von der Arbeitsgruppe um Negishi durchgeführt wurden.[153] Aus diesem Grund existieren eine Reihe ausgearbeiteter Protokolle für entsprechenden Umsetzungen, wobei festzuhalten ist, dass Umsetzungen mit dem vorliegenden Substitutionsmuster, speziell mit 2,2-disubstituierten Vinyliodiden nicht oder nur sehr eingeschränkt bekannt waren. Konjugierte Olefine waren praktisch noch nicht in entsprechenden Kreuzkupplungen eingesetzt worden. Nichtsdestotrotz wurde eine neuere Publikation von Negishi als Ausgangspunkt für die Versuche zur Kreuzkupplung verwendet.[264] Die entsprechenden Ergebnisse bei Anwendung des Vinyliodids **229** und des Dibromolefins (4*R*,5*R*,6*R*)-**285** sind in Tabelle 12 zusammengefasst dargestellt. In einem ersten Versuch wurden 1.0 Äquivalente des Vinyliodids **229** in Diethylether gelöst und bei –78 °C mit 2.0 Äquivalenten *tert*-Butyllithium versetzt, wobei ein Halogen-Metall-Austausch zur entsprechenden Lithiumverbindung erreicht werden sollte. Nach 30 Minuten wurde mit einer Lösung von Zinkbromid in Tetrahydrofuran versetzt, die zur Transmetallierung unter Ausbildung der Vinylzinkverbindung **316** diente. Dieses *in situ* erzeugte Metallorganyl wurde dann zu einer Lösung von Dibromolefin (4*R*,5*R*,6*R*)-**285** und Tetrakis-(triphenylphosphin)palladium in THF gegeben und es wurde für 15 h bei Raumtemperatur gerührt, wobei im wesentlichen Dibromolefin (4*R*,5*R*,6*R*)-**285** und des Produkt der Abspaltung des Metallrestes, ein terminales Olefin erhalten wurde (Eintrag 1). In einem weiteren Versuch wurden 1.5 Äquivalente Vinyliodid **229** eingesetzt, wobei die anderen Reaktionsbedingungen gleich gehalten wurden. Allerdings konnte auch in diesem Fall kein Produkt isoliert werden (Eintrag 2). Um mögliche Einflüsse der Menge der eingesetzten Zinkverbindung zu untersuchen, wurden mehrere weitere Versuche mit verschiedenen Mengen des Vinyliodids **229** bzw. der Base und des Zinkbromids durchgeführt. Wie sich jedoch herausstellte, konnte weder unter Verwendung von 2.0 noch von 4.0 Äquivalenten Vinylzinkverbindung ein Umsatz erreicht werden (Eintrag 3 und 4). In allen Fällen wurde im Wesentlichen das Dibromolefin (4*R*,5*R*,6*R*)-**285** reisoliert, zusätzlich konnte in kleineren Mengen das Produkt der Homokupplung des Vinyliodides erhalten werden.

Tabelle 12: Versuche zur Negishi-Kupplung von Vinyliodid **229** und Dibromolefin (4*R*,5*R*,6*R*)-**285**.

229

Br
Br
OTBS
CO_2Me
(4*R*,5*R*,6*R*)-**285**

1) *t*-BuLi
Et_2O, - 78 °C, 0.5 h
2) $ZnBr_2$
THF, –78 °C, 5 min
dann RT, 0.5 h

$Pd(PPh_3)_4$
THF, RT, 14–22 h

ZnBr
316

Br
6 5 4
OTBS
CO_2Me
(4*R*,5*R*,6*R*)-**317**

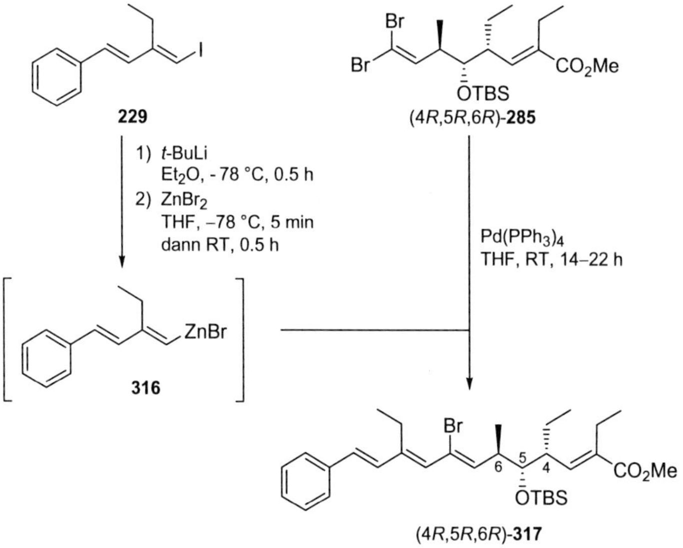

Eintrag	229 [Äquiv.]	*t*-BuLi [Äquiv.]	$ZnBr_2$ [Äquiv.]	$Pd(PPh_3)_4$ [Äquiv.]	Reaktionsdauer	Ausbeute
1	1.0	2.0	1.0	0.05	15 h	–
2	1.5	2.0	1.0	0.05	22 h	–
3	2.0	4.0	2.0	0.05	14 h	–
4	4.0	8.0	4.0	0.05	21 h	–

Da die Umsetzung des Vinyliodids **229** unter den Bedingungen der Negishi-Kupplung nicht erfolgreich war, wurden weitere Versuche unter Verwendung des Vinylbromids **314** sowie des enantiomeren Bausteins (4*S*,5*S*,6*S*)-**285** durchgeführt, was jedoch auf die Reaktionsführung keinerlei Auswirkung haben sollte. Die entsprechenden Ergebnisse sind in Tabelle 13 zusammengefasst. Dabei wurde zuerst unter den beschriebenen Bedingungen mit 1.5 Äquivalenten der Zinkverbindung umgesetzt, wobei jedoch auch hier kein Umsatz zum gewünschten Produkt beobachtet werden konnte (Eintrag 1). Anschließend wurden zwei weitere Versuche unter Anwendung größerer Mengen des Palladiumkatalysators durchgeführt. Wie sich jedoch herausstellte, konnte auch bei Verwendung von 0.1 bzw. 0.2 Äquivalenten Tetrakis(triphenylphosphin)palladium das Produkt höchstens in Spuren erhalten werden (Eintrag 2 und 3), so dass weitere Versuche in diesem Zusammenhang nicht durchgeführt wurden. Auch im Falle des Vinylbromids **314** wurde hauptsächlich das eingesetzte Dibromolefin (4*S*,5*S*,6*S*)-**285** zurückgewonnen.

Tabelle 13: Versuche zur Negishi-Kupplung von Vinylbromid **314** und Dibromolefin (4*S*,5*S*,6*S*)-**285**.

Br
Br
Br
CO2Me
OTBS
314
(4*S*,5*S*,6*S*)-**285**
1) *t*-BuLi
Et_2O, - 78 °C, 0.5 h
2) $ZnBr_2$
THF, –78 °C, 5 min
dann RT, 0.5 h
$Pd(PPh_3)_4$
THF, RT, 14–22 h
ZnBr
316
Br
CO2Me
OTBS
(4*S*,5*S*,6*S*)-**317**

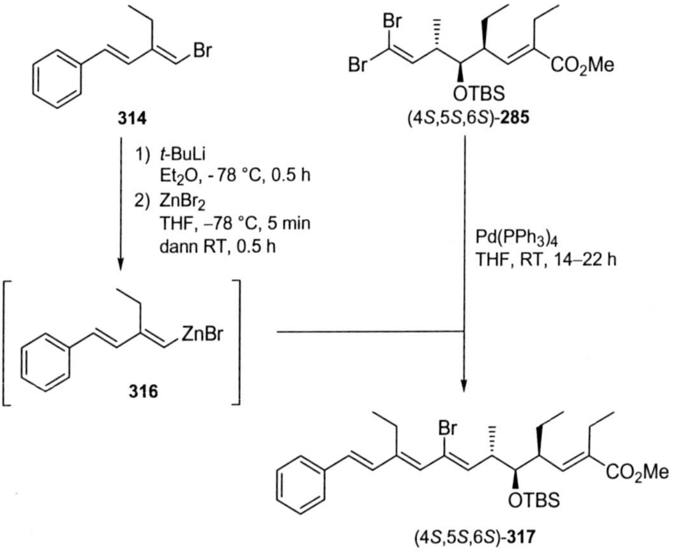

Eintrag	314 [Äquiv.]	*t*-BuLi [Äquiv.]	$ZnBr_2$ [Äquiv.]	$Pd(PPh_3)_4$ [Äquiv.]	Reaktionsdauer	Ausbeute
1	1.5	3.0	1.5	0.05	15 h	–
2	3.0	6.0	3.0	0.1	20 h	–
3	3.0	6.0	3.0	0.2	20 h	–

Da die Negishi-Kupplung unter diesen Bedingungen offensichtlich nicht zur gewünschten Verknüpfung der Fragmente führte, wurde in weiteren Versuchen Suzuki-Reaktionen zur Fragmentkupplung untersucht.

Dabei wurde zuerst eine *in situ*-Darstellung der Boronsäurekomponente analog zur beschriebenen Negishi-Kupplung verwendet, wie sie sie Organ *et al.* beschrieben hatten.[245] Dabei wurde das Vinyliodid **229** bei –78 °C in THF mit *n*-Butyllithium einem Halogen-

Metall-Austausch unterzogen. Die intermediär gebildete Vinyllithiumverbindung wurde dann mit Borsäuretri-*iso*-propylester umgesetzt, wobei in einer Transmetallierungsreaktion der korrespondierunde Vinylboronsäuredi-*iso*-propylester erhalten wird, der anschließend unter Zugabe von wässriger Natronlauge zur freien Boronsäure **318** hydrolysiert wird. Zu dieser Mischung wird eine Lösung von Dibromolefin (4*R*,5*R*,6*R*)-**285** und Tetrakis(triphenylphosphin)-palladium in THF hinzugegeben und für 10 h bei 65 °C erhitzt. Wie sich zeigte, konnte jedoch auch bei Änderung der Verhältnisse von Iodid **229** und Dibromolefin (4*R*,5*R*,6*R*)-**285**, ebenso bei längeren Reaktionszeiten keine Umsetzung zum Produkt beobachtet werden (Schema 113), so dass auch diese Strategie nicht weiter verfolgt wurde.

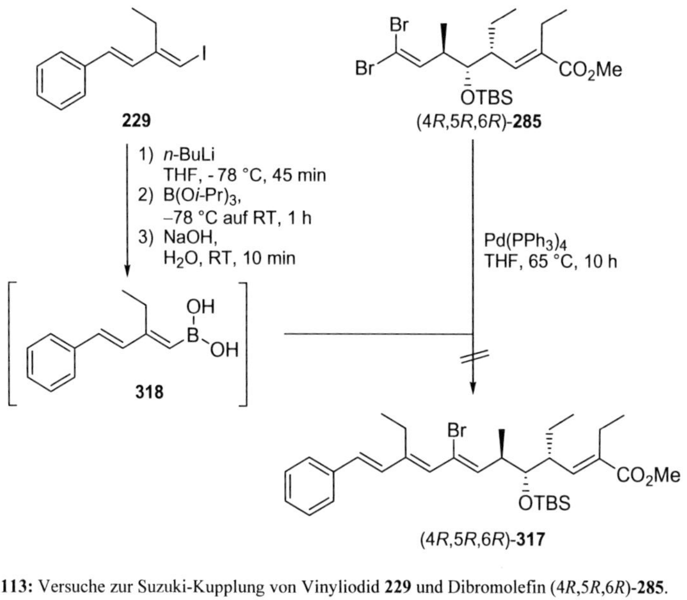

Schema 113: Versuche zur Suzuki-Kupplung von Vinyliodid **229** und Dibromolefin (4*R*,5*R*,6*R*)-**285**.

Nachdem die Umsetzung der freien Boronsäure **318** mit Dibromolefin (4*R*,5*R*,6*R*)-**285** nicht zum Erfolg geführt hatte, wurde der Einsatz des korrespondierenden Boronsäurepinakolesters **315** in einer möglichen Fragmentkupplung untersucht. Während die Reaktion einer freien Vinylboronsäure mit Dibromolefinen nicht literaturbekannt war, war die stereoselektive, d. h. *E*-selektive, Suzuki-Kupplung von Sulikowski in der Synthese des Naturstoffes Apoptolidin erfolgreich eingesetzt worden.[263] Dabei wurden die beiden Edukte (4*R*,5*R*,6*R*)-**285** und **315** in einer entgasten Mischung von Tetrahydrofuran und Wasser vorgelegt und mit Tetrakis(triphenylphosphin)palladium versetzt. Anschließend wurde Thalliumethanolat hinzu gegeben und für 30 Minuten gerührt. Allerdings konnte auch in dieser Reaktion keine Kupplung der beiden Fragmente (4*S*,5*S*,6*S*)-**285** und **315** erreicht werden (Schema 114), so dass nach alternativen Strategien gesucht wurde.

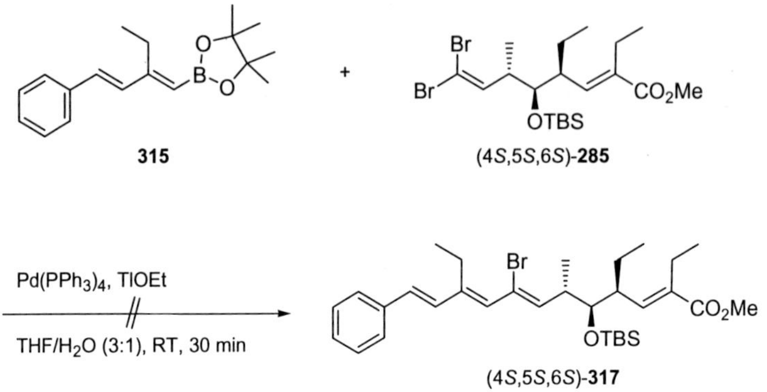

315 + (4*S*,5*S*,6*S*)-**285**

$Pd(PPh_3)_4$, TlOEt

THF/H_2O (3:1), RT, 30 min

(4*S*,5*S*,6*S*)-**317**

Schema 114: Versuch zur Suzuki-Kupplung von Vinylboronsäureester **315** und Dibromolefin (4*S*,5*S*,6*S*)-**285**.

Aufgrund der negativen Ergebnisse bei der Verwendung der vom Vinyliodid **229** oder -bromid **314** abgeleiteten Metallreagenzien und des Dibromolefins (4*S*,5*S*,6*S*)-**285** bzw. (4*R*,5*R*,6*R*)-**285** in den verschiedenen Kreuzkupplungsreaktionen, wurden weitere Versuche unter Anwendung einer inversen Strategie durchgeführt, bei der das chirale Zentralfragment in eine geeignete Metallkomponente überführt werden sollte. Die entsprechenden Versuche basierten auf Arbeiten von Kobayashi *et al.*, die eine entsprechende Strategie an einem analogen System erfolgreich zur Anwendung gebracht hatten.[265] Ausgehend vom Ethylalkin (4*R*,5*S*,6*R*)-**286** wurde durch *syn*-selektive Hydroborierung mit kommerziell erhältlichem 9-BBN in THF das Vinylboran erhalten. Diese Mischung wurde dann mit einer Lösung des Vinylbromids in *N*,*N*-Dimethylformamid und Wasser versetzt. Als Katalysator wurde in diesem Fall Bis(diphenylphsophinoferrocen)palladiumdichlorid unter Verwendung von Kaliumphosphat als Base eingesetzt. Die Reaktion wurde für 14 h auf 65 °C erhitzt, wobei praktisch kein Produkt erhalten werden konnte (Schema 115). Auch durch Erhöhung der Reaktionszeit konnte das Produkt nicht in nennenswerten Mengen dargestellt werden. Die Wiederholung der Reaktion unter Einsatz des enantiomeren Bausteins (4*S*,5*R*,6*S*)-**286** erbrachte ebenfalls nicht das gewünschte Produkt.

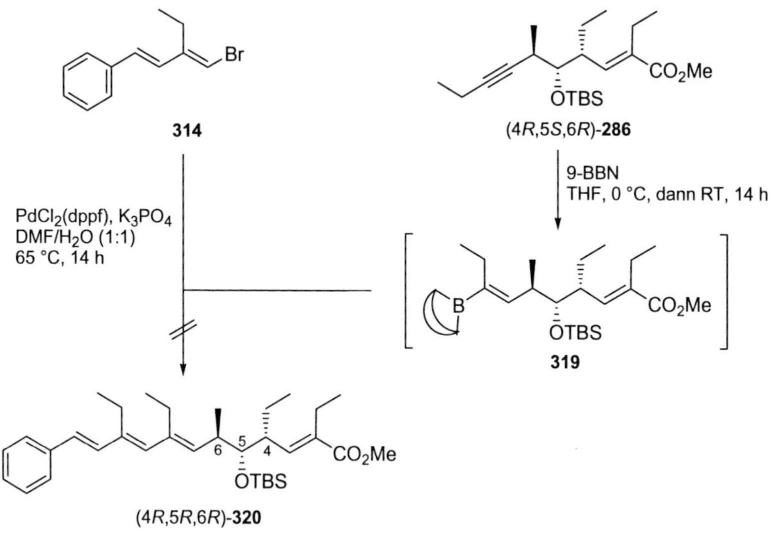

Br
314
OTBS
CO2Me
(4R,5S,6R)-286
9-BBN
THF, 0 °C, dann RT, 14 h
PdCl2(dppf), K3PO4
DMF/H2O (1:1)
65 °C, 14 h
B
OTBS
CO2Me
319
6
5
4
OTBS
CO2Me
(4R,5R,6R)-320

Schema 115: Versuch der Suzuki-Kupplung von Bromid **314** und Ethylalkin (4*R*,5*S*,6*R*)-**286** (exemplarisch).

Obwohl auch unter Verwendung dieser Suzuki-Kupplung praktisch kein Umsatz zum Produkt erreicht werden konnte, erscheint die Verknüpfung der beiden Schlüsselfragmente durch eine Kreuzkupplungsreaktion nicht zuletzt aufgrund der hohen Konvergenz dieser Synthesemethode als vielversprechender Zugang zur Spiculoinsäure A und zu analogen Verbindungen.

5. Zusammenfassung und Ausblick

Im Rahmen der vorliegenden Arbeit konnte die formale Totalsynthese des biologisch aktiven Naturstoffes Virantmycin (**80**) basierend auf einer intramolekularen Aza-Diels-Reaktion abgeschlossen und optimiert werden. Darüber hinaus wurden Studien zur Synthese des für die Totalsynthese der Spiculoinsäure A (**123**) durch eine Diels-Alder-Reaktion benötigten Vorläufers durchgeführt.

5.1 Formale Totalsynthese von Virantmycin

Ausgehend von der Totalsynthese von Corey und Steinhagen[115] wurde eine optimierte Totalsynthese des antiviral wirksamen Naturstoffes Virantmycin (**80**) entwickelt (Schema 116). Ausgehend von geschützten Propargylalkoholen konnte über eine neuartige Palladium(II)-vermittelte Kreuzkupplung der für die Synthese benötigte Allylalkohol in guten Ausbeuten von maximal 49% über 3 Stufen dargestellt werden. Der zweite Baustein, 1,4-Dihydrobenzo[d][1,3]oxazin-2-thion (**95**), konnte mit Hilfe einer optimierten Synthesemethode unter Einsatz einer oxidativen Cyclisierungsstrategie in guten Ausbeuten ausgehend von 2-Aminobenzylalkohol (**93**) gewonnen werden. Allylalkohol **98** und Thion **95** konnten in Abwandlung einer von Bräse *et al.* publizierten Methode[108] in einer Eintopfreaktion in guten Ausbeuten zum Cyclisierungvorläufer **135** umgesetzt werden. Dabei wurde eine neuartige Aufarbeitungsmethodik entwickelt, die die Isolierung des Produktes deutlich erleichterte und zu besseren Ausbeuten von bis zu 83% führte. Die anschließende Aza-Diels-Alder-Reaktion, die Schlüsselreaktion der Synthesesequenz konnte unter Einsatz einer baseninduzierten Darstellung des benötigten Axaxylylens in Analogie zu literaturbekannten Vorschriften in guten Ausbeuten durchgeführt werden, wobei das racemische Produkt **134** erhalten wurde. Die anschließende Iodierung gelang dann ebenfalls durch Einsatz von Iodmonochlorid in einer sehr guten Ausbeute von 90%. Damit konnte die Synthese des fortgeschrittenen Intermediates **106** in einer sehr guten Ausbeute von 49% über 4 Stufen ausgehend vom Thion **95** abgeschlossen werden.

Die folgenden Schritte können analog denen in der Totalsynthese von Corey und Steinhagen[115] durchgeführt werden, so dass die formale Totalsynthese des Naturstoffes damit abgeschlossen ist. Die Synthese des eigentlichen Naturstoffes (±)-**80** gelingt dabei durch reduktive Ringöffnung unter Verwendung von DIBAL und *n*-Butyllithium, Methylierung der Alkoholfunktion mit Kaliumhydrid und Methyliodid, palladiumkatalysierte Carboxymethylierung und Verseifung des entstehenden Carbonsäureesters wie in Schema 21 gezeigt.

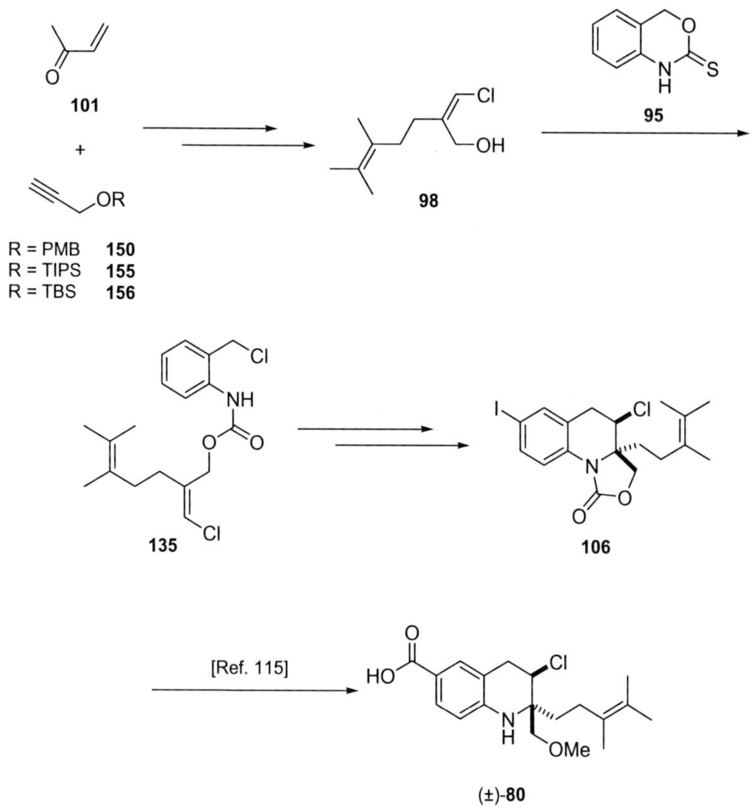

101
+
OR
R = PMB 150
R = TIPS 155
R = TBS 156
98
95
135
106
[Ref. 115]
(±)-**80**

Schema 116: Zusammenfassung der formalen Totalsynthese von (±)-Virantmycin ((±)-**80**).

5.2 Arbeiten zur Synthese der Spiculoinsäure A

Im zweiten Teil der vorliegenden Arbeit wurden Studien zur Synthese eines für die intramolekulare Diels-Alder-Reaktion geeigneten linearen Vorläufers durchgeführt. Dazu wurde einerseits eine Strategie und Verwendung einer Wittig-Reaktion und andererseits unter Verwendung einer Kreuzkupplungsreaktion zur Verknüpfung geeigneter Bausteine untersucht. Die Synthesen der benötigten Bausteine wurden daher neu entwickelt und optimiert.

Dabei konnte ausgehend von (*R*)-3-Hydroxy-2-methylpropionsäuremethylester ((*R*)-**181**) in einer mehrstufigen Sequenz unter Verwendung einer Paterson-Aldol-Reaktion das Keton (2*R*,4*R*)-**185** erhalten werden, das durch Derivatisierung und diastereoselektive Reduktion zu den beiden diastereomeren Alkoholen (2*R*,3*R*,4*R*)-**203** (50% Ausbeute über 5 Stufen) und

(2*R*,3*S*,4*R*)-**204** (47% über 7 Stufen) umgesetzt werden konnte. Das benzyl- bzw. tritylgeschützte Triol (2*R*,3*R*,4*R*)-**203** bzw. (2*R*,3*R*,4*R*)-**280** konnte dabei auch ausgehend von (*R*)-**181** über eine Evans-Aldol-Reaktion in Ausbeuten von 49% (für (2*R*,3*R*,4*R*)-**203**) bzw. 76% (für (2*R*,3*R*,4*R*)-**280**) über jeweils 5 Stufen erhalten werden (Schema 117).

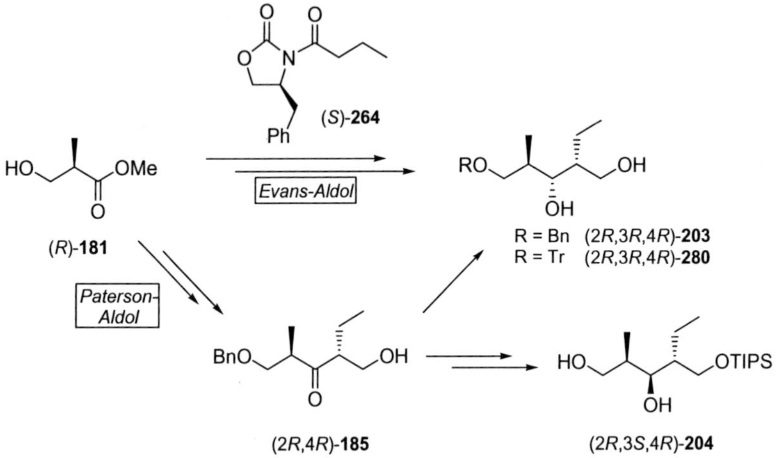

HO OMe O (*R*)-**181**; (*S*)-**264**; Evans-Aldol; Paterson-Aldol; RO OH OH; R = Bn (2*R*,3*R*,4*R*)-**203**; R = Tr (2*R*,3*R*,4*R*)-**280**; BnO OH O (2*R*,4*R*)-**185**; HO OTIPS OH (2*R*,3*S*,4*R*)-**204**

Schema 117: Synthese der chiralen Zentralfragmente – Teil 1.

Der Aufbau der chiralen Fragmente konnte im Falle der geplanten Verknüpfung durch Wittig-Reaktion (Strategie 1) ausgehend von (2*R*,3*S*,4*R*)-**204** in einer vierstufigen Sequenz in einer Gesamtausbeute von 54% des Wittig-Salzes (2*S*,3*R*,4*R*)-**219** erreicht werden. Die Umsetzung des benzyl- oder tritylgeschützten Triols (2*R*,3*R*,4*R*)-**203** bzw. (2*R*,3*R*,4*R*)-**280** führte über das *tert*-butyldimethylsilylgeschützte Olefin (4*R*,5*S*,6*R*)-**215** zum Dibromolefin (4*R*,5*R*,6*R*)-**285**, einem der möglichen Kreuzkupplungsbausteine. Die insgesamt sechsstufige Sequenz konnte im Falle des Tritylderivates (2*R*,3*R*,4*R*)-**280** in einer Gesamtausbeute von 44% durchgeführt werden, während die Benzylstrategie das Produkt in einer Gesamtausbeute von 46% erbrachte. Die Umsetzung zu einem weiteren Kupplungsbaustein, dem Ethylalkin (4*R*,5*S*,6*R*)-**286**, konnte ebenfalls in einer Ausbeute von 75% durchgeführt werden. Darüber hinaus wurden auch die enantiomeren Bausteine (4*S*,5*S*,6*S*)-**285** und (4*S*,5*R*,6*S*)-**286** dargestellt, die zur Synthese des, wie sich im Verlauf der Arbeit herausstellte, natürlichen Isomers der Spiculoinsäure A ((+)-**123**) benötigt wurden (Schema 118). Diese konnten in weitgehend gleichen Ausbeuten isoliert werden. Die Synthese der jeweiligen komplementären Bausteine konnte ebenfalls in guten Ausbeuten durchgeführt werden.

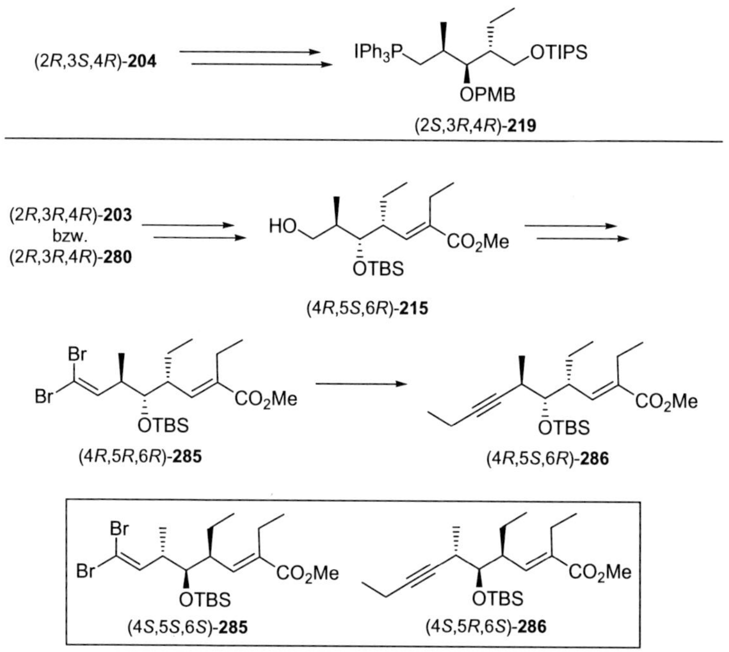

Schema 118: Synthese der chiralen Zentralfragmente – Teil 2.

Die Darstellung des für die Wittig-Reaktion benötigten Ketons **169** gelang dabei über eine neuartige stereoselektive Suzuki-Kupplung. Dabei konnte **169** in einer Ausbeute von 32% einstufig bzw. 45% in einer dreistufigen Sequenz ausgehend von (*E*)-2-Phenylvinylboronsäure (**252**) und Vinyltriflat **242** erhalten werden. Die Synthese des Vinylbromids **314** konnte schließlich in einer siebenstufigen Synthese ausgehend von Ethyldimethylmalonat (**306**) in einer Gesamtausbeute von 22% realisiert werden.

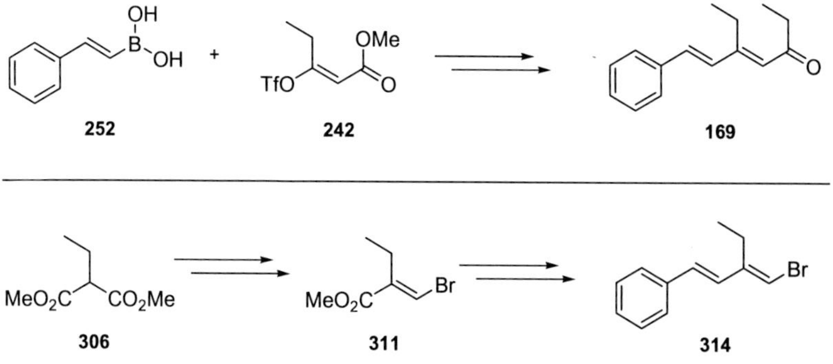

Schema 119: Synthese des konjugierten Dienons **169** und des Vinylbromids **314**.

Die Synthese des entsprechenden Vinyliodids **229** konnte ausgehend von But-1-en-3-inylbenzol (**180**) in einer Ausbeute von ca. 50% erreicht werden.
Wie sich herausstellte, konnte die Umsetzung zum linearen Vorläufer (2*R*,3*S*,4*R*)-**261** bzw. (4*R*,5*S*,6*R*)-**320** weder unter den Bedingungen einer Wittig-Reaktion noch durch eine Kreuzkupplung erreicht werden (Schema 120).

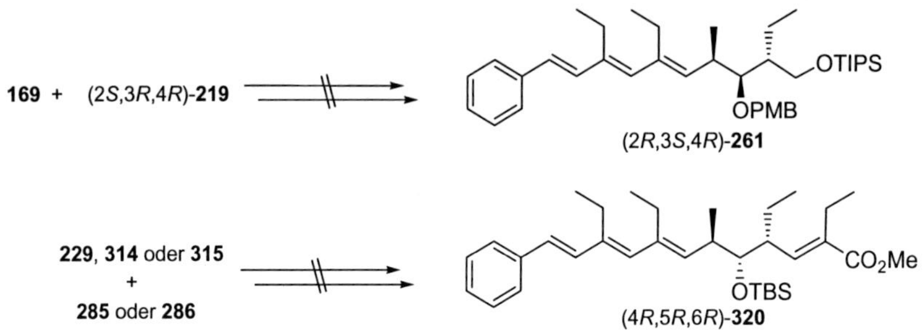

169 + (2*S*,3*R*,4*R*)-**219** → OTIPS, OPMB (2*R*,3*S*,4*R*)-**261**

229, **314** oder **315** + **285** oder **286** → CO_2Me, OTBS (4*R*,5*R*,6*R*)-**320**

Schema 120: Versuchte Darstellung des linearen Vorläufers (2*R*,3*S*,4*R*)-**261** bzw. (4*R*,5*S*,6*R*)-**320** (exemplarisch).

Die bisher erhaltenen Ergebnisse lassen jedoch den Schluss zu, dass insbesondere die Kreuzkupplungsstrategie zur Verknüpfung zweier Fragmente einen erfolgversprechenden Zugang zur Spiculoinsäure A (**123**) darstellt, so dass weitere Optimierungsarbeiten in diesem Bereich durchgeführt werden sollten.

5.3 Ausblick

Zur Durchführung der im Rahmen dieser Arbeit nicht abgeschlossenen Totalsynthese der Spiculoinsäure A (**123**), insbesondere des natürlich vorkommenden Isomers (+)-**123**, muss zunächst die Darstellung des für die Diels-Alder-Reaktion benötigten linearen Vorläufers (4*S*,5*S*,6*S*)-**320** abgeschlossen werden. Dabei erscheint die Kreuzkupplungsstrategie als die aussichtsreichere Variante. In weiteren Arbeiten müssen deshalb Versuche zur Optimierung dieser Reaktion durchgeführt werden, beispielsweise durch Optimierung der Reaktionsbedingungen im Bezug auf Katalysator, Lösungsmittel, Temperaturprofile und Reaktionszeiten. Darüber hinaus müssen alternative Kupplungsreaktionen, beispielsweise Stille-Kupplungen, als Methoden zur Verknüpfung der Fragmente in Erwägung gezogen werden.

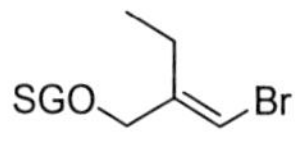

321

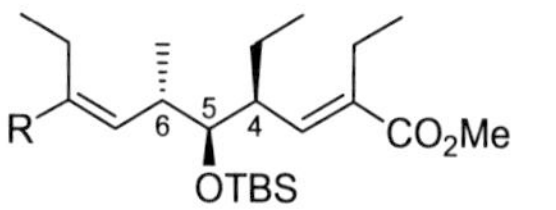

R = $SnBu_3$ (4*S*,5*S*,6*S*)-**322**
R = I (4*S*,5*S*,6*S*)-**323**

Schema 121: Mögliche alternative Bausteine für die Kreuzkupplungsreaktion.

Ebenso könnten alternative Bausteine, beispielsweise das deutlich weniger isomerisierungsempfindliche Vinylbromid **314** oder vom Ethylalkin (4*S*,5*R*,6*S*)-**286** abgeleitete Vinylstannane (4*S*,5*S*,6*S*)-**322** und -iodide (4*S*,5*S*,6*S*)-**323** als mögliche Bausteine für die Kreuzkupplungsreaktion untersucht werden. Zum Abschluss der Totalsynthese müssen anschließend die in Schema 122 zusammengefassten Transformationen durchgeführt werden.

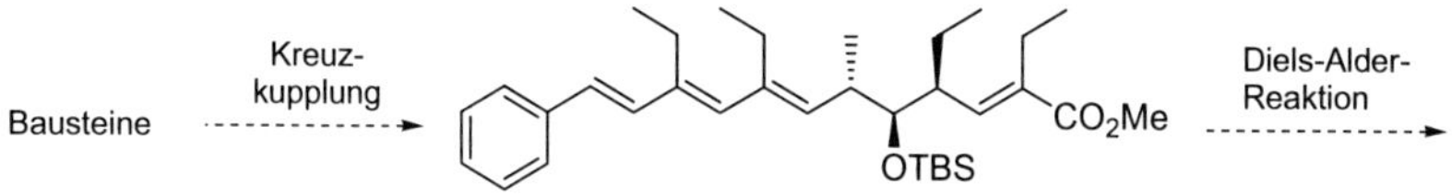

Bausteine — Kreuzkupplung → (4*S*,5*S*,6*S*)-**320** — Diels-Alder-Reaktion → **324** — 1) TBS-Entschützung 2) Esterspaltung 3) Oxidation → (+)-Spiculoinsäure A ((+)-**123**)

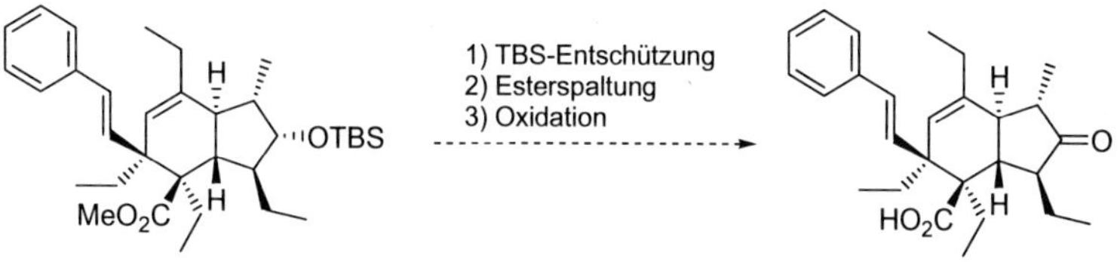

Schema 122: Abschließende Schritte zur Totalsynthese der (+)-Spiculoinsäure A ((+)-**123**).

Wie bereits beschrieben muss dabei in einem ersten Reaktionsschritt eine optimierte Kreuzkupplung mit geeigneten Bausteinen zum Aufbau des linearen Vorläufers (4*S*,5*S*,6*S*)-**320** durchgeführt werden. Dieser kann dann in einer intramolekularen Diels-Alder-Reaktion umgesetzt werden, wie sie bereits Baldwin in seiner Synthese von (–)-Spiculoinsäure A ((–)-**123**)[127] erfolgreich angewendet hatte. Gegebenenfalls müssen auch in diesem Zusammenhang Optimierungen in Bezug auf Lösungsmittel und Reaktionszeiten durchgeführt werden. Die abschließenden Schritte beständen dann in einer Abspaltung der *tert*-Butyldimethylsilylschutzgruppe, einer Verseifung des Methylesters und der abschließenden Oxidation der freien Alkoholfunktion zum Naturstoff (+)-**123**.

In weiteren Arbeiten könnte aufbauend auf der entwickelten Methodik die Synthese der anderen Vertreter dieser Substanzklasse bzw. von analogen Substanzen zur Etablierung von Struktur-Aktivitätsbeziehungen durchgeführt werden.

6. Experimenteller Teil

6.1 Allgemeines

6.1.1 Analytik

NMR-Spektroskopie:

Die NMR-Spektren wurden an Geräten der Firma Bruker aufgenommen. Dabei wurden folgende Geräte mit den angegebenen Messfrequenzen verwendet:

Bruker AC 250	^{1}H	250 MHz	^{13}C	62.5 MHz
Bruker AM 400		400 MHz		100 MHz
Bruker DRX 500		500 MHz		125 MHz
Bruker Avance 600		600 MHz		150 MHz

Alle Verschiebungen δ wurden in parts per million (ppm) angegeben, wobei als Referenz das Lösungsmittelsignal von $CHCl_3$ bzw. von $[D_1]$-Chloroform (7.26 ppm für ^{1}H bzw. 77.00 ppm für ^{13}C)[266] verwendet wurde.

Bei der Angabe von Signalaufspaltungen in ^{1}H-NMR-Spektren wurden folgende Abkürzungen verwendet: s = Singulett, d = Dublett, t = Triplett, q = Quartett, m = Multiplett, dd = doppeltes Dublett, ddd = Dublett von doppelten Dubletts, br = breit, Ar-H = aromatisch.

Die Zuordnung der Signale in den ^{13}C-Spektren geschah mit Hilfe folgender Abkürzungen: p = primär (RCH_3), s = sekundär (R_2CH_2), t = tertiär (R_3CH), q = quarternär (R_4C). Die Zuordnung erfolgte dabei unter Verwendung von DEPT90- bzw. DEPT135-Spektren. Die Kopplungskonstanten *J* wurden als Beträge in Hertz [Hz] angegeben.

Massenspektrometrie (EI-MS, FAB-MS):

Die Massenspektren wurden auf einem Gerät der Firma Finnigan, Modell MAT 90, gemessen. Die Molekülfragmente wurden als Masse/Ladungsverhältnis *m/z*, die Intensitäten als prozentualer Wert relativ zur Intensität des Basissignals (100%) angegeben. Für das Molekülion wurde die Abkürzung $[M^{+}]$ verwendet.

Infrarotspektroskopie (IR):

Die IR-Proben wurden auf einem Gerät der Firma Bruker, Modell IFS 88, bei Ölen und Flüssigkeiten als Film auf KBr, bei Feststoffen als Reinsubstanz (drift) gemessen. Die Angabe der Absorptionsbanden erfolgte in Einheiten von Wellenzahlen mit der Einheit cm^{-1}, die

Stärke der Absorption wird mit folgenden Abkürzungen angegeben: vs (sehr stark) 0–10% T, s (stark) 10–40% T, m (mittel), 40–70% T, w (schwach) 70–90% T, vw (sehr schwach) 90–100%T.

Drehwerte:

Die Messung der Drehwerte erfolgte auf einem Polarimeter der Firma Perkin Elmer, Modell 241. Die Messung erfolgte dabei bei 20 °C als Lösung in $CHCl_3$ in einer Glasküvette mit 10 cm Länge unter Verwendung der Natrium-D-Linie. Die Konzentration der Lösungen wurde in g/100 ml angegeben.

Elementaranalysen:

Die Messung der Elementaranalysen wurde auf einem Gerät der Firma Heraeus, Modell CHN-O-Rapid, durchgeführt. Die Angabe der Werte für Kohlenstoff (C), Wasserstoff (H) sowie Stickstoff (N) erfolgte dabei in Massenprozent. Es wurden folgende Abkürzungen verwendet: ber.: berechneter Theoriewert, gef.: in der Analyse erhaltener Wert.

Schmelzpunkte:

Die Schmelzpunkte wurden auf einem Gerät der Firma Labaratory Devices Inc., Modell Mel-Temp II, gemessen und sind nicht korrigiert.

Dünnschichtchromatographie (DC):

Für die analytische DC wurden DC-Aluminiumfolien der Firma Merck (Art.–Nr. 105554, Kieselgel 60 F_{254}, Schichtdicke 0.2 mm) verwendet, die Detektion erfolgt mit Hilfe einer UV-Lampe der Firma Heraeus, Modell Fluotest. Als Anfärbemittel diente das Seebach-Reagenz [Molybdophosphorsäure (2.5 Gew.-%), Cer(IV)sulfat-Tetrahydrat (1.0 Gew.-%), H_2SO_4 konz. (6 Gew.-%), Wasser (90.5 Gew.-%)].

Waagen:

Analysenwaage Sartorius Basic, Waage Sartorius LC 620 S.

Lösungsmittel und Chemikalien:

Die verwendeten käuflich erworbenen Chemikalien wurden ohne weitere Reinigung eingesetzt. Als stationäre Phase für die präparative Säulenchromatographie in der Variante Flash-Chromatographie[267] wurde Kieselgel 60 der Firmen SDS (0.035–0.070 mm) bzw. Merck (0.040–0.063 mm) sowie Seesand (mit Säure gereinigt, geglüht) der Firma Merck verwendet. Für die präparative Dünnschichtchromatographie wurden DC-Glasplatten der Firma Merck (Art.-Nr. 105717, Kieselgel 60 F_{254}, Schichtdicke 2 mm) mit UV-Detektion verwendet. Die Lösungsmittel wurden vor Verwendung destillativ gereinigt und einzeln volumetrisch abgemessen. Die Zusammensetzung der Laufmittel für die Chromatographie erfolgte als Volumenverhältnis. Wasserfreie Lösungsmittel wurden unter Verwendung der folgend angegebenen Methoden erhalten und unter Argon gelagert:

Diethylether	Vortrocknen über Calciumchlorid; dann Refluxieren über Natrium/Benzophenon und Destillation über eine Füllkörperkolonne
Dichlormethan	Vortrocknen über Calciumchlorid, dann Refluxieren über Calciumhydrid und Destillation über eine Füllkörperkolonne
Dimethylsulfoxid	wurde in p.a.-Qualität erworben, mehrere Tage unter Argon über 4 Å Molsieb gelagert und ohne weitere Trocknung verwendet
Tetrahydrofuran	Refluxieren über Natrium/Benzophenon und Destillation über eine Füllkörperkolonne
Triethylamin	Refluxieren über Natrium/Benzophenon und Destillation über eine Füllkörperkolonne

6.1.2 Präparatives Arbeiten

Bei der Durchführung von Reaktionen mit luft- und/oder feuchtigkeitsempfindlichen Reagenzien wurden die verwendeten Glasgeräte mit einem Heissluftgebläse unter Hochvakuum erhitzt. Nach dem Abkühlen wurden die Geräte dann unter Argongegenstrom mit Gummisepten versehen. Soweit nicht anders angegeben wurden alle Reaktionen unter Argonatmosphäre nach der üblichen Schlenktechnik durchgeführt.[268]

Zur Reaktionsführung bei tiefen Temperaturen wurde der Reaktionskolben in Flachdewargefäßen der Firma *Isotherm*, Karlsruhe gekühlt. Folgende Kältemischungen wurden verwendet:

a) 0 °C Eis/Wasser

b) –78 °C *iso*-Propanol/Trockeneis

Für Temperaturen zwischen 0 °C und –78 °C kam ein regelbarer Kryostat Julabo FT 901 zum Einsatz.

6.2 *Synthesevorschriften und analytische Daten*

AAV 1: Allgemeine Arbeitsvorschrift zur Suzuki-Kupplung von Vinyltriflat 242 mit Vinylboronsäuren:

In einem Vial wurden unter Argonatmosphäre 200 mg (0.76 mmol, 1.0 Äquiv.) 3-Trifluormethansulfonyloxypent-2-ensäuremethylester (**242**), 1.0 Äquiv. der entsprechenden Vinylboronsäure, und 121 mg (1.14 mmol, 1.5 Äquiv.) Na_2CO_3 in 2.5 ml Dioxan und 0.5 ml H_2O gelöst. Die Mischung wurde entgast, dann wurden 35 mg (0.03 mmol, 0.04 Äquiv.) Tetrakis(triphenylphosphin)palladium hinzu gegeben und für 20 h auf 80 °C erhitzt. Nach Abkühlen auf RT wurde mit 50 ml Et_2O sowie 50 ml H_2O versetzt, die Phasen getrennt und die wässrige Phase noch 3× mit je 50 ml Et_2O extrahiert. Die vereinigten organischen Phasen wurden über $MgSO_4$ getrocknet und im Vakuum konzentriert. Das Rohprodukt wurde einer säulenchromatographischen Reinigung (Pentan/EE 19:1) unterzogen.

1,4-Dihydrobenzo[d][1,3]oxazin-2-thion (**95**):

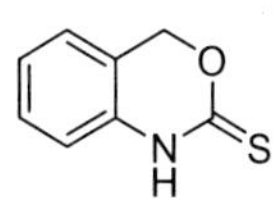

In einem Zweihalskolben mit Rückflusskühler wurden 3.80 g (30.3 mmol) 2-Aminobenzylalkohol (**93**) in 40 ml Methanol gelöst und mit 4.25 ml (30.3 mmol, 3.06 g, 1.00 Äquiv.) Triethylamin versetzt. Unter Rühren wurden langsam 5.48 ml (90.8 mmol, 6.91 g, 3.00 Äquiv.) Schwefelkohlenstoff hinzu gegeben. Die Lösung wurde anschließend für 1 h bei RT gerührt, dann wurden langsam insgesamt 6.3 ml (61 mmol, 2.00 Äquiv.) Wasserstoffperoxid hinzu getropft, wobei die Lösung leicht siedete und sich ein Niederschlag von Schwefel bildete. Nach Beendigung der Zugabe wurde das Lösungsmittel im Vakuum entfernt. Das Rohprodukt wurde in 10 ml Methanol gelöst und einer säulenchromatographischen Reinigung (Kieselgel 60, Pentan/Et_2O 1:1) unterzogen. Zur weiteren Reinigung wurde aus CH_2Cl_2/Hexan umkristallisiert, wobei das Produkt als leicht beigefarbener Feststoff in einer Ausbeute von 3.89 g (23.6 mmol, 78%) erhalten wurde.

R_f = 0.65 (Pentan/Et_2O 1:1). – Smp.: 138–140 °C. – ^{1}H-NMR (400 MHz, $CDCl_3$): δ = 5.36 (s, 2 H, CH_2O), 6.95 (bd, J = 7.9 Hz, 1 H, Ar-H), 7.11–7.18 (m, 2 H, Ar-H), 7.31 (dd, J = 7.9 Hz, J = 7.6 Hz, 1 H, Ar-H), 10.18 (s, 1 H, NH). – ^{13}C-NMR (100 MHz. $CDCl_3$): δ = 69.7 (s), 114.0 (t, C-Ar), 118.1 (q, C-Ar), 124.1 (t, C-Ar), 125.4 (t, C-Ar), 129.8 (t, C-Ar), 133.0 (q, C-Ar), 185.8 (q, C=S). – IR (drift): 3190 (m), 3137 (m), 3018 (m), 1624 (m), 1604 (m), 1536 (s), 1498 (m), 1452 (m), 1418 (m), 1321 (m), 1225 (m), 1162 (m, C=S), 1108 (m), 971 (m),

892 (m), 859 (m), 758 (s). – MS (EI, 70 eV): *m/z* (%) 165 (100) [M^+], 132 (30), 104 (60), 78 (40). – HRMS (C_8H_7NOS): ber. 165.0248, gef. 165.0247. – C_8H_7NOS: ber. C 58.16, H 4.27, N 8.48, gef. C 57.81, H 4.45, N 8.19.

2-Chlormethylen-5,6-dimethyl-hept-5-en-1-ol (**98**):

Cl

OH

Aus dem PMB-Ether **154**:

In einem Rundkolben wurden 100 mg (0.32 mmol) 1-(2-Chlormethylen-5,6-dimethylhept-5-enyloxymethyl)-4-methoxybenzol (**154**) in 4 ml CH_2Cl_2/H_2O (19:1 v/v) gelöst und bei RT mit 111 mg (0.49 mmol, 1.5 Äquiv.) DDQ versetzt. Es wurde für 60 min bei RT gerührt, wobei sich ein gelber Niederschlag bildete. Die Reaktionsmischung wurde mit 5 ml CH_2Cl_2 sowie 5 ml H_2O verdünnt und die Phasen getrennt. Die organische Phase wurde über Na_2SO_4 getrocknet und im Vakuum konzentriert. Das Rohprodukt wurde einer säulenchromatographischen Reinigung (Kieselgel 60, Pentan/Et_2O 6:1) unterzogen, wobei das Produkt als hellgelbes Öl in einer Ausbeute von 60 mg (0.32 mmol, 98%) erhalten wurde.

Aus dem TIPS-Ether **159**:

In einem Schlenkkolben wurden unter Argonatmosphäre 1.46 g (4.23 mmol) [[2-(Chlormethylen)-5,6-dimethylhept-5-enyl]oxy]tri-*iso*-propylsilan (**159**) in 40 ml THF gelöst und bei RT mit 1.22 g (4.65 mmol, 1.1 Äquiv.) Tetrabutylammoniumfluorid-Trihydrat in 10 ml THF versetzt. Es wurde 15 min bei RT gerührt. Die Reaktion wurde anschließend durch Zugabe von 20 ml H_2O abgebrochen und die Reaktionsmischung wurde 3 × mit je 50 ml Et_2O extrahiert. Die vereinigten organischen Phasen wurden mit 30 ml ges. wässriger NaCl-Lösung gewaschen, über Na_2SO_4 getrocknet und im Vakuum konzentriert. Das Rohprodukt wurde einer säulenchromatographischen Reinigung (Kieselgel 60, Pentan/Et_2O 6:1) unterzogen, wobei das Produkt als hellgelbes Öl in einer Ausbeute von 719 mg (3.81 mmol, 90%) erhalten wurde.

R_f = 0.64 (Pentan/Et_2O 6:1). – ^{1}H-NMR (500 MHz, $CDCl_3$): δ = 1.63 (s, 9 H, 3 × CH_3), 1.86 (bs, 1 H, O*H*), 2.14–2.18 (m, 2 H, CH_2), 2.21–2.25 (m, 2 H, CH_2), 4.31 (s, 2 H, CH_2OH), 5.88 (s, 1 H, C=C*H*Cl). – ^{13}C-NMR (125 MHz, $CDCl_3$): δ = 18.4 (p), 20.2 (p), 20.7 (p), 31.6 (s), 33.2 (s), 60.4 (s), 114.2 (t), 125.4 (q), 126.6 (q), 141.9 (q). – IR (Film auf KBr): 3337 (m), 3068 (w), 2987 (m), 2921 (m), 1632 (w), 1600 (w), 1446 (m), 1373 (w), 1315 (w), 1263 (w), 1234 (w), 1159 (w), 1019 (m), 864 (w), 807 (m). – MS (EI, 70 eV): *m/z* (%) 188 ([M^+], 3),

153 (12), 83 (100), 55 (39), 41 (35). – HRMS ($C_{10}H_{17}ClO$): ber. 188.0968, gef. 188.0965. – $C_{10}H_{17}ClO$: ber. C 63.65, H 9.08, gef. C 63.82, H 9.31.

4-Chlor-3a-(3,4-dimethyl-pent-3-enyl)-7-iod-3,3a,4,5-tetrahydrooxazol[3,4-a]chinolin-1-on (**106**):

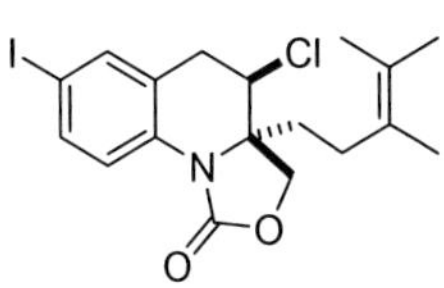

In einem Schlenkkolben wurden unter Argonatmosphäre 150 mg (0.47 mmol) 4-Chlor-3a-(3,4-dimethylpent-3-enyl)-3,3a,4,5-tetrahydrooxazol[3,4-a]chinolin-1-on (**134**) in 6 ml CH_2Cl_2 gelöst und bei RT mit 84 mg (0.52 mmol, 1.1 Äquiv.) Iodmonochlorid versetzt. Es wurde für 24 h bei RT gerührt. Die Reaktion wurde durch Zugabe von 10 ml ges. wässriger $Na_2S_2O_3$-Lösung abgebrochen und die Phasen getrennt. Die wässrige Phase wurde 3 × mit je 10 ml CH_2Cl_2 extrahiert, die vereinigten organischen Phasen wurden über Na_2SO_4 getrocknet und im Vakuum konzentriert. Das Rohprodukt wurde einer säulenchromatographischen Reinigung (Kieselgel 60, Pentan/Et_2O 1:1) unterzogen, wobei das Produkt als weißer Feststoff in einer Ausbeute von 188 mg (0.42 mmol, 90%) erhalten wurde.

R_f = 0.62 (Pentan/Et_2O 1:1). – Smp. 80 °C. – ^{1}H-NMR (400 MHz, $CDCl_3$): δ = 1.51 (s, 3 H, CH_3), 1.74 (s, 6 H, 2 × CH_3), 1.98–1.87 (m, 2 H, CH_2), 2.10–1.99 (m, 2 H, CH_2), 3.21 (dd, J = 18.6 Hz, J = 1.5 Hz, 1 H, CHClCH_AH$_B$), 3.51 (dd, J = 18.6 Hz, J = 4.7 Hz, 1 H, CHClCH$_A$$H_B$), 4.28 (d, J = 9.0 Hz, 1 H, OCH_AH$_B$), 4.42 (dd, J = 4.7 Hz, J = 1.5 Hz, 1 H, C*H*Cl), 4.60 (d, J = 9.0 Hz, 1 H, OCH$_A$$H_B$), 7.52 (br s, 1 H, Ar-H), 7.62 (dd, J = 8.7 Hz, J = 1.9 Hz, 1 H, Ar-H), 7.84 (br d, J = 8.7 Hz, 1 H, Ar-H). – ^{13}C-NMR (100 MHz, $CDCl_3$): δ = 24.0 (p), 28.6 (p), 28.9 (p), 31.0 (s), 31.6 (s), 33.0 (s), 56.7 (t), 63.0 (s), 68.8 (q), 75.5 (q), 78.3 (q), 88.2 (q), 122.5 (t), 123.0 (q), 132.6 (q), 136.9 (t), 138.2 (t), 154.4 (q). – IR (drift): 2964 (m), 2926 (m), 1855 (w), 1758 (m), 1487 (m), 1398 (m), 1361 (w), 1322 (w), 1295 (w), 1261 (m), 1221 (w), 1098 (m), 1026 (m), 966 (w), 872 (w), 802 (m), 750 (w). – MS (EI, 70 eV): *m/z* (%) 319 (15), 222 (10), 97 (13), 84 (86), 49 (100). – $C_{18}H_{21}ClINO_2$: ber. C 48.50, H 4.75, N 3.14, gef. C 48.76, H 4.61, N 3.32.

4-Chlor-3a-(3,4-dimethylpent-3-enyl)-3,3a,4,5-tetrahydrooxazol[3,4-a]chinolin-1-on (**134**):

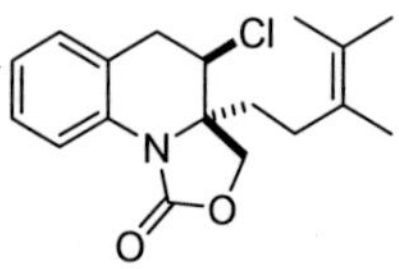

In einem Schlenkkolben wurden unter Argonatmosphäre 300 mg (0.84 mmol) (2-Chloromethylphenyl)-carbaminsäure-2-chlormethylen-5,6-dimethylhept-5-enylester (**135**) in 12 ml CH_2Cl_2 gelöst und bei RT mit 960 mg (2.95 mmol, 3.5 Äquiv.) Cäsiumcarbonat versetzt. Es wurde für 4 d bei RT gerührt. Die Reaktionsmischung wurde über Celite filtriert, mit CH_2Cl_2 nachgewaschen und das Filtrat wurde im Vakuum konzentriert. Das Rohprodukt wurde einer säulenchromatographischen Reinigung (Kieselgel 60, Pentan/Et_2O 1:1) unterzogen, wobei das Produkt als weißer Feststoff in einer Ausbeute von 228 mg (0.71 mmol, 85%) erhalten wurde.

R_f = 0.61 (Pentan/Et_2O 1:1). – Smp. 100 °C. – ^{1}H-NMR (400 MHz, $CDCl_3$): δ = 1.44 (s, 3 H, CH_3), 1.46 (s, 3 H, CH_3), 1.50 (s, 3 H, CH_3), 1.55–1.70 (m, 2 H, CH_2), 1.93–2.06 (m, 2 H, CH_2), 3.18 (dd, J = 18.4 Hz, J = 1.6 Hz, 1 H, $CHClCH_AH_B$), 3.42 (dd, J = 18.4 Hz, J = 4.7 Hz, 1 H, $CHClCH_AH_B$), 4.26 (d, J = 8.8 Hz, 1 H, OCH_AH_B), 4.35 (dd, J = 4.7 Hz, J = 1.6 Hz, 1 H, $CHCl$), 4.52 (d, J = 8.8 Hz, 1 H, OCH_AH_B), 6.98–7.14 (m, 2 H, Ar-H), 7.22–7.28 (m, 1 H, Ar-H), 7.98 (br d, J = 8.4 Hz, 1 H, Ar-H). – ^{13}C-NMR (100 MHz, $CDCl_3$): δ = 18.3 (p), 19.9 (p), 20.6 (p), 27.8 (s), 33.5 (s), 33.6 (s), 57.8 (t), 63.3 (s), 68.9 (q), 120.7 (t), 120.8 (q), 124.4 (t), 124.8 (q), 125.9 (q), 127.8 (t), 129.4 (t), 132.9 (q), 154.9 (q). – IR (drift): 3491 (w), 3068 (m), 2924 (m), 2863 (m), 2727 (w), 1753 (s), 1605 (w), 1582 (m), 1493 (m,) 1458 (m), 1400 (m), 1369 (m), 1351 (m), 1309 (m), 1268 (m), 1220 (m), 1188 (m), 1157 (m), 1108 (m), 1057 (m), 1027 (m), 986 (m), 960 (m), 821 (s), 708 (m), 685 (m), 661 (m). – MS (EI, 70 eV): m/z (%) 319 ([M^+], 45), 284 (10), 222 (100), 186 (18), 142 (37), 55 (9). – HRMS ($C_{18}H_{22}NO_2Cl$): ber. 319.1339, gef. 319.1334. – $C_{18}H_{22}NO_2Cl$: ber. C 67.60, H 6.93, N 4.38, gef. C 67.55, H 7.12, N 4.18.

(2-Chloromethylphenyl)-carbaminsäure-2-chlormethylen-5,6-dimethylhept-5-enylester (**135**):

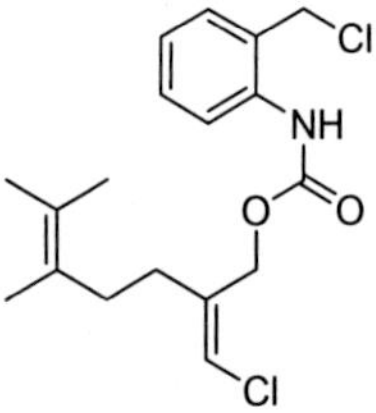

In einem Schlenkkolben wurden unter Argonatmosphäre 345 mg (2.09 mmol) 1,4-Dihydrobenzo[*d*][1,3]oxazin-2-thion (**95**) und 657 mg (2.50 mmol, 1.20 Äquiv.) Triphenylphosphin in 20 ml CH_3CN gelöst und bei RT mit 440 mg (2.86 mmol, 1.37 Äquiv.) Tetrachlorkohlenstoff versetzt. Es wurde 3 h bei 50 °C gerührt, dann wurde auf 0 °C abgekühlt und mit 660 mg (3.50 mmol, 1.67 Äquiv.)

2-Chlormethylen-5,6-dimethyl-hept-5-en-1-ol (**98**) versetzt. Es wurde nochmals für 40 h auf 50 °C erwärmt. Nach dem Abkühlen auf RT wurde die Reaktionsmischung im Vakuum konzentriert. Der Rückstand wurde in 5 ml CH_2Cl_2 aufgenommen, mit 658 mg (3.14 mmol, 1.5 Äquiv.) Trifluoressigsäureanhydrid versetzt und 4 h bei RT gerührt. Die Reaktionsmischung wurde anschließend wiederum im Vakuum konzentriert. Das Rohprodukt wurde einer säulenchromatographischen Reinigung (Kieselgel 60, Pentan/Et_2O 1:1) unterzogen, wobei das Produkt als beigefarbener Feststoff in einer Ausbeute von 624 mg (1.80 mmol, 83%) erhalten wurde.

R_f = 0.71 (Pentan/Et_2O 1:1). – ^{1}H-NMR (400 MHz, $CDCl_3$): δ = 1.57 (s, 9 H, 3 × CH_3), 2.11–2.14 (m, 2 H, CH_2), 2.15–2.18 (m, 2 H, CH_2), 4.55 (s, 2 H, CH_2Cl), 4.88 (d, J = 0.9 Hz, 2 H, OCH_2C=C), 5.96 (t, J = 0.9 Hz, 1 H, C=C*H*Cl), 6.91 (br s, 1 H, N*H*), 7.05 (ddd, J = 7.5 Hz, J = 7.5 Hz, J = 1.0 Hz, 1 H, Ar-H), 7.22 (dd, J = 7.5 Hz, J = 1.4 Hz, 1 H, Ar-H), 7.32 (ddd, J = 7.5 Hz, J = 7.5 Hz, J = 1.4 Hz, 1 H, Ar-H), 7.79 (d, J = 7.5 Hz, 1 H, Ar-H). – ^{13}C-NMR (100 MHz, $CDCl_3$): δ = 18.3 (p), 20.1 (p), 20.6 (p), 31.3 (s), 33.1 (s), 43.9 (s), 62.4 (s), 116.3 (t), 122.9 (t), 124.6 (t), 125.5 (q), 126.2 (q), 127.3 (q), 130.1 (t), 130.2 (t), 136.6 (q), 137.4 (q), 153.5 (q). – IR (drift): 3288 (s), 3124 (m), 3072 (m), 2981 (m), 2924 (s), 2867 (m), 2726 (w), 2318 (w), 2063 (w), 1947 (w), 1918 (w), 1887 (w), 1696 (s), 1593 (s), 1545 (s), 1457 (s), 1372 (m), 1252 (s), 1071 (s), 908 (w), 806 (m), 677 (s). – MS (EI, 70 eV): m/z (%) 355 ([M^+], 1.5), 170 (6), 135 (5), 83 (10), 58 (58), 43 (100). – HRMS ($C_{18}H_{23}NO_2Cl_2$): ber. 355.1108, gef. 355.1106. – $C_{18}H_{23}NO_2Cl_2$: ber. C 60.68, H 6.50, N 3.93, gef. C 60.76, H 6.65, N 4.20.

1-Methoxy-4-(prop-2-inyloxymethyl)benzol (**150**):

OPMB

In einem Schlenkkolben wurde unter Argonatmosphäre eine Suspension von 1.32 g (33.0 mmol, 1.10 Äquiv.) Natriumhydrid (60 % in Mineralöl) in 25 ml DMF auf 0 °C abgekühlt. Dann wurden langsam 4.15 g (30.0 mmol, 1.00 Äquiv.) 4-Methoxybenzylalkohol (**152**) hinzu gegeben und für 25 min bei gleicher Temperatur gerührt. Anschließend wurden langsam 4.91 g (33.0 mmol, 1.10 Äquiv.) Propargylbromid (**151**, 80 Gew.-% in Toluol) zugetropft und für 2.5 h bei 0 °C sowie für 60 min bei RT gerührt. Nach Abkühlen auf 0 °C wurde mit 20 ml 0.65 M wässrigen K_2CO_3-Lösung versetzt und 3 × mit je 50 ml Et_2O extrahiert. Die vereinigten organischen Phasen wurden über Na_2SO_4 getrocknet und im Vakuum konzentriert. Das erhaltene ölige Rohprodukt wurde einer säulenchromatographischen Reinigung (Kieselgel 60, Pentan/Et_2O 9:1) unterzogen, wobei das Produkt als gelbes Öl in einer Ausbeute von 4.88 g (27.7 mmol, 92%) isoliert wurde.

R_f = 0.62 (Pentan/Et_2O 9:1). – ^{1}H-NMR (400 MHz, $CDCl_3$): δ = 2.47 (t, *J* = 2.4 Hz, 1 H, C≡ C*H*), 3.80 (s, 3 H, OCH_3), 4.14 (d, *J* = 2.4 Hz, 2 H, OCH_2), 4.54 (s, 2 H, OCH_2Ar), 6.88 (bd, *J* = 8.3 Hz, 2 H, Ar-H), 7.29 (bd, *J* = 8.3 Hz, 2 H, Ar-H). – ^{13}C-NMR (100 MHz, $CDCl_3$): δ = 55.3 (p), 56.7 (s), 71.2 (s), 74.6 (t), 79.8 (q), 113.9 (t, C-Ar), 129.3 (q, C-Ar), 129.9 (t, C-Ar), 159.5 (q, C-Ar). – IR (Film auf KBr): 3288 (m), 3001 (w), 2937 (m), 2907 (m), 2837 (m), 1612 (s), 1585 (m), 1513 (s), 1464 (m), 1442 (m), 1386 (w), 1352 (m), 1302 (m), 1250 (s), 1175 (m), 1079 (s), 1034 (s), 820 (m), 637 (m). – MS (EI, 70 eV): *m/z* (%) 176 (53) [M^+], 136 (48), 121 (100), 78 (12). – HRMS ($C_{11}H_{12}O_2$): ber. 176.0837, gef. 176.0834. – $C_{11}H_{12}O_2$: ber. C 74.98, H 6.86, gef. C 74.35, H 6.65.

6-Chlor-5-(4-methoxy-benzyloxymethyl)-hex-5-en-2-on (**153**):

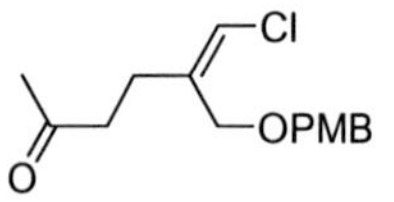

Cl
OPMB
O

In einem Schlenkkolben wurden unter Argonatmosphäre 161 mg (0.72 mmol, 0.03 Äquiv.) Palladiumacetat in 50 ml Essigsäure vorgelegt und 2.15 g (50.8 mmol, 3.50 Äquiv.) Lithiumchlorid sowie 4.06 g (57.9 mmol, 4.00 Äquiv.) Methylvinylketon (**101**) hinzu gegeben. Dann wurden langsam 2.55 g (14.5 mmol) 1-Methoxy-4-(prop-2-inyloxymethyl)benzol (**150**) hinzu getropft und es wurde für 18 h bei RT gerührt. Die Reaktion wurde durch Zugabe von 90 ml H_2O abgebrochen und die Reaktionsmischung wurde mit 400 ml Et_2O extrahiert. Die organische Phase wurde über Na_2SO_4 getrocknet und im Vakuum konzentriert. Das Rohprodukt wurde einer säulenchromatographischen Reinigung (Kieselgel 60, Pentan/Et_2O 1:1) unterzogen, wobei das Produkt als gelbes Öl in einer Ausbeute von 2.50 g (8.84 mmol, 61%) erhalten wurde.

R_f = 0.72 (Pentan/Et_2O 1:1). – ^{1}H-NMR (400 MHz, $CDCl_3$): δ = 2.10 (s, 3 H, CH_3), 2.44–2.48 (m, 2 H, CH_2), 2.57–2.61 (m, 2 H, CH_2), 3.80 (s, 3 H, OCH_3), 4.18 (d, *J* = 0.9 Hz, 2 H, C=CCH_2), 4.41 (s, 2 H, OCH_2Ar), 6.01 (t, *J* = 0.9 Hz, 1 H, C=C*H*Cl), 6.86–6.90 (d, *J* = 8.8 Hz, 2 H, Ar-H), 7.24–7.28 (d, *J* = 8.8 Hz, 2 H, Ar-H). – ^{13}C-NMR (100 MHz. $CDCl_3$): δ = 27.3 (s), 30.1 (p), 41.7 (s), 55.4 (p), 66.6 (s), 72.2 (s), 113.9 (t), 116.0 (t, C-Ar), 129.6 (t, C-Ar), 130.2 (q, C-Ar), 138.2 (q), 159.4 (q, C-Ar), 207.6 (q). – IR (Film auf KBr): 3071 (w), 3000 (w), 2933 (m), 2858 (w), 2838 (w), 1715 (s), 1612 (m), 1586 (w), 1513 (s), 1464 (m), 1441 (m), 1359 (m), 1302 (m), 1248 (s), 1173 (m), 1081 (m), 1034 (m), 923 (w), 820 (m). – MS (EI, 70 eV): *m/z* (%) 282 ([M^+], 0.2), 137 (83), 121 (100), 77 (5). – HRMS ($C_{15}H_{19}ClO_3$): ber. 282.1023, gef. 282.1025. – $C_{15}H_{19}ClO_3$: ber. C 63.71, H 6.77, gef. C 63.48, H 6.92.

1-(2-Chlormethylen-5,6-dimethylhept-5-enyloxymethyl)-4-methoxybenzol (**154**):

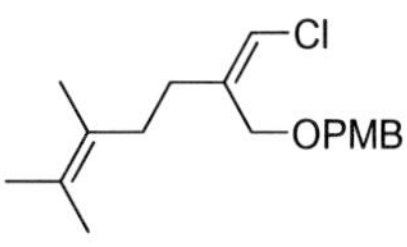

In einem Schlenkkolben wurden unter Argonatmosphäre 7.18 g (16.6 mmol, 1.5 Äquiv.) *iso*-Propyltriphenylphosphoniumiodid in 50 ml Toluol suspendiert und auf 0 °C abgekühlt. Dann wurde mit 32.3 ml (16.6 mmol, 1.5 Äquiv.) KHMDS [15%ige Suspension in Toluol] versetzt und es wurde 30 min bei dieser Temperatur gerührt. Die Lösung wurde anschließend langsam mit 3.05 g (10.7 mmol) 6-Chlor-5-(4-methoxybenzyloxymethyl)-hex-5-en-2-on (**153**) versetzt und für 16 h bei RT gerührt. Die Reaktion wurde durch Zugabe von 50 ml H_2O abgebrochen und die Reaktionsmischung wurde 4 × mit je 50 ml Et_2O extrahiert. Die vereinigten organischen Phasen wurden über Na_2SO_4 getrocknet und im Vakuum konzentriert. Das Rohprodukt wurde einer säulenchromatographischen Reinigung (Kieselgel 60, Pentan/Et_2O 19:1) unterzogen, wobei das Produkt als gelbes Öl in einer Ausbeute von 1.83 g (6.13 mmol, 56%, 69% bezogen auf reisoliertes Edukt) erhalten wurde. Zusätzlich wurden 515 mg (1.82 mmol, 17%) Edukt erhalten.

R_f = 0.21 (Pentan/Et_2O 19:1). – ^{1}H-NMR (400 MHz, $CDCl_3$): δ = 1.62 (s, 3 H, CH_3), 1.63 (s, 3 H, CH_3), 1.64 (s, 3 H, CH_3), 2.14–2.18 (m, 2 H, CH_2), 2.21–2.25 (m, 2 H, CH_2), 3.81 (s, 3 H, OCH_3), 4.22 (d, J = 0.9 Hz, 2 H, C=CCH_2), 4.43 (s, 2 H, OCH_2Ar), 5.96 (t, J = 0.9 Hz, 1 H, C=CHCl), 6.88 (d, J = 8.8 Hz, 2 H, Ar-H), 7.28 (d, J = 8.8 Hz, 2 H, Ar-H). – ^{13}C-NMR (100 MHz, $CDCl_3$): δ = 18.5 (p), 20.2 (p), 20.7 (p), 31.5 (s), 33.2 (s), 55.4 (p), 66.6 (s), 72.1 (s), 113.9 (t), 114.8 (t, C-Ar), 125.1 (q, C-Ar), 126.8 (q), 129.6 (t, C-Ar), 130.4 (q), 139.9 (q), 159.4 (q, C-Ar). – IR (Film auf KBr): 2995 (w), 2918 (m), 2858 (w), 1612 (w), 1586 (w), 1514 (m), 1463 (w), 1357 (w), 1302 (w), 1249 (m), 1173 (w), 1084 (m), 1037 (m), 820 (w), 755 (vw). – MS (EI, 70 eV): *m/z* (%) 308 ([M^+], 0.5), 203 (5), 136 (4), 121 (100), 83 (11), 55(7). – HRMS ($C_{18}H_{25}ClO_2$): ber. 308.1543, gef. 308.1540. – $C_{18}H_{25}ClO_2$: ber. C 70.00, H 8.16, gef. C 70.12, H 7.92.

Tri-iso-propyl(prop-2-inyloxy)silan (**155**):

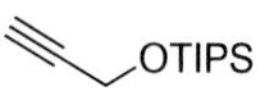

In einem Schlenkkolben wurden unter Argonatmosphäre 1.52 g (27.1 mmol) Propargylalkohol (**147**) in 60 ml CH_2Cl_2 gelöst und bei RT mit 3.69 g (54.2 mmol, 2.0 Äquiv.) Imidazol und 5.75 g (29.8 mmol, 1.1 Äquiv.) Tri-*iso*-propylsilylchlorid versetzt. Anschließend wurde für 18 h bei RT gerührt. Dann wurde die Reaktion durch Zugabe von 40 ml H_2O abgebrochen und die Reaktionsmischung wurde 3 × mit je 40 ml Et_2O extrahiert. Die vereinigten organischen Phasen wurden über Na_2SO_4

getrocknet und im Vakuum konzentriert. Das Rohprodukt wurde einer säulenchromatographischen Reinigung (Kieselgel 60, Pentan/Et_2O 9:1) unterzogen, wobei das Produkt als gelbes Öl in einer Ausbeute von 5.35 g (25.1 mmol, 93%) erhalten wurde.

R_f = 0.70 (Pentan/Et_2O 9:1). – ^{1}H-NMR (400 MHz, $CDCl_3$): δ = 1.03–1.19 (m, 21 H, TIPS), 2.39 (t, *J* = 2.4 Hz, 1 H, C≡ CH), 4.38 (d, *J* = 2.4 Hz, 1 H, OCH_2). – ^{13}C-NMR (100 MHz, $CDCl_3$): δ = 12.0 (t), 17.9 (p), 51.8 (s), 77.6 (t), 82.5 (q). – IR (Film auf KBr): 3312 (m), 2944 (s), 2892 (m), 2867 (s), 1465 (m), 1384 (w), 1370 (m), 1262 (w), 1102 (s), 1070 (m), 1014 (w), 1000 (m), 920 (w), 882 (m), 773 (m), 683 (m), 660 (m). – MS (EI, 70 eV): *m/z* (%) 212 ([M^+], 53), 169 (92), 127 (100), 99 (36), 77 (57), 69 (77). – HRMS ($C_{12}H_{24}SiO$): ber. 212.1596, gef. 212.1592. – $C_{12}H_{24}SiO$: ber. C 67.86, H 11.39, gef. C 67.92, H 11.34.

6-Chlor-5-tri-iso-propylsilanyloxymethylhex-5-en-2-on (**157**):

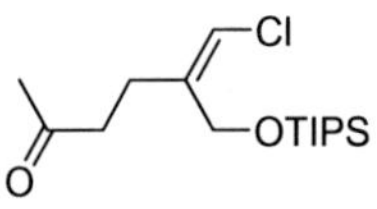

Cl
OTIPS
O

In einem Schlenkkolben wurden unter Argonatmosphäre 147 mg (0.66 mmol, 0.03 Äquiv.) Palladiumacetat in 45 ml Essigsäure vorgelegt und 649 mg (15.3 mmol, 3.50 Äquiv.) Lithiumchlorid sowie 1.22 g (17.5 mmol, 4.00 Äquiv.) Methylvinylketon (**101**) hinzu gegeben. Dann wurden langsam 1.00 g (4.37 mmol) Tri-*iso*-propyl(prop-2-inyloxy)silan (**155**) hinzu getropft und es wurde für 15 h bei RT gerührt. Die Reaktion wurde durch Zugabe von 90 ml H_2O abgebrochen und die Reaktionsmischung wurde mit 150 ml Et_2O extrahiert. Die organische Phase wurde über Na_2SO_4 getrocknet und im Vakuum konzentriert. Das Rohprodukt wurde einer säulenchromatographischen Reinigung (Kieselgel 60, Pentan/Et_2O 9:1) unterzogen, wobei das Produkt als gelbes Öl in einer Ausbeute von 856 mg (2.68 mmol, 61%) erhalten wurde.

R_f = 0.25 (Pentan/Et_2O 9:1). – ^{1}H-NMR (400 MHz, $CDCl_3$): δ = 1.03–1.16 (m, 21 H, TIPS), 2.10 (s, 3 H, CH_3), 2.44–2.48 (m, 2 H, CH_2), 2.57–2.65 (m, 2 H, CH_2), 4.18 (s, 2 H, C=CCH_2), 6.01 (br s, 1 H, C=*CH*Cl). – ^{13}C-NMR (100 MHz, $CDCl_3$): δ = 11.0 (t), 17.9 (p), 26.6 (s), 29.8 (p), 42.2 (s), 60.9 (s), 112.4 (t), 140.8 (q), 207.6 (q). – IR (Film auf KBr): 2943 (w), 2893 (w), 2867 (m), 1720 (m), 1463 (w), 1134 (w), 1100 (w), 1013 (w), 918 (w), 882 (m), 789 (w), 682 (m). – MS (EI, 70 eV): *m/z* (%) 275 ([M^+]–C_3H_7, 100), 109 (45), 43 (59). – HRMS (M–C_3H_7 = $C_{13}H_{24}SiClO_2$): ber. 275.1234, gef. 275.1232. – $C_{16}H_{31}SiClO_2$: ber. C 60.25, H 9.80, gef. C 60.37, H 9.82.

5-[(tert-Butyldimethylsilanyloxy)methyl]-6-chlorhex-5-en-2-on (**158**):

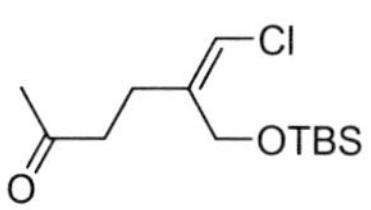

In einem Schlenkkolben wurden unter Argonatmosphäre 33 mg (0.15 mmol, 0.03 Äquiv.) Palladiumacetat in 15 ml Essigsäure vorgelegt und 436 mg (10.3 mmol, 3.50 Äquiv.) Lithiumchlorid sowie 823 mg (11.7 mmol, 4.00 Äquiv.) Methylvinylketon (**101**) hinzu gegeben. Dann wurden langsam 500 mg (2.94 mmol) *tert*-Butyldimethyl(prop-2-inyloxy)silan (**156**) hinzu getropft und es wurde für 15 h bei RT gerührt. Die Reaktion wurde durch Zugabe von 25 ml H_2O abgebrochen und die Reaktionsmischung wurde mit 50 ml Et_2O extrahiert. Die organische Phase wurde über Na_2SO_4 getrocknet und im Vakuum konzentriert. Das Rohprodukt wurde einer säulenchromatographischen Reinigung (Kieselgel 60, Pentan/Et_2O 9:1) unterzogen, wobei das Produkt als gelbes Öl in einer Ausbeute von 380 mg (1.37 mmol, 47%) erhalten wurde.

R_f = 0.21 (Pentan/Et_2O 9:1). – ^{1}H-NMR ($CDCl_3$, 400 MHz): δ = 0.07 (s, 6 H, 2 × SiCH_3), 0.89 (br s, 9 H, 3 × SiCCH_3), 2.13 (s, 3 H, CH_3), 2.40–2.48 (m, 2 H, CH_2), 2.51–2.65 (m, 2 H, CH_2), 4.15 (s, 2 H, C=CCH_2), 5.90 (br s, 1 H, C=C*H*Cl). – ^{13}C-NMR ($CDCl_3$, 100 MHz): δ = –5.0 (p), 18.4 (q), 26.6 (p), 26.7 (s), 29.8 (p), 42.0 (s), 66.4 (s), 123.2 (t), 133.8 (q), 207.7 (q). – IR (Film auf KBr): 2955 (m), 2930 (m), 2894 (w), 2857 (m), 1719 (m), 1471 (w), 1361 (w), 1254 (m), 1129 (m), 1098 (w), 1072 (m), 837 (m), 777 (m). – MS (EI, 70 eV): *m/z* (%) 276 ([M^+], 0.1), 221 (55), 219 (100), 109 (83), 93 (38), 43 (93). – $C_{13}H_{25}SiClO_2$: ber. C 56.39, H 9.10, gef. C 56.61, H 9.24.

[[2-(Chlormethylen)-5,6-dimethylhept-5-enyl]oxy]tri-iso-propylsilan (**159**):

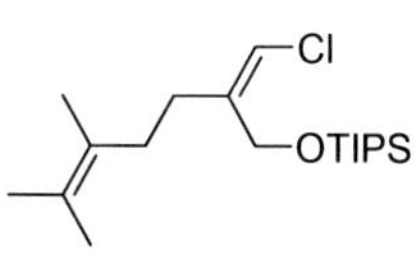

In einem Schlenkkolben wurden unter Argonatmosphäre 2.74 g (6.34 mmol, 1.5 Äquiv.) *Iso*-Propyltriphenylphosphoniumiodid in 70 ml Toluol suspendiert und auf 0 °C abgekühlt. Dann wurde mit 12.7 ml (6.34 mmol, 1.5 Äquiv.) KHMDS [15%ige Suspension in Toluol] versetzt und es wurde 30 min bei dieser Temperatur gerührt. Die Lösung wurde anschließend langsam mit 1.35 g (4.23 mmol) 6-Chlor-5-tri-*iso*-propylsilanyloxymethylhex-5-en-2-on (**157**) versetzt und für 14 h bei RT gerührt. Die Reaktion wurde durch Zugabe von 50 ml H_2O abgebrochen und die Reaktionsmischung wurde 3 × mit je 70 ml Et_2O extrahiert. Die vereinigten organischen Phasen wurden über Na_2SO_4 getrocknet und im Vakuum konzentriert. Das Rohprodukt wurde einer säulenchromatographischen Reinigung (Kieselgel

60, Pentan/Et_2O 9:1) unterzogen, wobei das Produkt als gelbes Öl in einer Ausbeute von 1.97 g (5.71 mmol, 90%) leicht verunreinigt erhalten wurde.

R_f = 0.66 (Pentan/Et_2O 9:1). – ^{1}H-NMR (400 MHz, $CDCl_3$): δ = 1.03–1.16 (m, 21 H, TIPS), 1.60 (s, 9 H, 3 × CH_3), 2.07–2.17 (m, 2 H, CH_2), 2.22–2.29 (m, 2 H, CH_2), 4.37 (d, J = 1.2 Hz, 2 H, C=CCH_2), 5.71 (br s, 1 H, C=C*H*Cl). – ^{13}C-NMR (100 MHz, $CDCl_3$): δ = 12.3 (p), 18.0 (p), 18.3 (p), 20.1 (p), 20.5 (p), 30.9 (s), 33.2 (s), 60.5 (s), 112.4 (t), 124.9 (q), 126.9 (q), 142.5 (q).

tert-Butyl-[[2-(Chlormethylen)-5,6-dimethylhept-5-enyl]oxy]dimethylsilan (**160**):

In einem Schlenkkolben wurden unter Argonatmosphäre 770 mg (1.78 mmol, 1.5 Äquiv.) *Iso*-Propyltriphenylphosphoniumiodid in 10 ml Toluol suspendiert und auf 0 °C abgekühlt. Dann wurde mit 3.56 ml (1.78 mmol, 1.5 Äquiv.) KHMDS [15%ige Suspension in Toluol] versetzt und es wurde 30 min bei dieser Temperatur gerührt. Die Lösung wurde anschließend langsam mit 310 mg (1.18 mmol) 5-[(*tert*-Butyldimethylsilanyloxy)methyl]-6-chlorhex-5-en-2-on (**158**) versetzt und für 15 h bei RT gerührt. Die Reaktion wurde durch Zugabe von 15 ml H_2O abgebrochen und die Reaktionsmischung wurde 3 × mit je 25 ml Et_2O extrahiert. Die vereinigten organischen Phasen wurden über Na_2SO_4 getrocknet und im Vakuum konzentriert. Das Rohprodukt wurde einer säulenchromatographischen Reinigung (Kieselgel 60, Pentan/Et_2O 9:1) unterzogen, wobei das Produkt als gelbes Öl in einer Ausbeute von 174 mg (0.57 mmol, 48%) erhalten wurde.

R_f = 0.60 (Pentan/Et_2O 9:1). – ^{1}H-NMR (400 MHz, $CDCl_3$): δ = 0.09 (s, 6 H, 2 × SiCH_3), 0.91 (br s, 9 H, 3 × SiCCH_3), 1.63 (s, 9 H, 3 × CH_3), 2.07–2.15 (m, 2 H, CH_2), 2.24–2.30 (m, 2 H, CH_2), 4.37 (d, J = 1.2 Hz, 2 H, C=CCH_2), 5.81 (br s, 1 H, C=C*H*Cl). – ^{13}C-NMR (100 MHz, $CDCl_3$): δ = –5.4 (p), 18.1 (q), 18.4 (p), 20.1 (p), 20.6 (p), 25.9 (p), 30.8 (s), 33.2 (s), 66.5 (s), 111.8 (t), 126.7 (q), 132.6 (q), 142 (q). – IR (Film auf KBr): 2955 (m), 2929 (m), 2857 (m), 1471 (w), 1374 (w), 1255 (w), 1120 (w), 1076 (w), 838 (m), 777 (m). – MS (EI, 70 eV): m/z (%) 302 ([M^+], 0.9), 245 (25), 189 (18), 135 (69), 83 (100), 55 (26). – HRMS ($C_{16}H_{31}SiClO$): ber. 302.1833, gef. 302.1839. – $C_{16}H_{31}SiClO$: ber. C 63.43, H 10.31, gef. C 63.24, H 10.12.

(E,E)-5-Ethyl-7-phenylhepta-4,6-dien-3-on (**169**):

In einem Schlenkkolben wurden unter Argonatmosphäre 949 mg (3.87 mmol) (*E*,*E*)-3-Ethyl-5-phenylpenta-2,4-diensäuremethoxy-methylamid (**259**) in 30 ml THF gelöst und auf 0 °C abgekühlt. Zu der erhaltenen Lösung wurden 7.74 ml (7.74 mmol, 2.0 Äquiv.) Ethylmagnesiumbromid [1 M in THF] getropft. Anschließend wurde für 20 h bei dieser Temperatur gerührt. Zur Aufarbeitung wurde mit 20 ml ges. wässriger NH_4Cl versetzt und die Phasen getrennt. Die wässrige Phase wurde 3 × mit je 50 ml Et_2O extrahiert. Die vereinigten organischen Phasen wurden über Na_2SO_4 getrocknet und im Vakuum konzentriert. Das erhaltene Produkt wurde einer säulenchromatographischen Reinigung (Kieselgel 60, Hexan → Hexan/EE 9:1) unterzogen, wobei das Produkt als gelbe Flüssigkeit in einer Ausbeute von 503 mg (2.76 mmol, 71%) erhalten wurde.

R_f = 0.65 (Hexan/EE 9:1). – ^{1}H-NMR (400 MHz, $CDCl_3$): δ = 1.18 (t, *J* = 7.3 Hz, 3 H, $CH_3CH_2C{=}C$), 1.23 (t, *J* = 7.5 Hz, 3 H, CH_3CH_2CO), 2.60 (q, *J* = 7.3 Hz, 2 H, $CH_3CH_2C{=}C$), 2.95 (q, *J* = 7.5 Hz, 2 H, CH_3CH_2CO), 6.27 (s, 1 H, C=C*H*CO), 6.76 (d, *J* = 16.2 Hz, 1 H, PhC=C*H*), 7.07 (d, 16.2 Hz, 1 H, PhC*H*=C), 7.32–7.45 (m, 3 H, Ar-H), 7.51–7.62 (m, 2 H, Ar-H). – ^{13}C-NMR (100 MHz, $CDCl_3$): δ = 8.2 (p), 14.1 (p), 21.1 (s), 37.8 (s), 123.0 (t), 125.6 (t), 127.0 (t), 127.4 (t, C-Ar), 128.6 (t), 128.7 (t, C-Ar), 130.9 (t, C-Ar), 134.6 (t), 136.5 (q, C-Ar), 156.5 (q), 201.3 (q). – IR (Film auf KBr): 3031 (w), 2973 (m), 2935 (w), 2876 (w), 1677 (m), 1615 (w), 1577 (m), 1466 (w), 1448 (w), 1391 (w), 1172 (w), 1125 (m), 1040 (m), 962 (m), 836 (w), 750 (m), 691 (m). – MS (EI, 70 eV): *m*/*z* (%) 214 ([M^+], 73), 199 (30), 185 (100), 157 (32), 141 (43), 129 (54), 115 (41), 91 (32). – HRMS ($C_{15}H_{18}O$): ber. 214.1358, gef. 215.1357. – $C_{15}H_{18}O$: ber. C 84.07, H 8.47, gef. C 84.15, H 8.44.

Hept-4-in-3-on (**174**):

In einem Schlenkkolben wurden unter Argonatmosphäre 3.51 g (24.9 mmol) Pent-2-insäuremethoxy-methylamid (**235**) in 100 ml THF gelöst und auf 0 °C abgekühlt. Zu der Lösung wurden 49.8 ml (49.8 mmol, 2.0 Äquiv.) Ethylmagnesiumbromid [1 M in THF] getropft. Anschließend wurde für 4 h bei dieser Temperatur gerührt. Zur Aufarbeitung wurde mit 10 ml ges. wässriger NH_4Cl versetzt. Die Mischung wurde dann 3 × mit je 25 ml Et_2O extrahiert. Die vereinigten organischen Phasen wurden über Na_2SO_4 getrocknet und im Vakuum konzentriert. Das erhaltene Produkt (2.47 g, 22.4 mmol, 90%) war ausreichend sauber für weitere Umsetzungen und wurde deshalb nicht weitergehend gereinigt. Eine analysenreine Probe wurde durch säulenchromatographische Reinigung (Kieselgel 60, Pentan/Et_2O 9:1) erhalten.

R_f = 0.65 (Pentan/Et_2O 9:1). – ^{1}H-NMR (400 MHz, $CDCl_3$): δ = 1.11 (t, J = 7.4 Hz, 3 H, CH_3CH_2), 1.19 (t, J = 7.5 Hz, 3 H, CH_3CH_2CO), 2.36 (q, J = 7.5 Hz, 2 H, CH_3CH_2), 2.54 (q, J = 7.4 Hz, 2 H, CH_3CH_2CO). – ^{13}C-NMR (100 MHz, $CDCl_3$): δ = 8.0 (s), 12.6 (p), 12.7 (s), 38.7 (p), 79.9 (q), 95.2 (q), 188.9 (q). – IR (Film auf KBr): 2982 (m), 2941 (m), 2881 (w), 2216 (s), 1677 (s), 1459 (m), 1412 (m), 1348 (m), 1317 (m), 1178 (s), 1018 (m), 885 (m). – MS (EI, 70 eV): m/z (%) 110 ([M^+], 8), 81 (100), 43 (32). – HRMS ($C_7H_{10}O$): ber. 110.0732, gef. 110.0728. – $C_7H_{10}O$: ber. C 76.33, H 9.15, gef. C 76.73, H 9.45.

But-1-en-3-inylbenzol (**180**):

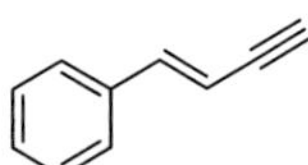

Aus Dibromolefin **288**:

In einem Schlenkkolben wurden unter Argonatmosphäre 1.63 g (5.66 mmol) 4,4-Dibrom-1,3-dien-1-ylbenzol (**288**) in 25 ml THF gelöst und auf –78 °C abgekühlt. Zu dieser Lösung wurden 9.20 ml (14.7 mmol, 2.6 Äquiv.) *n*-Butyllithium [1.6 M in Hexan] getropft. Anschließend wurde 30 min bei –78 °C und 1 h bei RT gerührt. Die Reaktion wurde durch Zugabe von 15 ml ges. wässriger NH_4Cl-Lösung abgebrochen und mit 100 ml Et_2O verdünnt. Die organische Phase wurde abgetrennt und je 3 × mit je 15 ml NH_4Cl-Lösung und H_2O gewaschen, über Na_2SO_4 getrocknet und im Vakuum konzentriert. Das Rohprodukt wurde einer säulenchromatographischen Reinigung (Kieselgel 60, Hexan) unterzogen, wobei das Produkt als gelbes Öl in einer Ausbeute von 510 mg (3.97 mmol, 70%) erhalten wurde.

Einstufig aus Zimtaldehyd (**287**):

In einem Schlenkkolben wurden unter Argonatmosphäre 3.73 ml (2.67 g, 26.4 mmol, 1.2 Äquiv.) Di-*iso*-propylamin in 70 ml THF vorgelegt und bei –78 °C mit 10.6 ml (26.4 mmol, 1.2 Äquiv.) *n*-Butyllithium [2.5 M in Hexan] versetzt. Zu dieser Lösung wurden langsam 13.2 ml (26.4 mmol, 1.2 Äquiv.) $TMSCHN_2$ [2 M in Et_2O] hinzu gegeben. Es wurde 30 min gerührt, dann wurden 2.91 g (26.4 mmol.) *trans*-Zimtaldehyd (**287**) in 10 ml THF hinzu getropft. Es wurde 1 h bei –78 °C gerührt, dann wurde über 14 h auf RT aufgetaut. Die Reaktion wurde durch Zugabe von 35 ml ges. wässriger NH_4Cl-Lösung abgebrochen. Die wässrige Phase wurde 3 × mit je 30 ml CH_2Cl_2 extrahiert, die vereinigten organischen Phasen 2 × mit je 15 ml ges. wässriger NaCl-Lösung gewaschen, über $MgSO_4$ getrocknet und im Vakuum konzentriert. Das Rohprodukt wurde einer säulenchromatographischen Reinigung

(Kieselgel 60, Hexan) unterzogen, wobei das Produkt als leicht orangefarbene Flüssigkeit in einer Ausbeute von 2.11 g (1.65 mmol, 75%) erhalten wurde.

Aus Benzylidenaceton (**290**):

In einem Schlenkkolben wurden unter Argonatmosphäre 1.48 ml (1.06 g, 1.05 mmol, 1.05 Äquiv.) Di-*iso*-propylamin in 20 ml THF vorgelegt und bei 0 °C mit 4.2 ml (10.5 mmol, 1.05 Äquiv.) *n*-Butyllithium [2.5 M in Hexan] versetzt. Dann wurden bei –78 °C 1.32 g (10.0 mmol) Benzylidenaceton (**290**) in 5 ml THF hinzu gegeben und es wurde 1 h gerührt. Anschließend wurden 1.90 g (11.0 mmol, 1.10 Äquiv.) Diethylchlorphosphat zugetropft, die Reaktionsmischung 45 min bei gleicher Temperatur gerührt, auf RT aufgetaut und weitere 1.5 h gerührt. Diese Mischung wurde dann langsam zu einer auf –78 °C gekühlten Lösung von 3.17 ml (2.28 g, 22.5 mmol, 2.25 Äquiv.) Di-*iso*-propylamin und 9.0 ml (22.5 mmol, 2.25 Äquiv.) *n*-Butyllithium [2.5 M in Hexan] in 40 ml THF getropft. Anschließend wurde während 16 h auf RT aufgetaut. Die Reaktion wurde durch Zugabe von 25 ml H_2O abgebrochen und es wurde 3 × mit je 50 ml Pentan extrahiert, über Na_2SO_4 getrocknet und im Vakuum konzentriert. Das Rohprodukt wurde einer säulenchromatographischen Reinigung (Kieselgel 60, Hexan) unterzogen, wobei das Produkt als orangefarbene Flüssigkeit in einer Ausbeute von 636 mg (4.96 mmol, 50%) erhalten wurde.

R_f = 0.76 (Hexan). – ^{1}H-NMR (400 MHz, $CDCl_3$): δ = 3.06 (d, *J* = 2.3 Hz, 1 H, C≡ C*H*), 6.14 (dd, *J* = 16.4 Hz, *J* = 2.3 Hz, 1 H, PhCH=C*H*), 7.10 (d, *J* = 16.4 Hz, 1 H, PhC*H*=CH), 7.28–7.41 (m, 5 H, Ar-H). – ^{13}C-NMR (100 MHz, $CDCl_3$): δ = 79.2 (t), 82.9 (q), 107.0 (t), 126.3 (t, C-Ar), 128.7 (t, C-Ar), 128.9 (t, C-Ar), 135.8 (q, C-Ar), 143.1 (t). – MS (EI, 70 eV): *m/z* (%) 128 ([M^+], 100), 102 (4), 78 (1). – HRMS ($C_{10}H_8$): ber. 128.0626, gef. 128.0625. – $C_{10}H_8$: ber. C 93.71, H 6.29, gef. C 93.41, H 6.31.

(R)-3-Benzyloxy-2-methylpropionsäuremethylester ((*R*)-**182**):

BnO OMe O

In einem Schlenkkolben wurden unter Argonatmosphäre 5.32 ml (5.56 g, 48.0 mmol) (*R*)-3-Hydroxy-2-methyl-propionsäuremethylester ((*R*)-**181**) und 13.4 ml (18.2 g, 72.0 mmol, 1.5 Äquiv.) Benzyltrichloracetimidat in 45 ml CH_2Cl_2 gelöst. Zu der so erhaltenen Mischung wurden 216 mg (2.71 mmol, 0.03 Äquiv.) Trifluormethansulfonsäure gegeben und es wurde anschließend für 80 min bei RT gerührt, wobei ein Feststoff ausfiel und die Lösung sich gelb färbte. Die Reaktionsmischung wurde dann mit 75 ml ges. wässriger $NaHCO_3$-Lösung, 50 ml H_2O sowie mit 50 ml CH_2Cl_2 versetzt. Die organische Phase wurde abgetrennt und die wässrige Phase

2 × mit je 50 ml CH_2Cl_2 extrahiert. Die vereinigten organischen Phasen wurden über Na_2SO_4 getrocknet und im Vakuum konzentriert. Das Rohprodukt wurde anschließend in 100 ml Hexan aufgenommen und der ausfallende Niederschlag abgetrennt. Nach Konzentration im Vakuum wurde das erhaltene Öl einer säulenchromatographischen Reinigung (Kieselgel 60, Hexan → Hexan/EE 19:1) unterzogen, wobei das Produkt als hellgelbes Öl in einer Ausbeute von 8.95 g (43.4 mmol, 90%) erhalten wurde.

R_f = 0.76 (Hexan/EE 2:1). – $[\alpha]_D^{20}$ = –9.8° (0.38 g/100 ml, $CHCl_3$). – ^{1}H-NMR (500 MHz, $CDCl_3$): δ = 1.12 (d, *J* = 7.1 Hz, 3 H, $CHCH_3$), 2.67–2.77 (m, 1 H, $CHCH_3$), 3.43 (dd, *J* = 9.1 Hz, *J* = 5.9 Hz, 1 H, CH_AH_B), 3.60 (dd, *J* = 9.1 Hz, *J* = 7.3 Hz, 1 H, CH_AH_B), 4.43 (d, *J* = 12.1 Hz, 1 H, Ar-CH_AH_B), 4.46 (d, *J* = 12.1 Hz, 1 H, Ar-CH_AH_B), 7.22–7.32 (m, 5 H, Ar-H). – ^{13}C-NMR (125 MHz, $CDCl_3$): δ = 13.9 (p), 40.1 (s), 51.7 (p), 71.9 (s), 73.1 (s), 127.5 (t, C-Ar), 127.6 (t, C-Ar), 128.3 (t, C-Ar), 138.1 (q, C-Ar), 175.3 (q). – IR (Film auf KBr): 3458 (vw), 3063 (w), 3030 (w), 2978 (w), 2950 (m), 2861 (m), 1739 (s), 1496 (w), 1454 (m), 1435 (m), 1364 (m), 1249 (m), 1200 (m), 1177 (m), 1097 (m), 1028 (w), 738 (m), 698 (m). – MS (EI, 70 eV): *m/z* (%) 208 ([M^+], 0.3), 121 (100), 107 (10), 102 (15), 91 (28), 87 (45), 79 (51), 65 (51). – HRMS ($C_{12}H_{16}O_3$): ber. 208.1099, gef. 208.1103. – $C_{12}H_{16}O_3$: ber. C 69.21, H 7.74, gef. C 69.37, H 7.51.

(R)-3-Benzyloxy-N-methoxy-2,N-dimethylpropionamid ((*R*)-**183**):

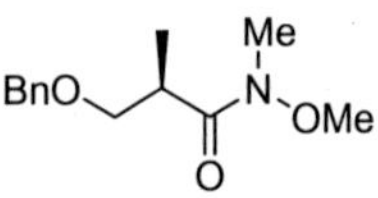

In einem Schlenkkolben wurden unter Argonatmosphäre 6.58 g (67.4 mmol, 1.5 Äquiv.) *N,O*-Dimethylhydroxylaminhydrochlorid in 75 ml THF suspendiert und 9.36 g (45.0 mmol) (*R*)-3-Benzyloxy-2-methylpropionsäuremethylester ((*R*)-**182**) in 15 ml THF hinzu gegeben. Die Mischung wurde auf –20 °C abgekühlt und langsam mit 67.4 ml (134 mmol, 3.0 Äquiv.) *iso*-Propylmagnesiumchlorid (2 M in Et_2O) versetzt, wobei die Temperatur nicht über 0 °C anstieg. Anschließend wurde 30 min bei dieser Temperatur gerührt. Zur Aufarbeitung wurde mit 50 ml ges. wässriger NH_4Cl-Lösung versetzt. Der ausgefallene Niederschlag wurde durch Zugabe von 50 ml H_2O aufgelöst, dann wurden die Phasen getrennt und die wässrige Phase insgesamt 2 × mit je 80 ml Et_2O extrahiert. Die vereinigten organischen Phasen wurden über Na_2SO_4 getrocknet und im Vakuum konzentriert. Das Rohprodukt wurde einer säulenchromatographischen Reinigung (Kieselgel 60, Hexan/EE 4:1 → 2:1 → 1:1) unterzogen, wobei das Produkt als hellgelbes Öl in einer Ausbeute von 9.46 g (39.9 mmol, 89%) erhalten wurde.

R_f = 0.32 (Hexan/EE 4:1). – $[\alpha]_D^{20}$ = –5.4° (1.20 g/100 ml, $CHCl_3$). – ^{1}H-NMR (500 MHz, $CDCl_3$): δ = 1.11 (d, *J*= 7.0 Hz, 3 H, CHC*H*$_3$), 3.21 (s, 3 H, NC*H*$_3$), 3.24–3.32 (m, 1 H, C*H*CH$_3$), 3.43 (dd, *J* = 8.8 Hz, *J* = 5.8 Hz, 1 H, C*H*$_A$H$_B$), 3.69 (s, 3 H, OC*H*$_3$), 3.72 (dd, *J* = 8.8 Hz, *J* = 8.4 Hz, 1 H, CH$_A$*H*$_B$), 4.50 (d, *J* = 12.1 Hz, 1 H, Ar-C*H*$_A$H$_B$), 4.58 (d, *J* = 12.1 Hz, 1 H, Ar-CH$_A$*H*$_B$), 7.26–7.37 (m, 5 H, Ar-H). – ^{13}C-NMR (125 MHz, $CDCl_3$): δ = 14.2 (p), 32.1 (p), 35.8 (t), 61.5 (p), 72.6 (s), 73.2 (s), 127.4 (t, C-Ar), 127.5 (t, C-Ar), 128.3 (t, C-Ar), 138.4 (q, C-Ar), 175.9 (q). – IR (Film auf KBr): 3483 (w), 3063 (w), 3030 (w), 2972 (m), 2937 (m), 2863 (m), 1660 (s), 1454 (m), 1421 (m), 1387 (m), 1318 (w), 1248 (w), 1179 (m), 1103 (m), 1028 (w), 994 (m), 739 (m), 699 (m). – MS (EI, 70 eV): *m/z* (%) 237 ([M$^+$], 0.09), 131 (15), 108 (10), 91 (100). – HRMS ($C_{13}H_{19}NO_3$): ber. 237.1365, gef. 237.1367. – $C_{13}H_{19}NO_3$: ber. C 65.80, H 8.07, N 5.90, gef. C 64.97, H 7.56, N 6.14.

(R)-1-Benzyloxy-2-methylhexan-3-on ((*R*)-**184**):

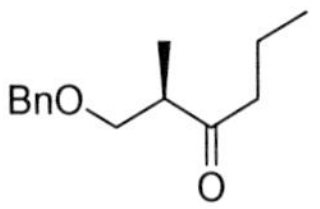

BnO O

In einem Schlenkkolben wurden unter Argonatmosphäre 2.66 g (11.2 mmol) (*R*)-3-Benzyloxy-*N*-methoxy-2,*N*-dimethylpropionamid ((*R*)-**183**) in 60 ml THF gelöst und auf 0 °C abgekühlt. Es wurden 10.6 ml (21.3 mmol, 1.9 Äquiv.) *n*-Propylmagnesiumchlorid (2 M in Et_2O) langsam hinzu getropft. Anschließend wurde 2 h bei dieser Temperatur gerührt. Zur Aufarbeitung wurde mit 50 ml ges. wässriger NH_4Cl-Lösung und 30 ml H_2O versetzt. Anschließend wurde die Phasen getrennt und die wässrige Phase noch 2 × mit je 50 ml Et_2O extrahiert. Die vereinigten organischen Phasen wurden über $MgSO_4$ getrocknet und im Vakuum konzentriert. Das Rohprodukt wurde einer säulenchromatographischen Reinigung (Kieselgel 60, Hexan/EE 3:1) unterzogen, wobei das gewünschte Produkt als hellgelbes Öl in einer Ausbeute von 2.26 g (10.3 mmol, 92%) erhalten wurde.

R_f = 0.78 (Hexan/EE 3:1). – $[\alpha]_D^{20}$ = –19.1° (1.09 g/100 ml, $CHCl_3$). – ^{1}H-NMR (500 MHz, $CDCl_3$): δ = 0.87 (t, *J* = 7.4 Hz, 3 H, CH$_2$C*H*$_3$), 1.04 (d, *J* = 7.0 Hz, 3 H, CHC*H*$_3$), 1.57 (qt, *J* = 7.4 Hz, *J* = 7.1 Hz, 2 H, CH$_2$C*H*$_2$CH$_3$), 2.43 (td, *J* = 7.1 Hz, *J* = 1.3 Hz, C(O)C*H*$_2$), 2.80–2.88 (m, 1 H, C*H*CH$_3$), 3.42 (dd, *J* = 9.1 Hz, *J* = 5.5 Hz, 1 H, C*H*$_A$H$_B$), 3.60 (dd, *J* = 9.1 Hz, *J* = 7.8 Hz, 1 H, CH$_A$*H*$_B$), 4.43 (d, *J* = 12.1 Hz, 1 H, Ar-C*H*$_A$H$_B$), 4.46 (d, *J* = 12.1 Hz, 1 H, Ar-CH$_A$*H*$_B$), 7.22–7.32 (m, 5 H, Ar-H). – ^{13}C-NMR (125 MHz, $CDCl_3$): δ = 13.5 (p), 13.7 (p), 16.8 (s), 44.0 (s), 46.3 (t), 72.3 (s), 73.2 (s), 127.5 (t, C-Ar), 127.6 (t, C-Ar), 128.3 (t, C-Ar), 138.1 (q, C-Ar), 213.2 (q). – IR (Film auf KBr): 3650 (vw), 3411 (vw), 3064 (vw), 3031 (vw),

2964 (w), 2933 (w), 1712 (m), 1496 (w), 1454 (w), 1100 (w), 737 (w), 699 (w). – MS (EI, 70 eV): *m*/*z* (%) 220 ([M^+], 2), 134 (20), 114 (53), 108 (18), 99 (12), 91 (100), 86 (21), 71 (13), 65 (20), 43 (29). – HRMS ($C_{14}H_{20}O_2$): ber. 220.1463, gef. 220.1466. – $C_{14}H_{20}O_2$: ber. C 76.33, H 9.15, gef. C 76.31, H 8.59.

(2R,4R)-1-Benzyloxy-4-hydroxymethyl-2-methylhexan-3-on ((2*R*,4*R*)-**185**):

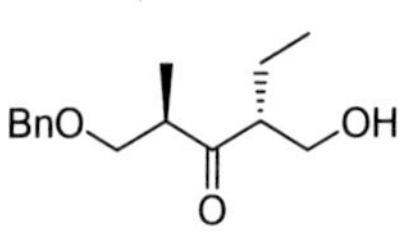

BnO OH O

In einem Schlenkkolben wurden unter Argonatmosphäre 22.5 ml (22.5 mmol, 1.5 Äquiv.) Chlordicyclohexylboran (1 M in Hexan) in 75 ml Et_2O gelöst und auf –78 °C abgekühlt. Anschließend wurden 3.80 ml (2.73 g, 27.0 mmol, 1.8 Äquiv.) Triethylamin und dann 3.30 g (15.0 mmol) (*R*)-1-Benzyloxy-2-methylhexan-3-on ((*R*)-**184**) in 60 ml Et_2O hinzu gegeben. Die Reaktionsmischung wurde auf 0 °C aufgetaut und für 2 h bei dieser Temperatur gerührt. Nach Abkühlen auf –78 °C wurde gasförmiger Formaldehyd [erzeugt aus 1.80 g (60.0 mmol, 4.0 Äquiv.) getrocknetem Paraformaldehyd durch Erhitzen] in die Reaktionslösung eingeleitet. Es wurde nochmals für 2 h bei dieser Temperatur gerührt und anschließend für 14 h bei –26 °C aufbewahrt. Zur Aufarbeitung wurde auf 0 °C aufgetaut und die Reaktion durch Zugabe von 60 ml MeOH/pH-7-Phosphatpuffer (1:1) und 30 ml H_2O_2 abgebrochen. Dann wurde für 1 h gerührt und mit 40 ml Wasser verdünnt. Die Phasen wurden getrennt und die wässrige Phase noch 3 × mit je 70 ml CH_2Cl_2 extrahiert. Die vereinigten organischen Phasen wurden über $MgSO_4$ getrocknet und im Vakuum konzentriert. Das Rohprodukt wurde einer säulenchromatographischen Reinigung (Kieselgel 60, Hexan/EE 3:1) unterzogen, wobei das Produkt als hellgelbes Öl in einer Ausbeute von 3.38 g (13.5 mmol, 90%) als ein Diastereomer erhalten werden konnte. Die Diastereoselektivität der Reaktion wurde durch Integration des NMR-Spektrums des Rohproduktes bestimmt (dr > 19:1).

R_f = 0.15 (Hexan/EE 3:1). – $[\alpha]_D^{20}$ = +11.9° (1.34 g/100 ml, $CHCl_3$). – ^{1}H-NMR (500 MHz, $CDCl_3$): δ = 0.89 (t, *J* = 7.5 Hz, 3 H, CH_2CH_3), 1.04 (d, *J* = 7.0 Hz, 3 H, $CHCH_3$), 1.44–1.53 (m, 1 H, $CH_AH_BCH_3$), 1.61–1.69 (m, 1 H, $CH_AH_BCH_3$), 2.41 (br s, 1 H, OH), 2.69–2.74 (m, 1 H, C(O)$CHCH_2CH_3$), 3.05–3.12 (m, 1 H, $CHCH_3$), 3.42 (dd, *J* = 8.9 Hz, *J* = 5.0 Hz, 1 H, BnOCH_AH_B), 3.64–3.72 (m, 2 H, CH_AH_BOH und BnOCH_AH_B), 3.81 (dd, *J* = 11.4 Hz, *J* = 7.9 Hz, 1 H, CH_AH_BOH), 4.43 (d, *J* = 11.9 Hz, 1 H, Ar-CH_AH_B), 4.48 (d, *J* = 11.9 Hz, 1 H, Ar-CH_AH_B), 7.24–7.35 (m, 5 H, Ar-H). – ^{13}C-NMR (125 MHz, $CDCl_3$): δ = 11.9 (p), 13.8 (p), 20.7 (s), 44.7 (t), 55.7 (t), 62.5 (s), 72.3 (s), 73.4 (s), 127.6 (t, C-Ar), 127.7 (t, C-Ar), 128.4 (t,

C-Ar), 138.6 (q, C-Ar), 217.0 (q). – IR (Film auf KBr): 3447 (s), 3088 (w), 3063 (m), 3031 (m), 2967 (s), 2934 (s), 2876 (s), 1707 (s), 1496 (m), 1455 (s), 1375 (m), 1249 (m), 1206 (m), 1159 (m), 1101 (s), 1101 (s), 1029 (s), 990 (m), 909 (w), 738 (m), 698 (m). – MS (EI, 70 eV): *m/z* (%) 255 ([M^+], 0.6), 144 (30), 108 (12), 91 (100), 71 (12), 55 (22). – HRMS ($C_{15}H_{22}O_3$): ber. 250.1569, gef. 250.1566. – $C_{15}H_{22}O_3$: ber. C 71.97, H 8.86, gef. C 71.94, H 8.69.

(2R,4R)-1-Benzyloxy-2-methyl-4-tri-iso-propylsilanyloxymethylhexan-3-on ((2*R*,4*R*)-**192**):

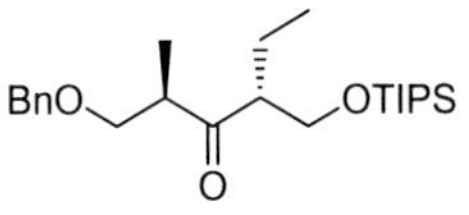

BnO OTIPS O

In einem Schlenkkolben wurden unter Argonatmosphäre 4.68 g (68.7 mmol, 2 Äquiv.) Imidazol in 85 ml DMF gelöst. Es wurden 8.60 g (34.4 mmol) (2*R*,4*R*)-1-Benzyloxy-4-hydroxy-2-methylhexan-3-on ((2*R*,4*R*)-**185**) sowie 7.92 g (41.2 mmol, 1.2 Äquiv.) Tri-*iso*-propylsilylchlorid bei RT hinzu gegeben. Die Reaktionsmischung wurde anschließend für 50 h bei dieser Temperatur gerührt. Zur Aufarbeitung wurde mit 250 ml H_2O versetzt und anschließend 4 × mit je 125 ml Et_2O extrahiert. Die vereinigten organischen Phasen wurden über Na_2SO_4 getrocknet und im Vakuum konzentriert. Das Rohprodukt wurde einer säulenchromatographischen Reinigung (Kieselgel 60, Hexan/EE 9:1) unterzogen, wobei das Produkt als hellgelbes Öl in einer Ausbeute von 13.8 g (33.9 mmol, 99%) erhalten werden konnte.

R_f = 0.75 (Hexan/EE 9:1). – $[\alpha]_D^{20}$ = –31.8° (0.78 g/100 ml, $CHCl_3$). – ^{1}H-NMR (400 MHz, $CDCl_3$): δ = 0.86 (t, *J* = 7.5 Hz, 3 H, CH_2CH_3), 1.00–1.06 (m, 21 H, TIPS), 1.08 (d, *J* = 7.0 Hz, 3 H, $CHCH_3$), 1.32–1.45 (m, 1 H, $CH_AH_BCH_3$), 1.57–1.68 (m, 1 H, $CH_AH_BCH_3$), 2.82–2.90 (m, 1 H, $CHCH_2CH_3$), 2.99–3.07 (m, 1 H, $CHCH_3$), 3.42 (dd, *J* = 9.1 Hz, *J* = 5.7 Hz, 1 H, $BnOCH_AH_B$), 3.67 (dd, *J* = 9.1 Hz, *J* = 7.3 Hz, 1 H, $BnOCH_AH_B$), 3.71 (dd, *J* = 9.5 Hz, *J* = 5.0Hz, 1 H, $TIPSOCH_AH_B$), 3.85 (dd, *J* = 9.5 Hz, *J* = 8.4 Hz, 1 H, $TIPSOCH_AH_B$), 4.46 (d, *J* = 12.0 Hz, 1 H, Ar-CH_AH_B), 4.51 (d, *J* = 12.0 Hz, 1 H, Ar-CH_AH_B), 7.24–7.35 (m, 5 H, Ar-H). – ^{13}C-NMR (100 MHz, $CDCl_3$): δ = 12.0 (t), 12.1 (p), 13.0 (p), 18.0 (p), 21.3 (s), 47.3 (t), 55.6 (t), 64.7 (s), 72.1 (s), 73.3 (s), 127.5 (t, C-Ar), 127.6 (t, C-Ar), 128.3 (t, C-Ar), 138.3 (q, C-Ar), 215.6 (q). – IR (Film auf KBr): 3030 (w), 2942 (s), 2865 (s), 1713 (m), 1462 (m), 1382 (m), 1250 (w), 1101 (s), 1069 (m), 1029 (m), 996 (m), 883 (m), 790 (m), 734 (m), 682 (m), 659 (m).– MS (EI, 70 eV): *m/z* (%) 406 ([M^+], 0.04), 363 (50), 257 (36), 255 (17), 91 (100). – HRMS ($C_{24}H_{42}O_3Si$): ber. 406.2903, gef. 406.2906. – $C_{24}H_{42}O_3Si$: ber. C 70.88, H 10.41, gef. C 70.92, H 9.96.

(2R,4R)-1-Hydroxy-2-methyl-4-tri-iso-propylsilanyloxymethylhexan-3-on ((2*R*,4*R*)-**196**):

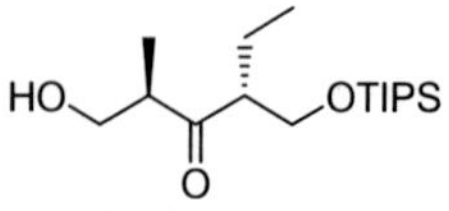

In einem Kolben wurden 2.00 g (4.92 mmol) 1-Benzyloxy-2-methyl-4-tri-*iso*-propylsilanyloxymethylhexan-3-on ((2*R*,4*R*)-**192**) in 25 ml MeOH gelöst und mit 50 mg 10% Pd/C versetzt. Der Kolben wurde anschließend mit Wasserstoff gespült, dann wurde für 16 h bei RT unter Wasserstoffatmosphäre gerührt. Zur Aufarbeitung wurde filtriert und das Filtrat im Vakuum konzentriert. Der Rückstand wurde in 20 ml Et_2O aufgenommen und unter Nachspülen mit 50 ml Et_2O über Celite filtriert. Nach Konzentration im Vakuum wurde das Produkt als farbloses Öl in einer Ausbeute von 1.52 g (4.81 mmol, 98%) erhalten.

R_f = 0.18 (Hexan/EE 9:1). – $[\alpha]_D^{20}$ = –10.7° (0.98 g/100 ml, $CHCl_3$). – ^{1}H-NMR (500 MHz, $CDCl_3$): δ = 0.91 (t, *J* = 7.5 Hz, 3 H, CH_2CH_3), 0.99–1.10 (m, 21 H, TIPS), 1.13 (d, *J* = 7.2 Hz, 3 H, $CHCH_3$), 1.37–1.46 (m, 1 H, $CH_AH_BCH_3$), 1.52–1.61 (m, 1 H, $CH_AH_BCH_3$), 2.39 (br s, 1 H, O*H*), 2.82–2.87 (m, 1 H, C*H*CH_3), 2.87–2.92 (m, 1 H, C*H*CH_2CH_3), 3.64–3.71 (m, 2 H, $HOCH_AH_B$ und $TIPSOCH_AH_B$), 3.78 (dd, *J* = 11.3 Hz, *J* = 7.4 Hz, 1 H, $HOCH_AH_B$), 3.89–3.93 (m, 1 H, $TIPSOCH_AH_B$). – ^{13}C-NMR (125 MHz, $CDCl_3$): δ = 12.0 (t), 12.1 (p), 12.7 (p), 18.1 (p), 22.2 (s), 49.0 (t), 54.9 (t), 64.5 (s), 64.6 (s), 216.2 (q). – IR (Film auf KBr): 3448 (w), 2942 (s), 2867 (s), 1709 (m), 1463 (m), 1383 (m), 1254 (w), 1101 (m), 1068 (m), 1016 (m), 997 (m), 883 (m), 790 (m), 682 (m), 659 (m). – MS (EI, 70 eV): *m/z* (%) 317 ([M^++H], 0.1), 273 (100), 243 (54), 131 (55), 119 (36), 103 (35), 95 (28), 75 (34), 43 (47). – HRMS ($C_{17}H_{37}O_3Si$ [M+H]): ber. 317.2512 [M^++H], gef. 317.2507. – $C_{17}H_{36}O_3Si$: ber. C 64.50, H 11.46, gef. C 64.73, H 10.95.

(2R,3R,4R)-2-Benzyloxymethyl-4-hydroxymethylhexan-3-ol ((2*R*,3*R*,4*R*)-**203**):

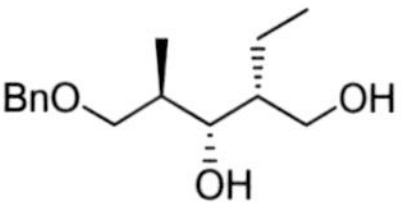

Aus dem benzylgeschützten Keton (2*R*,4*R*)-**185**:

In einem Schlenkkolben wurden unter Argonatmosphäre 5.65 g (26.7 mmol, 4.0 Äquiv.) Natriumtriacetoxyborhydrid in 75 ml THF gelöst und auf 0 °C abgekühlt. Dann wurden 1.67 g (6.67 mmol) (2*R*,4*R*)-1-Benzyloxy-4-hydroxymethyl-2-methyl-hexan-3-one ((2*R*,4*R*)-**185**) in 35 ml THF sowie 5 ml Essigsäure zugegeben. Die Reaktionsmischung wurde für 30 min bei 0 °C und 16 h bei RT gerührt. Die Reaktion wurde durch Zugabe von 100 ml ges. wässriger K/Na-Tartratlösung abgebrochen und für 10 h gerührt. Dann wurden 100 ml ges. wässrige $NaHCO_3$-Lösung und 100 ml CH_2Cl_2 hinzugefügt, die Phasen getrennt und die wässrige Phase 3 × mit je 75 ml CH_2Cl_2 extrahiert. Die vereinigten organischen Phasen wurden über $MgSO_4$ getrocknet und im Vakuum konzentriert. Das Rohprodukt wurde einer säulenchromatographischen Reinigung (Kieselgel 60, Hexan/EE 3:1) unterzogen, wobei das Produkt als farbloses Öl in einer Ausbeute von 1.51 g (6.00 mmol, 90%) erhalten wurde. Das Diastereomerenverhältnis wurde durch Integration des ^{1}H-NMR-Spektrum des Rohproduktes bestimmt (dr = 9:1).

Aus Evans-Aldol-Reaktion:

In einem Schlenkkolben wurden unter Argonatmosphäre 383 mg (0.90 mmol) (4*S*,2'*S*,3'*R*,4'*R*)-4-Benzyl-3-(1'-benzyloxy-2'-ethyl-3'-hydroxy-4'-methylpentanoyl)-oxazolidin-2-on ((4*S*,2'*S*,3'*R*,4'*R*)-**267**) in 25 ml THF gelöst und auf 0 °C abgekühlt. Dann wurden 63 µl (50 mg, 1.08 mmol, 1.2 Äquiv.) Ethanol sowie 540 µl (1.08 mmol, 1.2 Äquiv.) Lithiumborhydrid [2 M in THF] langsam zugetropft und es wurde für 4 h bei 0 °C gerührt. Die Reaktion wurde anschließend durch Zugabe von 2.5 ml 1 N wässriger NaOH abgebrochen und es wurde für 15 min bei 0 °C weiter gerührt. Anschließend wurden die Phasen getrennt und die wässrige Phase wurde 3 × mit je 10 ml Et_2O extrahiert. Die vereinigten organischen Phasen wurden über Na_2SO_4 getrocknet und im Vakuum konzentriert. Das Rohprodukt wurde einer säulenchromatographischen Reinigung (Kieselgel 60, Hexan/EE 3:1) unterzogen, wobei das Produkt als farbloses Öl in einer Ausbeute von 184 mg (0.73 mmol, 81%) erhalten wurde.

R_f = 0.32 (Hexan/EE 3:1). – ^{1}H-NMR ($CDCl_3$, 400 MHz): δ = 0.77 (d, *J* = 6.9 Hz, 3 H, $CHCH_3$), 0.97 (t, *J* = 7.3 Hz, 3 H, CH_2CH_3), 1.33–1.47 (m, 2 H, $CHCH_AH_BCH_3$, $CHCH_3$), 1.55–1.72 (m, 1 H, $CHCH_AH_BCH_3$), 1.98–2.13 (m, 1 H, $CHCH_2CH_3$), 3.44 (br s, O*H*), 3.39–3.53 (m, 2 H, CH_2OH), 3.60–3.65 (m, 1 H, C*H*OH), 3.81–3.95 (m, 2 H, $BnOCH_2$), 4.53 (br s, 2 H, $PhCH_2O$), 7.27–7.40 (m, 5 H, Ar-H). – ^{13}C-NMR ($CDCl_3$, 100 MHz): δ = 12.1 (p), 13.3 (p), 18.4 (s), 36.8 (t), 41.0 (t), 64.7 (s), 70.1 (s), 73.3 (s), 75.2 (s), 127.3 (t, C-Ar), 127.6 (t, C-Ar), 128.3 (t, C-Ar), 138.3 (q, C-Ar). – $C_{25}H_{42}SiO_3$: ber. C 71.39, H 9.59 , gef. C 71.20, H 9.43.

(2R,3S,4R)-2-Methyl-4-tri-iso-propylsilanyloxymethylhexan-1,3-diol ((2*R*,3*S*,4*R*)-**204**):

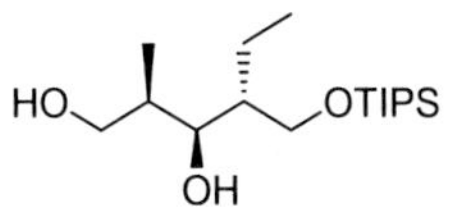

In einem Schlenkkolben wurden unter Argonatmosphäre 1.59 g (7.50 mmol, 3.0 Äquiv.) Natriumtriacetoxyborhydrid in 30 ml THF gelöst und auf 0 °C abgekühlt. Dann wurden 791 mg (2.50 mmol) (2*R*,4*R*)-1-Hydroxy-2-methyl-4-tri-*iso*-propylsilanyloxymethylhexan-3-on ((2*R*,4*R*)-**196**) in 30 ml THF sowie 2 ml Essigsäure zugegeben. Die Reaktionsmischung wurde für 30 min bei

0 °C und 16 h bei RT gerührt. Die Reaktion wurde durch Zugabe von 25 ml ges. wässriger K/Na-Tartratlösung abgebrochen und für 10 h gerührt. Dann wurden 25 ml ges. wässrige $NaHCO_3$-Lösung und 50 ml CH_2Cl_2 hinzugefügt, die Phasen getrennt und die wässrige Phase 3 × mit je 50 ml CH_2Cl_2 extrahiert. Die vereinigten organischen Phasen wurden über $MgSO_4$ getrocknet und im Vakuum konzentriert. Das Rohprodukt wurde einer säulenchromatographischen Reinigung (Kieselgel 60, Hexan/EE 3:1) unterzogen, wobei das Produkt als farbloses Öl in einer Ausbeute von 573 mg (1.80 mmol, 90%) erhalten wurde. Das Diastereomerenverhältnis wurde durch Integration des ^{1}H-NMR-Spektrum des Rohproduktes bestimmt (dr = 9:1).

R_f = 0.24 (Hexan/EE 3:1). – ^{1}H-NMR ($CDCl_3$, 400 MHz): δ = 0.87 (t, J = 7.4 Hz, 3 H, CH_2CH_3), 0.99 (d, J = 7.0 Hz, 3 H, $CHCH_3$), 1.00–1.06 (m, 21 H, TIPS), 1.25–1.46 (m, 2 H, $CHCH_AH_BCH_3$, $CHCH_2CH_3$), 1.55–1.70 (m, 1 H, $CHCH_AH_BCH_3$), 1.70–1.84 (m, 1 H, $CHCH_3$), 3.27 (br s, OH), 3.58–3.81 (m, 3 H, CH_2OH, $CHOH$), 3.85 (dd, J = 9.5 Hz, J = 5.0 Hz, 1 H, $TIPSOCH_AH_B$), 3.99 (dd, J = 9.5 Hz, J = 8.4 Hz, 1 H, $TIPSOCH_AH_B$). – ^{13}C-NMR ($CDCl_3$, 100 MHz): δ = 12.0 (t), 12.1 (p), 13.0 (p), 18.0 (p), 21.3 (s), 38.3 (t), 42.9 (t), 64.7 (s), 69.1 (s), 73.3 (t). – $C_{17}H_{38}SiO_3$: ber. C 64.09, H 12.02, gef. C 64.26, H 12.11.

(2R,3R,4R)-[3-(tert-Butyldimethylsilanyloxy)-4-(tert-butyldimethylsilanyloxymethyl)-2-methylhexyloxymethyl]-benzol ((2*R*,3*R*,4*R*)-**205**):

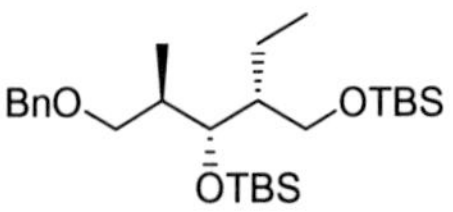

BnO OTBS OTBS

In einem Vial wurden unter Argonatmosphäre 505 mg (2.00 mmol) (2*R*,3*R*,4*R*)-2-Benzyloxymethyl-4-hydroxymethyl-hexan-3-ol ((2*R*,3*R*,4*R*)-**203**) in 6 ml CH_2Cl_2 gelöst. Dann wurde auf 0 °C abgekühlt und mit 857 mg (8.00 mmol, 4.0 Äquiv.) 2,6-Lutidin sowie 978 mg (3.67 mmol, 2.2 Äquiv.) *tert*-Butyldimethylsilyltriflat versetzt. Die erhaltene Lösung wurde anschließend für 1 h bei 0 °C gerührt, dann wurde auf RT aufgetaut und nochmals für 10 h gerührt. Zur Aufarbeitung wurde mit 100 µl Methanol versetzt, mit 25 ml CH_2Cl_2 verdünnt, mit je 10 ml H_2O und ges. wässriger NaCl-Lösung gewaschen und über Na_2SO_4 getrocknet. Nach Konzentration im Vakuum wurde das Rohprodukt über Celite (Hexan/EE 3:1) filtriert, wobei das Produkt als hellgelbes Öl in einer Ausbeute von 611 mg (1.27 mmol, 64%) erhalten wurde.

R_f = 0.95 (Hexan/EE 3:1). – ^{1}H-NMR (400 MHz, $CDCl_3$): δ = 0.03 (br s, 12 H, 4 × $SiCH_3$), 0.86 (br s, 9 H, 3 × $SiCCH_3$), 0.88 (br s, 9 H, 3 × $SiCCH_3$), 0.90 (t, 3 H, J = 7.9 Hz, CH_2CH_3),

0.97 (d, 3 H, J = 6.9 Hz, CHCH_3), 1.09–1.17 (m, 1 H, CHC$H_A$$H_B$$CH_3$), 1.43–4.53 (m, 2 H, CHC$H_A$$H_B$$CH_3$, C$H$$CH_2$$CH_3$), 1.92–2.03 (m, 1 H, C$H$$CH_3$), 3.21–3.25 (m, 1 H, C$H$OTBS), 3.45–3.58 (m, 2 H, TBSOC$H_A$$H_B$, BnOC$H_A$$H_B$), 3.58 (dd, 1 H J = 9.0 Hz, J = 4.1 Hz, TBSOC$H_A$$H_B$), 3.78 (dd, 1 H, J = 6.2 Hz, J = 2.6 Hz, BnOC$H_A$$H_B$), 4.48 (s, 2 H, PhC$H_2$O), 7.28–7.35 (m, 5 H, Ar-H). – ^{13}C-NMR (100 MHz, $CDCl_3$): δ = –5.4 (p), –5.4 (s), –4.2 (s), –4.1 (s), 12.9 (p), 15.3 (p), 19.1 (s), 25.4 (q), 25.7 (q), 25.9 (p), 26.1 (p), 38.2 (p), 46.3 (p), 62.9 (s), 73.0 (s), 73.3 (s), 77.2 (t), 127.3 (t, C-Ar), 127.4 (t, C-Ar), 128.3 (t, C-Ar), 138.9 (q, C-Ar). – IR (Film auf KBr): 3088 (w), 3065 (w), 3030 (w), 2956 (vs), 2929 (vs), 2883 (s), 2857 (vs), 1724 (w), 1496 (w), 1472 (m), 1463 (m), 1406 (w), 1387 (m), 1361 (m), 1255 (s), 1096 (s), 1045 (s), 1006 (m), 936 (m), 837 (vs), 814 (m), 775 (vs), 733 (m), 696 (m). – MS (EI, 70 eV): *m/z* (%) 480 ([M^+], 0.1), 423 (35), 331 (46), 241 (46), 199 (28), 145 (30), 91 (100). – HRMS ($C_{27}H_{52}O_3Si_2$): ber. 480.3455, gef. 480.3453. – $C_{27}H_{52}O_3Si_2$: ber. C 67.44, H 10.90, gef. C 67.80, H 11.11.

(2R,3R,4R)-5-Benzyloxy-3-(tert-butyldimethylsilanyloxy)-2-ethyl-4-methylpentan-1-ol ((2*R*,3*R*,4*R*)-**206**):

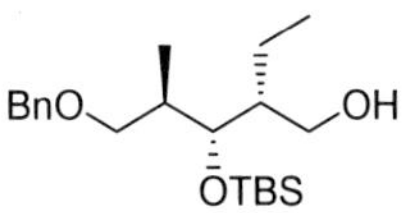

<u>Aus Bis-TBS-Verbindung (2*R*,3*R*,4*R*)-**205**:</u>

In einem Vial wurden unter Argonatmosphäre 35 mg (0.13 mmol, 0.2 Äquiv.) Pyridinium-*p*-toluolsulfonat vorgelegt und anschließend bei RT 332 mg (0.65 mmol) (2*R*,3*R*,4*R*)- [3-(*tert*-Butyldimethylsilanyloxy)-4-(*tert*-butyldimethylsilanyl-oxymethyl)-2-methylhexyloxymethyl]-benzol ((2*R*,3*R*,4*R*)-**205**) in 8 ml H_2Cl_2/MeOH (1:1) hinzu gegeben. Anschließend wurde für 18 h bei RT gerührt. Die Reaktion wurde durch Zugabe von 2 ml ges. wässriger $NaHCO_3$-Lösung abgebrochen und die Reaktionsmischung im Vakuum konzentriert. Anschließend wurde in 50 ml CH_2Cl_2 sowie 50 ml H_2O aufgenommen, die Phasen getrennt und die wässrige Phase noch 2 × mit je 40 ml CH_2Cl_2 extrahiert. Die vereinigten organischen Phasen wurden über Na_2SO_4 getrocknet und im Vakuum konzentriert. Das Rohprodukt wurde einer säulenchromatographischen Reinigung (Kieselgel 60, Hexan/EE 3:1) unterzogen, wobei das Produkt als hellgelbes Öl in einer Ausbeute von 120 mg (0.33 mmol, 51%) erhalten wurde.

<u>Aus dem TBS-geschützten Evansprodukt (4*S*,2'*S*,3'*R*,4'*R*)-**275**:</u>

In einem Schlenkkolben wurden unter Argonatmosphäre 2.50 g (4.63 mmol) (4*S*,2'*S*,3'*R*,4'*R*)-4-Benzyl-3-[5'-benzyloxy-3'-(*tert*-butyldimethylsilanyloxy)-2'-ethyl-4'-methylpentanoyl]-

oxazolidin-2-on ((4*S*,2'*S*,3'*R*,4'*R*)-**275**) in 35 ml THF gelöst und auf –30 °C abgekühlt. Dann wurden nacheinander 537 µl (427 mg, 9.26 mmol, 2.0 Äquiv.) Ethanol sowie 4.63 ml (9.26 mmol, 2.0 Äquiv.) Lithiumborhydrid [2 M in THF] langsam zugetropft. Anschließend wurde 0.5 h bei –30 °C, 0.5 h bei 0 °C und 16 h bei RT gerührt. Danach wurde die Mischung mit 60 ml Et_2O verdünnt und die Reaktion durch vorsichtige Zugabe von 18 ml 1 N NaOH abgebrochen. Es wurde für 4 h bei RT gerührt. Nach Zugabe von 20 ml ges. wässriger NH_4Cl wurden die Phasen getrennt und die wässriger Phase 3 × mit je 35 ml Et_2O extrahiert. Die vereinigten organischen Phasen wurden über Na_2SO_4 getrocknet und im Vakuum konzentriert. Das Rohprodukt wurde einer säulenchromatographischen Reinigung (Kieselgel 60, Hexan/EE 9:1) unterzogen, wobei das Produkt als hellgelbes Öl in einer Ausbeute von 1.00 g (2.78 mmol, 60%) erhalten wurde.

R_f = 0.32 (Hexan/EE 9:1). – ^{1}H-NMR (400 MHz, $CDCl_3$): δ = 0.03 (s, 3 H, $SiCH_3$), 0.05 (s, 3 H, $SiCH_3$), 0.89 (br s, 9 H, 3 × $SiCCH_3$), 0.98 (t, *J* = 7.3 Hz, 3 H, CH_2CH_3), 0.93 (d, *J* = 6.9 Hz, 3 H, $CHCH_3$), 1.34–1.45 (m, 2 H, $CHCH_AH_BCH_3$, $CHCH_2CH_3$), 1.64–1.72 (m, 1 H, $CHCH_AH_BCH_3$), 1.75–1.82 (m, 1 H, $CHCH_3$), 2.55 (br s, 1 H, O*H*), 3.25–3.35 (m, 2 H, CH_2OH), 3.57–3.67 (m, 1 H, C*H*OTBS), 3.70–3.78 (m, 1 H, $BnOCH_AH_B$), 3.78–3.83 (m, 1 H, $BnOCH_AH_B$), 4.49 (br s, OCH_2Ph), 7.26–7.35 (m, 5 H, Ar-H). – ^{13}C-NMR (100 MHz, $CDCl_3$): δ = –4.4 (p), –3.9 (p), 12.4 (p), 12.8 (p), 16.1 (s), 20.5 (s), 26.0 (p), 36.6 (s), 47.1 (t), 63.5 (s), 72.9 (s), 74.1 (t), 77.2 (t), 127.5 (t, C-Ar), 127.6 (t, C-Ar), 128.3 (t, C-Ar), 138.4 (q, C-Ar). – IR (Film auf KBr): 3441 (m), 3064 (w), 3030 (w), 2956 (s), 2930 (m), 2882 (m), 2856 (m), 1496 (w), 1471 (m), 1462 (m), 1361 (m), 1253 (s), 1206 (w), 1099 (m), 1049 (m), 1006 (m), 938 (w), 836 (m), 774 (m), 735 (w), 697 (m). – MS (EI, 70 eV): *m*/*z* (%) 366 ([M^+], 0.1), 217 (12), 91 (100), 75 (10). – HRMS ($C_{21}H_{38}O_3Si$): ber. 366.2590, gef. 366.2587. – $C_{21}H_{38}O_3Si$: ber. C 68.80, H 10.45, gef. C 68.65, H 9.97.

2-(Triphenyl-λ⁵-phosphanyliden)buttersäuremethylester (**210**):

Ph_3P O O

In einem Schlenkkolben wurden unter Argonatmosphäre 5.40 g (14.0 mmol) *n*-Propyltriphenylphosphoniumbromid in 30 ml Benzol suspendiert und bei 0 °C mit 56.0 ml (28.0 mmol, 2.0 Äquiv.) Kaliumhexamethyldisilazan [0.5 M in Toluol] versetzt. Es wurde 30 min bei dieser Temperatur gerührt, dann wurde mit 1.32 g (14.0 mmol, 1.0 Äquiv.) Chlorameisensäuremethylester versetzt und während 30 min auf RT aufgetaut. Die erhaltene orangefarbene Suspension wurde filtriert und die Lösung konzentriert. Das erhaltene Öl wurde mit 50 ml Et_2O behandelt und im Vakuum nochmals konzentriert. Es wurde anschließend im Vakuum getrocknet, wobei das Produkt als beigefarbener Feststoff in einer Ausbeute von 3.73 g (10.3 mmol, 74%) erhalten wurde.

^{1}H-NMR (250 MHz, $CDCl_3$): δ = 0.87 (t, *J* = 7.5 Hz, 3 H, CH_2CH_3), 1.87–2.07 (m, 2 H, CH_2CH_3), 3.71 (s, 3 H, CO_2CH_3), 7.42–7.73 (m, 15 H, 3 × Ph).

(4R,5S,6R)-7-Benzyloxy-5-(tert-butyldimethylsilanyloxy)-2,4-diethyl-6-methylhept-2-ensäuremethylester ((4*R*,5*S*,6*R*)-**211**):

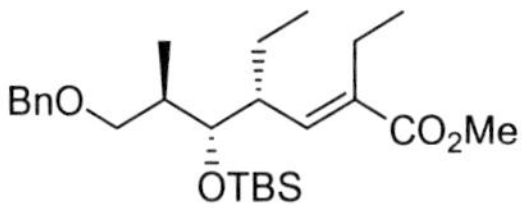

In einem Vial wurden unter Argonatmosphäre 759 mg (2.27 mmol) (4*R*,5*S*,6*R*)-7-Benzyloxy-2,4-diethyl-5-hydroxy-6-methyl-hept-2-ensäuremethylester ((4*R*,5*S*,6*R*)-**214**) in 10 ml CH_2Cl_2 gelöst. Dann wurde auf 0 °C abgekühlt und nacheinander mit 486 mg (4.54 mmol, 2.0 Äquiv.) 2,6-Lutidin sowie 665 mg (2.50 mmol, 1.1 Äquiv.) *tert*-Butyldimethylsilyltriflat versetzt. Die erhaltene Lösung wurde anschließend für 1 h bei 0 °C gerührt, dann wurde auf RT aufgetaut und nochmals für 20 h gerührt. Zur Aufarbeitung wurde mit 10 ml ges. wässriger $NHCO_3$-Lösung versetzt, die Phasen getrennt und die wässrige Phase noch 3 × mit je 20 ml CH_2Cl_2 extrahiert. Die vereinigten organischen Phasen wurden über $MgSO_4$ getrocknet und im Vakuum konzentriert. Das Rohprodukt wurde einer säulenchromatographischen Reinigung (Kieselgel 60, Hexan/EE 9:1) unterzogen, wobei das Produkt als farbloses Öl in einer Ausbeute von 815 mg (1.82 mmol, 80%) erhalten wurde.

R_f = 0.61 (Hexan/EE 9:1). – $[\alpha]_D^{20}$ = +7.1° (1.94 g/100 ml, $CHCl_3$). – ^{1}H-NMR (400 MHz, $CDCl_3$): δ = 0.02 (s, 3 H, $SiCH_3$), 0.07 (s, 3 H, $SiCH_3$), 0.78 (t, *J* = 7.5 Hz, 3 H, $C{=}CCH_2CH_3$), 0.86–0.91 (m, 12 H, 3 × $SiCCH_3$, $CHCH_3$), 0.99 (t, *J* = 7.5 Hz, 3 H, $CHCH_2CH_3$), 1.21–1.32 (m, 1 H, $CHCH_AH_BCH_3$), 1.68–1.78 (m, 1 H, $CHCH_AH_BCH_3$), 1.94–2.05 (m, 1 H, $BnOCH_2CH$), 2.29 (q, *J* = 7.5 Hz, 2 H, $C{=}CCH_2CH_3$), 2.47–2.57 (m, 1 H, $CHCH_2CH_3$), 3.21–3.29 (m, 1 H, $BnOCH_AH_B$), 3.46–3.57 (m, 2 H, $BnOCH_AH_B$, *CH*OTBS), 3.72 (s, 3 H, OCH_3), 4.46 (d, *J* = 2.0 Hz, 2 H, $PhCH_2$), 6.54 (d, *J* = 10.9 Hz, 1 H, C=C*H*), 7.28–7.35 (m, 5 H, Ar-H). – ^{13}C-NMR (100 MHz, $CDCl_3$): δ = –4.1 (p), –4.0 (p), 12.0 (p), 13.7 (p), 15.0 (p), 18.4 (q), 20.5 (s), 22.8 (s), 25.7 (q), 26.1 (p), 38.6 (t), 44.0 (t), 51.5 (t), 72.5 (s), 73.0 (s), 127.4 (t, C-Ar), 127.5 (t, C-Ar), 128.3 (t, C-Ar), 133.9 (), 138.7 (q, C-Ar), 144.6 (t), 168.2 (q). – IR (Film auf KBr): 3030 (w), 2957 (s), 2932 (m), 2877 (m), 2857 (m), 1716 (s), 1643 (w), 1496 (w), 1462 (m), 1435 (w), 1361 (w), 1303 (m), 1253 (m), 1225 (m), 1189 (w), 1092 (m), 1052 (m), 1006 (m), 939 (w), 886 (w), 862 (m), 837 (m), 810 (w), 775 (m), 735 (w), 698 (w). – MS (EI, 70 eV): *m*/*z* (%) 448 ([M^+], 0.06), 293 (43), 187 (42), 145 (22), 91 (100). – HRMS ($C_{26}H_{45}O_4Si$ = [M + H]): ber. 449.3087, gef. 449.3090. – $C_{26}H_{44}O_4Si$: ber. C 69.45, H 9.88, gef. C 69.47, H 9.69.

(4R,5S,6R)-7-Benzyloxy-2,4-diethyl-5-hydroxy-6-methylhept-2-ensäuremethylester ((4*R*,5*S*,6*R*)-**214**):

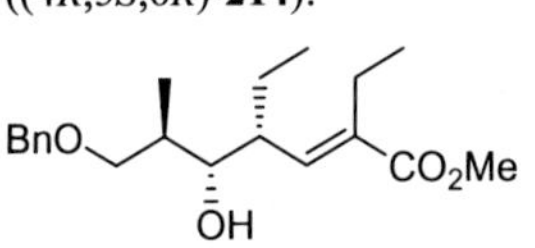

BnO CO2Me OH

In einem Vial wurden unter Argonatmosphäre 781 mg (3.12 mmol) (2*R*,3*R*,4*R*)-2-Benzyloxymethyl-4-hydroxy-methylhexan-3-ol ((2*R*,3*R*,4*R*)-**203**) in 10 ml CH_2Cl_2 gelöst. Nacheinander wurden 1.21 g (3.74 mmol, 1.2 Äquiv.) Iodbenzoldiacetat sowie 98 mg (0.62 mmol, 0.2 Äquiv.) Tetramethylpiperidin-1-oxyl hinzu gegeben und für 7 h bei RT gerührt. Zur Aufarbeitung wurde mit je 10 ml ges. wässriger NH_4Cl-Lösung sowie 10 ml ges. wässriger $Na_2S_2O_3$-Lösung versetzt. Nach Zugabe von 20 ml CH_2Cl_2 wurden die Phasen getrennt und die wässrige Phase noch 3 × mit je 20 ml CH_2Cl_2 extrahiert. Die vereinigten organischen Phasen wurden über $MgSO_4$ getrocknet und anschließend im Vakuum konzentriert. Das Rohprodukt wurde ohne weitere Reinigung in der Folgereaktion eingesetzt.

In einem Zweihalskolben wurden unter Argonatmosphäre 1.36 g (3.74 mmol, 1.2 Äquiv.) Wittig-Ylid (**210**) in 10 ml Benzol suspendiert und bei RT mit 781 mg (3.12 mmol) 5-Benzyloxy-2-ethyl-3-hydroxy-4-methylpentanal (aus der vorherigen Reaktion) in 5 ml Benzol hinzu gegeben. Anschließend wurde für 18 h unter Rückfluss erhitzt. Nach dem Abkühlen wurde mit 20 ml H_2O versetzt, die Phasen getrennt und die wässrige Phase noch 3 × mit je 25 ml EE extrahiert. Die vereinigten organischen Phasen wurden über Na_2SO_4 getrocknet und im Vakuum konzentriert. Das Rohprodukt wurde einer säulenchromatographischen Reinigung (Kieselgel 60, Hexan/EE 3:1) unterzogen, wobei das Produkt als farbloses Öl in einer Ausbeute von 836 mg (2.50 mmol, 80%) erhalten wurde. Das Verhältnis der Doppelbindungsisomere im Rohprodukt lag bei 9:1 (*E*:*Z*).

R_f = 0.52 (Hexan/EE 3:1). – $[\alpha]_D^{20}$ = +54.2° (0.44 g/100 ml, $CHCl_3$). – ^{1}H-NMR (400 MHz, $CDCl_3$): δ = 0.81 (t, *J* = 7.5 Hz, 3 H, $C{=}CCH_2CH_3$), 0.95 (t, *J* = 7.4 Hz, 3 H, CH_2CH_3), 1.04 (d, *J* = 7.1 Hz, 3 H, $CHCH_3$), 1.32–1.45 (m, 1 H, $CHCH_AH_BCH_3$), 1.78–1.89 (m, 2 H, $CHCH_AH_BCH_3$, $CHCH_3$), 2.10–2.25 (m, 2 H, $C{=}CCH_2CH_3$), 2.28–2.40 (m, 1 H, $CHCH_2CH_3$), 3.37–3.49 (m, 2 H, $BnOCH_2$), 3.62 (dd, *J* = 9.1 Hz, *J* = 3.7 Hz, 1 H, $CHOH$),

3.72 (s, 3 H, CO_2CH_3), 4.42 (d, J = 12.0 Hz, 1 H, OCH_AH_BPh), 4.56 (d, J = 12.0 Hz, 1 H, OCH_AH_BPh), 6.53 (d, J = 10.9 Hz, 1 H, C=C*H*), 7.28–7.38 (m, 5 H, Ar-H). – ^{13}C-NMR (100 MHz, $CDCl_3$): δ = 11.9 (p), 13.9 (p), 15.1 (p), 20.5 (s), 22.3 (s), 35.7 (t), 44.4 (t), 51.6 (p), 73.7 (s), 74.0 (s), 79.2 (t), 127.9 (t, C-Ar), 127.9 (t, C-Ar), 128.5 (t, C-Ar), 134.1 (q, C-Ar), 137.5 (q), 143.5 (t), 168.2 (q). – IR (Film auf KBr): 3491 (w), 3029 (w), 2964 (m), 2934 (m), 2874 (m), 1713 (m), 1642 (w), 1496 (w), 1454 (m), 1436 (w), 1364 (w), 1295 (w), 1229 (m), 1142 (w), 1078 (m), 1046 (w), 1028 (w), 913 (w), 737 (w), 698 (m). – MS (EI, 70 eV): *m*/*z* (%) 334 ([M^+], 0.2), 197 (100), 190 (71), 169 (64), 139 (72), 91 (37), 57 (49). – HRMS ($C_{20}H_{30}O_4$): ber. 334.2144, gef. 334.2149. – $C_{20}H_{30}O_4$: ber. C 71.82, H 9.04, gef. C 71.57, H 9.16.

(4R,5S,6R)-5-(tert-Butyldimethylsilanyloxy)-2,4-diethyl-7-hydroxy-6-methylhept-2-ensäuremethylester ((4*R*,5*S*,6*R*)-**215**):

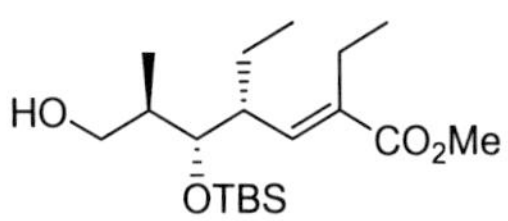

HO … CO₂Me … OTBS

Aus Benzylether **211**:

In einem Kolben wurden 251 mg 7-Benzyloxy-5-(*tert*-butyldimethylsilanyloxy)-2,4-diethyl-6-methylhept-2-ensäure-methylester (**211**) in 10 ml MeOH gelöst und mit 25 mg 10% Pd/C versetzt. Der Kolben wurde anschließend mit Wasserstoff gespült und es wurde unter Wasserstoffatmosphäre für 20 h bei RT gerührt. Anschließend wurde filtriert und im Vakuum konzentriert. Das Rohprodukt wurde in 10 ml Et_2O aufgenommen und unter Nachspülen mit 20 ml Et_2O über Celite filtriert. Nach Konzentration im Vakuum wurde das Produkt leicht verunreinigt als farbloses Öl in einer Ausbeute von 190 mg (0.53 mmol, 95%) erhalten.

Aus Tritylether (4*R*,5*R*,6*R*)-**283**:

In einem Schlenkkolben wurden unter Argonatmosphäre 565 mg (0.94 mmol) (4*R*,5*R*,6*R*)-5-(*tert*-Butyldimethylsilanyl-oxy)-2,4-diethyl-6-methyl-7-trityloxyhept-2-ensäuremethylester ((4*R*,5*R*,6*R*)-**283**) in 15 ml Et_2O gelöst und bei RT mit einer 1:1-Mischung von Ameisensäure in Et_2O (30 ml) tropfenweise versetzt. Anschließend wurde für 15 h bei RT gerührt. Es wurde mit 75 ml H_2O versetzt und durch Zugabe von festem K_2CO_3 vorsichtig neutralisiert. Die Phasen wurden getrennt, die wässrige Phase noch 3 × mit je 100 ml Et_2O extrahiert. Die vereinigten organischen Phasen wurden über Na_2SO_4 getrocknet und im Vakuum konzentriert. Das Rohprodukt wurde in 50 ml MeOH aufgenommen und mit 0.6 g K_2CO_3 behandelt, konzentriert, in 100 ml Et_2O aufgenommen und filtriert. Das nach Konzentration im Vakuum erhaltene Rohprodukt wurde einer säulenchromatographischen Reinigung

(Kieselgel 60, Hexan/EE 9:1) unterzogen, wobei das Produkt als farbloses Öl in einer Ausbeute von 300 mg (0.84 mmol, 89%) erhalten wurde.

R_f = 0.81 (Hexan/EE 3:1). – $[\alpha]_D^{20}$ = +6.6° (1.18 g/100 ml, $CHCl_3$). – ^{1}H-NMR (400 MHz, $CDCl_3$): δ = 0.09 (s, 3 H, SiCH_3), 0.11 (s, 3 H, SiCH_3), 0.81 (t, J = 7.5 Hz, 3 H, C=CCH_2CH_3), 0.93 (br s, 9 H, 3 × SiCCH_3), 0.99–1.05 (m, 6 H, CHCH_3, CHCH_2CH_3), 1.18–1.31 (m, 1 H, CH$CH_AH_B$$CH_3$), 1.75–1.88 (m, 2 H, CH$CH_AH_B$$CH_3$, $CH$$CH_3$), 2.33 (q, J = 7.5 Hz, 2 H, C=C$CH_2$$CH_3$), 2.26–2.36 (m, 1 H, O$H$), 2.49–2.58 (m, 1 H, $CH$$CH_2CH_3$), 3.54–3.60 (m, 2 H, CH_AH_BOH, CHOTBS), 3.66 (dd, J = 10.7 Hz, J = 4.8 Hz, 1 H, CH_AH_BOH), 3.74 (s, 3 H, OCH_3), 6.50 (d, J = 11.0 Hz, 1 H, C=CH). – ^{13}C-NMR (100 MHz, $CDCl_3$): δ = –4.1 (p), –3.7 (p), 12.2 (p), 13.8 (p), 15.8 (p), 18.4 (q), 20.6 (s), 23.1 (s), 26.2 (p), 38.7 (t), 45.5 (t), 51.7 (t), 65.3 (s), 80.1 (t), 134.6 (q), 143.6 (t), 168.2 (q). – IR (Film auf KBr): 3473 (m), 2953 (s), 2932 (s), 2877 (m), 2857 (m), 1715 (s), 1642 (w), 1435 (m), 1380 (m), 1304 (w), 1253 (m), 1229 (m), 1088 (m), 1050 (m), 1006 (m), 939 (w), 885 (w), 837 (m), 775 (m). – MS (EI, 70 eV): m/z (%) 358 ([M^+], 0.03), 269 (20), 203 (100), 156 (20), 149 (26), 145 (35), 89 (33), 73 (36). – HRMS ($C_{19}H_{38}O_4Si$): ber. 358.5881, gef. 358.5878. – $C_{19}H_{38}O_4Si$: ber. C 63.64, H 10.68, gef. C 63.89, H 10.44.

(4S,5R,6S)-5-(tert-Butyldimethylsilanyloxy)-2,4-diethyl-7-hydroxy-6-methylhept-2-ensäuremethylester ((4*S*,5*R*,6*S*)-**215**):

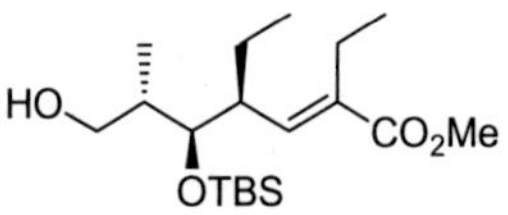

In einem Schlenkkolben wurde eine 1:1-Mischung von Ameisensäure in Et_2O (70 ml) unter Argonatmosphäre vorgelegt und bei RT mit 1.31 g (2.18 mmol) (4*S*,5*S*,6*S*)-5-(*tert*-Butyldimethylsilanyl-oxy)-2,4-diethyl-6-methyl-7-trityloxyhept-2-ensäuremethylester ((4*S*,5*S*,6*S*)-**283**) in 10 ml Et_2O tropfenweise versetzt. Anschließend wurde für 20 h bei RT gerührt. Es wurde mit 150 ml H_2O versetzt und durch Zugabe von festem K_2CO_3 vorsichtig neutralisiert. Die Phasen wurden getrennt, die wässrige Phase noch 3 × mit je 150 ml Et_2O extrahiert. Die vereinigten organischen Phasen wurden im Vakuum konzentriert. Das Rohprodukt wurde in 25 ml MeOH aufgenommen und auf Kieselgel aufgezogen. Anschließend wurde das Rohprodukt einer säulenchromatographischen Reinigung (Kieselgel 60, Hexan/EE 9:1) unterzogen, wobei das Produkt als farbloses Öl in einer Ausbeute von 704 mg (1.96 mmol, 90%) erhalten wurde.

$[\alpha]_D^{20}$ = −6.6° (0.71 g/100 ml, $CHCl_3$). Die übrigen analytischen Daten entsprechen vollständig den bei (4*R*,5*S*,6*R*)-**215** erhaltenen.

(2R,3S,4R)-3-(4'-Methoxybenzyloxy)-2-methyl-4-tri-isopropylsilanyloxymethylhexan-1-ol ((2*R*,3*S*,4*R*)-**217**):

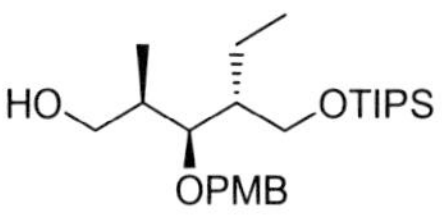

HO … OTIPS, OPMB

In einem Schlenkkolben wurden unter Argonatmosphäre 50 ml Chloroform mit 100 mg Molsieb 4 Å vorgelegt. Anschließend wurden 1.36 g (4.30 mmol) (2*R*,3*S*,4*R*)-2-Methyl-4-tri-*iso*-propylsilanyloxy-methylhexan-1,3-diol ((2*R*,3*S*,4*R*)-**204**) sowie 3.92 g (21.5 mmol, 5.0 Äquiv.) *p*-Anisaldehyddimethylacetal hinzu gegeben und bei RT mit 80 mg *p*-Toluolsulfonsäure-Monohydrat versetzt. Die Mischung wurde dann für 5 h bei RT gerührt. Die Reaktion wurde durch Zugabe von 35 ml ges. wässriger $NaHCO_3$-Lösung abgebrochen. Die Phasen wurden anschließend getrennt und die wässrige Phase noch 3 × mit je 75 ml CH_2Cl_2 extrahiert. Die vereinigten organischen Phasen wurden über $MgSO_4$ getrocknet, filtriert und im Vakuum konzentriert. Das Rohprodukt wurde einer säulenchromatographischen Reinigung (Kieselgel 60, Hexan/EE 9:1) unterzogen, wobei (2'*R*,4*S*,5*R*)-4-(1'-Tri-*iso*-propylsilanyloxy-2'-butanyl)-2-(4''-methoxyphenyl)-5-methyl-[1,3]dioxan ((2'*R*,4*S*,5*R*)-**216**) als hellgelbes Öl in einer Ausbeute von 1.78 g (4.08 mmol, 95%) erhalten wurde.

In einem Schlenkkolben wurden unter Argonatmosphäre 574 mg (1.55 mmol) (2'*R*,4*S*,5*R*)-**216** in 10 ml CH_2Cl_2 gelöst und die erhaltene Lösung auf 0 °C abgekühlt. Es wurden 7.8 ml (7.75 mmol) DIBAL-H [1 M in Toluol] langsam hinzu gegeben. Anschließend wurde 4 h bei gleicher Temperatur gerührt. Die Reaktion wurde durch Zugabe von 2.5 ml Methanol abgebrochen. Anschließend wurden 100 ml ges. wässrige K/Na-Tartratlösung sowie 50 ml EE hinzu gegeben und es wurde für 0.5 h bis zur Bildung zweier klarer Phasen gerührt. Die Phasen wurden getrennt und die wässrige Phase noch 2 × mit je 50 ml EE extrahiert. Die vereinigten organischen Phasen wurden über Na_2SO_4 getrocknet und im Vakuum konzentriert. Das Rohprodukt wurde einer säulenchromatographischen Reinigung (Kieselgel 60, Hexan/EE 3:1) unterzogen, wobei das Produkt als hellgelbes Öl in einer Ausbeute von 391 mg (1.05 mmol, 68%) erhalten wurde. Zusätzlich konnten 40 mg (0.15 mmol, 10%) des vollständig entschützten Produktes isoliert werden.

R_f = 0.45 (Hexan/EE 3:1). – ^{1}H-NMR (400 MHz, $CDCl_3$): δ = 0.88–0.95 (m, 6 H, CH_2CH_3, $CHCH_3$), 1.00–1.08 (m, 21 H, TIPS), 1.13–1.24 (m, 1 H, $CHCH_AH_BCH_3$), 1.32–1.39 (m, 1 H, $CHCH_3$), 1.52–1.64 (m, 1 H, $CHCH_AH_BCH_3$), 1.93–2.05 (m, 1 H, $CHCH_2CH_3$), 2.20 (br s, 1 H, O*H*), 3.53–3.73 (m, 4 H, C*H*OPMB, TIPSOC$H_A$$H_B$, HOC$H_2$), 3.80 (br s, 3 H, OC$H_3$), 3.81–3.88 (m, 1 H, TIPSOC$H_A$$H_B$), 4.43–4.67 (m, 2 H, OC$H_2$Ar), 6.87 (d, 2 H, *J* = 8.6 Hz, Ar-H), 7.20–7.28 (m, 2 H, Ar-H). – ^{13}C-NMR (100 MHz, $CDCl_3$): δ = 12.0 (p), 15.1 (s), 18.0 (t), 18.8 (s), 20.5 (s), 37.5 (t), 45.0 (t), 55.2 (p), 62.3 (s), 66.8 (s), 73.4 (p), 80.1 (t), 113.7 (t, C-Ar), 129.1 (t, C-Ar), 131.1 (q, C-Ar), 159.1 (q, C-Ar). – IR (Film auf KBr): 2960 (m), 2941 (m), 2866 (m), 1514 (m), 1463 (w), 1248 (m), 1094 (m), 1038 (m), 684 (w). – MS (EI, 70 eV): *m/z* (%) 439 ([M^+], 1.1), 341 (8), 302 (46), 257 (11), 128 (28), 121 (100), 97 (32). – HRMS ($C_{25}H_{46}O_4Si$): ber. 439.3244, gef. 439.3249. – $C_{25}H_{46}O_4Si$: ber. C 68.44, H 10.57, gef. C 68.40, H 10.20.

(2S,3R,4R)-[2-Ethyl-5-iod-3-(4'-methoxybenzyloxy)-4-methylpentyloxy]-tri-isopopylsilan ((2*S*,3*R*,4*R*)-**218**):

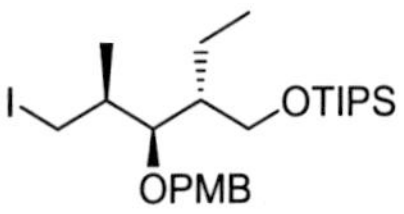

I OTIPS OPMB

In einem Schlenkkolben wurden unter Argonatmosphäre 180 mg (2.64 mmol, 2.2 Äquiv.) Imidazol, 629 mg (2.40 mmol, 2.0 Äquiv.) Triphenylphosphin sowie 526 mg (1.20 mmol) (2*R*,3*S*,4*R*)-3-(4-Methoxybenzyl-oxy)-2-methyl-4-tri-*iso*-propylsilanyloxymethylhexan-1-ol ((2*R*,3*S*,4*R*)-**217**) in 20 ml CH_2Cl_2 gelöst. Zu der so erhaltenen Lösung wurden 609 mg (2.40 mmol, 2.0 Äquiv.) Iod gegeben, worauf die Lösung sich gelb färbte und eine Trübung auftrat. Es wurde anschließend für 1 h bei RT gerührt. Die Reaktionsmischung wurde anschließend durch Zugabe von 2.5 ml ges. wässriger NaS_2O_3-Lösung entfärbt. Die organische Phase wurde mit 15 ml CH_2Cl_2 verdünnt und je 1 × mit 10 ml H_2O und 10 ml ges. wässriger NaCl-Lösung gewaschen. Die organische Phase wurde über $MgSO_4$ getrocknet und anschließend im Vakuum eingeengt. Das Rohprodukt wurde einer säulenchromatographischen Reinigung (Kieselgel 60, Hexan/EE 9:1) unterzogen, wobei das Produkt als hellgelbes Öl in einer Ausbeute von 658 mg (1.20 mmol, 100%) erhalten wurde.

R_f = 0.74 (Hexan/EE 9:1). – ^{1}H-NMR (400 MHz, $CDCl_3$): δ = 0.81–0.91 (m, 3 H, CH_2CH_3), 0.95–1.05 (m, 24 H, TIPS, $CHCH_3$), 1.13–1.24 (m, 1 H, $CHCH_AH_BCH_3$), 1.32–1.39 (m, 1 H, $CHCH_3$), 1.52–1.64 (m, 1 H, $CHCH_AH_BCH_3$), 1.85–1.98 (m, 1 H, $CHCH_2CH_3$), 3.11–3.26 (m, 1 H, C*H*OPMB), 3.53 (dd, *J* = 6.7 Hz, *J* = 4.0 Hz, 1 H, IC$H_A$$H_B$), 3.55–3.63 (m, 1 H,

ICH_A*H_B*), 3.80 (dd, *J* = 9.9 Hz, *J* = 4.7 Hz, 1 H, $TIPSOCH_A$*H_B*), 3.73 (s, 3 H, OC*H_3*), 3.80 (dd, *J* = 9.9 Hz, *J* = 4.7 Hz, 1 H, TIPSOC*H_A*H_B), 4.47 (d, *J* = 11.0 Hz, 1 H, OC*H_A*H_BAr), 4.53 (d, *J* = 11.0 Hz, 1 H, OCH_A*H_B*Ar), 6.79 (d, *J* = 8.3 Hz, 2 H, Ar-H), 7.20 (d, *J* = 8.3 Hz, 2 H, Ar-H). – ^{13}C-NMR (100 MHz, $CDCl_3$): δ = 12.1 (p), 14.9 (s), 15.5 (p), 18.1 (t), 18.5 (s), 20.5 (s), 38.4 (t), 45.5 (t), 55.3 (p), 62.0 (s), 74.5 (s), 81.4 (t), 113.7 (t, C-Ar), 128.9 (t, C-Ar), 131.2 (q, C-Ar), 159.0 (q, C-Ar). – IR (Film auf KBr): 2959 (m), 2941 (m), 2865 (m), 1613 (w), 1514 (m), 1462 (m), 1382 (w), 1301 (w), 1248 (m), 1172 (m), 1097 (m), 1066 (m), 1040 (m), 995 (w), 882 (w), 821 (w), 681 (w). – MS (EI, 70 eV): *m*/*z* (%) 548 ([M^+], 0.42), 237 (12), 174 (18), 121 (100), 75 (11), 58 (63). – HRMS ($C_{25}H_{45}IO_3Si$): ber. 548.2183, gef. 548.2176. – $C_{25}H_{45}IO_3Si$: ber. C 54.73, H 8.27 %, gef. C 54.66, H 8.39.

(2S,3R,4R)-[3-(4'-Methoxybenzyloxy)-2-methyl-4-tri-iso-propylsilanyloxymethylhexyl]-triphenylphosphoniumiodid ((2*S*,3*R*,4*R*)-**219**):

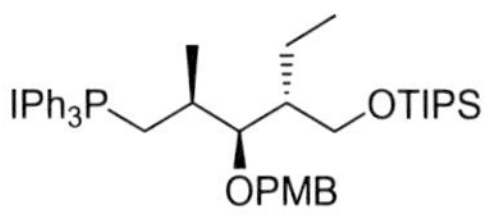

In einem Schlenkkolben wurden unter Argonatmosphäre 1.78 g (6.80 mmol, 10.0 Äquiv.) Triphenylphosphin sowie 373 mg (0.68 mmol) (2*S*,3*R*,4*R*)-[2-Ethyl-5-iod-3-(4′-methoxybenzyloxy)-4-methylpentyloxy]-tri-*iso*-propylsilan ((2*S*,3*R*,4*R*)-**218**) vorgelegt und auf 95 °C erhitzt. Es wurde für 20 h bei dieser Temperatur gerührt. Nach Abkühlen auf RT wurde mit 1 ml Toluol versetzt und die erhaltene Mischung direkt einer säulenchromatographischen Reinigung (Kieselgel 60, CH_2Cl_2 → CH_2Cl_2/MeOH 19:1 → 9:1) unterzogen, wobei das Produkt als gelb-weißer Schaum in einer Ausbeute von 461 mg (0.57 mmol, 84%) erhalten wurde. Aufgrund der geringen Löslichkeit der Substanz in üblichen NMR-Lösungsmitteln konnten keine aussagenkräftigen Spektren erhalten werden.

R_f = 0.80 (CH_2Cl_2/MeOH 9:1). – IR (Film auf KBr): 2944 (w), 2887 (w), 1612 (w), 1513 (w), 1463 (w), 1438 (w), 1390 (w), 1250 (w), 1177 (w), 1111 (w), 1066 (w), 996 (w), 919 (w), 882 (w), 747 (w), 721 (w), 690 (w). – MS (EI, 70 eV): *m*/*z* (%) 830 ([M^+], 0.33), 485 (71), 347 (73), 262 (100), 183 (83), 121 (72), 108 (34). – HRMS ($C_{43}H_{60}IO_3PSi$): ber. 810.3095, gef. 810.3091. – $C_{43}H_{60}IO_3PSi$: ber. C 63.69, H 7.46, gef. C 63.56, H 7.14.

(E)-1-Phenylpent-1-en-3-on (**222**):

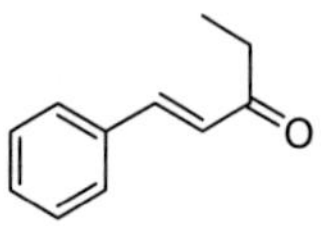

In einem Vial wurden unter Argonatmosphäre 1.43 ml (2.60 g, 12.8 mmol, 2.5 Äquiv.) Iodbenzol (**227**) sowie 2.51 ml (1.81 g, 17.9 mmol, 3.5 Äquiv.) Triethylamin vorgelegt und mit 429 mg (5.10 mmol) Ethylvinylketon (**225**) versetzt. Dann wurden 36 mg (0.05 mmol, 0.01 Äquiv.) Bis(triphenylphosphino)palladiumdichlorid und 1.5 ml CH_3CN zugegeben. Die Lösung wurde entgast und 10 h auf 60 °C erhitzt. Nach Abkühlen auf RT wurde die Reaktionsmischung durch Zugabe von 15 ml EE sowie 10 ml H_2O verdünnt. Die Phasen wurden getrennt und die organische Phase wurde 1 × mit 10 ml H_2O gewaschen. Anschließend wurde über Na_2SO_4 getrocknet und im Vakuum konzentriert. Das Rohprodukt wurde einer säulenchromatographischen Reinigung (Kieselgel 60, Hexan/EE 9:1) unterzogen, wobei das Produkt als orangefarbenes Öl in einer Ausbeute von 735 mg (4.59 mmol, 90%) erhalten wurde.

R_f = 0.62 (Hexan/EE 9:1). – ^{1}H-NMR (250 MHz, $CDCl_3$): δ = 1.17 (t, *J* = 7.2 Hz, 3 H, CH_2CH_3), 2.71 (q, *J* = 7.2 Hz, 2 H, CH_2CH_3), 6.75 (d, *J* = 16.2 Hz, 1 H, PhCH=C*H*), 7.26–7.50 (m, 3 H, Ar-H, PhC*H*=CH), 7.50–7.62 (m, 3 H, Ar-H). – ^{13}C-NMR (62.5 MHz, $CDCl_3$): δ = 8.2 (p), 34.0 (s), 126.0 (t, C-Ar), 128.2 (t, C-Ar), 128.9 (t, C-Ar), 130.3 (t), 134.5 (q, C-Ar), 142.2 (t), 200.9 (q).

Iodmethyltriphenylphosphoniumiodid (**228**):

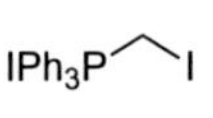

In einem Schlenkkolben wurden unter Argonatmosphäre 2.40 ml (7.97 g, 29.8 mmol, 1.3 Äquiv.) Diiodmethan sowie 6.01 g (22.9 mmol) Triphenylphosphin in 10 ml Benzol gelöst und für 20 h unter Rückfluss erhitzt. Der erhaltene gelbliche Feststoff wurde abfiltriert und es wurde mit Benzol und Aceton gewaschen. Nach Trocknen im Vakuum wurde das Produkt als hellgelber Feststoff in einer Ausbeute von 11.3 g (21.3 mmol, 93%) erhalten.

Smp. 230 °C (Zersetzung). – ^{1}H-NMR (400 MHz, $CDCl_3$): δ = 5.04 (d, *J* = 8.7 Hz, 2 H, CH_2I), 7.74–7.80 (m, 5 H, Ar-H), 7.82–7.86 (m, 5 H, Ar-H), 7.87–7.93 (m, 5 H, Ar-H). – ^{13}C-NMR (100 MHz, $CDCl_3$): δ = –15.6 (s, d, *J* = 52.0 Hz), 118.2 (q, d, *J* = 88.6 Hz), 129.9 (t, *J* = 12.7 Hz), 133.6 (d, *J* = 10.1 Hz), 135.0 (d, *J* = 2.8 Hz). – IR (drift): 3042 (w), 3023 (w), 2987 (w), 2919 (m), 2850 (m), 2743 (w), 1586 (w), 1482 (w), 1438 (m), 1335 (w), 1318 (w), 1111 (m), 997 (m), 784 (m), 745 (m), 722 (m), 688 (m). – MS (EI, 70 eV): *m*/*z* (%) 530 ([M^+], 9),

262 (100), 253 (92), 183 (75), 127 (54), 108 (24). – HRMS ($C_{19}H_{17}I_2P$): ber. 527.9158, gef. 527.9160. – $C_{19}H_{17}I_2P$: ber. C 43.05, H 3.23, gef. C 43.26, H 3.42.

(3-Iodmethylenpent-1-enyl)benzol (**229**):

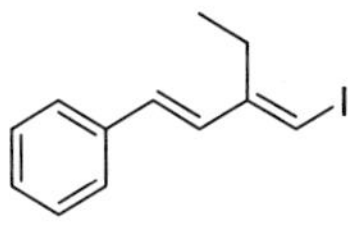

In einem Schlenkkolben wurden unter Argonatmosphäre 1.41 g (15.8 mmol, 1.5 Äquiv.) Kupfercyanid in 100 ml THF suspendiert und bei –78 °C mit 12.6 ml (31.5 mmol, 3.0 Äquiv.) *n*-Butyllithium [2.5 M in Hexan] versetzt. Anschließend wurde 30 min. bei RT gerührt, auf –78 °C abgekühlt und langsam mit 8.49 ml (9.17 g, 31.5 mmol, 3. Äquiv.) Tri-*n*-butylzinnhydrid versetzt. Es wurde 1 h bei dieser Temperatur gerührt, dann wurden 1.35 g (10.5 mmol) (But-1-en-3-in-yl)benzol (**180**) hinzu gegeben und weitere 45 min. bei gleicher Temperatur gerührt. Dann wurden 8.40 ml (16.4 g, 105.0 mmol, 10.0 Äquiv.) Ethyliodid zugetropft und 16 h bei RT gerührt, auf 0 °C abgekühlt und mit 5.33 g (21.0 mmol, 2.0 Äquiv.) Iod versetzt. Die Mischung wurde dann 3 h bei RT gerührt. Die Reaktion wurde durch Zugabe von 100 ml ges. wässriger $Na_2S_2O_3$-Lösung abgebrochen, die Phasen getrennt und die wässrige Phase noch 3 × mit je 60 ml Et_2O extrahiert. Die vereinigten organischen Phasen wurden über Na_2SO_4 getrocknet und im Vakuum konzentriert. Das Rohprodukt wurde einer säulenchromatographischen Reinigung (Kieselgel 60, Hexan) unterzogen, wobei das Produkt verunreinigt als gelb-orangefarbenes Öl in einer Ausbeute von 1.58 g (5.57 mmol, 53%) erhalten wurde.

R_f = 0.62 (Hexan). – ^{1}H-NMR (400 MHz, $CDCl_3$): δ = 1.04 (t, *J* = 7.8 Hz, 3 H, CH_2CH_3), 2.48 (q, *J* = 7.8 Hz, 2 H, CH_2CH_3), 6.52 (s, 1 H, C=C*H*(Br)), 6.72 (d, *J* = 16.1 Hz, 1 H, PhCH=C*H*), 6.78 (d, *J* = 16.1 Hz, 1 H, PhC*H*=CH), 7.22–7.29 (m, 1H, Ar-H), 7.31–7.37 (m, 2 H, Ar-H), 7.40–7.48 (m, 2 H, Ar-H). – ^{13}C-NMR (100 MHz, $CDCl_3$): δ = 12.5 (p), 23.2 (s), 104.0 (t), 126.4 (t), 127.6 (t), 127.7 (t), 128.5 (t), 128.7 (t), 137.2 (q), 145.6 (q).

(E)-Tributylstyrylstannan (**231**):

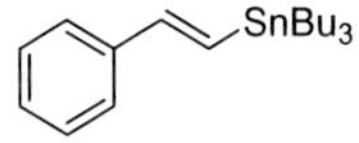

SnBu3

Ein Schlenkkolben mir Rückflusskühler wurde unter Argonatmosphäre mit 1.02 g (10.0 mmol) Phenylacetylen (**230**), 2.91 g (10.0 mmol) Tri-*n*-butylstannan, 50 mg (kat.) Azobisisobutyronitril sowie 15 ml Toluol befüllt. Es wurde anschließend für 19 h auf 90 °C erhitzt. Nach Abkühlen auf RT wurde im Vakuum konzentriert. Das Rohprodukt (3.22 g, 8.19 mmol, 82%) wurde ohne weitere Reinigung eingesetzt.

^{1}H-NMR (400 MHz, $CDCl_3$): δ = 0.81 – 0.98 (m, 15 H, $SnBu_3$), 1.12–1.32 (m, 6 H, $SnBu_3$), 1.38–1.58 (m, 6 H, $SnBu_3$), 6.79 (s, 2 H, *HC*=*CH*), 7.12–7.17 (m, 1 H, Ar-H), 7.25 (t, J = 7.6 Hz, 2 H, *Ar-H*), 7.32–7.35 (m, 2 H, *Ar-H*). – ^{13}C-NMR (100 MHz, $CDCl_3$): δ = 9.6 (p), 13.7 (s), 27.3 (s), 29.1 (s), 126.0 (t), 127.5 (t), 128.5 (t), 129.6 (t), 146.0 (t). – MS (EI, 70 eV): *m*/*z* (%) 394 ([M^+, Sn^{120}], 0.3), 337 (100), 281 (28), 223 (46), 197 (14), 177 (12), 120 (10). – HRMS ($C_{20}H_{34}Sn$): ber. 394.1682, gef. 394.1678.

Pent-2-insäuremethoxymethylamid (**235**):

MeO N Me O

In einem Schlenkkolben wurden unter Argonatmosphäre 3.64 g (37.4 mmol, 1.5 Äquiv.) *N*,*O*-Dimethylhydroxylaminhydrochlorid in 60 ml THF suspendiert und 3.14 g (24.9 mmol) Pentinsäureethylester (**232**) hinzu gegeben. Die Mischung wurde auf 0 °C abgekühlt und langsam mit 37.4 ml (74.7 mmol, 3.0 Äquiv.) *iso*-Propylmagnesiumchlorid (2 M in Et_2O) versetzt, wobei die Temperatur nicht über 5 °C anstieg. Anschließend wurde 4 h bei dieser Temperatur gerührt. Zur Aufarbeitung wurde mit 35 ml ges. wässriger NH_4Cl-Lösung sowie 15 ml H_2O versetzt, wobei sich zwei klare Phasen bildeten. Die etherische Phase wurde abgetrennt und die wässrige Phase noch 3 × mit je 50 ml Et_2O extrahiert. Die vereinigten organischen Phasen wurden über $MgSO_4$ getrocknet und am Rotationsverdampfer konzentriert. Das Produkt wurde als gelbes Öl in einer Ausbeute von 3.16 g (22.4 mmol, 90%) erhalten.

^{1}H-NMR (400 MHz, $CDCl_3$): δ = 1.18 (t, J = 7.5 Hz, 3 H, CH_2CH_3), 2.35 (q, J = 7.5 Hz, 2 H, CH_2CH_3), 3.18 (br s, 3 H, NCH_3), 3.73 (s, 3H, OCH_3). – ^{13}C-NMR (100 MHz, $CDCl_3$): δ = 12.6 (p), 12.7 (s), 32.3 (s), 61.9 (s), 72.4 (q), 94.6 (q), 156.6 (q). – IR (Film auf KBr): 2979 (w), 2938 (w), 2235 (w), 1641 (m), 1413 (w), 1382 (w), 989 (w), 723 (w). – MS (EI, 70 eV): *m*/*z* (%) 141 ([M^+], 13), 81 (100), 53 (42). – HRMS ($C_7H_{11}NO_2$): ber. 141.0790, gef. 141.0793. – $C_7H_{11}NO_2$: ber. C 59.59, H 7.85, N 9.92, gef. C 59.41, H 7.46, N 9.62.

(E)-3-Trifluormethansulfonyloxypent-2-ensäuremethylester (**242**) und

(Z)-3-Trifluormethansulfonyloxypent-2-ensäuremethylester (**243**):

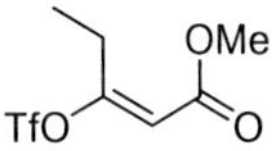

Mit Trifluormethansulfonsäureanhydrid:

In einem Vial wurden unter Argonatmosphäre 3.25 g (25.0 mmol) Methyl-3-oxopentanoat (**241**) in 20 ml CH_2Cl_2 gelöst und auf –78 °C abgekühlt. Zu der Lösung wurden 3.04 g (30.0 mmol, 1.2 Äquiv.) Triethylamin sowie 4.56 ml (7.76 g, 27.5 mmol, 1.1 Äquiv.) Trifluormethansulfonsäureanhydrid langsam hinzugetropft. Die Reaktionslösung wurde unter Rühren während 20 h auf RT erwärmt. Zur Aufarbeitung wurde mit 20 ml CH_2Cl_2 verdünnt und anschließend mit 10 ml Wasser sowie 10 ml 10%iger wässriger $NaHCO_3$-Lösung gewaschen. Nach Trennung der Phasen wurde über Na_2SO_4 getrocknet und im Vakuum konzentriert. Das Rohprodukt wurde einer säulenchromatographischen Reinigung (Kieselgel 60, Hexan/EE 9:1) unterzogen, wobei 2.36 g (9.00 mmol, 36%) des *Z*-Isomers **243** sowie 1.64 g (6.25 mmol, 25%) des *E*-Isomers **242** als gelbe Öle erhalten wurden.

Mit *N*-Phenylbis(trifluormethansulfonimid):

In einem Schlenkkolben wurden 500 mg (12.3 mmol, 1.1 Äquiv.) Natriumhydrid [60% in Mineralöl] vorgelegt und bei RT langsam mit einer Lösung von 1.46 g (11.2 mmol) Methyl-3-oxopentanoat (**241**) in 7 ml DMF versetzt. Anschließend wurde 10 min bei RT gerührt, dann wurden 4.00 g (11.2 mmol) *N*-Phenylbis(trifluormethansulfonimid) hinzu gegeben und für weitere 3 h bei RT gerührt. Die Reaktionsmischung wurde durch Zugabe von 100 ml Et_2O verdünnt und die Reaktion durch Zugabe von 100 ml ges. wässriger NH_4Cl-Lösung abgebrochen. Die Phasen wurden getrennt und die organische Phase wurde mit 100 ml H_2O und ges. wässriger NaCl-Lösung gewaschen, über $MgSO_4$ getrocknet und im Vakuum konzentriert. Das Rohprodukt wurde einer säulenchromatographischen Reinigung unterzogen, wobei das reine *E*-Isomer **242** als farbloses Öl in einer Ausbeute von 2.10 g (7.99 mmol, 71%) erhalten wurde.

E-Isomer (**242**): R_f = 0.75 (Hexan/EE 9:1). – ^{1}H-NMR (400 MHz, $CDCl_3$): δ = 1.14 (t, *J* = 7.5 Hz, 3 H, CH_2CH_3), 2.87 (q, *J* = 7.4, 2 H, CH_2CH_3), 3.70 (s, 3 H, OCH_3), 5.86 (br s, 1 H, C=C*H*). – ^{13}C-NMR (100 MHz, $CDCl_3$): δ = 10.7 (p), 25.1 (s), 52.1 (p), 111.6 (t), 118.4 (q, *J* = 320 Hz, CF_3), 164.5 (q), 167.0 (q). – IR (Film auf KBr): 2986 (w), 2957 (w), 1733 (s), 1667 (m), 1463 (w), 1424 (m), 1388 (w), 1363 (m), 1312 (w), 1246 (s), 1211 (s), 1142 (m), 1113 (m), 1014 (m), 966 (m), 934 (m), 850 (m). – MS (EI, 70 eV): *m/z* (%) 262 ([M^+], 89), 231 (92), 112 (86), 97 (42), 81 (24), 69 (100), 53 (15). – HRMS ($C_7H_9F_3O_5S$): ber. 262.0123, gef. 262.0119. – $C_7H_9F_3O_5S$: ber. C: 32.06, H 3.46, gef. C 32.27, H 3.63.

Z-Isomer (**243**): R_f = 0.55 (Hexan/EE 9:1). – ^{1}H-NMR (400 MHz, $CDCl_3$): δ = 1.12 (t, *J* = 7.4 Hz, 3 H, CH_2CH_3), 2.38 (dq, *J* = 7.4 Hz, *J* = 1.1 Hz, 2 H, CH_2CH_3), 3.72 (s, 3 H, OCH_3), 5.70 (t, *J* = 1.1 Hz, 1 H, C=C*H*). – ^{13}C-NMR (100 MHz, $CDCl_3$): δ = 10.4 (p), 27.8 (s), 52.0 (p), 110.6 (t), 118.3 (q, *J* = 320 Hz, CF_3), 160.5 (q), 163.0 (q). – IR (Film auf KBr): 2987 (w), 2957 (w), 1737 (m), 1684 (w), 1427 (m), 1387 (w), 1343 (w), 1306 (w), 1288 (w), 1250 (w), 1206 (m), 1142 (m), 1107 (w), 1017 (w), 932 (m), 914 (w), 888 (m), 780 (w), 655 (w). – MS (EI, 70 eV): *m/z* (%) 262 ([M^+], 37), 231 (50), 112 (96), 81 (20), 69 (100), 53 (40). – HRMS ($C_7H_9F_3O_5S$): ber. 262.0123, gef. 262.0120. – $C_7H_9F_3O_5S$: ber. C 32.06, H 3.46, gef. C 32.33, H 3.76.

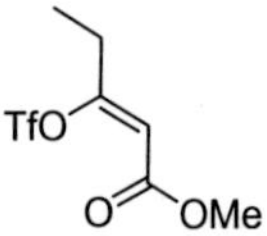

(Z)-3-Trifluormethansulfonsäure-1-ethyl-3-oxopent-1-enylester (**246**):

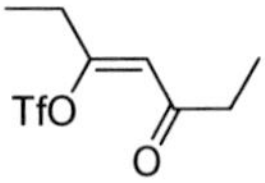

In einem Schlenkkolben wurden unter Argonatmosphäre 1.00 g (7.80 mmol) 3,5-Heptandion in 8 ml CH_2Cl_2 gelöst und auf –78 °C abgekühlt. Zu der Lösung wurden 0.95 g (9.36 mmol, 1.2 Äquiv.) Triethylamin sowie 2.42 g (8.58 mmol, 1.1 Äquiv.) Trifluormethansulfonsäureanhydrid langsam hinzugetropft. Die Reaktionslösung wurde unter Rühren während 20 h auf RT erwärmt. Zur Aufarbeitung wurde mit 30 ml CH_2Cl_2 verdünnt und anschließend mit 15 ml 10%iger wässriger $NaHCO_3$-Lösung gewaschen. Nach Trennung der Phasen wurde über Na_2SO_4 getrocknet und im Vakuum konzentriert. Das Rohprodukt wurde einer säulenchromatographischen Reinigung (Kieselgel 60, Hexan/EE 9:1) unterzogen, wobei 970 mg (3.63 mmol, 48%) des *Z*-Isomers **246** sowie 827 mg (3.18 mmol, 41%) des *E*-Isomers **245** als gelbe Öle erhalten wurden. Das *E*-Isomer **245** zersetzte sich innerhalb weniger Stunden zu einer undefinierten Verbindung.

R_f = 0.45 (Hexan/EE 9:1). – ^{1}H-NMR (400 MHz, $CDCl_3$): δ = 1.11 (t, *J* = 7.2 Hz, 3 H, $COCH_2CH_3$), 1.18 (t, *J* = 7.4 Hz, 3 H, $C{=}CCH_2CH_3$), 2.43 (dq, *J* = 7.4 Hz, *J* = 1.1 Hz, 2 H, $C{=}CCH_2CH_3$), 2.56 (q, *J* = 7.2 Hz, 2 H, $COCH_2CH_3$), 6.01 (t, *J* = 1.1 Hz, 1 H, C=C*H*). – ^{13}C-NMR (100 MHz, $CDCl_3$): δ = 7.5 (p), 10.5 (p), 27.7 (s), 37.4 (s), 116.5 (t), 118.3 (q, *J* = 320 Hz, CF_3), 157.2 (q), 196.9 (q). – IR (Film auf KBr): 2984 (m), 2945 (m), 1714 (s), 1650 (s), 1462 (w), 1426 (s), 1356 (w), 1244 (m), 1208 (s), 1147 (s), 1031 (m), 977 (m), 913 (s), 856 (m), 740 (w), 656 (m). – MS (EI, 70 eV): *m/z* (%) 260 ([M^+], 70), 231 (100), 81 (57), 69 (52), 53 (63). – HRMS ($C_8H_{11}F_3O_4S$): ber. 260.0330, gef. 260.0337. – $C_8H_{11}F_3O_4S$: ber. C 36.92, H 4.26, gef. C 37.36, H 4.58.

(E,E)-3-Ethyl-5-phenylpenta-2,4-diensäuremethylester (**253**):

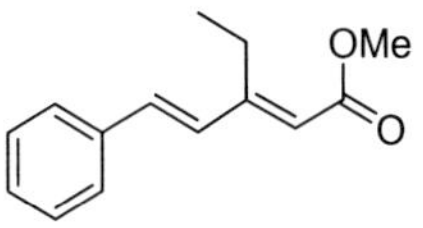

OMe O

In einem Schlenkkolben wurden 1.15 g (10.8 mmol, 1.5 Äquiv.) Na_2CO_3 in 5.4 ml H_2O gelöst und mit 1.89 g (7.20 mmol) (*E*)-Trifluormethansulfonyloxypent-2-ensäuremethylester (**242**) sowie 1.08 g (7.20 mmol, 1.0 Äquiv.) *E*-2-Phenylvinylboronsäure (**252**) in 16 ml Dioxan versetzt. Die Lösung wurde mehrmals entgast, mit 333 mg (0.29 mmol, 0.04 Äquiv.) Tetrakis(triphenylphosphin)palladium versetzt und anschließend nochmals entgast. Anschließend wurde auf 80 °C erhitzt und für 20 h gerührt. Zur Aufarbeitung wurde mit 75 ml H_2O sowie 80 ml Et_2O versetzt, die Phasen getrennt und die wässrige Phase noch 3 × mit je 60 ml Et_2O extrahiert. Die vereinigten organischen Phasen wurden über Na_2SO_4 getrocknet und im Vakuum konzentriert. Das Rohprodukt wurde einer säulenchromatographischen Reinigung (Kieselgel 60, Hexan/EE 19:1) unterzogen, wobei das Produkt als gelbes Öl in einer Ausbeute von 1.20 g (5.55 mmol, 77%) erhalten wurde.

R_f = 0.58 (Hexan/EE 19:1). – ^{1}H-NMR (400 MHz, $CDCl_3$): δ = 1.22 (t, J = 7.5 Hz, 3 H, CH_2CH_3), 2.97 (q, *J* = 7.5 Hz, 2 H, CH_2CH_3), 3.76 (s, 3 H, OCH_3), 5.88 (s, 1 H, C=CCHCO), 6.74 (d, *J* = 16.2 Hz, 1 H, PhCH=C*H*), 6.97 (d, *J* = 16.2 Hz, 1 H, PhC*H*=CH), 7.22–7.28 (m, 1 H, Ar-H), 7.29–7.35 (m, 2 H, Ar-H), 7.51–7.55 (m, 2 H, Ar-H). – ^{13}C-NMR (100 MHz, $CDCl_3$): δ = 14.2 (p), 20.9 (s), 51.1 (p), 118.3 (t), 127.1 (t), 128.6 (t, C-Ar), 128.8 (t, C-Ar), 130.4 (t, C-Ar), 133.8 (t), 136.4 (q), 158.8 (q), 167.0 (q). – IR (Film auf KBr): 3031 (w), 2972 (w), 2947 (w), 1710 (m), 1604 (m), 1496 (w), 1468 (w), 1448 (w), 1433 (m), 1385 (w), 1365 (w), 1286 (m), 1262 (w), 1222 (m), 1204 (m), 1060 (w), 1020 (w), 963 (m), 879 (w), 842 (w), 754 (w), 691 (m). – MS (EI, 70 eV): *m/z* (%) 216 ([M^+], 92), 185 (23), 157 (100), 141 (34), 129 (67), 115 (15). – HRMS ($C_{14}H_{16}O_2$): ber. 216.1150, gef. 216.1146. – $C_{14}H_{16}O_2$: ber. C 77.75, H 7.46, gef. C 77.43, H 7.16.

(E,Z)-3-Ethyl-5-phenylpenta-2,4-diensäuremethylester (**254**):

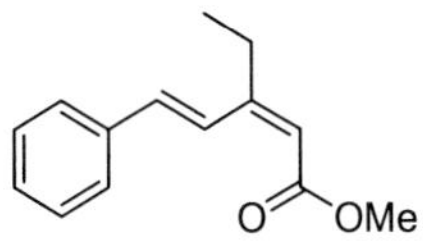

O OMe

In einem Schlenkkolben wurden 731 mg (6.90 mmol, 1.5 Äquiv.) Na_2CO_3 in 3.5 ml H_2O gelöst und mit 1.21 g (4.60 mmol) (*Z*)-Trifluormethansulfonyloxypent-2-ensäuremethylester (**243**) sowie 690 mg (4.60 mmol, 1.0 Äquiv.) (*E*)-2-Phenylvinylboronsäure (**252**) in 10 ml Dioxan versetzt. Die Lösung wurde mehrmals entgast, mit 213 mg (0.18 mmol, 0.04 Äquiv.) Tetrakis(triphenylphosphin)palladium versetzt und anschließend nochmals entgast. Anschließend wurde auf 80 °C erhitzt und für 21 h gerührt. Zur Aufarbeitung wurde mit 15 ml H_2O sowie 50 ml Et_2O versetzt, die Phasen getrennt und die wässrige Phase noch 3 × mit je 50 ml Et_2O extrahiert. Die vereinigten organischen Phasen wurden über Na_2SO_4 getrocknet und im Vakuum konzentriert. Das Rohprodukt wurde einer säulenchromatographischen Reinigung (Kieselgel 60, Hexan/EE 19:1) unterzogen, wobei das Produkt als gelbes Öl in einer Ausbeute von 804 mg (3.72 mmol, 81%) erhalten wurde.

R_f = 0.61 (Hexan/EE 19:1). – ^{1}H-NMR (400 MHz, $CDCl_3$): δ = 1.20 (t, *J* = 7.5 Hz, 3 H, CH_2CH_3), 2.52 (dq, *J* = 7.5 Hz, *J* = 1.00 Hz, 2 H, CH_2CH_3), 3.75 (s, 3 H, OCH_3), 5.76 (br s, 1 H, C=CC*H*CO), 6.95 (d, *J* = 16.5 Hz, 1 H, PhCH=C*H*), 7.27–7.31 (m, 1 H, Ar-H), 7.31–7.39 (m, 2 H, Ar-H), 7.53–7.57 (m, 2 H, Ar-H), 8.38 (d, *J* = 16.5 Hz, 1 H, PhC*H*=CH). – ^{13}C-NMR (100 MHz, $CDCl_3$): δ = 13.6 (p), 26.8 (s), 51.0 (p), 115.6 (t), 125.0 (t), 127.3 (t, C-Ar), 128.5 (t, C-Ar), 128.6 (t, C-Ar), 134.5 (t), 136.8 (q), 156.7 (q), 167.1 (q). – IR (Film auf KBr): 3060 (w), 3022 (w), 2971 (w), 2879 (w), 1708 (m), 1621 (m), 1595 (w), 1448 (w), 1432 (w), 1277 (w), 1228 (m), 1205 (m), 1158 (m), 974 (w), 859 (w) 755 (w), 691 (w). – MS (EI, 70 eV): *m/z* (%) 216 ([M$^+$], 100), 185 (29), 157 (82), 141 (18), 129 (55). – HRMS ($C_{14}H_{16}O_2$): ber. 216.1150, gef. 216.1145. – $C_{14}H_{16}O_2$: ber. C 77.75, H 7.46, gef. C 78.07, H 7.06.

(E,Z)-5-Ethyl-7-phenylhepta-4,6-dien-3-on (**255**):

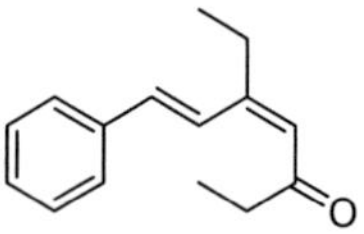

In einem Schlenkkolben wurden unter Argonatmosphäre 579 mg (2.36 mmol) (*E*,*Z*)-3-Ethyl-5-phenylpenta-2,4-diensäuremethoxymethylamid (**260**) in 20 ml THF gelöst und auf 0 °C abgekühlt. Zu der erhaltenen Lösung wurden 4.72 ml (4.72 mmol, 2.0 Äquiv.) Ethylmagnesiumbromid [1 M in THF] getropft. Anschließend wurde 20 h bei dieser Temperatur gerührt. Zur Aufarbeitung wurde mit 15 ml ges. wässriger NH_4Cl versetzt und die Phasen getrennt. Die wässrige Phase wurde 3 × mit je 40 ml Et_2O extrahiert. Die vereinigten organischen Phasen wurden über Na_2SO_4 getrocknet und im Vakuum konzentriert. Das erhaltene Produkt wurde einer säulenchromatographischen Reinigung (Kieselgel 60, Hexan → Hexan/EE 9:1) unterzogen, wobei das Produkt als gelbes Öl in einer Ausbeute von 328 mg (1.53 mmol, 65%) erhalten wurde.

R_f = 0.58 (Hexan/EE 9:1). – ^{1}H-NMR (400 MHz, $CDCl_3$): δ = 1.04 (t, *J* = 7.3 Hz, 3 H, CH_3CH_2C=C), 1.13 (t, *J* = 7.5 Hz, 3 H, CH_3CH_2CO), 2.39–2.45 (m, 2 H, CH_3CH_2C=C), 2.44–2.50 (m, 2 H, CH_3CH_2CO), 6.02 (s, 1 H, C=C*H*CO), 6.76 (d, *J* = 16.2 Hz, 1 H, PhC=C*H*), 7.17–7.30 (m, 3 H, Ar-H), 7.45–7.50 (m, 2 H, Ar-H), 8.27 (d, *J* = 16.7 Hz, 1 H,

PhC*H*=C). – ^{13}C-NMR (100 MHz, $CDCl_3$): δ = 8.1 (p), 13.9 (p), 26.8 (s), 37.8 (s), 123.0 (t), 125.9 (t), 127.0 (t), 128.5 (t, C-Ar), 128.6 (t), 128.7 (t, C-Ar), 130.9 (t, C-Ar), 135.3 (t), 136.8 (q, C-Ar), 154.4 (q), 202.0 (q). – IR (Film auf KBr): 2973 (m), 2936 (w), 2876 (w), 1676 (m), 1615 (m), 1579 (m), 1449 (w), 1375 (w), 1199 (w), 1127 (m), 1040 (w), 973 (m), 753 (w), 691 (m).– MS (EI, 70 eV): *m*/*z* (%) 214 ([M^+], 29), 185 (100), 141 (17), 129 (34), 115 (20), 91 (12). – HRMS ($C_{15}H_{18}O$): ber. 214.1358, gef. 214.1354. – $C_{15}H_{18}O$: ber. C 84.07, H 8.47, gef. C 84.44, H 8.43.

(E,Z/E,E)-5-Ethyl-7-phenylhepta-4,6-dien-3-on (*E*: **169**/*Z*: **255**):

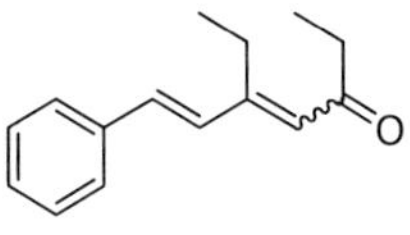

In einem Schlenkkolben wurden 588 mg (5.55 mmol, 1.5 Äquiv.) Na_2CO_3 in 2.8 ml H_2O gelöst und mit 963 mg (3.70 mmol) (*Z*)-Trifluoromethansulfonsäure-1-ethyl-3-oxopent-1-enylester (**246**) sowie 555 mg (3.70 mmol, 1.0 Äquiv.) (*E*)-2-Phenylvinylboronsäure (**252**) in 8 ml Dioxan versetzt. Die Lösung wurde mehrmals entgast, mit 171 mg (0.15 mmol, 0.04 Äquiv.) Tetrakis(triphenylphosphin)palladium versetzt und anschließend nochmals entgast. Anschließend wurde auf 80 °C erhitzt und für 18 h gerührt. Zur Aufarbeitung wurde mit 20 ml H_2O sowie 35 ml Et_2O versetzt, die Phasen getrennt und die wässrige Phase noch 3 × mit je 35 ml Et_2O extrahiert. Die vereinigten organischen Phasen wurden über Na_2SO_4 getrocknet und im Vakuum konzentriert. Das Rohprodukt wurde einer säulenchromatographischen Reinigung (Kieselgel 60, Hexan/EE 19:1) unterzogen, wobei das Produkt als gelbes Öl als 1:1-Mischung des *E*- bzw. *Z*-Isomers in einer Gesamtausbeute von 509 mg (2.38 mmol, 64%) erhalten wurde.

Die analytischen Daten entsprechen vollständig den für **169** bzw. **255** erhaltenen.

(E,E)-3-Ethyldeca-2,4-diensäuremethylester (**257a**):

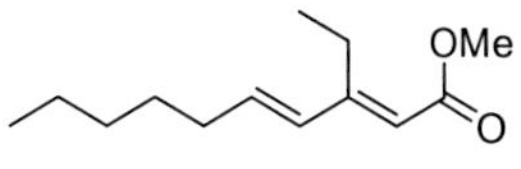

Die Reaktion wurde entsprechend AAV 1 unter Einsatz von 108 mg (0.76 mmol, 1.0 Äquiv.) (*E*)-1-Heptenylboronsäure (**256a**) durchgeführt. Nach säulenchromatographischer Reinigung wurde das Produkt als farbloses Öl in einer Ausbeute von 123 mg (0.58 mmol, 77%) mit einem *E*:*Z*-Verhältnis von ca. 9:1 (bestimmt durch Integration des NMR-Spektrums) erhalten.

R_f = 0.42 (Pentan/EE 19:1). – ^{1}H-NMR (400 MHz, $CDCl_3$): δ = 0.88 (t, *J* = 6.9 Hz, 3 H, $C\mathit{H}_3CH_2CH_2CH_2CH_2$), 1.09 (t, *J* = 7.5 Hz, 3 H, $CH_2C\mathit{H}_3$), 1.24–1.34 (m, 4 H, $CH_3C\mathit{H}_2C\mathit{H}_2CH_2CH_2$), 1.38–1.46 (m, 2 H, $CH_3CH_2CH_2C\mathit{H}_2CH_2$), 2.16 (qd, *J* = 7.0 Hz, *J* = 1.0 Hz, 2 H, $CH_3CH_2CH_2CH_2C\mathit{H}_2$), 2.79 (q, *J* = 7.5 Hz, 2 H, $C\mathit{H}_2CH_3$), 3.69 (s, 3 H, $OC\mathit{H}_3$), 5.63 (s, 1 H, C=C*H*CO), 5.98 (d, *J* = 16.0 Hz, 1 H, CH_2CH=C*H*), 6.10–6.18 (m, 1 H, $CH_2C\mathit{H}$=CH). – ^{13}C-NMR (100 MHz, $CDCl_3$): δ = 14.0 (t), 14.1 (t), 21.0 (s), 22.5 (s), 28.7 (s), 31.4 (s), 33.1 (s), 50.8 (p), 115.9 (t), 131.9 (t), 137.3 (t), 159.5 (q), 167.2(q). – IR (Film auf KBr): 2956 (w), 2929 (m), 2873 (w), 2856 (w), 1716 (m), 1637 (w), 1608 (w), 1466 (w), 1433 (w), 1383 (w), 1279 (w), 1215 (w), 1156 (m), 1022 (w), 967 (w), 876 (w), 809 (w), 728 (w). – MS (EI, 70 eV): *m*/*z* (%) 210 ([M^+], 13), 139 (100), 79 (8). – HRMS ($C_{13}H_{22}O_2$): ber. 210.1620, gef. 210.1621. – $C_{13}H_{22}O_2$: ber. C 74.24 %, H 10.54 %, gef. C 74.56 %, H 10.15 %.

(E,E)-5-Cyclohexyl-3-ethylpenta-2,4-diensäuremethylester (**257b**):

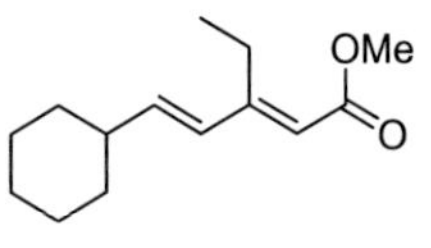

Die Reaktion wurde entsprechend AAV 1 unter Einsatz von 117 mg (0.76 mmol, 1.0 Äquiv.) (*E*)-2-Cyclohexylvinylboronsäure (**256b**) durchgeführt. Nach säulenchromatographischer Reinigung wurde das Produkt als farbloses Öl in einer Ausbeute von 141 mg (0.63 mmol, 83%) mit einem *E*:*Z*-Verhältnis von ca. 19:1 (bestimmt durch Integration des NMR-Spektrums) erhalten.

R_f = 0.31 (Pentan/EE 19:1). – ^{1}H-NMR (400 MHz, $CDCl_3$): δ = 1.08 (t, *J* = 7.5 Hz, 3 H, $CH_2C\mathit{H}_3$), 1.11–1.34 (m, 5 H, *c*-Hex), 1.63–1.78 (m, 5 H, *c*-Hex), 2.03–2.11 (m, 1 H, C*H*CH=CH) 2.78 (q, *J* = 7.5 Hz, 2 H, $C\mathit{H}_2CH_3$), 3.68 (s, 3 H, $OC\mathit{H}_3$), 5.63 (s, 1 H, C=C*H*CO), 5.94 (d, *J* = 15.8 Hz, 1 H CHCH=C*H*), 6.07 (dd, *J* = 15.8 Hz, *J* = 6.9 Hz, 1 H, CHC*H*=CH). – ^{13}C-NMR (100 MHz, $CDCl_3$): δ = 14.1 (p), 20.9 (s), 25.8 (s), 26.0 (s), 32.6 (s), 41.2 (t), 50.8 (p), 116.0 (t), 129.4 (t), 142.7 (t), 159.7 (q), 167.1 (q). – IR (Film auf KBr): 2925 (m), 2851 (m), 2366 (w), 2079 (w), 1716 (m), 1635 (w), 1606 (m), 1448 (w), 1432 (w), 1384 (w), 1363 (w), 1310 (w), 1282 (w), 1215 (m), 1155 (m), 1060 (w), 1021 (w), 967 (m), 925 (w), 871 (w), 827 (w), 737 (w). – MS (EI, 70 eV): *m*/*z* (%) 222 ([M^+], 13), 139 (100), 119 (5), 79 (10). – HRMS ($C_{14}H_{22}O_2$): ber. 222.1620, gef. 222.1622. – $C_{14}H_{22}O_2$: ber. C 75.63 %, H 9.97 %, gef. C 75.75 %, H 10.20 %.

(E,E)-3-Ethyl-6-phenylhexa-2,4-diensäuremethylester (**257c**):

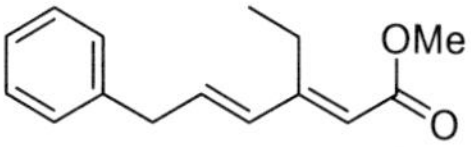

Die Reaktion wurde entsprechend AAV 1 unter Einsatz von 124 mg (0.76 mmol, 1.0 Äquiv.) (*E*)-3-Phenyl-1-propen-1-ylboronsäure (**256c**) durchgeführt. Nach säulenchromatographischer Reinigung wurde das Produkt als farbloses Öl in einer Ausbeute von 146 mg (0.63 mmol, 83%) mit einem *E*:*Z*-Verhältnis von ca. 9:1 (bestimmt durch Integration des NMR-Spektrums) erhalten.

R_f = 0.53 (Pentan/EE 19:1). – ^{1}H-NMR (400 MHz, $CDCl_3$): δ = 1.11 (t, *J* = 7.5 Hz, 3 H, CH_2CH_3), 2.81 (q, *J* = 7.5 Hz, 2 H, CH_2CH_3), 3.52 (d, *J* = 6.9 Hz, 2 H, CH_2CH=CH), 3.71 (s, 3 H, OCH_3), 5.69 (s, 1 H, C=C*H*CO), 6.07 (dd, *J* = 15.5 Hz, *J* = 0.5 Hz, 1 H, CH_2CH=C*H*), 6.29 (td, *J* = 15.5 Hz, *J* = 6.9 Hz, 1 H, CH_2C*H*=CH), 7.17–7.26 (m, 3 H, Ar-H), 7.29–7.34 (m, 2 H, Ar-H). – ^{13}C-NMR (100 MHz, $CDCl_3$): δ = 14.0 (p), 21.0 (s), 39.3 (s), 50.9 (p), 116.8 (t), 126.3 (t, C-Ar), 128.5 (t, C-Ar), 128.6 (t, C-Ar), 133.1 (t), 135.1 (t), 139.3 (q), 158.9 (q), 167.0 (q). – IR (Film auf KBr): 3028 (w), 2971 (w), 2947 (m), 1715 (m), 1636 (m), 1559 (w), 1540 (w), 1495 (w), 1453 (w), 1433 (m), 1384 (w), 1365 (w), 1310 (w), 1281 (m), 1216 (m), 1157 (m), 1075 (w), 1027 (w), 969 (m), 938 (w), 915 (w), 872 (w), 843 (w), 811 (w), 787 (w), 748 (m). – MS (EI, 70 eV): *m*/*z* (%) 230 ([M^+], 6), 171 (4), 139 (100), 115 (7), 91(14). – HRMS ($C_{15}H_{18}O_2$): ber. 230.1307, gef. 230.1310. – $C_{15}H_{18}O_2$: ber. C 78.23 %, H 7.88 %, gef. C 78.13 %, H 8.00 %.

(E,E)-5-Biphenyl-4-yl-3-ethylpenta-2,4-diensäuremethylester (**257d**):

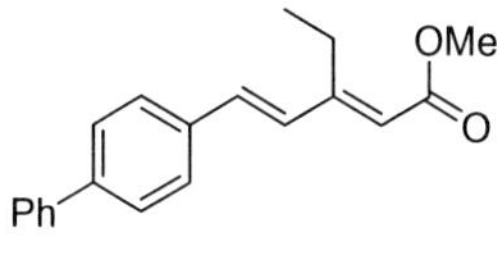

Die Reaktion wurde entsprechend AAV 1 unter Einsatz von 171 mg (0.76 mmol, 1.0 Äquiv.) (*E*)-2-(4-Biphenyl)-vinylboronsäure (**256d**) durchgeführt. Nach säulenchromatographischer Reinigung wurde das Produkt als weißer Feststoff in einer Ausbeute von 158 mg (0.54 mmol, 83%) mit einem *E*:*Z*-Verhältnis von >19:1 (bestimmt durch Integration des NMR-Spektrums) erhalten.

R_f = 0.38 (Pentan/EE 19:1). – Smp. = 88 °C. – ^{1}H-NMR (400 MHz, $CDCl_3$): δ = 1.21 (t, *J* = 7.5 Hz, 3 H, CH_2CH_3), 2.97 (q, *J* = 7.5 Hz, 2 H, CH_2CH_3), 3.75 (s, 1 H, OCH_3), 5.88 (s, 1 H, C=C*H*CO), 6.77 (dd, *J* = 16.2 Hz, *J* = 0.6 Hz, 1 H, ArCH=C*H*), 7.01 (d, *J* = 16.2 Hz, 1 H, ArC*H*=CH), 7.33-7.41 (m, 1 H, Ar-H), 7.43-7.49 (m, 2 H, Ar-H), 7.52-7.59 (m, 2 H, Ar-H), 7.62–7.64 (m, 4 H, Ar-H). – ^{13}C-NMR (100 MHz, $CDCl_3$): δ = 14.1 (p), 20.9 (s), 51.0 (p), 118.3 (t), 126.9 (t, C-Ar), 127.4 (t, C-Ar), 127.5 (t, C-Ar), 127.5 (t, C-Ar), 128.8 (t), 130.3 (t,

C-Ar), 133.3 (t), 135.4 (q, C-Ar), 140.4 (q, C-Ar), 141.3 (q, C-Ar), 158.8 (q), 166.9 (q). – IR (drift): 3030 (m), 2949 (m), 2879 (m), 2359 (w), 2083 (w), 1914 (w), 1709 (s), 1597 (m), 1556 (m), 1487 (m), 1466 (m), 1434 (m), 1408 (m), 1386 (m), 1366 (m), 1282 (m), 1211 (s), 1156 (s), 1078 (m), 1060 (m), 1019 (m), 968 (m), 952 (m), 927 (m), 885 (m), 852 (m), 766 (m), 728 (m), 695 (m). – MS (EI, 70 eV): *m*/*z* (%) 292 ([M^+], 93), 233 (91), 205 (59), 182 (100), 152 (69), 91 (53), 77 (76). – HRMS ($C_{20}H_{20}O_2$): ber. 292.1463, gef. 292.1466. – $C_{20}H_{20}O_2$: ber. C 82.16 %, H 6.89 %, gef. C 81.76 %, H 6.91 %.

(E,E)-3-Ethyl-5-(3-fluorphenyl)-penta-2,4-diensäuremethylester (**257e**):

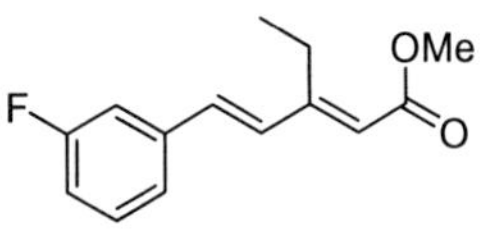

Die Reaktion wurde entsprechend AAV 1 unter Einsatz von 126 mg (0.76 mmol, 1.0 Äquiv.) (*E*)-2-(3-Fluorphenyl)vinylboronsäure (**256e**) durchgeführt. Nach säulenchromatographischer Reinigung wurde das Produkt als farbloses Öl in einer Ausbeute von 153 mg (0.65 mmol, 86%) mit einem *E*:*Z*-Verhältnis von ca. 3:1 (bestimmt durch Integration des NMR-Spektrums) erhalten.

R_f = 0.55 (Pentan/EE 19:1). – ^{1}H-NMR (400 MHz, $CDCl_3$): δ = 1.17 (t, *J* = 7.5 Hz, 3 H, CH_2CH_3), 2.92 (q, *J* = 7.5 Hz, 2 H, CH_2CH_3), 3.73 (s, 3 H, OCH_3), 5.86 (s, 1 H, C=C*H*CO), 6.69 (d, *J* = 16.2 Hz, 1 H, ArCH=C*H*), 6.90 (d, *J* = 16.2 Hz, 1 H, ArC*H*=CH), 6.94-7.02 (m, 1 H, Ar-H), 7.14–7.18 (m, 1 H, Ar-H), 7.22 (d, *J* = 7.74 Hz, 1 H, Ar-H), 7.26–7.35 (m, 1 H, Ar-H). – ^{13}C-NMR (100 MHz, $CDCl_3$): δ = 14.1 (p), 20.9 (s), 51.2 (p), 113.2 (t, d, *J* = 21.4 Hz, C-Ar), 115.3 (t, d, *J* = 21.7 Hz, C-Ar), 119.1 (t), 122.9 (t, d, *J* = 2.8 Hz, C-Ar), 130.2 (t, d, *J* = 8.6 Hz, C-Ar), 131.6 (t), 132.4 (t, d, *J* = 2.4 Hz), 138.7 (q, d, *J* = 7.5 Hz, C-Ar), 158.2 (q), 163.1 (q, d, *J* = 245.9 Hz, C-Ar), 166.7 (q). – ^{19}F-NMR (376.5 MHz, $CDCl_3$): δ = –112.9. – IR (Film auf KBr): 2972 (w), 2949 (w), 2878 (w), 1713 (s), 1624 (m), 1601 (m), 1582 (m), 1489 (w), 1435 (m), 1385 (w), 1278 (m), 1242 (w), 1215 (s), 1158 (s), 1075 (w), 1060 (w), 1021 (w), 963 (m), 948 (w), 867 (w), 780 (m), 761 (w), 685 (m). – MS (EI, 70 eV): *m*/*z* (%) 234 ([M^+], 90), 203 (29), 175 (100), 159 (53), 147 (88), 133 (24), 109 (14). – HRMS ($C_{14}H_{15}FO_2$): ber. 234.1056, gef. 234.1059.

(E,E)-3-Ethyl-5-(4-methoxyphenyl)-penta-2,4-diensäuremethylester (**257f**):

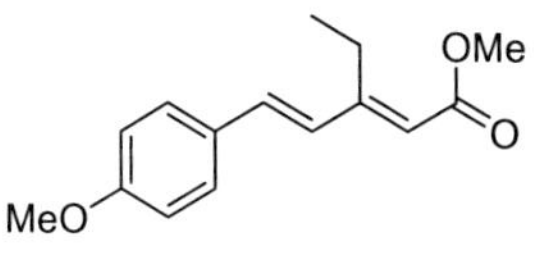

Die Reaktion wurde entsprechend AAV 1 unter Einsatz von 136 mg (0.76 mmol, 1.0 Äquiv.) (*E*)-2-(4-Methoxyphenyl)-vinylboronsäure (**256f**) durchgeführt. Nach säulenchromatographischer Reinigung wurde das Produkt als weißer Feststoff in einer Ausbeute von 71 mg (0.29 mmol, 38%) mit einem *E*:*Z*-Verhältnis von ca. 19:1 (bestimmt durch Integration des NMR-Spektrums) erhalten.

R_f = 0.50 (Pentan/EE 19:1). – Smp. = 35–39 °C. – ^{1}H-NMR (400 MHz, $CDCl_3$): δ = 1.18 (t, J = 7.5 Hz, 3 H, CH_2CH_3), 2.93 (q, J = 7.5 Hz, 2 H, CH_2CH_3), 3.72 (s, 3 H, CO_2CH_3), 3.82 (s, 3 H, $ArOCH_3$), 5.81 (s, 1 H, C=C*H*CO), 6.60 (dd, J = 16.2 Hz, J = 0.6 Hz, 1 H, ArCH=C*H*), 6.89 (d, J = 8.7 Hz, 2 H, Ar-H), 6.92 (d, J = 16.2 Hz, 1 H, ArC*H*=CH), 7.42 (d, J = 8.7 Hz, 2 H, Ar-H). – ^{13}C-NMR (100 MHz, $CDCl_3$): δ = 14.2 (p), 20.8 (s), 51.0 (p), 55.4 (p), 114.3 (t, C-Ar), 117.2 (t), 128.2 (t), 128.8 (t, C-Ar), 129.6 (q, C-Ar), 133.5 (t), 159.3 (q), 160.1 (q, C-Ar), 167.3 (q). – IR (drift): 3025 (m), 2947 (m), 2841 (m), 2751 (w), 2550 (w), 1884 (w), 1839 (w), 1702 (m), 1594 (m), 1510 (m), 1464 (m), 1387 (m), 1364 (m), 1248 (m), 1153 (m), 1112 (m), 1085 (w), 1059 (m), 1031 (m), 962 (m), 929 (m), 879 (w), 844 (m), 821 (m), 762 (w), 744 (w), 637 (w). – MS (EI, 70 eV): *m*/*z* (%) 246 ([M$^+$], 80), 187 (100), 158 (25), 115 (12), 77 (11). – HRMS ($C_{15}H_{18}O_3$): ber. 246.1256, gef. 246.1258. – $C_{15}H_{18}O_3$: ber. C 73.15 %, H 7.37 %, gef. C 72.87 %, H 7.35 %.

(E,E)-3-Ethyl-5-phenylpenta-2,4-diensäuremethoxymethylamid (**259**):

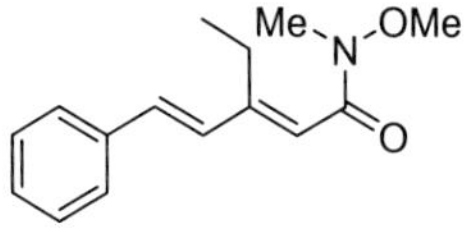

In einem Schlenkkolben wurden unter Argonatmosphäre 790 mg (8.10 mmol, 1.5 Äquiv.) *N,O*-Dimethylhydroxylamin-hydrochlorid in 10 ml THF suspendiert und 1.17 g (5.40 mmol) (*E,E*)-3-Ethyl-5-phenylpenta-2,4-diensäuremethylester (**253**) in 7 ml THF hinzu gegeben. Die Mischung wurde auf –20 °C abgekühlt und langsam mit 8.10 ml (16.2 mmol, 3.0 Äquiv.) *iso*-Propylmagnesiumchlorid (2 M in Et_2O) versetzt. Anschließend wurde 16 h bei dieser Temperatur gerührt. Zur Aufarbeitung wurde mit 20 ml ges. wässriger NH_4Cl-Lösung sowie 5 ml H_2O versetzt. Anschließend wurde 3 × mit je 50 ml CH_2Cl_2 extrahiert. Die vereinigten organischen Phasen wurden über $MgSO_4$ getrocknet und im Vakuum konzentriert. Das Rohprodukt wurde einer säulenchromatographischen Reinigung (Kieselgel 60, Hexan/EE 5:1) unterzogen, wobei das Produkt als gelblicher Feststoff in einer Ausbeute von 1.10 g (4.50 mmol, 83%) erhalten wurde.

R_f = 0.35 (Hexan/EE 5:1). – Smp. 70 °C. – ^{1}H-NMR (400 MHz, $CDCl_3$): δ = 1.21 (t, *J* = 7.5 Hz, 3 H, CH_2CH_3), 2.91 (q, *J* = 7.5 Hz, 2 H, CH_2CH_3), 3.25 (s, 3 H, NCH_3), 3.71 (s, 3 H, OCH_3), 6.33 (br s, 1 H, C=CC*H*CO), 6.78 (d, *J* = 16.2 Hz, 1 H, PhCH=C*H*), 6.92 (d, *J* = 16.2 Hz, 1 H, PhC*H*=CH), 7.27–7.31 (m, 1 H, Ar-H), 7.33–7.38 (m, 2 H, Ar-H), 7.47–7.51 (m, 2 H, Ar-H). – ^{13}C-NMR (100 MHz, $CDCl_3$): δ = 14.3 (p), 21.0 (s), 30.0 (p), 61.6 (p), 117.5 (t), 125.7 (t), 127.3 (t, C-Ar), 128.3 (t, C-Ar), 128.6 (t, C-Ar), 133.3 (t), 136.7 (q), 156.0 (q), 167.7 (q). – IR (Film auf KBr): 3059 (w), 3023 (w), 2968 (m), 2935 (m), 1639 (s), 1589 (m), 1495 (w), 1449 (m), 1413 (m), 1390 (w), 1343 (m), 1196 (m), 1178 (m), 1107 (m), 985 (m), 808 (w), 754 (m), 692 (m). – MS (EI, 70 eV): *m/z* (%) 245 ([M^+], 20), 185 (100), 141 (11), 129 (34), 115 (20). – HRMS ($C_{15}H_{19}NO_2$): ber. 245.1416, gef. 245.1413. – $C_{15}H_{19}NO_2$: ber. C 73.44, H 7.81, N 5.71, gef. C 73.49, H 7.50, N 5.71.

(E,Z)-3-Ethyl-5-phenylpenta-2,4-diensäuremethoxymethylamid (**260**):

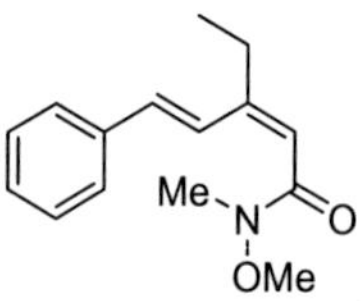

Me N O OMe

In einem Schlenkkolben wurden unter Argonatmosphäre 519 mg (5.33 mmol, 1.5 Äquiv.) *N,O*-Dimethylhydroxylaminhydrochlorid in 5 ml THF suspendiert und 768 mg (1.01 mmol) (*E,Z*)-3-Ethyl-5-phenylpenta-2,4-diensäuremethylester (**254**) in 5 ml THF hinzu gegeben. Die Mischung wurde auf –20 °C abgekühlt und langsam mit 5.33 ml (10.65 mmol, 3.0 Äquiv.) *iso*-Propylmagnesiumchlorid (2 M in Et_2O) versetzt. Anschließend wurde 16 h bei dieser Temperatur gerührt. Zur Aufarbeitung wurde mit 30 ml ges. wässriger NH_4Cl-Lösung sowie 15 ml H_2O versetzt. Anschließend wurde 3 × mit je 40 ml CH_2Cl_2 extrahiert. Die vereinigten organischen Phasen wurden über Na_2SO_4 getrocknet und im Vakuum konzentriert. Das Rohprodukt wurde einer säulenchromatographischen Reinigung (Kieselgel 60, Hexan/EE 5:1) unterzogen, wobei das Produkt als gelblicher Feststoff in einer Ausbeute von 652 mg (2.66mmol, 75%) erhalten wurde.

R_f = 0.41 (Hexan/EE 5:1). – Smp. 67 °C. – ^{1}H-NMR (400 MHz, $CDCl_3$): δ = 1.22 (t, *J* = 7.5 Hz, 3 H, CH_2CH_3), 2.54 (dq, *J* = 7.5 Hz, *J* = 0.9 Hz, 2 H, CH_2CH_3), 3.27 (s, 3 H, NCH_3), 3.71 (s, 3 H, OCH_3), 6.23 (s, 1 H, C=CC*H*CO), 6.89 (d, *J* = 16.5 Hz, 1 H, PhCH=C*H*), 7.28–7.22 (m, 1 H, Ar-H), 7.35–7.29 (m, 2 H, Ar-H), 7.55–7.51 (m, 2 H, Ar-H), 8.26 (d, *J* = 16.5 Hz, 1 H, PhC*H*=CH). – ^{13}C-NMR (100 MHz, $CDCl_3$): δ = 13.8 (p), 27.0 (s), 32.5 (p), 61.5 (p), 114.9 (t), 125.7 (t), 127.3 (t, C-Ar), 128.2 (t, C-Ar), 128.6 (t, C-Ar), 133.3 (t), 137.0 (q), 153.6 (q), 167.8 (q). – IR (drift): 3059 (w), 3023 (w), 2968 (m), 2935 (m), 1639 (s), 1589 (m), 1495 (w), 1449 (m), 1413 (m), 1390 (w), 1343 (m), 1196 (m), 1178 (m), 1107 (m), 985 (m), 808 (w), 754 (m), 692 (m). – MS (EI, 70 eV): *m/z* (%) 245 ([M$^+$], 19), 185 (100), 142 (11), 129 (31), 115 (14). – HRMS ($C_{15}H_{19}NO_2$): ber. 245.1416, gef. 245.1413. – $C_{15}H_{19}NO_2$: ber. C 73.44, H 7.81, N 5.71, gef. C 73.41, H 7.68, N 5.77.

(S)-4-Benzyl-3-butyryloxazolidin-2-on ((*S*)-**264**):

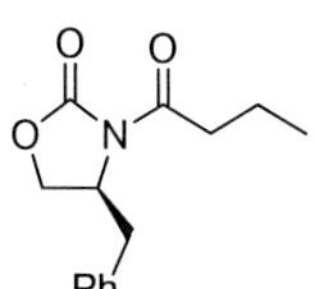

In einem Schlenkkolben wurden unter Argonatmosphäre 5.00 g (28.2 mmol) (*S*)-4-Benzyl-2-oxazolidinon ((*S*)-**263**) in 60 ml THF gelöst und auf –78 °C abgekühlt. Zu dieser Lösung wurden 18.5 ml (29.6 mmol, 1.05 Äquiv.) *n*-Butyllithium [1.6 M in Hexan] getropft. Nach 10 min wurde mit 4.51 g (42.3 mmol, 1.5 Äquiv.) Butyrylchlorid versetzt, 30 min gerührt und anschließend unter Rühren während 120 min auf 0 °C aufgetaut. Die Reaktion wurde bei 0 °C durch Zugabe von 25 ml ges. wässriger NH_4Cl-Lösung abgebrochen. Das Lösungsmittel wurde am Rotationsverdampfer entfernt und der Rückstand wurde 3 × mit je 40 ml CH_2Cl_2 extrahiert. Die vereinigten organischen Phasen wurden mit je 15 ml 1 M NaOH und ges. wässriger NaCl-Lösung gewaschen und anschließend über Na_2SO_4 getrocknet. Nach Konzentration im Vakuum wurde das Rohprodukt einer säulenchromatographischen Reinigung (Kieselgel 60, Hexan/EE 3:2) unterzogen, wobei das Produkt als farbloses Öl in einer Ausbeute von 6.62 g (26.8 mmol, 95%) erhalten wurde.

R_f = 0.45 (Hexan/EE 3:2). –$[\alpha]_D^{20}$ =+59.7° (0.99 g/100 ml, $CHCl_3$). – ^{1}H-NMR (400 MHz, $CDCl_3$): δ = 1.05 (t, *J* = 7.4 Hz, 3 H, $CH_2CH_2CH_3$), 1.69–1.86 (m, 2 H, $CH_2CH_2CH_3$), 2.79 (dd, *J* = 13.4 Hz, *J* = 9.6 Hz, 1 H, $PhCH_AH_B$), 3.04-2.84 (m, 2 H, $CH_2CH_2CH_3$), 3.31 (dd, *J* = 13.4 Hz, *J* = 3.3 Hz, 1 H, $PhCH_AH_B$), 4.15–4.24 (m, 2 H, OCH_2CH), 4.66–4.72 (m, 1 H, OCH_2CH), 7.21–7.25 (m, 2 H, Ar-H), 7.26–7.32 (m, 1 H, Ar-H), 7.33–7.37 (m, 2 H, Ar-H). – ^{13}C-NMR (100 MHz, $CDCl_3$): δ = 13.6 (p), 17.6 (s), 37.3 (s), 37.8 (s), 55.0 (t), 66.1 (s), 127.4 (t, C-Ar), 128.9 (t, C-Ar), 129.3 (t, C-Ar), 135.3 (q, C-Ar), 153.4 (q), 173.1 (q). – IR (Film auf KBr): 3028 (w), 2965 (m), 2933 (m), 2875 (w), 1782 (vs), 1700 (vs), 1604 (w), 1498 (w), 1481 (w), 1454 (m), 1388 (vs), 1352 (s), 1316 (m), 1291 (m), 1212 (vs), 1126 (m), 1094 (s), 1054 (m), 1017 (m), 994 (m), 899 (w), 762 (m), 749 (m), 703 (m). – MS (EI, 70 eV): *m/z* (%) 247 ([M$^+$], 50), 156 (37), 129 (11), 91 (12), 71 (100). – HRMS ($C_{14}H_{17}NO_3$): ber. 247.1208, gef. 247.1210. – $C_{14}H_{17}NO_3$: ber. C 68.00, H 6.93, N 5.66, gef. C 68.25, H 6.86, N 5.68.

(R)-4-Benzyl-3-butyryloxazolidin-2-on ((*R*)-**264**):

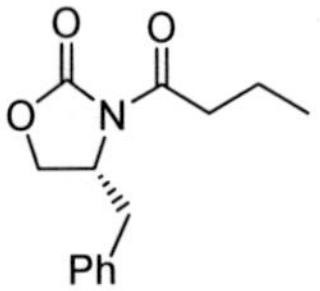

In einem Schlenkkolben wurden unter Argonatmosphäre 5.00 g (28.2 mmol) (*R*)-4-Benzyl-2-oxazolidinon ((*R*)-**263**) in 60 ml THF gelöst und auf –78 °C abgekühlt. Zu dieser Lösung wurden 18.5 ml (29.6 mmol, 1.05 Äquiv.) *n*-Butyllithium [1.6 M in Hexan] zugetropft. Nach 10 min wurde mit 4.51 g (42.3 mmol, 1.5 Äquiv.) Butyrylchlorid versetzt, 30 min gerührt und anschließend unter Rühren während 120 min auf 0 °C aufgetaut. Die Reaktion wurde bei 0 °C durch Zugabe von 25 ml ges. wässriger NH_4Cl-Lösung abgebrochen. Das Lösungsmittel wurde am Rotationsverdampfer entfernt und der Rückstand wurde 3 × mit je 40 ml CH_2Cl_2 extrahiert. Die vereinigten organischen Phasen wurden mit je 15 ml 1 M NaOH und ges. wässriger NaCl-Lösung gewaschen und anschließend über Na_2SO_4 getrocknet. Nach Konzentration im Vakuum wurde das Rohprodukt einer säulenchromatographischen Reinigung (Kieselgel 60, Hexan/EE 3:2) unterzogen, wobei das Produkt als farbloses Öl in einer Ausbeute von 6.56 g (26.5 mmol, 94%) erhalten wurde.

$[\alpha]_D^{20}$ = –60.0° (1.05 g/100 ml, $CHCl_3$). Die übrigen analytischen Daten entsprechen vollständig den bei (*S*)-**264** erhaltenen.

(S)-3-Benzyloxy-2-methylpropan-1-ol ((*S*)-**265**):

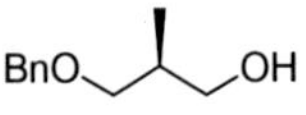

In einem Schlenkkolben wurden 373 mg (9.82 mmol, 1.05 Äquiv.) Lithiumaluminiumhydrid in 20 ml Et_2O suspendiert und auf 0 °C abgekühlt. Zu dieser Mischung wurden langsam 1.95 g (9.35 mmol) (*R*)-3-Benzyloxy-2-methylpropionsäuremethylester ((*R*)-**182**) in 40 ml Et_2O getropft. Nach 2 h Rühren bei 0 °C wurde das überschüssige $LiAlH_4$ durch Zugabe von 0.5 ml H_2O, 0.5 ml 15%iger wässriger NaOH und 1.5 ml H_2O zersetzt. Der weiße Niederschlag wurde abfiltriert und es wurde mit insgesamt 50 ml Et_2O nachgewaschen. Die vereinigten organischen Phasen wurden über Na_2SO_4 getrocknet und im Vakuum konzentriert. Das Rohprodukt wurde einer säulenchromatographischen Reinigung (Kieselgel 60, Hexan/EE 3:1) unterzogen, wobei das Produkt als hellgelbes Öl in einer Ausbeute von 1.50 g (8.33 mmol, 89%) erhalten wurde.

R_f = 0.46 (Hexan/EE 3:1). – $[\alpha]_D^{20}$ = –17.3° (1.22 g/100 ml, $CHCl_3$). – ^{1}H-NMR (400 MHz, $CDCl_3$): δ = 0.87 (d, *J* = 7.6 Hz, 3 H, CH_3), 2.04–2.13 (m, 1 H, $CHCH_3$), 2.55 (br s, 1 H, OH), 3.43 (dd, *J* = 9.1 Hz, *J* = 8.0 Hz, 1 H), 3.51 (dd, *J* = 9.1 Hz, *J* = 8.0 Hz, 1 H), 3.57–3.62 (m, 2 H), 4.52 (s, 2 H, $PhCH_2$), 7.28–7.38 (m, 5 H, Ar-H). – ^{13}C-NMR (100 MHz, $CDCl_3$): δ = 13.4 (p), 35.6 (t), 68.0 (s), 73.4 (s), 75.5 (s), 127.6 (t, C-Ar), 127.7 (t, C-Ar), 128.5 (t, C-Ar),

138.0 (q, C-Ar). – IR (Film auf KBr): 3438 (w), 2923 (w), 2856 (m), 1453 (w), 1095 (m), 1039 (w), 735 (m). – MS (EI, 70 eV): *m/z* (%) 180 ([M^+], 5), 107 (60), 91 (100). – HRMS ($C_{11}H_{16}O_2$): ber. 180.1150, gef. 180.1149. – $C_{11}H_{16}O_2$: ber. C 73.30, H 8.95, gef. C 73.54, H 8.58.

(R)-3-Benzyloxy-2-methylpropionaldehyd ((*R*)-**266**):

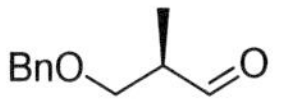

BnO ... O

In einem Schlenkkolben wurden bei –78 °C unter Argonatmosphäre 0.79 ml (1.05 g, 8.30 mmol, 2.0 Äquiv.) Oxalylchlorid in 40 ml CH_2Cl_2 gelöst und langsam mit 1.18 ml (1.30 g, 16.6 mmol, 4.0 Äquiv.) DMSO in 1 ml CH_2Cl_2 versetzt. Anschließend wurden 748 mg (4.15 mmol) (*S*)-3-Benzyloxy-2-methylpropan-1-ol ((*S*)-**265**) in 7 ml CH_2Cl_2 langsam hinzu gegeben und es wurde 40 min bei gleicher Temperatur gerührt. Dann wurden 2.88 ml (2.10 g, 20.8 mmol, 5.0 Äquiv.) Triethylamin hinzu gegeben und es wurde unter Rühren während 120 min auf 0 °C aufgetaut. Es wurden 80 ml H_2O zugegeben, die Phasen getrennt und die wässrige Phase noch 2 × mit je 80 ml CH_2Cl_2 extrahiert. Die vereinigten organischen Phasen wurden über $MgSO_4$ getrocknet und im Vakuum konzentriert. Der erhaltene Rückstand wurde in 80 ml Et_2O aufgenommen und filtriert. Das Lösungsmittel wurde wiederum im Vakuum entfernt und der Aldehyd wurde durch Koevaporation mit Benzol getrocknet. Das Produkt wurde dabei als gelbes Öl in einer Ausbeute von 565 mg (3.17 mmol, 76%) erhalten.

R_f = 0.70 (Hexan/EE 3:1). – $[\alpha]_D^{20}$ = –27.0° (1.04 g/100 ml, $CHCl_3$). – ^{1}H-NMR (400 MHz, $CDCl_3$): δ = 1.16 (d, *J* = 7.1 Hz, 3 H, CH_3), 2.64–2.69 (m, 1 H, $CHCH_3$), 3.64 (dd, *J* = 9.4 Hz, *J* = 5.4 Hz, 1 H, $BnOCH_AH_B$) 3.69 (dd, *J* = 9.4 Hz, *J* = 6.8 Hz, 1 H, $BnOCH_AH_B$), 4.53 (s, 2 H, $PhCH_2O$), 7.25–7.35 (m, 5 H, Ar-H), 9.73 (d, *J* = 1.5 Hz, 1 H, CHO). – ^{13}C-NMR (100 MHz, $CDCl_3$): δ = 10.7 (p), 46.8 (t), 70.1 (s), 73.30 (s), 127.5 (t, C-Ar), 127.6 (t, C-Ar), 128.3 (t, C-Ar), 138.1 (q, C-Ar), 203.89 (t, CHO). – IR (Film auf KBr): 3030 (w), 2975 (w), 2935 (w), 2860 (w), 1724 (m), 1454 (m), 1361 (w), 1098 (m), 738 (m), 698 (m). – MS (EI, 70 eV): *m/z* (%) 178 ([M^+], 0.4), 134 (35), 107 (92), 91 (100), 79 (46), 65 (41). – HRMS ($C_{11}H_{14}O_2$): ber. 178.0994, gef. 178.0992. – $C_{11}H_{14}O_2$: ber. C 74.13, H 7.92, gef. C: 73.74, H 7.81.

(4S,2'S,3'R,4'R)-4-Benzyl-3-(5'-benzyloxy-2'-ethyl-3'-hydroxy-4'-methylpentanoyl)-oxazolidin-2-on ((4*S*,2'*S*,3'*R*,4'*R*)-**267**):

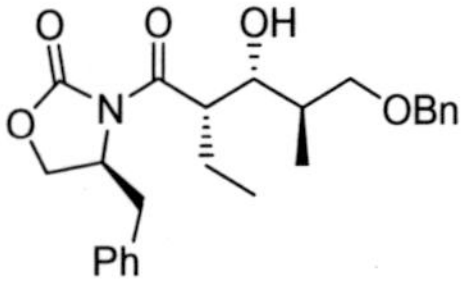

In einem Schlenkkolben wurden unter Argonatmosphäre 1.60 g (6.45 mmol, 1.15 Äquiv.) (*S*)-4-Benzyl-3-butyryloxazolidin-2-on ((*S*)-**264**) in 32 ml entgastem CH_2Cl_2 gelöst und bei 0 °C mit 6.45 ml (6.45 mmol, 1.15 Äquiv.) Di-*n*-butylbortriflat [1 M in CH_2Cl_2] sowie 1.11 ml (870 mg, 6.73 mmol, 1.2 Äquiv.) Di-*iso*-propylethylamin versetzt. Es wurde auf –78 °C abgekühlt und mit 1.00 g (5.61 mmol) (*R*)-3-Benzyloxy-2-methyl-1-propanal ((*R*)-**266**) in 8 ml CH_2Cl_2 (auf –78 °C gekühlt) langsam versetzt. Es wurde für 1 h bei gleicher Temperatur gerührt, auf 0 °C erwärmt und für weitere 2 h bei dieser Temperatur gerührt. Zur Aufarbeitung wurde mit 5 ml pH-7-Phosphatpuffer versetzt. Dann wurden 8 ml 30%iger H_2O_2 in MeOH (1:2) langsam hinzu gegeben und 1 h bei RT gerührt. Anschließend wurden die Phasen getrennt und die wässrige Phase noch 3 × mit je 40 ml CH_2Cl_2 extrahiert. Die vereinigten organischen Phasen wurden mit je 40 ml ges. wässriger $NaHCO_3$-Lösung, H_2O und ges. wässriger NaCl-Lösung gewaschen, über $MgSO_4$ getrocknet und im Vakuum konzentriert. Das Rohprodukt wurde einer säulenchromatographischen Reinigung (Kieselgel 60, Hexan/EE 3:1) unterzogen, wobei das Produkt als hellgelbes Öl in einer Ausbeute von 2.17 g (5.10 mmol, 91%) erhalten wurde.

R_f = 0.40 (Hexan/EE 3:1). – $[\alpha]_D^{20}$ = +11.3° (0.98 g/100 ml, $CHCl_3$). – ^{1}H-NMR (500 MHz, $CDCl_3$): δ = 0.84 (d, *J* = 7.0 Hz, 3 H, CHCH_3), 0.90 (t, *J* = 7.4 Hz, 3 H, CH_2CH_3), 1.65–1.72 (m, 1 H, C*H*CH_3), 1.80–1.90 (m, 1 H, C$H_A$$H_B$$CH_3$), 2.02-2.12 (m, 1 H, $CH_A$$H_B$$CH_3$), 2.73 (dd, 1 H, *J* = 13.6 Hz, *J* = 9.9 Hz, CHC$H_A$$H_B$Ph), 3.14 (dd, 1 H, *J* = 9.2 Hz, *J* = 7.1 Hz, BnOC$H_A$$H_B$), 3.33 (dd, 1 H, *J* = 9.2 Hz, *J* = 3.9 Hz, BnO$CH_A$$H_B$), 3.38 (dd, 1 H, *J* = 13.6 Hz, *J* = 2.9 Hz, CH$CH_A$$H_B$Ph), 3.65 (br d, 1 H, *J* = 2.2 Hz, OH), 3.65–3.72 (m, 1 H, C*H*CH_2CH_3), 3.80–3.85 (m, 1 H, C*H*OH), 4.03–4.16 (m, 2 H, OCH_2CHBn), 4.44–4.50 (br s, 2 H, CH_2Ph), 4.57–4.67 (m, 1 H, C*H*Bn), 7.18–7.42 (m, 10 H, Ar-H). – ^{13}C-NMR (125 MHz, $CDCl_3$): δ = 12.1 (p), 13.8 (p), 17.7 (s), 36.8 (t), 37.9 (s), 47.5 (t), 55.7 (t), 66.1 (s), 68.3 (s), 75.6 (t), 79.5 (s), 127.1 (t, C-Ar), 127.3 (t, C-Ar), 127.9 (t, C-Ar), 128.6 (t, C-Ar), 128.9 (t, C-Ar), 129.4 (t, C-Ar), 135.4 (q, C-Ar), 139.7 (q, C-Ar), 153.1 (q), 175.1 (q). – IR (Film auf KBr): 3494 (w), 3029 (w), 2967 (w), 2932 (w), 2876 (w), 1780 (s), 1692 (m), 1496 (w), 1455 (m), 1385 (m), 1350 (m), 1270 (w), 1208 (m), 1110 (m), 1050 (w), 1027 (w), 986 (w), 821 (w), 738 (m), 700 (m). – MS (EI, 70 eV): *m*/*z* (%) 425 ([M^+], 4), 301 (14), 247 (24), 178 (28), 117 (20), 91 (100), 71 (20). – HRMS ($C_{25}H_{31}NO_5$): ber. 425.2202, gef. 425.2208. – $C_{25}H_{31}NO_5$: ber. C 70.57, H 7.34, N 3.29, gef. C 70.39, H 7.21, N 3.37.

(4S,2'S,3'R,4'R)-4-Benzyl-3-[5'-benzyloxy-3'-(tert-butyldimethylsilanyloxy)-2'-ethyl-4'-methylpentanoyl]-oxazolidin-2-on ((4*S*,2'*S*,3'*R*,4'*R*)-**275**):

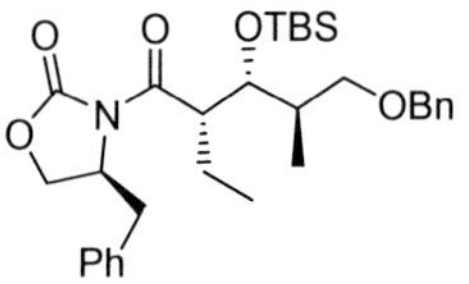

In einem Schlenkkolben wurden unter Argonatmosphäre 2.13 g (5.00 mmol) (4*S*,2'*S*,3'*R*,4'*R*)-4-Benzyl-3-(benzyloxy-2'-ethyl-3'-hydroxy-4'-methylpentanoyl)-oxazolidin-2-on ((4*S*,2'*S*,3'*R*,4'*R*)-**267**) in 15 ml CH_2Cl_2 gelöst und mit 1.05 ml (964 mg, 9.00 mmol, 1.8 Äquiv.) 2,6-Lutidin versetzt. Es wurde auf 0 °C abgekühlt und langsam mit 1.61 ml (1.85 g, 7.00 mmol, 1.4 Äquiv.) *tert*-Butyldimethylsilyltriflat versetzt. Es wurde für 7 h bei dieser Temperatur gerührt. Dann wurde mit 120 ml Et_2O versetzt und nacheinander mit je 100 ml 1 M wässriger $NaHSO_4$-Lösung und ges. wässriger NaCl-Lösung gewaschen, über $MgSO_4$ getrocknet und im Vakuum konzentriert. Das Rohprodukt wurde einer säulenchromatographischen Reinigung (Kieselgel 60, Hexan/EE 9:1) unterzogen, wobei das Produkt als farbloses Öl in einer Ausbeute von 2.65 g (4.93 mmol, 99%) erhalten wurde.

R_f = 0.42 (Hexan/EE 9:1). – $[\alpha]_D^{20}$ = +29.3° (0.94 g/100 ml, $CHCl_3$). – ^{1}H-NMR (400 MHz, $CDCl_3$): δ = 0.09 (s, 3 H, $SiCH_3$), 0.13 (s, 3 H, $SiCH_3$), 0.96 (s, 9 H, 3 × $SiCCH_3$), 0.98 (t, J = 7.4 Hz, 3 H, CH_2CH_3), 1.11 (d, J = 7.0 Hz, 3 H, $CHCH_3$), 1.74–1.95 (m, 3 H, CH_2CH_3, $CHCH_3$), 2.64–2.77 (m, 1 H, $CHCH_AH_BPh$), 3.24 (dd, J = 9.2 Hz, J = 6.7 Hz, 1 H, $BnOCH_AH_B$), 3.45 (dd, J = 13.2 Hz, J = 3.1 Hz, 1 H, $CHCH_AH_BPh$), 3.63 (dd, J = 9.2 Hz, J = 5.3 Hz, 1 H, $BnOCH_AH_B$), 3.79–3.83 (m, 1 H, $CHCH_2CH_3$) 4.03–4.08 (m, 1 H, CHOTBS), 4.11–4.20 (m, 2 H, CH_2CHBn), 4.48 (d, J = 12.0 Hz, 1 H, OCH_AH_BPh), 4.58 (d, J = 12.0 Hz, 1 H, OCH_AH_BPh), 4.66–4.73 (m, 1 H, CHBn), 7.27–7.41 (m, 10 H, Ar-H). – ^{13}C-NMR (100 MHz, $CDCl_3$): δ = –4.0 (p), –3.9 (p), 11.2 (p), 11.6 (p), 15.2 (s), 18.4 (q), 22.7 (t), 26.1 (p), 38.7 (s), 47.5 (t), 55.8 (t), 65.6 (s), 72.9 (s), 75.4 (t), 77.2 (s), 127.2 (t, C-Ar), 127.4 (t, C-Ar), 127.6 (t, C-Ar), 128.3 (t, C-Ar), 128.9 (t, C-Ar), 129.4 (t, C-Ar), 135.5 (q, C-Ar), 138.7 (q, C-Ar), 152.9 (q), 175.4 (q). – IR (Film auf KBr): 3064 (w), 3030 (w), 2956 (s), 2930 (s), 2882 (m), 2856 (s), 1784 (vs), 1693 (s), 1604 (w), 1497 (w), 1472 (m), 1455 (m), 1384 (s), 1362 (m), 1349 (m), 1254 (m), 1209 (s), 1117 (s), 1048 (s), 983 (w), 939 (w), 836 (s), 774 (s), 738 (m), 700 (m), 670 (m). – MS (EI, 70 eV): m/z (%) 539 ([M^+], 2), 304 (15), 213 (24), 145 (13), 91 (100). – HRMS ($C_{31}H_{45}NO_5Si$): ber. 539.3067, gef. 539.3074. – $C_{31}H_{45}NO_5Si$: ber. C 68.98, H 8.40, N 2.59, gef. C 68.97, H 8.59, N 2.57.

(R)-2-Methyl-3-trityloxypropionsäuremethylester ((*R*)-**276**):

TrO CO$_2$Me

In einem Schlenkkolben wurden unter Argonatmosphäre 3.00 g (25.4 mmol) (*R*)-3-Hydroxy-2-methyl-propionsäuremethylester ((*R*)-**181**) in 25 ml CH_2Cl_2 vorgelegt und bei RT mit 5.30 ml (3.86 g, 38.1 mmol, 1.5 Äquiv.) Triethylamin, 155 mg (1.27 mmol, 0.05 Äquiv.) 4-Dimethylaminopyridin und 7.43 g (26.7 mmol, 1.05 Äquiv.) Tritylchlorid versetzt. Es wurde für 2.5 h bei RT gerührt. Zur Aufarbeitung wurde mit 4 ml EtOH versetzt, 2 h gerührt und anschließend mit 10 ml ges. wässriger NH_4Cl-Lösung verdünnt. Die wässrige Phase wurde 3 × mit je 15 ml Et_2O extrahiert, die vereinigten organischen Phasen mit 15 ml ges. wässriger NaCl-Lösung gewaschen, über $MgSO_4$ getrocknet und im Vakuum konzentriert. Das Rohprodukt wurde mit Et_2O behandelt und filtriert. Dabei wurde das Produkt als weißer Feststoff in einer Ausbeute von 8.51 g (23.6 mmol, 95%) erhalten.

R_f = 0.82 (Hexan/EE 2:1). – Smp. 90 °C. – $[\alpha]_D^{20}$ = –14.7° (0.98 g/100 ml, $CHCl_3$). – ^{1}H-NMR (400 MHz, $CDCl_3$): δ = 1.21 (t, *J* = 7.5 Hz, 3 H, $CHCH_3$), 2.75–2.87 (m, 1 H, C*H*), 3.23 (dd, *J* = 8.7 Hz, *J* = 5.8 Hz, 1 H, CH_AH_B), 3.35 (dd, *J* = 8.7 Hz, *J* = 7.0 Hz, 1 H, CH_AH_B), 3.75 (s, 3 H, OCH_3), 7.39–7.24 (m, 9 H, Ar-H), 7.42–7.50 (m, 6 H, Ar-H). – ^{13}C-NMR (100 MHz, $CDCl_3$): δ = 14.0 (p), 40.4 (t), 51.6 (p), 65.3 (s), 86.4 (q), 126.9 (t, C-Ar), 127.7 (t, C-Ar), 128.7 (t, C-Ar), 143.7 (q, C-Ar), 175.4 (q). – IR (drift): 3058 (w), 3028 (w), 3001 (w), 2971 (m), 2950 (m), 2860 (m), 1976 (m), 1729 (m), 1643 (w), 1595 (w), 1490 (m), 1447 (m), 1379 (m), 1367 (m), 1318 (w), 1234 (m), 1223 (m), 1197 (m), 1177 (m), 1157 (m), 1144 (m), 1090 (m), 1074 (m), 1032 (w), 990 (m), 974 (w), 763 (m), 747 (m), 711 (m), 698 (m). – MS (EI, 70 eV): *m/z* (%) 360 ([M$^+$], 14), 283 (19), 259 (53), 243 (100), 165 (37), 105 (29), 101 (17), 77 (10). – HRMS ($C_{24}H_{24}O_3$): ber. 360.1725, gef. 360.1729. – $C_{24}H_{24}O_3$: ber. C 79.97, H 6.71, gef. C 80.05, H 6.62.

(S)-2-Methyl-3-trityloxypropionsäuremethylester ((*S*)-**276**):

TrO CO$_2$Me

In einem Schlenkkolben wurden unter Argonatmosphäre 4.13 g (35.0 mmol) (*S*)-3-Hydroxy-2-methyl-propionsäuremethylester ((*S*)-**181**) in 40 ml CH_2Cl_2 vorgelegt und bei RT mit 7.30 ml (5.31 g, 52.5 mmol, 1.5 Äquiv.) Triethylamin, 214 mg (1.75 mmol, 0.05 Äquiv.) 4-Dimethylaminopyridin und 10.2 g (44.4 mmol, 1.05 Äquiv.) Tritylchlorid versetzt. Es wurde für 16 h bei RT gerührt. Zur Aufarbeitung wurde mit 5.5 ml EtOH versetzt, 2 h gerührt und anschließend mit 12 ml ges.

wässriger NH_4Cl-Lösung verdünnt. Die wässrige Phase wurde 3 × mit je 25 ml Et_2O extrahiert, die vereinigten organischen Phasen mit 25 ml ges. wässriger NaCl-Lösung gewaschen, über $MgSO_4$ getrocknet und im Vakuum konzentriert. Das Rohprodukt wurde mit Et_2O behandelt und filtriert. Dabei wurde das Produkt als weißer Feststoff in einer Ausbeute von 12.1 g (33.5 mmol, 96%) erhalten.

$[\alpha]_D^{20}$ = +15.1° (0.97 g/100 ml, $CHCl_3$). Die übrigen analytischen Daten entsprechen vollständig den bei (*R*)-**276** erhaltenen.

(S)-2-Methyl-3-trityloxypropan-1-ol ((*S*)-**277**):

TrO OH

In einem Schlenkkolben wurden unter Argonatmosphäre 20.7 g (57.5 mmol) (*R*)-2-Methyl-3-trityloxypropionsäuremethylester ((*R*)-**276**) in 200 ml THF gelöst und bei 0 °C mit 58.7 ml (58.7 mmol, 1.02 Äquiv.) $LiAlH_4$ [1 M in THF] langsam versetzt. Anschließend wurde 6 h bei RT gerührt. Die Reaktion wurde bei 0 °C durch langsame Zugabe von 14 ml H_2O und 145 ml ges. wässriger K/Na-Tartratlösung abgebrochen und 14 h bei RT gerührt. Die Phasen wurden getrennt und die wässrige Phase noch 3 × mit je 90 ml EE extrahiert. Die vereinigten organischen Phasen wurden über $MgSO_4$ getrocknet und im Vakuum konzentriert. Das Produkt wurde als gelbes hochviskoses Öl in einer Ausbeute von 18.7 g (56.3 mmol, 98%) erhalten, war bereits analysenrein und kristallisierte innerhalb weniger Stunden zu einem hellgelben Feststoff.

R_f = 0.56 (Hexan/EE 3:1). – Smp. 68 °C. – $[\alpha]_D^{20}$ = –28.8° (0.91 g/100 ml, $CHCl_3$). – ^{1}H-NMR (400 MHz, $CDCl_3$): δ = 0.91 (d, *J* = 7.0 Hz, 3 H, CH_3), 2.01-2.17 (m, 1 H, C*H*), 2.39 (br s, 1 H, O*H*), 3.08 (dd, *J* = 9.1 Hz, *J* = 7.8 Hz, 1 H, CH_AH_B), 3.28 (dd, *J* = 9.1 Hz, *J* = 4.6 Hz, 1 H, CH_AH_B), 3.56–3.68 (m, 2 H, CH_2), 7.20–7.41 (m, 9 H, Ar-H), 7.43–7.48 (m, 6 H, Ar-H). – ^{13}C-NMR (100 MHz, $CDCl_3$): δ = 13.7 (p), 36.0 (t), 67.4 (s), 67.7 (s), 86.9 (q), 127.0 (t, C-Ar), 127.8 (t, C-Ar), 128.6 (t, C-Ar), 143.9 (q, C-Ar). – IR (Film auf KBr): 3318 (w), 3085 (w), 3057 (w), 3032 (w), 2959 (w), 2908 (w), 2866 (w), 1596 (w), 1488 (w), 1319 (w),1216 (w), 1184 (w), 1158 (w), 1074 (w), 1033 (w), 990 (w), 921 (w), 776 (w), 761 (w), 745 (w), 705 (w). – MS (EI, 70 eV): *m/z* (%) 332 ([M^+], 9), 260 (39), 243 (81), 183 (93), 165 (57), 105 (100), 77 (36), 43 (44). – HRMS ($C_{23}H_{24}O_2$): ber. 332.1776, gef. 332.1779. – $C_{23}H_{24}O_2$: ber. C 83.10, H 7.28, gef. C 82.82, H 7.22.

(R)-2-Methyl-3-trityloxypropan-1-ol ((*R*)-**277**):

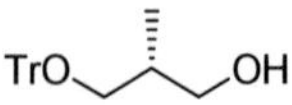

In einem Schlenkkolben wurden unter Argonatmosphäre 12.1 g (33.4 mmol) (*S*)-2-Methyl-3-trityloxypropionsäuremethylester ((*S*)-**276**) in 200 ml THF gelöst und bei 0 °C portionsweise mit 1.29 g (34.1 mmol, 1.02 Äquiv.) $LiAlH_4$ versetzt. Anschließend wurde 6 h bei RT gerührt. Die Reaktion wurde bei 0 °C durch langsame Zugabe von 8 ml H_2O und 85 ml ges. wässriger Na/K-Tartratlösung abgebrochen und 6 h bei RT gerührt. Die Phasen wurden getrennt und die wässrige Phase noch 3 × mit je 50 ml EE extrahiert. Die vereinigten organischen Phasen wurden über $MgSO_4$ getrocknet und im Vakuum konzentriert. Das Produkt wurde als gelbes hochviskoses Öl in einer Ausbeute von 10.4 g (31.4 mmol, 94%) erhalten, war bereits analysenrein und kristallisierte innerhalb weniger Stunden zu einem hellgelben Feststoff.

$[\alpha]_D^{20}$ = +27.9 (1.25 g/100 ml, $CHCl_3$). Die übrigen analytischen Daten entsprechen vollständig den bei (*S*)-**277** erhaltenen.

(R)-2-Methyl-3-trityloxypropionaldehyd ((*R*)-**278**):

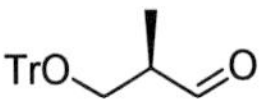

In einem Schlenkkolben wurden unter Argonatmosphäre 285 µl (381 mg, 3.00 mmol, 2.0 Äquiv.) Oxalylchlorid in 5 ml CH_2Cl_2 gelöst und bei –78 °C langsam mit 533 µl (586 mg, 7.50 mmol, 5.0 Äquiv.) DMSO versetzt. Anschließend wurde 20 min gerührt, dann wurden 499 mg (1.50 mmol) (*R*)-2-Methyl-3-trityloxypropan-1-ol ((*S*)-**277**) in 2 ml CH_2Cl_2 langsam hinzu gegeben und es wurde 30 min bei gleicher Temperatur gerührt. Im Anschluss wurden 1.05 ml (775 g, 6.00 mmol, 4.0 Äquiv.) Di-*iso*-propylethylamin hinzu gegeben, 15 min bei -78 °C gerührt und während 120 min auf 0 °C erwärmt. Es wurden 5 ml pH 7-Phosphatpuffer zugegeben, die Phasen getrennt und die wässrige Phase noch 3 × mit je 20 ml CH_2Cl_2 extrahiert. Die vereinigten organischen Phasen wurden über $MgSO_4$ getrocknet und im Vakuum konzentriert. Das Rohprodukt wurde einer säulenchromatographischen Reinigung (Kieselgel 60, Hexan/EE 3:1) unterzogen, wobei das Produkt als gelblicher Feststoff in quantitativer Ausbeute erhalten wurde.

R_f = 0.73 (Hexan/EE 3:1). – $[\alpha]_D^{20}$ = –53.6° (1.12 g/100 ml, $CHCl_3$). – ^{1}H-NMR (400 MHz, $CDCl_3$): δ = 1.12 (d, *J* = 7.1 Hz, 3 H, CH_3), 2.56–2.67 (m, 1 H, C*H*), 3.29–3.30 (m, 2 H, CH_2), 7.24–7.29 (m, 9 H, Ar-H), 7.38–7.44 (m, 6 H, Ar-H), 9.68 (d, *J* = 1.7 Hz, 1 H, CHO). – ^{13}C-NMR (100 MHz, $CDCl_3$): δ = 10.8 (p), 47.1 (t), 63.6 (s), 86.7 (q), 127.3 (t, C-Ar), 127.9 (t, C-Ar), 128.6 (t, C-Ar), 146.9 (q, C-Ar), 204.2 (t, CHO). – IR (Film auf KBr): 3478 (w),

3061 (w), 2974 (w), 2875 (w), 1723 (w), 1597 (w), 1491 (w), 1446 (w), 1396 (w), 1329 (w), 1216 (w), 1158 (w), 1070 (w), 1032 (w), 1011 (w), 896 (w), 760 (w), 700 (m), 638 (w). – MS (EI, 70 eV): *m/z* (%) 330 ([M^+], 5), 260 (57), 243 (55), 183 (97), 165 (29), 105 (100), 77 (52). – HRMS ($C_{23}H_{22}O_2$): ber. 330.1620, gef. 330.1617. – $C_{23}H_{22}O_2$: ber. C 83.60, H 6.71, gef. C 83.39, H 6.86.

(S)-2-Methyl-3-trityloxypropionaldehyd ((*S*)-**278**):

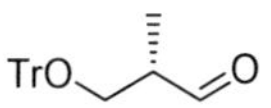

In einem Schlenkkolben wurden unter Argonatmosphäre 5.59 ml (7.46 g, 58.8 mmol, 2.0 Äquiv.) Oxalylchlorid in 65 ml CH_2Cl_2 gelöst und bei –78 °C langsam mit 10.4 ml (11.5 g, 147.0 mmol, 5.0 Äquiv.) DMSO in 10 ml CH_2Cl_2 versetzt. Anschließend wurde 20 min gerührt, dann wurden 9.77 g (29.4 mmol) (*R*)-2-Methyl-3-trityloxypropan-1-ol ((*R*)-**277**) in 15 ml CH_2Cl_2 langsam hinzu gegeben und es wurde 30 min bei gleicher Temperatur gerührt. Im Anschluss wurden 20.5 ml (15.2 g, 118 mmol, 4.0 Äquiv.) Di-*iso*-propylethylamin hinzu gegeben, 15 min bei -78 °C gerührt und während 120 min auf 0 °C erwärmt. Es wurden 50 ml pH7-Phosphatpuffer zugegeben, die Phasen getrennt und die wässrige Phase noch 3 × mit je 60 ml CH_2Cl_2 extrahiert. Die vereinigten organischen Phasen wurden über $MgSO_4$ getrocknet und im Vakuum konzentriert. Das Rohprodukt wurde mit 80 ml Et_2O behandelt und filtriert. Nach Konzentration im Vakuum wurde der Rückstand einer säulenchromatographischen Reinigung (Kieselgel 60, Hexan/EE 3:1) unterzogen, wobei das Produkt als gelber Feststoff in einer Ausbeute von 9.48 g (28.7 mmol, 98%) erhalten wurde.

$[\alpha]_D^{20}$ = +52.5 (1.05 g/100 ml, $CHCl_3$). Die übrigen analytischen Daten entsprechen vollständig den bei (*R*)-**278** erhaltenen.

(4R,2'S,3'R,4'R)-4-Benzyl-3-(2'-ethyl-3'-hydroxy-4'-methyl-5'-trityloxypentanoyl)-oxazolidin-2-on ((4*S*,2'*S*,3'*R*,4'*R*)-**279**):

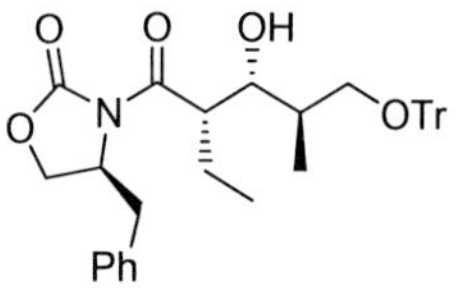

In einem Schlenkkolben wurden unter Argonatmosphäre 1.65 g (6.67 mmol, 1.15 Äquiv.) (*S*)-4-Benzyl-3-butyryloxazolidin-2-on ((*S*)-**264**) in 15 ml entgastem CH_2Cl_2 gelöst und bei 0 °C mit 6.67 ml (6.67 mmol, 1.15 Äquiv.) Di-*n*-butylbortriflat [1 M in CH_2Cl_2] sowie 1.15 ml (900 mg, 6.96 mmol, 1.2 Äquiv.) Di-*iso*-propylethylamin versetzt. Es wurde auf –78 °C abgekühlt und mit 1.92 g (5.80 mmol) (*R*)-2-Methyl-3-trityloxy-1-propanal

((R)-**278**) in 12 ml CH_2Cl_2 (auf –78 °C gekühlt) während 1 h versetzt. Es wurde für 1 h bei gleicher Temperatur gerührt, über 5 h auf 0 °C erwärmt und für weitere 10 h bei dieser Temperatur gerührt. Zur Aufarbeitung wurde mit 6 ml pH-7-Phosphatpuffer versetzt. Dann wurden 9 ml 30%iger H_2O_2 in MeOH (1:2) langsam hinzu gegeben und 1 h bei RT gerührt. Anschließend wurden die Phasen getrennt und die wässrige Phase noch 3 × mit je 40 ml CH_2Cl_2 extrahiert. Die vereinigten organischen Phasen wurden mit je 40 ml ges. wässriger $NaHCO_3$-Lösung, H_2O und ges. wässriger NaCl-Lösung gewaschen, über $MgSO_4$ getrocknet und im Vakuum konzentriert. Das Rohprodukt wurde einer säulenchromatographischen Reinigung (Kieselgel 60, Hexan/EE 4:1 → 2:1 → 1:1) unterzogen, wobei das Produkt als gelblicher Schaum in einer Ausbeute von 2.93 g (5.07 mmol, 87%) erhalten wurde.

R_f = 0.33 (Hexan/EE 3:1). – Smp. 46 °C. – $[\alpha]_D^{20}$ = +10.1° (1.09 g/100 ml, $CHCl_3$). – ^{1}H-NMR (400 MHz, $CDCl_3$): δ = 0.84 (d, *J* = 7.0 Hz, 3 H, CHC*H*$_3$), 0.90 (t, *J* = 7.4 Hz, 3 H, CH_2C*H*$_3$), 1.65–1.72 (m, 1 H, C*H*CH_3), 1.80–1.90 (m, 1 H, C*H*$_A$H$_B$CH$_3$), 2.02-2.12 (m, 1 H, CH$_A$*H*$_B$CH$_3$), 2.73 (dd, *J* = 13.6 Hz, *J* = 9.9 Hz, 1 H, CHC*H*$_A$H$_B$Ph), 3.14 (dd, *J* = 9.2 Hz, *J* = 7.1 Hz, 1 H, TrOC*H*$_A$H$_B$), 3.33 (dd, *J* = 9.2 Hz, *J* = 3.9 Hz, 1 H, TrOCH$_A$*H*$_B$), 3.38 (dd, *J* = 13.6 Hz, *J* = 2.9 Hz, 1 H, CHCH$_A$*H*$_B$Ph), 3.65 (br d, *J* = 2.2 Hz, 1 H, OH), 3.65–3.72 (m, 1 H, C*H*CH$_2$CH$_3$), 3.80–3.85 (m, 1 H, C*H*OH), 4.03–4.16 (m, 2 H, OC*H*$_2$CHBn), 4.57–4.67 (m, 1 H, C*H*Bn), 7.12–7.28 (m, 14 H, Ar-H), 7.32–7.37 (m, 6 H, Ar-H). – ^{13}C-NMR (100 MHz, $CDCl_3$): δ = 12.1 (p), 13.8 (p), 17.7 (s), 36.8 (t), 37.9 (s), 47.5 (t), 55.7 (t), 66.1 (s), 68.3 (s), 75.6 (t), 87.5 (q), 127.1 (t, C-Ar), 127.3 (t, C-Ar), 127.9 (t, C-Ar), 128.6 (t, C-Ar), 128.9 (t, C-Ar), 129.4 (t, C-Ar), 135.4 (q, C-Ar), 143.7 (q, C-Ar), 153.1 (q), 175.1 (q). – IR (drift): 3498 (w), 2968 (w), 2876 (w), 1780 (m), 1697 (w), 1491 (w), 1449 (w), 1388 (m), 1349 (w), 1210 (m), 1051 (w), 1030 (w), 985 (w), 899 (w), 763 (w), 748 (w), 705 (w). – MS (EI, 70 eV): *m/z* (%) 577 ([M$^+$], 0.1), 259 (20), 243 (100), 183 (11), 165 (44), 105 (21), 91 (13). – HRMS ($C_{37}H_{39}NO_5$): ber. 577.2828, gef. 577.2833. – $C_{37}H_{39}NO_5$: ber. C 76.92, H 6.80, N 2.42, gef. C 76.75, H 6.87, N 2.82.

(4S,2'R,3'S,4'S)-4-Benzyl-3-(2'-ethyl-3'-hydroxy-4'-methyl-5'-trityloxypentanoyl)-oxazolidin-2-on ((4*R*,2'*R*,3'*S*,4'*S*)-**279**):

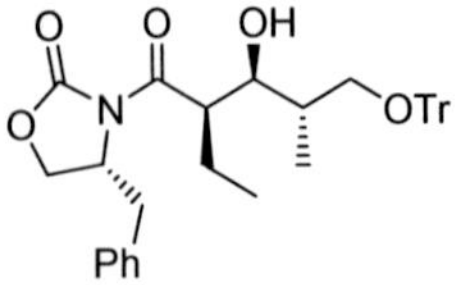

O O OH
N OTr
Ph

In einem Schlenkkolben wurden unter Argonatmosphäre 5.12 g (20.7 mmol, 1.15 Äquiv.) (*R*)-4-Benzyl-3-butyryloxazolidin-2-on ((*R*)-**264**) in 90 ml entgastem CH_2Cl_2 gelöst und bei 0 °C mit 20.7 ml (20.7 mmol) Di-*n*-butylbortriflat [1 M in CH_2Cl_2] sowie

3.57 ml (2.79 g, 21.6 mmol, 1.2 Äquiv.) Di-*iso*-propylethylamin versetzt. Es wurde auf –78 °C abgekühlt und mit 5.95 g (18.0 mmol) (*S*)-2-Methyl-3-trityloxy-1-propanal ((*S*)-**278**) in 40 ml CH_2Cl_2 (auf –78 °C gekühlt) während 1 h versetzt. Es wurde für 1 h bei gleicher Temperatur gerührt, auf 0 °C erwärmt und für weitere 4 h bei dieser Temperatur gerührt. Zur Aufarbeitung wurde mit 20 ml pH-7-Phosphatpuffer versetzt. Dann wurden 27.5 ml 30%iger H_2O_2 in MeOH (1:2) langsam hinzu gegeben und 2.5 h bei RT gerührt. Anschließend wurden die Phasen getrennt und die wässrige Phase noch 3 × mit je 100 ml CH_2Cl_2 extrahiert. Die vereinigten organischen Phasen wurden mit je 100 ml ges. wässriger $NaHCO_3$, H_2O und ges. wässriger NaCl-Lösung gewaschen, über $MgSO_4$ getrocknet und im Vakuum konzentriert. Das Rohprodukt wurde einer säulenchromatographischen Reinigung (Kieselgel 60, Hexan/EE 4:1 → 2:1 → 1:1) unterzogen, wobei das Produkt als weißer Schaum in einer Ausbeute von 9.65 g (16.7 mmol, 92%) erhalten wurde.

$[\alpha]_D^{20}$ = –10.8° (1.13 g/100 ml, $CHCl_3$). Die übrigen analytischen Daten entsprechen vollständig den bei (4*R*,2'*S*,3'*R*,4'*R*)-**279** erhaltenen.

(2R,3R,4R)-2-Ethyl-4-methyl-5-trityloxypentan-1,3-diol ((2*R*,3*R*,4*R*)-**280**):

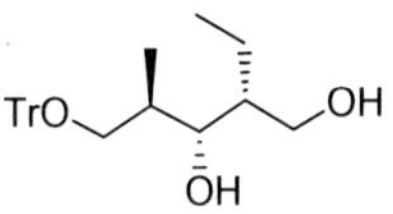

In einem Schlenkkolben wurden unter Argonatmosphäre 1.35 g (2.35 mmol) (4*S*,2'*S*,3'*R*,4'*R*)-4-Benzyl-3-(2'-ethyl-3'-hydroxy-4'-methyl-5'-trityloxypentanoyl)-oxazolidin-2-on ((4*S*,2'*S*,3'*R*,4'*R*)-**279**) in 50 ml Et_2O gelöst und auf –20 °C abgekühlt. Dann wurden 164 µl (130 mg, 2.82 mmol, 1.2 Äquiv.) Ethanol sowie 1.41 ml (2.82 mmol, 1.2 Äquiv.) Lithiumborhydrid [2 M in THF] langsam zugetropft. Anschließend wurde 5 h bei 0 °C gerührt, dann wurde die Reaktion durch Zugabe von 7 ml 1 M NaOH abgebrochen und es wurde für 15 min bei 0 °C gerührt. Dann wurden die Phasen getrennt und die wässrige Phase 3 × mit je 25 ml Et_2O extrahiert. Die vereinigten organischen Phasen wurden über Na_2SO_4 getrocknet und im Vakuum konzentriert. Das Rohprodukt wurde einer säulenchromatographischen Reinigung (Kieselgel 60, Hexan/EE 3:1) unterzogen, wobei das Produkt als farbloses Öl in einer Ausbeute von 897 mg (2.22 mmol, 94%) erhalten wurde.

R_f = 0.31 (Hexan/EE 3:1). – $[\alpha]_D^{20}$ = –52.3° (1.08 g/100 ml, $CHCl_3$). – ^{1}H-NMR (500 MHz, $CDCl_3$): δ = 0.74 (d, *J* = 6.9 Hz, 3 H, $CHCH_3$), 1.00 (t, *J* = 7.4 Hz, 3 H, CH_2CH_3), 1.37–1.48 (m, 2 H, $CHCH_AH_BCH_3$, $CHCH_2CH_3$), 1.64–1.75 (m, 1 H, $CHCH_AH_BCH_3$), 1.97–2.06 (m, 1 H, $CHCH_3$), 3.01 (d, *J* = 7.0 Hz, 1 H, CHO*H*), 3.11 (t, *J* = 9.2 Hz, 1 H, $TrOCH_AH_B$), 3.39

(dd, J = 9.2 Hz, J = 3.8 Hz, 1 H, TrOCH$_A$$H_B$), 3.73 (d, J = 9.1 Hz, 1 H, HOCH_AH$_B$), 3.78–3.83 (m, 1 H, HOCH$_A$$H_B$), 3.82–3.91 (m, 1 H, C*H*OH), 7.20–7.24 (m, 3 H, Ar-H), 7.26–7.30 (m, 6 H, Ar-H), 7.38–7.43 (m, 6 H, Ar-H). – ^{13}C-NMR (125 MHz, CDCl$_3$): δ = 12.1 (p), 13.5 (p), 15.4 (s), 36.0 (t), 42.9 (t), 64.7 (s), 69.8 (s), 81.0 (t), 87.8 (q), 127.2 (t, C-Ar), 128.0 (t, C-Ar), 128.5 (t, C-Ar), 143.5 (q, C-Ar). – IR (Film auf KBr): 3439 (m), 3086 (w), 3058 (m), 3031 (w), 2962 (m), 2931 (m), 2875 (m), 1596 (w), 1490 (m), 1448 (m), 1385 (w), 1318 (w), 1221 (m), 1183 (w), 1154 (m), 1069 (m), 1034 (m), 979 (m), 924 (w), 900 (w), 763 (m), 746 (m), 705 (m), 632 (w). – MS (EI, 70 eV): *m*/*z* (%) 404 ([M$^+$], 0.13), 243 (100), 183 (11), 165 (24), 143 (15). – HRMS ($C_{27}H_{32}O_3$): ber. 404.2351, gef. 404.2350. – $C_{27}H_{32}O_3$: ber. C 80.16, H 7.97, gef. C 80.46, H 7.70.

(2S,3S,4S)-2-Ethyl-4-methyl-5-trityloxypentan-1,3-diol ((2*S*,3*S*,4*S*)-**280**):

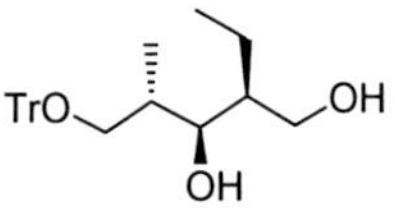

In einem Schlenkkolben wurden unter Argonatmosphäre 7.94 g (13.7 mmol) (4*R*,2′*R*,3′*S*,4′*S*)-4-Benzyl-3-(2′-ethyl-3′-hydroxy-4′-methyl-5′-trityloxypentanoyl)-oxazolidin-2-on ((4*R*,2′*R*,3′*S*,4′*S*)-**279**) in 120 ml Et$_2$O gelöst und auf –20 °C abgekühlt. Dann wurden 957 µl (760 mg, 16.5 mmol, 1.2 Äquiv.) Ethanol sowie 8.24 ml (16.5 mmol, 1.2 Äquiv.) Lithiumborhydrid [2 M in THF] langsam zugetropft. Anschließend wurde 15 h bei 0 °C gerührt. Anschließend wurde die Reaktion durch Zugabe von 35 ml 1 M NaOH abgebrochen und es wurde für 15 min bei 0 °C gerührt. Dann wurden die Phasen getrennt und die wässrige Phase 3 × mit je 100 ml Et$_2$O extrahiert. Die vereinigten organischen Phasen wurden über Na$_2$SO$_4$ getrocknet und im Vakuum konzentriert. Das Rohprodukt wurde einer säulenchromatographischen Reinigung (Kieselgel 60, Hexan/EE 3:1) unterzogen, wobei das Produkt als farbloses Öl in einer Ausbeute von 5.12 g (12.6 mmol, 92%) erhalten wurde.

$[\alpha]_D^{20}$ = +53.2° (0.73 g/100 ml, CHCl$_3$). Die übrigen analytischen Daten entsprechen vollständig den bei (2*R*,3*R*,4*R*)-**280** erhaltenen.

(2S,3R,4R)-2-Ethyl-3-hydroxy-4-methyl-5-trityloxypentanal ((2*S*,3*R*,4*R*)-**281**):

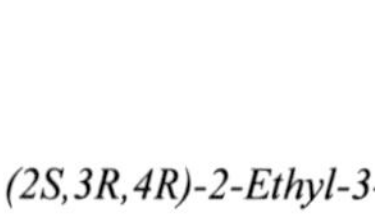

In einem Schlenkkolben wurden unter Argonatmosphäre 1.88 g (4.65 mmol) (2*R*,3*R*,4*R*)-2-Ethyl-4-methyl-5-trityloxypentan-1,3-diol ((2*R*,3*R*,4*R*)-**280**) in 12 ml CH$_2$Cl$_2$ gelöst. Nacheinander wurden 1.80 g (5.58 mmol, 1.2 Äquiv.) Iodbenzoldiacetat sowie 146 mg (0.93 mmol, 0.2 Äquiv.)

Tetramethylpiperidin-1-oxyl hinzu gegeben und für 14 h bei RT gerührt. Die Reaktion wurde dann durch Zugabe von 12 ml ges. wässriger NH_4Cl-Lösung sowie 12 ml ges. wässriger $Na_2S_2O_3$-Lösung abgebrochen. Nach Zugabe von 25 ml CH_2Cl_2 wurden die Phasen getrennt und die wässrige Phase noch 3 × mit je 35 ml CH_2Cl_2 extrahiert. Die vereinigten organischen Phasen wurden über $MgSO_4$ getrocknet und anschließend im Vakuum konzentriert. Das Rohprodukt wurde einer säulenchromatographischen Reinigung (Kieselgel 60, Hexan/EE 3:1) unterzogen, wobei das Produkt als gelbes Öl in quantitativer Ausbeute erhalten wurde. Routinemäßig wurde das Produkt ohne Reinigung in der Folgereaktion eingesetzt.

R_f = 0.52 (Hexan/EE 3:1). – $[\alpha]_D^{20}$ = +14.4° (1.04 g/100 ml, $CHCl_3$). – ^{1}H-NMR (400 MHz, $CDCl_3$): δ = 0.87 (t, J = 7.5 Hz, 3 H, CH_2CH_3), 1.06 (d, J = 7.0 Hz, 3 H, $CHCH_3$), 1.64–1.80 (m, 3 H, $CHCH_3$, CH_2CH_3), 2.27–2.33 (m, 1 H, $CHCH_2CH_3$), 2.60 (d, J = 3.6 Hz, 1 H, OH), 3.14 (dd, J = 9.3 Hz, J = 3.9 Hz, 1 H, $TrOCH_AH_B$), 3.23 (dd, J = 9.3 Hz, J = 5.3 Hz, 1 H, $TrOCH_AH_B$), 4.00–4.04 (m, 1 H, CHOH), 7.15–7.26 (m, 3 H, Ar-H), 7.29–7.34 (m, 6 H, Ar-H), 7.38–7.46 (m, 6 H, Ar-H), 9.59 (d, 1 H, J = 3.2 Hz, CHO). – ^{13}C-NMR (100 MHz, $CDCl_3$): δ = 11.2 (p), 11.6 (p), 18.6 (s), 36.6 (t), 56.8 (t), 67.2 (s), 72.0 (t), 87.0 (q), 127.1 (t, C-Ar), 127.9 (t, C-Ar), 128.5 (t, C-Ar), 143.6 (q, C-Ar), 204.4 (t, CHO). – IR (Film auf KBr): 3467 (m), 3087 (w), 3059 (m), 3032 (w), 2965 (m), 2932 (m), 2876 (m), 2727 (w), 1721 (m), 1654 (w), 1490 (m), 1440 (m), 1374 (w), 1243 (m), 1182 (w), 1068 (m), 984 (w), 900 (w), 765 (w), 746 (w), 706 (w), 633 (w). – MS (EI, 70 eV): m/z (%) 402 ([M^+], 0.35), 243 (91), 165 (16), 142 (48), 125 (28), 96 (35), 72 (100). – HRMS ($C_{27}H_{30}O_3$): ber. 402.2195, gef. 402.2197. – $C_{27}H_{30}O_3$: ber. C 80.56, H 7.51, gef. C 80.75, H 7.90.

(2R,3S,4S)-2-Ethyl-3-hydroxy-4-methyl-5-trityloxypentanal ((2*R*,3*S*,4*S*)-**281**):

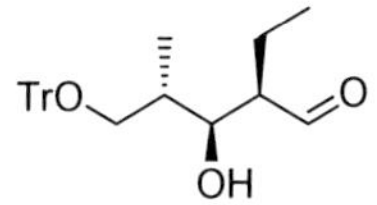

In einem Schlenkkolben wurden unter Argonatmosphäre 5.06 g (12.5 mmol) (2*S*,3*S*,4*S*)-2-Ethyl-4-methyl-5-trityloxypentan-1,3-diol ((2*S*,3*S*,4*S*)-**280**) in 30 ml CH_2Cl_2 gelöst. Nacheinander wurden 4.83 g (15.0 mmol, 1.2 Äquiv.) Iodbenzoldiacetat sowie 393 mg (2.50 mmol, 0.2 Äquiv.) Tetramethylpiperidin-1-oxyl hinzu gegeben und für 20 h bei RT gerührt. Die Reaktion wurde durch Zugabe von 30 ml ges. wässriger NH_4Cl-Lösung sowie 30 ml ges. wässriger $Na_2S_2O_3$-Lösung abgebrochen. Nach Zugabe von 65 ml CH_2Cl_2 wurden die Phasen getrennt und die wässrige Phase noch 3 × mit je 90 ml CH_2Cl_2 extrahiert. Die vereinigten organischen Phasen wurden über $MgSO_4$ getrocknet und anschließend im Vakuum konzentriert. Das Rohprodukt wurde einer säulenchromatographischen Reinigung (Kieselgel 60, Hexan/EE 3:1) unterzogen, wobei das Produkt als gelbes Öl in quantitativer Ausbeute erhalten wurde. Routinemäßig wurde das Produkt ohne Reinigung in der Folgereaktion eingesetzt.

$[\alpha]_D^{20}$ = –14.2° (0.71g/100 ml, $CHCl_3$). Die übrigen analytischen Daten entsprechen vollständig den bei (2*S*,3*R*,4*R*)-**281** erhaltenen.

(4R,5R,6R)-2,4-Diethyl-5-hydroxy-6-methyl-7-trityloxyhept-2-ensäuremethylester
((4*R*,5*R*,6*R*)-**282**):

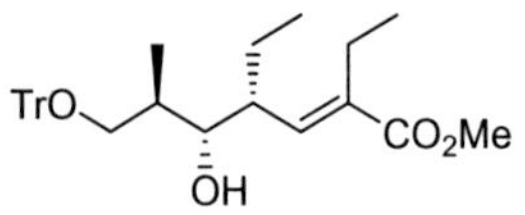

In einem Zweihalskolben mit Rückflusskühler wurden unter Argonatmosphäre 2.53 g (6.98 mmol, 1.5 Äquiv.) 2-(Triphenyl-λ^5-phosphanyliden)-buttersäuremethylester (**210**) in 20 ml Benzol suspendiert und bei RT mit 1.87 g (4.65 mmol) (2*S*,3*R*,4*R*)-2-Ethyl-3-hydroxy-4-methyl-5-trityloxypentanal ((2*S*,3*R*,4*R*)-**281**) in 10 ml Benzol versetzt. Anschließend wurde für 20 h unter Rückfluss erhitzt. Nach Abkühlen wurde mit 35 ml H_2O versetzt, die Phasen getrennt und die wässrige Phase noch 2 × mit je 80 ml EE extrahiert. Die vereinigten organischen Phasen wurden über Na_2SO_4 getrocknet und im Vakuum konzentriert. Das Rohprodukt wurde einer säulenchromatographischen Reinigung (Kieselgel 60, Hexan/EE 9:1) unterzogen, wobei das Produkt als gelbes Öl in einer Ausbeute von 1.70 g (3.49 mmol, 75%) erhalten wurde.

R_f = 0.20 (Hexan/EE 9:1). – $[\alpha]_D^{20}$ = +51.4° (1.02 g/100 ml, $CHCl_3$). – ^{1}H-NMR (500 MHz, $CDCl_3$): δ = 0.76 (t, *J* = 7.5 Hz, 3 H, $C{=}CCH_2CH_3$), 0.82 (t, *J* = 7.4 Hz, 3 H, CH_2CH_3), 1.23 (d, *J* = 7.1 Hz, 3 H, $CHCH_3$), 1.23–1.34 (m, 2 H, $CHCH_2CH_3$), 1.69–1.78 (m, 1 H, $CHCH_3$), 1.79–1.87 (m, 1 H, $C{=}CCH_AH_BCH_3$), 1.88–1.96 (m, 1 H, $C{=}CCH_AH_BCH_3$), 2.01–2.10 (m, 1 H, $CHCH_2CH_3$), 3.21–3.29 (m, 2 H, $TrOCH_2$), 3.31-3.37 (m, 1 H, *C*HOH), 3.46 (m, 1 H, CHO*H*), 3.69 (s, 3 H, CO_2CH_3), 6.39 (d, *J* = 10.9 Hz, 1 H, C=C*H*), 7.23–7.27 (m, 3 H, Ar-H), 7.29–7.33 (m, 6 H, Ar-H), 7.40–7.45 (m, 6 H, Ar-H). – ^{13}C-NMR (125 MHz, $CDCl_3$): δ = 11.9 (p), 13.9 (p), 15.8 (p), 20.4 (s), 22.7 (s), 35.9 (t), 44.6 (t), 51.6 (p), 66.2 (s), 79.1 (t), 87.4 (q), 127.2 (t, C-Ar), 128.1 (t, C-Ar), 128.5 (t, C-Ar), 134.2 (q), 143.5 (t), 143.6 (q, C-Ar), 168.2 (q). – IR (Film auf KBr): 3506 (m), 3086 (w), 3059 (w), 3023 (w), 2962 (m), 2931 (m), 2874 (m), 1711 (m), 1642 (w), 1597 (w), 1491 (m), 1449 (m), 1380 (w), 1304 (m), 1221 (m), 1186 (w), 1153 (m), 1105 (m), 1070 (m), 1047 (m), 1032 (m), 1002 (w), 935 (w), 899 (w), 764 (m), 746 (m), 706 (m), 645 (m), 705 (m), 632 (m). – MS (EI, 70 eV): *m*/*z* (%) 509 ([M^+],

5), 243 (100), 165 (18). – HRMS ($C_{32}H_{38}O_4$): ber. 509.2668, gef. 509.2665. – $C_{32}H_{38}O_4$: ber. C 78.98, H 7.87, gef. C 79.27, H 7.89.

(4S,5S,6S)-2,4-Diethyl-5-hydroxy-6-methyl-7-trityloxyhept-2-ensäuremethylester ((4*S*,5*S*,6*S*)-**282**):

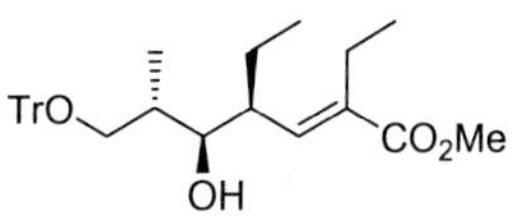

TrO CO2Me OH

In einem Zweihalskolben mit Rückflusskühler wurden unter Argonatmosphäre 5.44 g (15.0 mmol, 1.5 Äquiv.) 2-(Triphenyl-λ^5-phosphanyliden)-buttersäuremethylester (**210**) in 30 ml Benzol suspendiert und bei RT mit 4.03 g (10.0 mmol) (2*R*,3*S*,4*S*)-2-Ethyl-3-hydroxy-4-methyl-5-trityloxypentanal ((2*R*,3*S*,4*S*)-**281**) in 10 ml Benzol versetzt. Anschließend wurde für 35 h unter Rückfluss erhitzt. Nach Abkühlen wurde mit 50 ml H_2O versetzt, die Phasen getrennt und die wässrige Phase noch 2 × mit je 120 ml EE extrahiert. Die vereinigten organischen Phasen wurden über Na_2SO_4 getrocknet und im Vakuum konzentriert. Das Rohprodukt wurde einer säulenchromatographischen Reinigung (Kieselgel 60, Hexan/EE 9:1) unterzogen, wobei das Produkt als gelbes Öl in einer Ausbeute von 3.53 g (7.25 mmol, 72%) erhalten wurde.

$[\alpha]_D^{20}$ = –50.8° (0.93 g/100 ml, $CHCl_3$). Die übrigen analytischen Daten entsprechen vollständig den bei (4*R*,5*R*,6*R*)-**282** erhaltenen.

(4R,5R,6R)-5-(tert-Butyldimethylsilanyloxy)-2,4-diethyl-6-methyl-7-trityloxyhept-2-ensäuremethylester ((4*R*,5*R*,6*R*)-**283**):

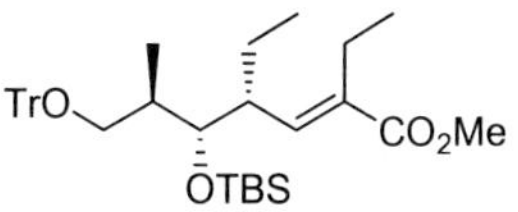

TrO CO2Me OTBS

In einem Schlenkkolben wurden unter Argonatmosphäre 852 mg (1.75 mmol) (4*R*,5*R*,6*R*)-2,4-Diethyl-5-hydroxy-6-methyl-7-trityloxyhept-2-ensäuremethylester ((4*R*,5*R*,6*R*)-**282**) in 10 ml CH_2Cl_2 gelöst und mit 367 µl (338 mg, 3.15 mmol, 1.8 Äquiv.) 2,6-Lutidin versetzt. Es wurde auf 0 °C abgekühlt und langsam mit 563 µl (648 mg, 2.45 mmol, 1.4 Äquiv.) *tert*-Butyldimethylsilyltriflat versetzt. Dann wurde auf RT aufgetaut und für 8 h bei dieser Temperatur gerührt. Anschließend wurde mit 40 ml Et_2O versetzt und nacheinander mit je 15 ml ges. wässriger $NaHCO_3$-Lösung und ges. wässriger NaCl-Lösung gewaschen, über $MgSO_4$ getrocknet und im Vakuum konzentriert. Das Rohprodukt wurde einer säulenchromatographischen Reinigung (Kieselgel 60, Hexan/EE 19:1) unterzogen, wobei das Produkt als farbloses Öl in einer Ausbeute von 895 mg (1.49 mmol, 85%) erhalten wurde.

R_f = 0.20 (Hexan/EE 9:1). – $[\alpha]_D^{20}$ = +14.9° (0.87 g/100 ml, $CHCl_3$). – ^{1}H-NMR (500 MHz, $CDCl_3$): δ = 0.02 (s, 3 H, SiCH_3), 0.05 (s, 3 H, SiCH_3), 0.74 (t, *J* = 7.4 Hz, 3 H, C=CCH_2CH_3), 0.76 (br s, 9 H, 3 × SiCCH_3), 0.92 (t, *J* = 7.4 Hz, 3 H, CH_2CH_3), 1.03 (d, *J* = 6.9 Hz, 3 H, CHCH_3), 1.22–1.38 (m, 2 H, C=CCH_2CH_3), 2.04–2.11 (m, 1 H, C*H*CH_3), 2.12–2.30 (m, 2 H, CHCH_2CH_3), 2.38–2.45 (m, 1 H, C*H*CH_2CH_3), 2.79 (t, *J* = 9.1 Hz, 1 H, TrOC$H_A$$H_B$), 3.29 (dd, *J* = 8.8 Hz, *J* = 4.6 Hz, 1 H, TrOC$H_A$$H_B$), 3.44 (t, *J* = 5.1 Hz, 1 H, C*H*OTBS), 3.71 (s, 3 H, CO_2CH_3), 6.47 (d, *J* = 10.9 Hz, 1 H, C=C*H*), 7.20–7.24 (m, 3 H, Ar-H), 7.26–7.30 (m, 6 H, Ar-H) ,7.38–7.43 (m, 6 H, Ar-H). – ^{13}C-NMR (125 MHz, $CDCl_3$): δ = –4.2 (p), –4.0 (p), 12.0 (p), 13.8 (p), 15.3 (p), 18.3 (q), 20.5 (s), 22.7 (s), 26.1 (p), 39.3 (t), 44.0 (t), 51.5 (t), 65.7 (s), 77.7 (t), 86.4 (q), 126.8 (t, C-Ar), 127.6 (t, C-Ar), 128.7 (t, C-Ar), 133.9 (q), 144.4 (t), 144.7 (q, C-Ar), 168.1 (q). – IR (Film auf KBr): 3059 (w), 3023 (w), 2957 (m), 2930 (m), 2875 (m), 2856 (m), 1716 (s), 1643 (w), 1491 (w), 1461 (m), 1449 (m), 1381 (w), 1303 (w), 1253 (m), 1225 (m), 1187 (w), 1151 (m), 1088 (m), 1067 (m), 1005 (m), 979 (w), 938 (w), 898 (w), 862 (m), 835 (m), 810 (w), 773 (w), 706 (m). – MS (EI, 70 eV): *m*/*z* (%) 243 (100), 165 (11). – HRMS (FAB, $NaC_{38}H_{52}O_4Si$ = [M^++Na]): ber. 623.3533, gef. 623.3530. – $C_{38}H_{52}O_4Si$: ber. C 75.95, H 8.72, gef. C 75.92, H 8.63.

(4S,5S,6S)-5-(tert-Butyldimethylsilanyloxy)-2,4-diethyl-6-methyl-7-trityloxyhept-2-ensäuremethylester ((4*S*,5*S*,6*S*)-**283**):

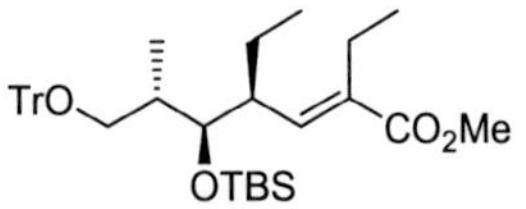

TrO OTBS CO_2Me

In einem Schlenkkolben wurden unter Argonatmosphäre 3.41 g (7.00 mmol) (4*S*,5*S*,6*S*)-2,4-Diethyl-5-hydroxy-6-methyl-7-trityloxyhept-2-ensäuremethylester ((4*S*,5*S*,6*S*)-**282**) in 40 ml CH_2Cl_2 gelöst und mit 1.47 ml (1.35 g, 12.6 mmol, 1.8 Äquiv.) 2,6-Lutidin versetzt. Es wurde auf 0 °C abgekühlt und langsam mit 2.25 ml (2.59 g, 9.80 mmol, 1.4 Äquiv.) *tert*-Butyldimethylsilyltriflat versetzt. Dann wurde auf RT aufgetaut und für 6 h bei dieser Temperatur gerührt. Anschließend wurde mit 250 ml Et_2O versetzt und nacheinander mit je 25 ml ges. wässriger $NaHCO_3$-Lösung und ges. wässriger NaCl-Lösung gewaschen, über $MgSO_4$ getrocknet und im Vakuum konzentriert. Das Rohprodukt wurde einer säulenchromatographischen Reinigung (Kieselgel 60, Hexan/EE 19:1) unterzogen, wobei das Produkt als farbloses Öl in einer Ausbeute von 3.68 g (6.13 mmol, 88%) erhalten wurde.

$[\alpha]_D^{20}$ = –15.4° (0.97 g/100 ml, $CHCl_3$). Die übrigen analytischen Daten entsprechen vollständig den bei (4*R*,5*R*,6*R*)-**283** erhaltenen.

(4R,5S,6S)-5-(tert-Butyldimethylsilanyloxy)-2,4-diethyl-6-methyl-7-oxohept-2-ensäuremethylester ((4*R*,5*S*,6*S*)-**284**):

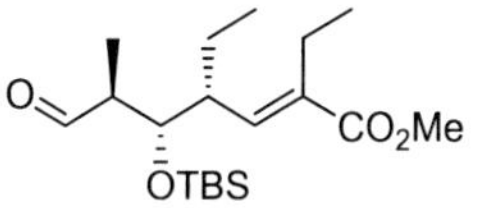

O CO$_2$Me ŌTBS

In einem Schlenkkolben wurden unter Argonatmosphäre bei 0 °C 377 mg (1.05 mmol) (4*R*,5*S*,6R)-5-(*tert*-Butyldimethylsilanyl-oxy)-2,4-diethyl-7-hydroxy-6-methylhept-2-ensäuremethylester ((4*R*,5*S*,6*R*)-**215**) in 1 ml DMSO und 2.5 ml CH_2Cl_2 gelöst. Zu dieser Lösung wurden nacheinander 0.73 ml (531 mg, 5.25 mmol, 5.0 Äquiv.) Triethylamin sowie 301 mg (1.80 mmol, 1.8 Äquiv.) SO_3-Pyridin gegeben. Es wurde 30 min bei gleicher Temperatur gerührt, auf RT aufgetaut und für 3.5 h bei dieser Temperatur gerührt. Zur Aufarbeitung wurde mit 15 ml CH_2Cl_2 verdünnt und mit 3 ml H_2O versetzt. Die Phasen wurden getrennt und die wässrige Phase 2 × mit je 10 ml CH_2Cl_2 extrahiert. Die vereinigten organischen Phasen wurden 2 × mit je 5 ml H_2O und 7.5 ml ges. wässriger NaCl-Lösung gewaschen, über Na_2SO_4 getrocknet und im Vakuum konzentriert. Der Rückstand wurde in 5 ml Benzol aufgenommen, mit Na_2SO_4 behandelt, filtriert und wiederum im Vakuum konzentriert. Das Rohprodukt wurde einer säulenchromatographischen Reinigung (Kieselgel 60, Hexan/EE 3:1) unterzogen, wobei das Produkt als farbloses Öl in einer Ausbeute von 300 mg (0.84 mmol, 80%) erhalten wurde.

R_f = 0.68 (Hexan/EE 3:1). – $[\alpha]_D^{20}$ = +27.4° (0.95 g/100 ml, $CHCl_3$). – ^{1}H-NMR (400 MHz, $CDCl_3$): δ = 0.05 (s, 3 H, SiCH_3), 0.08 (s, 3 H, SiCH_3), 0.82 (t, *J* = 7.5 Hz, 3 H, C=CCH$_2$CH_3), 0.89 (br s, 9 H, 3 × SiCCH_3), 1.02 (t, *J* = 7.5 Hz, 3 H, CHCH$_2$CH_3), 1.11 (d, *J* = 7.1 Hz, 3 H, CHCH_3), 1.22–1.36 (m, 1 H, CHCH_AH$_B$CH$_3$), 1.72–1.85 (m, 1 H, CHCH$_A$$H_BCH_3$), 2.24–2.39 (m, 2 H, C=CCH_2CH$_3$), 2.43–2.64 (m, 2 H, C*H*CH$_2$CH$_3$, C*H*CH$_3$), 3.74 (s, 3 H, CO$_2$CH_3), 3.83 (dd, *J* =6.3 Hz, *J* = 4.0 Hz, 1 H, C*H*OTBS), 6.42 (d, *J* = 11.0 Hz, 1 H, C=C*H*), 9.72 (d, *J* = 2.0 Hz, 1 H, C*H*O). – ^{13}C-NMR (100 MHz, $CDCl_3$): δ = –4.1 (p), –4.0 (p), 11.5 (p), 12.0 (p), 13.6 (p), 18.3 (q), 20.6 (s), 23.2 (s), 25.9 (p), 45.1 (t), 50.8 (t), 51.7 (s), 77.2 (p), 135.7 (q), 142.1 (t), 167.9 (q), 203.8 (q). – IR (Film auf KBr): 3435 (w), 2958 (m), 2934 (m), 2878 (w), 2858 (w), 1719 (m), 1645 (w), 1463 (w), 1436 (w), 1304 (w), 1255 (w), 1226 (w), 1149 (w), 1040 (w), 837 (m), 810 (w), 776 (w). – MS (EI, 70 eV): *m*/*z* (%) 356 ([M$^+$], 0.25), 299 (30), 267 (22), 241 (29), 201 (100), 173 (33), 115 (40), 73 (67). – HRMS ($C_{19}H_{36}O_4Si$): ber. 356.2383, gef. 356.2980. – $C_{19}H_{36}O_4Si$: ber. C 64.00, H 10.18, gef. C 64.09, H 10.15.

(4S,5R,6R)-5-(tert-Butyldimethylsilanyloxy)-2,4-diethyl-6-methyl-7-oxohept-2-ensäuremethylester ((4*S*,5*R*,6R)-**284**):

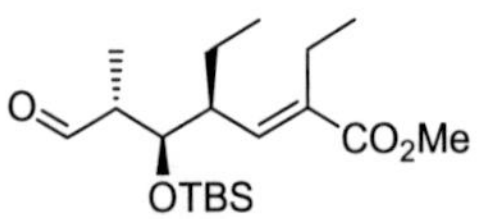

O CO$_2$Me OTBS

In einem Schlenkkolben wurden unter Argonatmosphäre bei 0 °C 782 mg (2.18 mmol) (4*S*,5*R*,6*S*)-5-(*tert*-Butyldimethylsilanyloxy)-2,4-diethyl-7-hydroxy-6-methylhept-2-ensäuremethylester (4*S*,5*R*,6*S*)-**215** in 2 ml DMSO und 5 ml CH_2Cl_2 gelöst. Zu dieser Lösung wurden nacheinander 1.52 ml (1.10 g, 10.9 mmol, 5.0 Äquiv.) Triethylamin sowie 625 mg (3.92 mmol, 1.8 Äquiv.) SO_3-Pyridin gegeben. Es wurde 30 min bei gleicher Temperatur gerührt, auf RT aufgetaut und für 16 h bei dieser Temperatur gerührt. Zur Aufarbeitung wurde mit 30 ml CH_2Cl_2 verdünnt und mit 6 ml H_2O versetzt. Die Phasen wurden getrennt und die wässrige Phase 2 × mit je 10 ml CH_2Cl_2 extrahiert. Die vereinigten organischen Phasen wurden 2 × mit je 10 ml H_2O und 15 ml ges. wässriger NaCl-Lösung gewaschen, über Na_2SO_4 getrocknet und im Vakuum konzentriert. Das Rohprodukt wurde in 20 ml Et_2O aufgenommen, filtriert und auf Kieselgel aufgezogen. Anschließend wurde säulenchromatographisch gereinigt (Hexan/EE 3:1), wobei das Produkt als hellgelbes Öl in einer Ausbeute von 699 mg (1.96 mmol, 90%) erhalten wurde.

$[\alpha]_D^{20}$ = −26.3° (0.91 g/100 ml, $CHCl_3$). Die übrigen analytischen Daten entsprechen vollständig den bei (4*R*,5*S*,6*S*)-**284** erhaltenen.

(4R,5R,6R)-8,8-Dibrom-5-(tert-butyldimethylsilanyloxy)-2,4-diethyl-6-methylocta-2,7-diensäuremethylester ((4*R*,5*R*,6*R*)-**285**):

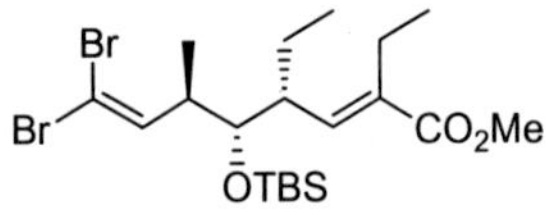

Br Br CO$_2$Me OTBS

In einem Schlenkkolben wurden unter Argonatmosphäre bei 0 °C 497 mg (1.50 mmol, 2.0 Äquiv.) Tetrabrommethan und 787 mg (3.00 mmol, 4.0 Äquiv.) Triphenylphosphin in 4 ml CH_2Cl_2 gelöst und für 15 min gerührt. Anschließend wurden 267 mg (0.75 mmol) (4*R*,5*S*,6*S*)-5-(*tert*-Butyldimethylsilanyloxy)-2,4-diethyl-6-methyl-7-oxohept-2-ensäuremethylester ((4*R*,5*S*,6*S*)-**284**) in 1 ml CH_2Cl_2 hinzu gegeben und für weitere 14 h bei gleicher Temperatur gerührt. Die Reaktion wurde anschließend durch Zugabe von 2 ml ges. wässriger NH_4Cl abgebrochen. Die Phasen wurden getrennt und die wässrige Phase noch 3 × mit je 10 ml CH_2Cl_2 extrahiert. Die vereinigten organischen Phasen wurden über Na_2SO_4 getrocknet und im Vakuum konzentriert. Das Rohprodukt wurde einer säulenchromatographischen Reinigung (Kieselgel 60, Hexan/EE 3:1) unterzogen, wobei das Produkt als hellgelbes Öl in einer Ausbeute von 367 mg (0.72 mmol, 96%) erhalten wurde.

R_f = 0.78 (Hexan/EE 9:1). – $[\alpha]_D^{20}$ =–26.8° (1.06 g/100 ml, $CHCl_3$). – ^{1}H-NMR (400 MHz, $CDCl_3$): δ = 0.04 (s, 3 H, SiCH_3), 0.07 (s, 3 H, SiCH_3) 0.81 (t, *J* = 7.5 Hz, 3 H, C=CCH_2CH_3), 0.92 (br s, 9 H, 3 × SiCCH_3), 0.99–1.06 (m, 6 H, CHCH_2CH_3, CHCH_3), 1.15–1.37 (m, 1 H, CH$CH_AH_BCH_3$), 1.68–1.81 (m, 1 H, CH$CH_AH_BCH_3$), 2.23–2.44 (m, 3 H, CHCH$_3$, C=CCH_2CH_3), 2.52–2.62 (m, 1 H, CHCH_2CH_3), 3.54 (dd, *J* = 6.4 Hz, *J* = 3.1 Hz, 1 H, CHOTBS), 3.75 (s, 3 H, CO_2CH_3), 6.42 (d, *J* = 11.1 Hz, 1 H, C=C*H*), 6.42 (d, *J* = 9.1 Hz, 1 H, Br_2C=C*H*). – ^{13}C-NMR (100 MHz, $CDCl_3$): δ = –3.8 (p), –3.7 (p), 12.0 (p), 13.8 (p), 16.8 (p), 18.3 (q), 20.5 (s), 23.9 (s), 26.1 (p), 42.9 (t), 45.7 (t), 51.6 (s), 78.1 (t), 88.8 (q), 134.7 (q), 140.4 (t), 142.6 (t), 168.1 (q). – IR (Film auf KBr): 2958 (w), 2931 (w), 2857 (w), 1717 (m), 1461 (w), 1434 (w), 1378 (w), 1303 (w), 1255 (w), 1226 (w), 1153 (w), 1099 (w), 1038 (w), 1005 (w), 940 (w), 876 (w), 836 (w), 775 (w). – MS (EI, 70 eV): *m/z* (%) 512 ([M^+], 0.6), 455 (54), 357 (100), 330 (31), 299 (45), 73 (16). – HRMS ($C_{20}H_{36}Br_2O_3Si$): ber. 512.0781, gef. 512.0783. – $C_{20}H_{36}Br_2O_3Si$: ber. C 46.88, H 7.28, gef. C 46.84, H 7.06.

(4S,5S,6S)-8,8-Dibrom-5-(tert-butyldimethylsilanyloxy)-2,4-diethyl-6-methylocta-2,7-diensäuremethylester ((4*S*,5*S*,6*S*)-**285**):

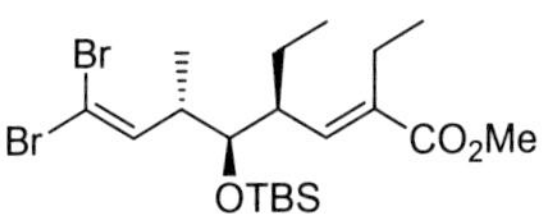

In einem Schlenkkolben wurden unter Argonatmosphäre bei 0 °C 1.67 g (5.04 mmol, 4.2 Äquiv.) Tetrabrommethan und 2.64 g (10.1 mmol, 8.3 Äquiv.) Triphenylphosphin in 20 ml CH_2Cl_2 gelöst und für 15 min gerührt. Anschließend wurden 431 mg (1.21 mmol) (4*S*,5*R*,6*R*)-5-(*tert*-Butyldimethylsilanyloxy)-2,4-diethyl-6-methyl-7-oxohept-2-ensäuremethylester ((4*S*,5*R*,6*R*)-**284**) in 5 ml CH_2Cl_2 hinzu gegeben und für weitere 20 h bei RT gerührt. Die Reaktion wurde anschließend durch Zugabe von 10 ml ges. wässriger NH_4Cl abgebrochen. Die Phasen wurden getrennt und die wässrige Phase noch 3 × mit je 40 ml CH_2Cl_2 extrahiert. Die vereinigten organischen Phasen wurden über Na_2SO_4 getrocknet und im Vakuum konzentriert. Das Rohprodukt wurde einer säulenchromatographischen Reinigung (Kieselgel 60, Hexan/EE 3:1) unterzogen, wobei das Produkt als gelbes Öl in einer Ausbeute von 563 mg (1.10 mmol, 91%) erhalten wurde.

$[\alpha]_D^{20}$ = +27.2° (0.99 g/100 ml, $CHCl_3$). Die übrigen analytischen Daten entsprechen vollständig den bei (4*R*,5*R*,6*R*)-**285** erhaltenen.

(4R,5S,6R)-5-(tert-Butyldimethylsilanyloxy)-2,4-diethyl-6-methyldec-2-en-7-säuremethylester ((4*R*,5*S*,6*R*)-**286**):

In einem Schlenkkolben wurden unter Argonatmosphäre 246 mg (0.48 mmol) (4*R*,5*R*,6*R*)-8,8-Dibrom-5-(*tert*-butyldimethylsilanyloxy)-2,4-diethyl-6-methyl-octa-2,7-diensäuremethylester ((4*R*,5*R*,6*R*)-**285**) in 8 ml THF gelöst und auf –78 °C abgekühlt. Zu dieser Lösung wurden langsam 0.66 ml (1.06 mmol, 2.2 Äquiv.) *n*-Butyllithium [1.6 M in Hexan] getropft. Anschließend wurde 30 min bei dieser Temperatur gerührt, dann wurden 749 mg (4.80 mmol, 10.0 Äquiv.) Ethyliodid hinzu gegeben, auf RT aufgetaut und 10 h bei dieser Temperatur gerührt. Zur Aufarbeitung wurde die Reaktion durch Zugabe von 5 ml ges. wässriger NH_4Cl abgebrochen und die Mischung 3 × mit je 20 ml Et_2O extrahiert. Die vereinigten organischen Phasen wurden über Na_2SO_4 getrocknet und im Vakuum konzentriert. Das Rohprodukt wurde einer säulenchromatographischen Reinigung (Kieselgel 60, Hexan, dann EE) unterzogen, wobei das Produkt als gelbes Öl in einer Ausbeute von 136 mg (0.36 mmol, 75%) erhalten wurde.

R_f = 0.35 (Hexan). – $[\alpha]_D^{20}$ = +6.7 (0.18 g/100ml, $CHCl_3$). – ^{1}H-NMR (500 MHz, $CDCl_3$): δ = 0.04 (s, 3 H, $SiCH_3$), 0.07 (s, 3 H, $SiCH_3$), 0.81 (t, *J* = 7.5 Hz, 3 H, $C{=}CCH_2CH_3$), 0.80–0.93 (m, 12 H, 3 × $SiCCH_3$, $C\equiv CCH_2CH_3$), 0.99–1.05 (m, 3 H, $CHCH_2CH_3$), 1.14–1.28 (m, 5 H, $C\equiv CCH_2CH_3$, $CHCH_3$), 1.54–1.65 (m, 1 H, $CHCH_AH_BCH_3$), 1.68–1.81 (m, 1 H, $CHCH_AH_BCH_3$), 2.23–2.44 (m, 2 H, $C{=}CCH_2CH_3$), 2.53–2.61 (m, 1 H, $CHCH_2CH_3$) 2.64–2.72 (m, 1 H, $CHCH_3$), 3.49 (dd, *J* = 7.1 Hz, *J* = 2.9 Hz, 1 H, CHOTBS), 3.75 (s, 3 H, CO_2CH_3), 6.49 (d, *J* = 11.0 Hz, 1 H, C=CH). – ^{13}C-NMR (100 MHz, $CDCl_3$): δ = –3.8 (p), –3.7 (p), 11.9 (p), 14.2 (p), 14.6 (p), 16.8 (p), 18.3 (q), 20.6 (s), 21.0 (s), 23.9 (s), 26.1 (p), 36.7 (t), 45.0 (t), 51.6 (p), 70.6 (q), 78.1 (t), 88.8 (q), 127.1 (q), 143.4 (t), 168.1 (q). – IR (Film auf KBr): 2957 (m), 2934 (m), 2859 (w), 1717 (w), 1641 (w), 1462 (w), 1377 (w), 1254 (w), 1226 (w), 1149 (w), 1083 (w), 1055 (w), 836 (w), 774 (w). – MS (EI, 70 eV): *m*/*z* (%) 380 ([M^+], 1), 300 (8), 197 (100), 171 (26), 153 (26), 141 (23), 115 (17), 73 (57). – HRMS ($C_{22}H_{40}O_3Si$): ber. 380.2747, gef. 380.2752.

(4S,5R,6S)-5-(tert-Butyldimethylsilanyloxy)-2,4-diethyl-6-methyldec-2-en-7-säuremethylester ((4*S*,5*R*,6*S*)-**286**):

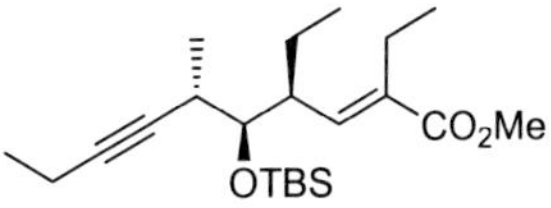

In einem Schlenkkolben wurden unter Argonatmosphäre 246 mg (0.48 mmol) (4*S*,5*S*,6*S*)-8,8-Dibrom-5-(*tert*-butyldimethylsilanyloxy)-2,4-diethyl-6-methyl-octa-2,7-diensäuremethylester ((4*S*,5*S*,6*S*)-**285**) in 8 ml THF gelöst und auf –78 °C abgekühlt. Zu dieser Lösung wurden langsam 0.66 ml (1.06 mmol, 2.2 Äquiv.) *n*-Butyllithium [1.6 M in Hexan] getropft. Anschließend wurde 30 min bei dieser Temperatur gerührt, dann wurden 749 mg (4.80 mmol, 10.0 Äquiv.) Ethyliodid hinzu gegeben, auf RT aufgetaut und 12 h bei dieser Temperatur gerührt. Zur Aufarbeitung wurde die Reaktion durch Zugabe von 5 ml ges. wässriger NH_4Cl abgebrochen und die Mischung 3 × mit je 20 ml Et_2O extrahiert. Die vereinigten organischen Phasen wurden über Na_2SO_4 getrocknet und im Vakuum konzentriert. Das Rohprodukt wurde einer säulenchromatographischen Reinigung (Kieselgel 60, Hexan/EE 9:1) unterzogen, wobei das Produkt als gelbes Öl in einer Ausbeute von 160 mg (0.42 mmol, 88%) erhalten wurde.

$[\alpha]_D^{20}$ = –7.3° (0.25 g/100 ml $CHCl_3$). Die übrigen analytischen Daten entsprechen vollständig den bei (4*R*,5*S*,6*R*)-**286** erhaltenen.

(4,4-Dibrombuta-1,3-dienyl)-benzol (**288**):

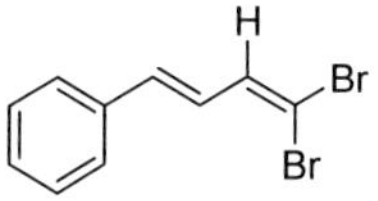

In einem Schlenkkolben wurden unter Argonatmosphäre 9.23 g (35.2 mmol, 4.0 Äquiv.) Triphenylphosphin sowie 8.84 g (17.6 mmol, 2.0 Äquiv.) Tetrabrommethan in 15 ml CH_2Cl_2 gelöst. Es wurde auf 0 °C abgekühlt und langsam mit 1.16 g (8.80 mmol) *trans*-Zimtaldehyd (**287**), gelöst in 10 ml CH_2Cl_2, versetzt. Danach wurde für weitere 2 h bei dieser Temperatur gerührt. Anschließend wurde mit 15 ml Et_2O verdünnt und unter Nachspülen mit Et_2O (30 ml) filtriert. Das Filtrat wurde mit je 20 ml ges. wässriger $NaHCO_3$-Lösung, Wasser und ges. wässriger NaCl-Lösung gewaschen, über Na_2SO_4 getrocknet und im Vakuum konzentriert. Das Rohprodukt wurde einer säulenchromatographischen Reinigung (Kieselgel 60, Hexan) unterzogen, wobei das Produkt als leicht orangevarbener Feststoff in einer Ausbeute von 2.03 g (7.05 mmol, 81%) erhalten wurde.

R_f = 0.62 (Hexan). – Smp. 50 °C. – ^{1}H-NMR (400 MHz, $CDCl_3$): δ = 6.68–6.84 (m, 2 H, PhCH=C*H*=CH, PhCH=CH=C*H*), 7.10 (d, *J* = 8.9 Hz, 1 H, PhC*H*=CH=CH), 7.25–7.38 (m, 3 H, Ar-H), 7.44–7.47 (m, 2 H, Ar-H). – ^{13}C-NMR (100 MHz, $CDCl_3$): δ = 91.3 (q), 125.2

(q), 128.5 (t), 128.7 (t), 135.6 (t), 136.2 (t), 137.0 (t). – IR (drift): 3080 (m), 3058 (m), 3034 (m), 3015 (m), 1948 (w), 1876 (w), 1801 (w), 1745 (w), 1612 (w), 1561 (m), 1498 (m), 1487 (m), 1385 (w), 1336 (w), 1325 (w), 1308 (m), 1283 (m), 1233 (w), 1178 (w), 1157 (m), 984 (w), 961 (m), 875 (m), 853 (m), 810 (m), 748 (m), 690 (m). – MS (EI, 70 eV): *m/z* (%) 285 ([M^+], 8), 128 (100), 77 (20), 51 (17). – HRMS ($C_{10}H_8Br_2$): ber. 285.8992, gef. 285.8995. – $C_{10}H_8Br_2$: ber. C 41.71, H 2.80, gef. C 41.71, H 2.77.

Dibrommethyltriphenylphosphoniumbromid (**289**):

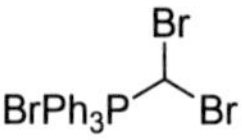

Br
BrPh$_3$P Br

In einem Kolben wurden unter Argonatmosphäre 15.7 g (60.0 mmol, 2.0 Äquiv.) Triphenylphosphin in 30 ml CH_2Cl_2 gelöst und bei RT langsam mit 15.7 g (30.0 mmol) Tetrabrommethan in 20 ml CH_2Cl_2 versetzt. Es wurde für 20 min bei gleicher Temperatur gerührt. Anschließend wurde die Reaktion durch vorsichtige Zugabe von 10 ml H_2O abgebrochen. Nach Abtrennung der wässrigen Phase wurde über Na_2SO_4 getrocknet und im Vakuum konzentriert. Das erhaltene viskose Rohprodukt wurde in 20 ml heißem MeOH aufgenommen, filtriert und auf RT abgekühlt. Anschließend wurde bis zur beginnenden Trübung EE hinzugegeben und für 16 h auf –20 °C abgekühlt. Anschließend wurde filtriert und der erhaltene Feststoff im Vakuum getrocknet. Das Produkt wurde als gelblicher Feststoff in einer Ausbeute von 9.60 g (18.6 mmol, 62%) erhalten.

^{1}H-NMR (400 MHz, $CDCl_3$): δ = 7.62–7.68 (m, 6 H, Ar-H), 7.70–7.78 (m, 3 H, Ar-H), 8.05–8.13 (m, 6 H, Ar-H), 10.17 (d, *J* = 2.2 Hz, 1 H, C*H*). – ^{13}C-NMR (100 MHz, $CDCl_3$): δ = 30.2 (d, *J* = 48.0 Hz), 116.5 (d, *J* = 87.7 Hz), 130.5 (t, *J* = 12.7 Hz), 133.6 (d, *J* = 10.1 Hz), 135.2 (d, *J* = 2.8 Hz). – IR (Film auf KBr): 3426 (w), 3053 (w), 3018 (w), 2960 (w), 2807 (s), 1584 (w), 1484 (m), 1436 (s), 1338 (w), 1321 (w), 1268 (m), 1164 (w), 1103 (s), 748 (w), 724 (w). – $C_{19}H_{16}Br_3P$: ber. C 44.31, H 3.13, gef. C 44.24, H 3.36.

Ethylacrylsäuremethylester (**309**):

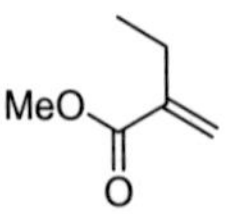

MeO
O

In einem Kolben wurden 24.0 g (150 mmol) 2-Ethylmalonsäuredimethylester (**306**) in 80 ml MeOH gelöst und bei RT während 1 h mit 8.42 g (150 mmol, 1.0 Äquiv.) Kaliumhydroxid, gelöst in 100 ml MeOH, versetzt. Anschließend wurde für 18 h bei RT gerührt. Dann wurde der Alkohol im Vakuum entfernt, der Rückstand wurde in 45 ml H_2O aufgenommen und es wurde 3 × mit je 75 ml CH_2Cl_2 extrahiert. Die wässrige Phase wurde auf 0 °C abgekühlt, langsam mit 12.6 ml konz. Salzsäure versetzt und noch 3 × mit je 75 ml Et_2O extrahiert. Die vereinigten organischen Phasen wurden über Na_2SO_4 getrocknet und anschließend im Vakuum konzentriert. Das Rohprodukt wurde direkt in der Folgereaktion eingesetzt.

In einem Kolben mit Rückflusskühler wurden 21.9 g (150 mmol) 2-Ethylmalonsäuremonomethylester (**308**) in 60 ml Pyridin gelöst und bei RT mit 1.58 ml (1.28 g, 15.0 mmol, 0.1 Äquiv.) Piperidin sowie 4.50 g (150 mmol, 1.0 Äquiv.) Paraformaldehyd versetzt. Es wurde für 2 h unter Rückfluss erhitzt. Nach Abkühlen wurde die Reaktionsmischung auf 45 ml H_2O gegossen und 3 × mit je 75 ml Pentan extrahiert. Die vereinigten organischen Phasen wurden 2 × mit je 30 ml H_2O, 2 × 30 ml 1 M Salzsäure, 30 ml ges. wässriger $NaHCO_3$-Lösung sowie 30 ml ges. wässriger NaCl-Lösung gewaschen. Es wurde über Na_2SO_4 getrocknet und im Vakuum konzentriert. Das Produkt wurde als farbloses Öl in einer Ausbeute von 11.6 g (102 mmol, 68%) erhalten.

^{1}H-NMR (400 MHz, $CDCl_3$): δ = 1.08 (t, J = 7.4 Hz, 3 H, CH_2CH_3), 2.33 (q, J = 7.4 Hz, 2 H, CH_2CH_3), 3.75 (s, 3 H, OCH_3), 5.53 (br s, 1 H, C=CH_AH_B), 6.13 (s, 1 H, C=CH_AH_B). – ^{13}C-NMR (100 MHz, $CDCl_3$): δ = 12.7 (p), 24.8 (s), 51.7 (p), 123.5 (s), 142.2 (q), 167.8 (q). – IR (Film auf KBr): 2971 (m), 2880 (m), 1723 (s), 1631 (m), 1438 (m), 1405 (m), 1340 (m), 1306 (m), 1286 (m), 1260 (m), 1195 (m), 1163 (m), 1063 (m), 992 (m), 943 (m), 884 (w), 817 (m), 795 (w).– MS (EI, 70 eV): m/z (%) kein [M^+], 98 (40), 77 (100), 61 (31). – $C_6H_{10}O_2$: ber. C 63.14, H 8.83, gef. C 63.37, H 8.71.

Bromethylacrylsäuremethylester (**311**):

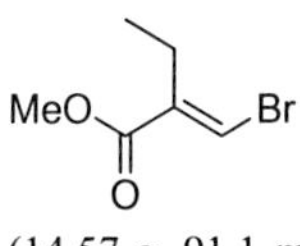

In einem Kolben wurden unter Argonatmosphäre 9.91 g (86.8 mmol) 2-Ethylacrylsäuremethylester (**309**) in 45 ml $CHCl_3$ sowie 6.9 ml Essigsäure gelöst und bei 0 °C langsam mit einer Lösung von 4.68 ml (14.57 g, 91.1 mmol, 1.05 Äquiv.) Brom in 35 ml $CHCl_3$ versetzt. Anschließend wurde 2 h bei gleicher Temperatur gerührt. Die Reaktion wurde dann durch Zugabe von 130 ml 2 M Na_2CO_3-Lösung abgebrochen und die Reaktionsmischung durch Zugabe von festem $Na_2S_2O_3$ entfärbt. Die Phasen wurden getrennt und die wässrige Phase noch 2 × mit je 150 ml $CHCl_3$ extrahiert. Die vereinigten organischen Phasen wurden über $MgSO_4$ getrocknet und im Vakuum konzentriert.

Das so Rohprodukt **310** wurde in einem Kolben mit Rückflusskühler in 100 ml THF gelöst und bei RT langsam mit einer Lösung von 23.5 ml (23.8 g, 156 mmol, 1.8 Äquiv.) DBU in

80 ml THF versetzt. Anschließend wurde 150 min unter Rückfluss erhitzt. Dann wurde mit 200 ml H_2O verdünnt und mit 100 ml 1 M HCl behandelt. Es wurde 2 × mit je 150 ml Hexan extrahiert, über $MgSO_4$ getrocknet und im Vakuum konzentriert. Das Rohprodukt wurde einer säulenchromatographischen Reinigung (Kieselgel 60, Pentan/Et_2O 3:1) unterzogen, wobei das Produkt als hellgelbe Flüssigkeit in einer Ausbeute von 10.4 g (53.8 mmol, 62%) erhalten wurde.

R_f = 0.65 (Pentan/Et_2O 3:1). – ^{1}H-NMR (400 MHz, $CDCl_3$): δ = 1.05 (t, *J* = 7.5 Hz, 3 H, CH_2CH_3), 2.50 (q, *J* = 7.5 Hz, 2 H, CH_2CH_3), 3.77 (s, 3 H, OCH_3), 7.48 (s, 1 H, C=C*H*). – ^{13}C-NMR (100 MHz, $CDCl_3$): δ = 12.1 (p), 23.3 (s), 52.2 (p), 122.3 (t), 139.4 (q), 165.2 (q). – IR (Film auf KBr): 2973 (w), 2953 (w), 2877 (w), 1721 (m), 1607 (w), 1458 (w), 1435 (w), 1338 (w), 1304 (w), 1258 (w), 1229 (w), 1121 (w), 1047 (w), 1046 (w), 993 (w), 919 (w), 751 (w), 719 (w). – MS (EI, 70 eV): *m*/*z* (%) 192 ([M^+], 100), 165 (69), 133 (80), 105 (44), 91 (20), 59 (26). – HRMS ($C_6H_9BrO_2$): ber. 191.9786, gef. 191.9789. – $C_6H_9BrO_2$: ber. C 37.33, H 4.70, gef. C 37.36, H 5.04.

2-Brommethylenbutan-1-ol (**312**):

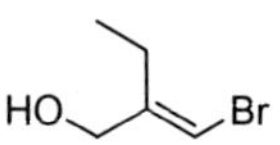

HO Br

In einem Schlenkkolben wurden unter Argonatmosphäre 10.35 g (53.6 mmol) 2-Bromomethylenbuttersäuremethylester (**311**) in 100 ml THF gelöst und bei 0 °C portionsweise mit 2.07 g (54.7 mmol, 1.02 Äquiv.) $LiAlH_4$ langsam versetzt. Anschließend wurde 16 h bei RT gerührt. Die Reaktion wurde bei 0 °C durch langsame Zugabe von 3 ml ges. wässriger NH_4Cl-Lösung abgebrochen und mit 80 ml Et_2O verdünnt. Die Reaktionsmischung wurde anschließend in 30 ml 2 M HCl gegossen, die Phasen getrennt und die wässrige Phase noch 3 × mit je 50 ml CH_2Cl_2 extrahiert. Die vereinigten organischen Phasen wurden über $MgSO_4$ getrocknet und im Vakuum konzentriert. Das Produkt wurde als hellgelbe Flüssigkeit in einer Ausbeute von 7.59 g (47.0 mmol, 88%) erhalten.

^{1}H-NMR (250 MHz, $CDCl_3$): δ = 1.06 (t, *J* = 7.6 Hz, 3 H, CH_2CH_3), 2.28 (q, *J* = 7.6 Hz, 2 H, CH_2CH_3), 4.14 (br s, 2 H, CH_2OH), 6.21 (s, 1 H, C=C*H*). – ^{13}C-NMR (100 MHz, $CDCl_3$): δ = 11.6 (p), 24.0 (s), 65.1 (s), 103.8 (t), 146.3 (q). – IR (Film auf KBr): 3344 (s), 2969 (m), 2934 (m), 2878 (m), 2365 (w), 1719 (w), 1630 (m), 1560 (w), 1542 (w), 1461 (m), 1375 (w), 1331 (w), 1287 (w), 1255 (w), 1161 (w), 108 (m), 1059 (w), 1028 (m), 954 (w), 855 (w), 777 (m), 703 (m).– MS (EI, 70 eV): *m*/*z* (%) 162 ([M^+], 7), 147 (31), 125 (21), 97 (21), 84 (68), 70

(100), 55 (76). – HRMS (C_5H_8BrO [M–H]): ber. 162.9759, gef. 162.9756. – C_5H_9BrO: ber. C 36.39, H 5.50, gef. C 36.83, H 5.56.

(3-Brommethylenpent-1-enyl)-benzol (**314**):

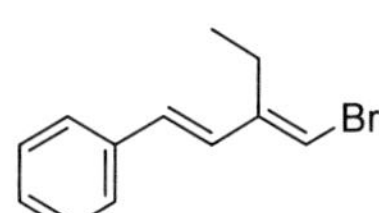

In einem Schlenkkolben wurden 23.9 g (275 mmol, 10.0 Äquiv.) MnO_2 in 80 ml CH_2Cl_2 suspendiert und bei RT mit 4.54 g (27.5 mmol) 2-Brommethylenbutan-1-ol (**312**) in 15 ml CH_2Cl_2 versetzt. Anschließend wurde 20 h bei RT gerührt. Es wurde über Celite filtriert und im Vakuum konzentriert. Das Rohprodukt (3.59 g, 22.0 mmol, 80%) wurde ohne weitere Reinigung in der Folgestufe umgesetzt.

In einem Schlenkkolben wurden unter Argonatmosphäre 7.53 g (33.0 mmol, 1.5 Äquiv.) Diethylbenzylphosphonat in 130 ml THF gelöst und bei –78 °C mit 13.2 ml (33.0 mmol, 1.5 Äquiv.) *n*-Butyllithium [2.5 M in Hexan] versetzt. Anschließend wurde für 1 h bei gleicher Temperatur gerührt, dann wurden 3.59 g (22.0 mmol) 2-Brommethylenbutan-1-al (**313**) in 20 ml THF hinzu gegeben und für 20 h unter Auftauen auf RT gerührt. Zur Aufarbeitung wurde mit 10 ml ges. wässriger NH_4Cl-Lösung versetzt. Die Phasen wurden getrennt und die wässrige Phase wurde 3 × mit je 75 ml Et_2O extrahiert. Die vereinigten organischen Phasen wurden über Na_2SO_4 getrocknet und im Vakuum konzentriert. Das Rohprodukt wurde einer säulenchromatographischen Reinigung (Kieselgel 60, Hexan) unterzogen, wobei das Produkt als hellgelbes Öl in einer Ausbeute von 3.86 g (16.3 mmol, 74%) erhalten wurde.

R_f = 0.51 (Hexan). – ^{1}H-NMR (400 MHz, $CDCl_3$): δ = 1.12 (t, *J* = 7.6 Hz, 3 H, CH_2CH_3), 2.55 (q, *J* = 7.6 Hz, 2 H, CH_2CH_3), 6.36 (s, 1 H, C=C*H*Br), 6.65 (d, *J* = 16.2 Hz, 1 H, PhCH=C*H*), 6.69 (d, *J* = 16.2 Hz, 1 H, PhC*H*=CH), 7.22–7.29 (m, 1 H, Ar-H), 7.31–7.37 (m, 2 H, Ar-H), 7.40–7.48 (m, 2 H, Ar-H). – ^{13}C-NMR (100 MHz, $CDCl_3$): δ = 12.3 (p), 22.8 (s), 109.0 (t), 126.4 (t), 127.6 (t), 127.7 (t), 128.5 (t), 128.7 (t), 137.0 (q), 145.4 (q). – IR (Film auf KBr): 3062 (w), 3028 (w), 2971 (m), 2935 (w), 2876 (w), 1572 (w), 1495 (w), 1466 (w), 1448 (m), 1374 (w), 1335 (w), 1297 (w), 1250 (w), 1171 (w), 1060 (w), 957 (m), 770 (m), 745 (w), 719 (w), 690 (m). – MS (EI, 70 eV): *m/z* (%) 236 ([M^+], 41), 157 (26), 129 (100), 115 (19). – HRMS ($C_{12}H_{13}Br$): ber. 236.0201, gef. 236.0199. – $C_{12}H_{13}Br$: ber. C 60.78, H 5.53, gef. C 60.32, H 5.56.

2-(2'-Ethyl-4'-phenylbuta-1',3'-dienyl)-4,4,5,5-tetramethyl-[1,3,2]dioxaborolan (**315**):

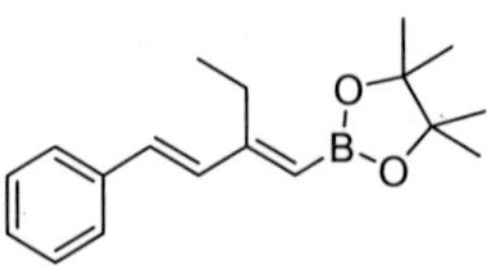

In einem Vial wurden unter Argonatmosphäre 82 mg (0.10 mmol, 0.05 Äquiv.) 1,1'-Bis(diphenylphosphino)ferrocen-palladium(II)dichlorid-Dichlormethankomplex, 589 mg (6.00 mmol, 3.0 Äquiv.) Kaliumacetat und 1.52 g (6.00 mmol, 3.0 Äquiv.) Bis(pinacolato)dibor vorgelegt und bei RT mit 474 mg (2.00 mmol) (3-Brommethylenpent-1-enyl)-benzol (**314**) in 9 ml DMSO versetzt. Anschließend wurde die erhaltene Lösung auf 80 °C erwärmt und im Dunkeln 10 h bei dieser Temperatur gerührt. Nach Abkühlen auf RT wurde mit 300 ml Et_2O verdünnt, mit 40 ml H_2O gewaschen und über Na_2SO_4 getrocknet. Nach Konzentration im Vakuum wurde das Rohprodukt einer säulenchromatographischen Reinigung (Kieselgel 60, Hexan → Et_2O) unterzogen, wobei das Produkt als gelbes Öl in einer Ausbeute von 252 mg (0.89 mmol, 44%) erhalten wurde.

R_f = 0.82 (Hexan/EE 9:1). – ^{1}H-NMR (400 MHz, $CDCl_3$): δ = 1.13 (t, J = 7.5 Hz, 3 H, CH_2CH_3), 1.29 (s, 6 H, 2 × CH_3), 1.33 (s, 6 H, 2 × CH_3), 2.71 (q, J = 7.5 Hz, 2 H, CH_2CH_3), 5.43 (s, 1 H, C=C*H*B), 6.72 (d, J = 16.2 Hz, 1 H, PhCH=C*H*), 6.76 (d, J = 16.2 Hz, 1 H, PhC*H*=CH), 7.22–7.29 (m, 1H, Ar-H), 7.31–7.37 (m, 2 H, Ar-H), 7.40–7.48 (m, 2 H, Ar-H). – ^{13}C-NMR (100 MHz, $CDCl_3$): δ = 12.2 (p), 23.6 (s), 24.8 (p), 82.8 (q), 77.2 (t), 126.7 (t), 127.5 (t), 127.7 (t), 128.6 (t), 129.7 (t), 133. 1 (q) 137.8 (q). – IR (Film auf KBr): 3058 (w), 3026 (w), 2977 (m), 2935 (m), 2876 (w), 1688 (w), 1600 (m), 1495 (w), 1448 (m), 1383 (m), 1370 (m), 1326 (m), 1259 (m), 1243 (m), 1213 (w), 1143 (s), 1107 (w), 1059 (w), 1028 (w), 1005 (w), 967 (m), 899 (w), 883 (w), 851 (m), 751 (w), 692 (m), 672 (w). – MS (EI, 70 eV): m/z (%) 284 ([M^+], 95), 227 (20), 183 (20), 156 (100), 131 (50), 101 (32), 84 (57). – HRMS ($C_{18}H_{25}BO_2$): ber. 284.1948, gef. 284.1945.

7. Abkürzungsverzeichnis

abs.	absolut
Ac	Acetyl
AIBN	Azobis-*iso*-butyronitril
Äquiv.	Äquivalente
Ar	Aromat(isch)
ber.	berechnet
BHT	2,6-Di-*tert*-butyl-4-methylphenol
Bn	Benzyl
Bu	Butyl
bzw.	beziehungsweise
c-Hex	Cyclohexyl
CoA	Coenzym A
d	Tag
DBU	1,8-Diazabicyclo[5.4.0]undec-7-en
DC	Dünnschichtchromatographie
DDQ	Dichlordicyanochinon
DEPT	Distortionless Enhancement by Polarization Transfer
dest.	destilliert
DIBAL	Di-*iso*-butylaluminiumhydrid
d. h.	das heißt
DMAP	4-Dimethylaminopyridin
DMF	Dimethylformamid
DMSO	Dimethylsulfoxid
DNA	desoxyribonucleic acids (Desoxyribonukleinsäuren)
dppf	1,1'-Bis(diphenylphosphino)ferrocen
dr	diastereomeric ratio (Diastereomerenverhältnis)
EA	Elementaranalyse
EE	Essigsäureethylester
EI	Elektronenstoßionisation
Et	Ethyl
EWG	electron withdrawing group (elektronenziehende Gruppe)
FAB	Fast Atom Bombardment

gef.	gefunden
ges.	gesättigt
h	Stunde
HOMO	highest occupied molecular orbital (höchstliegendes besetztes MO)
HRMS	High Resolution Mass Spectrometry (Hochaufgelöste MS)
Imid.	Imidazol
IR	Infrarot
LiHMDS	Lithiumhexamethyldisilazan
KHMDS	Kaliumhexamethyldisilazan
konz.	konzentriert
LUMO	lowest unoccupied molecular orbital (tiefstliegendes unbesetztes MO)
min	Minute
M	molar
Me	Methyl
MOM	Methoxymethyl
Ms	Mesyl
MS	Massenspektrometrie
NADPH	Nicotinsäureamidadenosindinucleotidphosphat
Nf	Perfluorbutansulfonat (Nonaflat)
NMR	Nuclear Magnetic Resonance (Magnetische Kernspinresonanz)
Ph	Phenyl
PMB	4-Methoxybenzyl
PMP	4-Methoxyphenyl
PPTS	Pyridinium-*p*-toluolsulfonat
Pyr.	Pyridin
R	Rest
R_f	Retentionsfaktor
RNA	ribonucleic acids (Ribonukleinsäuren)
RT	Raumtemperatur
Smp.	Schmelzpunkt
SG	Schutzgruppe
SR	sarkoplasmatisches Retikulum
TBAF	Tetra-*n*-butylammoniumfluorid
TBDPS	*tert*-Butyldiphenylsilyl

TBS	*tert*-Butyldimethylsilyl
TEMPO	2,2,6,6-Tetramethylpiperidin-1-oxyl
TMS	Trimethylsilyl
Tf	Trifluormethansulfonyl (Triflat)
TFA	Trifluoressigsäure
TIPS	Tri-*iso*-propylsilyl
THF	Tetrahydrofuran
Tr	Triphenylmethyl (Trityl)
vergl.	vergleiche
(*p*-)Ts	4-Toluolsulfonyl

8. Literatur

[1] a) K. C. Nicolaou, E. J. Sorensen, *Classics in Total Synthesis*, Wiley-VCH, Weinheim, **1996**; b) K. C. Nicolaou, S. A. Snyder, *Classics in Total Synthesis II*, Wiley-VCH, Weinheim, **2003**; c) K. C. Nicolaou, D. Vourloumis, N. Winssinger, P. S. Baran, *Angew. Chem.* **2000**, *112*, 46–126; *Angew. Chem. Int. Ed.* **2000**, *39*, 44–122; d) K. C. Nicolaou, S. A. Snyder, *Angew. Chem.* **2005**, *117*, 1036–1069; *Angew. Chem. Int. Ed.* **2005**, *44*, 1012–1044; e) E. J. Corey, X.-M. Cheng, *The Logic of Chemical Synthesis*, Wiley-VCH, New York, **1995**; f) I. Fleming, *Selected Organic Syntheses*, Wiley, New York, **1973**.

[2] F. Wöhler, *Ann. Phys. Chem.* **1828**, *12*, 253–256.

[3] H. Kolbe, *Ann. Chem. Pharm.* **1845**, *54*, 145–188.

[4] A. v. Baeyer, *Ber. Dtsch. Chem. Ges.* **1878**, *11*, 1296–1297.

[5] E. Fischer, *Ber. Dtsch. Chem. Ges.* **1890**, *23*, 799–805.

[6] a) R. Willstätter, *Ber. Dtsch. Chem. Ges.* **1901**, *34*, 129–130; b) R. Willstätter, *Ber. Dtsch. Chem. Ges.* **1901**, *34*, 3163–3165; c) R. Willstätter, *Ber. Dtsch. Chem. Ges.* **1896**, *29*, 936–947.

[7] W. E. Bachmann, W. Cole, A. L. Wilds, *J. Am. Chem. Soc.* **1939**, *61*, 974–975.

[8] a) R. B. Woodward, M. P. Cava, W. D. Ollis, A. Hunger, H. U. Daeniker, K. Schenker, *J. Am. Chem. Soc.* **1954**, *76*, 4749–4751; b) R. B. Woodward, M. P. Cava, W. D. Ollis, A. Hunger, H. U. Daeniker, K. Schenker, *Tetrahedron* **1963**, *19*, 247–288.

[9] a) R. B. Woodward, F. E. Bader, H. Bickel, A. J. Frey, R. W. Kierstead, *J. Am. Chem. Soc.* **1956**, *78*, 2023–2055; b) R. B. Woodward, F. E. Bader, H. Bickel, A. J. Frey, R. W. Kierstead, *J. Am. Chem. Soc.* **1956**, *78*, 2657; c) R. B. Woodward, F. E. Bader, H. Bickel, A. J. Frey, R. W. Kierstead, *Tetrahedron* **1958**, *2*, 1–57.

[10] a) R. B. Woodward, *Pure Appl. Chem.* **1968**, *17*, 519–547; b) R. B. Woodward, *Pure Appl. Chem.* **1971**, *25*, 283–304; c) R. B. Woodward, *Pure Appl. Chem.* **1973**, *33*, 145–177; d) A. Eschenmoser, C. E. Wintner, *Science* **1977**, *196*, 1410–1420; e) A. Eschenmoser, *Pure Appl. Chem.* **1963**, *7*, 297–316; f) A. Eschenmoser, *Naturwissenschaften* **1974**, *61*, 513–525.

[11] a) R. B. Woodward, E. Logusch, K. P. Nambiar, K. Sakan, D. E. Ward, B. W. Au-Yeung, P. Balaram, L. J. Browne, P. J. Card, C. H. Chen, *J. Am. Chem. Soc.* **1981**, *103*, 3210–3213; b) R. B. Woodward, B. W. Au-Yeung, P. Balaram, L. J. Browne, D.

E. Ward, P. J. Card, C. H. Chen, *J. Am. Chem. Soc.* **1981**, *103*, 3213–3215; c) R. B. Woodward, E. Logusch, K. P. Nambiar, K. Sakan, D. E. Ward, B. W. Au-Yeung, P. Balaram, L. J. Browne, P. J. Card, C. H. Chen, *J. Am. Chem. Soc.* **1981**, *103*, 3215–3217.

[12] a) E. J. Corey, M. Ohno, P. A. Vatakencherry, R. B. Mitra, *J. Am. Chem. Soc.* **1961**, *83*, 1251–1253; b) E. J. Corey, M. Ohno, R. B. Mitra, P. A. Vatakencherry, *J. Org. Chem.* **1963**, *28*, 478–485.

[13] a) E. J. Corey, N. M. Weinshenker, T. K. Schaaf, W. Huber, *J. Am. Chem. Soc.* **1969**, *91*, 5675–5677; b) E. J. Corey, T. K. Schaaf, W. Huber, U. Koelliker, N. M. Weinshenker, *J. Am. Chem. Soc.* **1970**, *92*, 397–398; c) E. J. Corey, R. Noyori, T. K. Schaaf, *J. Am. Chem. Soc.* **1970**, *92*, 2586–2587; d) E. J. Corey, *Ann. N. Y. Acad. Sci.* **1971**, *180*, 24–37.

[14] a) E. J. Corey, R. L. Danheiser, S. Chandrasekaran, G. E. Keck, P. Gopalan, S. D. Larsen, P. Siret, J. L. Gras, *J. Am. Chem. Soc.* **1978**, *100*, 8034–8036; b) E. J. Corey, J. Gorzynski-Smith, *J. Am. Chem. Soc.* **1979**, *101*, 1038–1039.

[15] E. J. Corey, N. C. Kang, N. C. Desai, A. K. Ghosh, I. N. Houpis, *J. Am. Chem. Soc.* **1988**, *110*, 649–651

[16] a) K. C. Nicolaou, T. K. Chakraborty, A. D. Piscopio, N. Minowa, P. Bertinato, *J. Am. Chem. Soc.* **1993**, *115*, 4419–4420; b) A. D. Piscopio, N. Minowa, T. K. Chakraborty, K. Koide, P. Bertinato, K. C. Nicolaou, *J. Chem. Soc., Chem. Commun.* **1993**, 617–618; c) K. C. Nicolaou, P. Bertinato, A. D. Piscopio, T. K. Chakraborty, N. Minowa, *J. Chem. Soc., Chem. Commun.* **1993**, 619–622; d) K. C. Nicolaou, A. D. Piscopio, P. Bertinato, T. K. Chakraborty, N. Minowa, K. Koide, *Chem. Eur. J.* **1995**, *1*, 318–323.

[17] a) K. C. Nicolaou, E. A. Theodorakis, F. P. J. T. Rutjes, J. Tiebes, M. Sato, E. Untersteller, X.-Y. Xiao, *J. Am. Chem. Soc.* **1995**, *117*, 1171–1172; b) K. C. Nicolaou, F. P. J. T. Rutjes, E. A. Theodorakis, J. Tiebes, M. Sato, E. Untersteller, *J. Am. Chem. Soc.* **1995**, *117*, 1173–1174; c) K. C. Nicolaou, C.-K. Hwang, M. E. Duggan, D. A. Nugiel, Y. Abe, K. Bal Reddy, S. A. DeFrees, D. R. Reddy, R. A. Awartani, S. R. Conley, F. P. T. J. Rutjes, E. A. Theodorakis, *J. Am. Chem. Soc.* **1995**, *117*, 10227–10238; d) K. C. Nicolaou, E. A. Theodorakis, F. P. T. J. Rutjes, M. Sato, J. Tiebes, X.-Y. Xiao, C.-K. Hwang, M. E. Duggan, Z. Yang, E. A. Couladouros, F. Sato, J. Shin, H.-M. He, T. Bleckman, *J. Am. Chem. Soc.* **1995**, *117*, 10239–10251; e) K. C. Nicolaou, F. P. T. J. Rutjes, E. A. Theodorakis, J. Tiebes, M. Sato, E. Untersteller, *J. Am. Chem. Soc.* **1995**, *117*, 10252–10263.

[18] a) J. D. Winkler, J. M. Axten, *J. Am. Chem. Soc.* **1998**, *120*, 6425–6426; b) S. F. Martin, J. M. Humphrey, A. Ali, M. C. Hillier, *J. Am. Chem. Soc.* **1999**, *121*, 866–867.

[19] a) J. B. Nerenberg, D. T. Hung, P. K. Somers, S. L. Schreiber, *J. Am. Chem. Soc.* **1993**, *115*, 12621–12622; b) D. T. Hung, J. B. Nerenberg, S. L. Schreiber, *J. Am. Chem. Soc.* **1996**, *118*, 11054–11080; c) A. B. Smith, III, Y. Qiu, D. R. Jones, K. Kobayashi, *J. Am. Chem. Soc.* **1995**, *117*, 12011–12012; d) A. B. Smith, III, T. J. Beauchamp, M. J. LaMarche, M. D. Kaufman, Y. Qui, H. Arimoto, D. R. Jones, K. Kobayashi, *J. Am. Chem. Soc.* **2000**, *122*, 8654–8664; e) I. Paterson, G. J. Florence, K. Gerlach, J. P. Scott, *Angew. Chem.* **2000**, *112*, 385–388; *Angew. Chem. Int. Ed.* **2000**, *39*, 377–380; f) I. Paterson, G. J. Florence, *Eur. J. Org. Chem.* **2003**, 2193–2208; g) J. A. Marshall, B. A. Johns, *J. Org. Chem.* **1998**, *63*, 7785–7892; h) S. S. Harried, G. Yang, M. A. Strawn, D. C. Myles, *J. Org. Chem.* **1997**, *62*, 6098–6099.

[20] K. P. C. Vollhardt, *Organische Chemie*, 2. Auflage, Wiley-VCH, Weinheim, **1995**.

[21] R. Brückner, *Reaktionsmechanismen*, 1. Auflage, Spektrum, Heidelberg, **1996**.

[22] O. Diels, K. Alder, *Liebigs Ann. Chem.* **1928**, 460, 98–122.

[23] a) K. Alder, G. Stein, F. von Buddenbrock, *Liebigs Ann. Chem.* **1934**, *514*, 1–33; b) K. Alder, G. Stein, M. Liebmann, E. Rolland, *Liebigs Ann. Chem.* **1934**, *514*, 197–211; c) K. Alder, G. Stein, E. Rolland, G. Schulze, *Liebigs Ann. Chem.* **1934**, *514*, 211–227.

[24] Zum Beispiel: a) Y. Yates, P. Eaton, *J. Am. Chem. Soc.* **1960**, *82*, 4436–4437; b) W. Oppolzer in *Comprehensive Organic Synthesis*, Vol. 5, Hrsg. B. M. Trost, I. Fleming, L. A. Paquette, Pergamon, Oxford, **1991**; c) W. Kreiser, W. Haumesser, A. F. Thomas, *Helv. Chim. Acta* **1974**, *57*, 164–167; d) T. A. Engler, R. Iyengar, *J. Org. Chem.* **1998**, *63*, 1929–1934.

[25] Reviews: a) W. R. Roush in *Comprehensive Organic Synthesis*, Vol. 5, Hrsg. B. M. Trost, I. Fleming, L. A. Paquette, Pergamon, Oxford, **1991**; b) A. G. Fallis, *Acc. Chem. Res.* **1999**, *32*, 464–474; c) B. R. Bear, S. M. Sparks, K. J. Shea, *Angew. Chem.* **2001**, *113*, 864–894; *Angew. Chem. Int. Ed.* **2001**, *40*, 820−849; d) Y. Suzuki, T. Murata, K. Takao, K. Tadano, *J. Synth. Org. Chem. Jpn.* **2002**, *60*, 679−690.

[26] a) P. Deslongchamps, *Pure Appl. Chem.* **1992**, *64*, 1831–1847; b) E. Marsault, A. Toro, P. Nowak, P. Deslongchamps, *Tetrahderon* **2001**, *57*, 4243–4260.

[27] a) S. Laschat, *Angew. Chemie*, **1996**, *108*, 313–315; *Angew. Chem. Int. Ed. Engl.* **1996**, *35*, 289–291; b) A. Ichihara, H. Oikawa, *Curr. Org. Chem.* **1998**, *2*, 365–394.

[28] E. M. Stocking, R. M. Williams, *Angew. Chem.* **2003**, *115*, 3186–3223; *Angew. Chem. Int. Ed.* **2003**, *42*, 3078–3115.

[29] D. Hilvert, K. W. Hill, K. D. Nared, M. T. M. Auditor, *J. Am. Chem. Soc.* **1989**, *111*, 9261–9263.

[30] a) A. C. Braisted, P. G. Schultz, *J. Am. Chem. Soc.* **1990**, *112*, 7430–7431; b) F. E. Romesberg, B. Spiller, P. G. Schultz, R. C. Stevens, *Science* **1998**, *279*, 1929–1933.

[31] a) T. M. Tarasow, B. E. Eaton, *Cell. Mol. Life Sci.* **1999**, *55*, 1463–1472; b) B. Seelig, A. Jäschke, *Chem. Biol.* **1999**, *6*, 167–176; c) B. Seelig, S. Keiper, F. Stuhlmann, A. Jäschke, *Angew. Chem.* **2000**, *112*, 4764–4768; *Angew. Chem. Int. Ed.* **2000**, *39*, 4576–4579.

[32] K. Auclair, A. Sutherland, J. Kennedy, D. J. Witter, J. P. van den Heever, C. R. Hutchinson, J. C. Vederas, *J. Am. Chem. Soc.* **2000**, *122*, 11519–11520.

[33] K. Watanabe, T. Mie, A. Ichihara, H. Oikawa, M. Honma, *J. Biol. Chem.* **2000**, *275*, 38393–38401.

[34] a) J. K. Chan, R. N. Moore, T. T. Nakashima, J. C Vederas, *J. Am. Chem. Soc.* **1983**, *105*, 3334–3336; b) R. N. Moorem G. Bigam, J. K. Chan, A. M. Hogg, T. T. Nakashima, J. C. Vederas, *J. Am. Chem. Soc.* **1985**, *107*, 3694–3701.

[35] Y. Yoshizawa, D. J. Witter, Y. Liu, J. C. Vederas, *J. Am. Chem. Soc.* **1994**, *116*, 2693–2696.

[36] D. J. Witter, J. C. Vederas, *J. Org. Chem.* **1996**, *61*, 2613–2623.

[37] a) H. Oikawa, A. Ichihara, S. Sakamura, *J. Chem. Soc., Chem. Commun.* **1988**, 600–602; b) P. H. Harrison, D. E. Cane, *Chemtracts: Org. Chem.* **1988**, *1*, 369–371.

[38] H. Oikawa, A. Ichihara, S. Sakamura, *J. Chem. Soc., Chem. Commun.* **1990**, 908–909.

[39] H. Oikawa, Y. Murakami, A. Ichihara, *J. Chem. Soc., Perkin Trans. 1* **1992**, 2955–2959.

[40] K. Shindo, M. Sakakibara, H. Kawai, *J. Antibiot.* **1996**, *96*, 249–252.

[41] W. M. Bandaranayake, J. E. Banfield, D. S. C. Black, *J. Chem. Soc., Chem. Commun.* **1980**, 902–903.

[42] J. Spörle, H. Becker, M. P. Gupta, M. Veith, V. Huch, *Tetrahedron* **1989**, *45*, 5003–5014.

[43] J. Spörle, H. Becker, N. S. Allen, M. P. Gupta, *Phytochemistry* **1991**, *30*, 3043–3047.

[44] X. Fu, M. B. Hossain, D. van der Helm, F. J. Schmitz, *J. Am. Chem. Soc.* **1994**, *116*, 12125–12126.

[45] M. E. Layton, C. A. Morales, M. D. Shair, *J. Am. Chem. Soc.* **2002**, *124*, 773–775.

[46] Y. Hano, T. Nomura, S. Ueda, *Heterocycles* **1999**, *51*, 231–235.

[47] a) R. Sakai, T. Higa, C. W. Jefford, G. Bernardinelli, *J. Am. Chem. Soc.* **1986**, *108*, 6404–6405; b) H. Nakamura, S. Deng, J. Kobayashi, Y. Ohizumi, Y. Tomotake, T. Matsuzaki, *Tetrahedron Lett.* **1987**, *28*, 621–624; c) R. Sakai, S. Kohmoto, G. Saucy, T. Higa, C. W. Jefford, G. Bernardinelli, *Tetrahedron Lett.* **1987**, *28*, 5493–5496; d) T. Ichiba, R. Sakai, S. Kohmoto, G. Saucy, T. Higa, *Tetrahedron Lett.* **1988**, *29*, 3083–3086.

[48] J. E. Baldwin, T. D. W. Claridge, A. J. Culshaw, F. A. Heupel, V. Lee, D. R. Spring, R. C. Whitehead, R. J. Boughtflower, I. M. Mutton, R. J. Upton, *Angew. Chem.* **1998**, *110*, 2806–2808; *Angew. Chem. Int. Ed.* **1998**, *37*, 2661–2663.

[49] a) A. Kaiser, X. Billot, A. Gateau-Olesker, C. Marazano, B. C. Das, *J. Am. Chem. Soc.* **1998**, *120*, 8026–8034; b) K. Jakubowicz, K. Ben Abdeljelil, M. Herdemann, M. T. Martin, A. Gateau-Olesker, A. Al Mourabit, C. Marazano, B. C. Das, *J. Org. Chem.* **1999**, *64*, 7381–7387.

[50] A. E. A. Porter, P. G. Sammes, *J. Chem. Soc., D* **1970**, 1103–1104.

[51] J. Baldas, A. J. Birch, R. A. Russell, *J. Chem. Soc., Perkin Trans. 1* **1974**, 50–52.

[52] J. F. Sanz-Cevera, T. Glinka, R. M. Williams, *Tetrahedron* **1993**, *49*, 8471–8482.

[53] a) R. M. Williams, E. Kwast, H. Coffman, T. Glinka, *J. Am. Chem. Soc.* **1989**, *111*, 3064–3065; b) R. M. Williams, T. Glinka, E. Kwast, *J. Am. Chem. Soc.* **1988**, *110*, 5927–5929.

[54] K. C. Nicolaou, S. A. Snyder, T. Montagnon, G. E. Vassilikogiannakis, *Angew. Chem.* **2002**, *114*, 1743–1773; *Angew. Chem. Int. Ed.* **2002**, *41*, 1668–1698.

[55] R. B. Woodward, F. Sondheimer, D. Taub, K. Heusler, W. M. McLamore, *J. Am. Chem. Soc.* **1952**, *74*, 7223–4251.

[56] a) S. Danishefsky, T. Katahara, *J. Am. Chem. Soc.* **1974**, *96*, 7807–7808; b) S. Danishefsky, *Acc. Chem. Res.* **1981**, *14*, 400–406; c) S. J. Danishefsky, *Aldrichimica Acta* **1986**, 56–69.

[57] a) M. Y. Chu-Moyer, S. J. Danishefsky, *J. Am. Chem. Soc.* **1992**, *114*, 8333–8334; b) M. Y. Chu-Moyer, S. J. Danishefsky, G. K. Schulte, *J. Am. Chem. Soc.* **1994**, *116*, 11213–11228.

[58] E. J. Corey, H. E. Ensley, *J. Am. Chem. Soc.* **1975**, *97*, 6908–6909.

[59] K. Mikami, Y. Motoyama, M. Terada, *J. Am. Chem. Soc.* **1994**, *116*, 2812–2820.

[60] J. D. White, Y. Choi, *Org. Lett.* **2000**, *2*, 2373–2376.

[61] a) K. C. Nicolaou, G. Vassilikogiannakis, W. Mägerlein, R. Kranich, *Angew. Chem.* **2001**, *113*, 2543–2547; *Angew. Chem. Int. Ed.* **2001**, *40*, 2482–2486; b) K. C.

Nicolaou, G. Vassilikogiannakis, W. Mägerlein, R. Kranich, *Chem. Eur. J.* **2001**, *7*, 5359–5371.

[62] a) S. M. Weinreb in *Comprehensive Organic Chemistry*, Vol. 5, Hrsg. B. M. Trost, I. Fleming, L. A. Paquette, Pergamon, Oxford, **1991**; b) D. L. Boger in *Comprehensive Organic Chemistry*, Vol. 5, Hrsg. B. M. Trost, I. Fleming, L. A. Paquette, Pergamon, Oxford, **1991**.

[63] a) S. M. Weinreb, *Acc. Chem. Res.* **1985**, *18*, 16–21; b) D. L. Boger, *Chemtracts: Org. Chem.* **1996**, 149–189; c) D. L. Boger, *J. Heterocycl. Chem.* **1996**, *33*, 1519–1531; d) D. L. Boger, *Chem. Rev.* **1986**, *86*, 781–793; e) D. L. Boger, *Tetrahedron* **1983**, *39*, 2869–2939.

[64] Neuere Übersichtsartikel: a) S. Jayakumar, M. P. S. Ishar, M. P. Mahajan, *Tetrahedron* **2002**, *58*, 379–479; b) M. Behforouz, M. Ahmadian, *Tetrahedron* **2000**, *56*, 5259–5288.

[65] a) D. L. Boger, C. M. Baldino, *J. Am. Chem. Soc.* **1993**, *115*, 11418–11425; b) H. H. Wasserman, R. W. DeSimone, D. L. Boger, C. M. Baldino, *J. Am. Chem. Soc.* **1993**, *115*, 8457–8458.

[66] W. A. Caroll, P. A. Grieco, *J. Am. Chem. Soc.* **1993**, *113*, 1164–1165.

[67] O. L. Chapman, M. R. Engel, J. P. Springer, J. C. Clardy, *J. Am. Chem. Soc.* **1971**, *93*, 6696–6698.

[68] P. A. Jacobi, C. A. Blum, R. W. DeSimone, U. E. S. Udodong, *Tetrahedron Lett.* **1989**, *30*, 7173–7176.

[69] Übersicht: R. A. Bunce, *Tetrahedron* **1995**, *51*, 13103–13159.

[70] B. M. Trost, *Science* **1991**, *254*, 1471–1477.

[71] a) W. R. Roush, R. J. Sciotti, *J. Am. Chem. Soc.* **1994**, *116*, 6457–6458; b) W. R. Roush, R. J. Sciotti, *J. Am. Chem. Soc.* **1998**, *120*, 7411–7419.

[72] a) A. Padwa, M. A. Brodney, M. Dimitroff, B. Liu, T. Wu, *J. Org. Chem.* **2001**, *66*, 3119–3123; b) A. Padwa, M. A. Brodney, M. Dimitroff, *J. Org. Chem.* **1998**, *63*, 5304–5305.

[73] J. A. McCauley, K. Nagasawa, P. A. Lander, S. G. Mischke, M. A. Semones, Y. Kishi, *J. Am. Chem. Soc.* **1998**, *120*, 7647–7648.

[74] a) K. C. Nicolaou, Z. Yang, J.-J. Liu, H. Ueno, P. G. Nantermet, R. K. Guy, C. F. Claiborne, J. Renaud, E. A. Couladouros, K. Paulvannan, E. J. Sorensen, *Nature* **1994**, *367*, 630–634; b) K. C. Nicolaou, P. G. Nantermet, H. Ueno, R. K. Guy, E. A. Couladouros, E. J. Sorensen, *J. Am. Chem. Soc.* **1995**, *117*, 624–633; c) K. C.

Nicolaou, J.-J. Liu, Z. Yang, H. Ueno, E. J. Sorensen, C. F. Claiborne, R. K. Guy, C.-K. Hwang, M. Nakada, P. G. Nantermer, *J. Am. Chem. Soc.* **1995**, *117*, 634–644; d) K. C. Nicolaou, Z. Yang, J.-J. Liu, P. G. Nantermet, C. F. Claiborne, J. Renaud, R. K. Guy, K. Shibayama, *J. Am. Chem. Soc.* **1995**, *117*, 645–652; e) K. C. Nicolaou, H. Ueno, J.-J. Liu, P. G. Nantermet, Z. Yang, J. Renaud, K. Paulvannan, R. Chadha, *J. Am. Chem. Soc.* **1995**, *117*, 653–659.

[75] M. D. Shair, T. Y. Yoon, K. K. Mosny, T. C. Chou, S. J. Danishefsky, *J. Am. Chem. Soc.* **1996**, *118*, 9509–9525.

[76] D. J. Newman, G. M. Cragg, *J. Nat. Prod.* **2003**, *66*, 1022–1037.

[77] B. S. Deshpande, S. S. Ambedkar, J. G. Shewale, *Enzyme Microb. Technol.* **1988**, *10*, 456–473.

[78] Bildnachweis: http://www.sanger.ac.uk/Projects/S_coelicolor/micro_images4.shtml

[79] Bildnachweis: http://filebox.vt.edu/users/chagedor/biol_4684/Microbes/strep.html

[80] Reviews: a) B. J. Wallace, P.-C. Tai, B. D. Davis, *Antibiotics* **1979**, *5*, 272–303; b) S. Umezawa, *Japan. J. Antibiot.* **1979**, *32*, 60–72

[81] Reviews: a) D. H. Williams, B. Bardsley, *Angew. Chem.* **1999**, *111*, 1264–1286; *Angew. Chem. Int. Ed.* **1999**, *38*, 1172–1193; b) K. C. Nicolaou, C. N. C. Boddy, S. Bräse, N. Winssinger, *Angew. Chem.* **1999**, *111*, 2230–2287; *Angew. Chem. Int. Ed.* **1999**, *38*, 2096–2152.

[82] J. F. Levine, *Med. Clin. North Am.* **1987**, *71*, 1135–1145.

[83] S. D. Bentley, K. F. Chater, A. M. Cerdeno-Tarraga, G. L. Challis, N. R. Thomson, K. D. James, D. E. Harris, M. A. Quail, H. Kieser, D. Harper, A. Bateman, S. Brown, G. Chandra, C. W. Chen, M. Collins, A. Cronin, A. Fraser, A. Goble, J. Hidalgo, T. Hornsby, S. Howarth, C. H. Huang, T. Kieser, L. Larke, L. Murphy, K. Oliver, S. O'Neil, E. Rabbinowitsch, M. A. Rajandream, K. Rutherford, S. Rutter, K. Seeger, D. Saunders, S. Sharp, R. Squares, S. Squares, K. Taylor, T. Warren, A. Wietzorrek, J. Woodward, B. G. Barrell, J. Parkhill, D. A. Hopwood, *Nature* **2002**, *417*, 141–147.

[84] S. Ōmura, A. Nakagawa, H. Hashimoto, R. Oiwa, Y. Iwai, A. Hirano, N. Shibukawa, Y. Kojima, *J. Antibiot.* **1980**, *33*, 1395–1396.

[85] A. Nakagawa, Y. Iwai, H. Hashimoto, N. Miyazaki, R. Oiwa, Y. Takahashi, A. Hirano, N. Shibukawa, Y. Kojima, S. Ōmura, *J. Antibiot.* **1981**, *43*, 1408–1415.

[86] S. Ōmura, A. Nakagawa, *Tetrahedron Lett.* **1981**, *22*, 2199–2202.

[87] Y. Morimoto, F. Matsuda, H. Shirahama, *Tetrahedron* **1996**, *52*, 10609–10630.

[88] Y. Morimoto, H. Shirahama, *Tetrahedron* **1996**, *52*, 10631–10652.

[89] A. Buzas, R. Ollivier, Y. El Ahmad, E. Laurent, PCT Int. Appl. WO 93, 16,057, 1993; *Chem. Abstr.* **1994**, *120*, 134523c.

[90] Y. Kono, E. Kojima, K. Saito, S. Kudo, Y. Sekoe, Kokai Tokkyo Koho JP 06 56,788, 1994; *Chem. Abstr.* **1994**, *121*, 157536u.

[91] D. Galtier, G. Lasalle, Eur. Pat. EP 643,046, 1995; *Chem. Abstr.* **1995**, *122*, 265264h.

[92] E. Lukevics, T. Lapina, I. Segals, I. Augastane, V. N. Verovskii, *Khim.-Farm. Zh.* **1988**, *88*, 947–951; *Chem. Abstr.* **1988**, *119*, 117135q.

[93] R. W. Stevens, T. Ikeda, H. Wakabayashi, M. Nakane, U.S. Pat. US 5,256,789, 1993; *Chem. Abstr.* **1989**, *111*, 23402g.

[94] M. Uchida, M. Chihiro, S. Morita, T. Kanbe, H. Yamashita, K. Yamasaki, Y. Yabuuchi, K. Nakagawa, *Chem. Pharm. Bull.* **1989**, *37*, 2109–2116.

[95] K. Tsushima, T. Osumi, N. Matsuo, N. Itaya, *Agric. Biol. Chem.* **1989**, *53*, 2529–2530.

[96] H. R. Meier, S. Evans, Eur. Pat. EP 273,868, 1988; *Chem. Abstr.* **1989**, *110*, 98598p.

[97] H. Walter, Ger. Pat. DE 3,817,565, 1988; *Chem. Abstr.* **1989**, *110*, 175142q.

[98] T. Niwa, N. Takeda, N. Kaneda, Y. Hashizume, T. Nagatsu, *Biochem. Biophys. Res. Comm.* **1997**, *144*, 1084–1089.

[99] I. Jacquemond-Collte, J.-M. Bessière, S. Hannedouche, C. Bertrand, I. Fourasté, C. Moulis, *Phytochem. Anal.* **2001**, *12*, 312–319.

[100] M. Konishi, H. Ohkuma, T. Tsuno, T. Oki, *J. Am. Chem. Soc.* **1990**, *112*, 3715–3716.

[101] A. R. Katritzky, S. Rachwal, B. Rachwal, *Tetrahedron* **1996**, *52*, 15031–15070.

[102] K. Makino, O. Hara, Y. Takiguchi, T. Katano, Y. Asakawa, K. Hatano, Y. Hamada, *Tetrahedron Lett.* **2003**, *44*, 8925–8929.

[103] K. Ding, J. Flippen-Andersen, J. R. Deschamps, S. Wang, *Tetrahedron Lett.* **2004**, *45*, 1027–1029.

[104] E. J. Corey, H. Steinhagen, *Angew. Chem.* **1999**, *111*, 2054–2056; *Angew. Chem. Int. Ed.* **1999**, *38*, 1928–1931.

[105] E. M. Burgess, L. McCullagh, *J. Am. Chem. Soc.* **1966**, *88*, 1580–1581.

[106] Y. Ito, S. Miyata, M. Nakatsuka, T. Saegusa, *J. Am. Chem. Soc.* **1981**, *103*, 5250–5251.

[107] a) R. D. Bowen, D. E. Davies, C. W. G. Fishwick, T. O. Glasbey, S. J. Noyce, R. C. Storr, *Tetrahedron Lett.* **1982**, *23*, 4501–4504; b) J. M. Wiebe, A. S. Caillé, L. Trimble, C. K. Lau, *Tetrahedron* **1996**, *52*, 11705–11724; c) E. Foresti, P. Spagnolo, P. Zanirato, *J. Chem. Soc., Perkin Trans. 1* **1989**, 1354–1356.

[108] F. Avemaria, S. Vanderheiden, S. Bräse, *Tetrahedron* **2003**, *59*, 6785–6796.

[109] R. Appel, *Angew. Chem.* **1975**, *87*, 863–874; *Angew. Chem. Int. Ed.* **1975**, *14*, 801–811.

[110] C. Paal, E. Laudenheimer, *Chem. Ber.* **1892**, *25*, 2978–2980.

[111] a) M. H. Hill, R. A. Raphael, *Tetrahedron Lett.* **1986**, *27*, 1293–1296; b) M. H. Hill, R. A. Raphael, *Tetrahedron* **1990**, *46*, 4587–4594.

[112] Y. Morimoto, F. Matsuda, H. Shirahama, *Tetrahedron Lett.* **1990**, *31*, 6031–6034.

[113] a) M. Ori, N. Toda, K. Takami, K. Tago, H. Kogen, *Angew. Chem.* **2003**, *115*, 2644–2647; *Angew. Chem. Int. Ed.* **2003**, *42*, 2540–2543; b) M. Ori, N. Toda, K. Takami, K. Tago, H. Kogen, *Tetrahedron* **2005**, *61*, 2075–2104.

[114] T. G. Back, J. E. Wulff, *Angew. Chem.* **2004**, *116*, 6655–6658; *Angew. Chem. Int. Ed.* **2004**, *43*, 6493–6496.

[115] E. J. Corey, H. Steinhagen, *Org. Lett.* **1999**, *1*, 823–824.

[116] Exemplarisch: a) J. W. Blunt, B. R. Copp, M. H. G. Munro, P. T. Northcote, M. R. Prinsep, *Nat. Prod. Rep.* **2005**, *22*, 15–61; b) G. M. Nicolas, A. J. Phillips, *Nat. Prod. Rep.* **2005**, *22*, 144–161; c) T. Yasumoto, M. Murata, *Chem. Rev.* **1993**, *93*, 1897–1909; d) D. J. Newman, G. M. Gragg, K. M. Snader, *J. Nat. Prod.* **2003**, *66*, 1022−1037; darüber hinaus existiert eine Vielzahl von Monographien und Reviewartikeln zu diesem Themengebiet.

[117] a) M. Murata, T. Yasumoto, *Nat. Prod. Rep.* **2000**, *17*, 293–314; b) M. Murata, H. Naoki, T. Iwashita, S. Matsunaga, M. Sasaki, A. Yokoyama, T. Yasumoto, *J. Am. Chem. Soc.* **1993**, *115*, 2060–2062.

[118] N. Fusetani, *Drugs from the Sea*, Karger, Basel, **2000**.

[119] M. D. Higgs, D. J. Faulkner, *J. Org. Chem.* **1978**, *43*, 3454–3457.

[120] A. D. Patil, A. J. Freyer, M. F. Bean, B. K. Carte, J. W. Westley, R. K. Johnson, P. Lahouratate, *Tetrahedron* **1996**, *52*, 377–394

[121] D. E. Williams, T. M. Allen, R. van Soest, H. W. Behirsch, R. J. Andersen, *J. Nat. Prod.* **2001**, *64*, 281–285.

[122] B. S. Davidson, *Tetrahedron Lett.* **1991**, *32*, 7167–7170.

[123] C. Campagnuolo, C. Fattorusso, E. Fattorusso, A. Ianaro, B. Pisano, O. Taglialatela-Scafati, *Org. Lett.* **2003**, *5*, 673–676.

[124] J. Kubanek, R. J. Andersen, *Tetrahedron Lett.* **1997**, *38*, 6327–6330.

[125] X.-H. Huang, R. van Soest, M. Roberge, R. J. Andersen, *Org. Lett.* **2004**, *6*, 75–78.

[126] Bildnachweis: http://acd.ufrj.br/labpor/5-Imagens/Noronha/Pgnf13gm.htm

[127] J. E. D. Kirkham, V. Lee, J. E. Baldwin, *Chem. Commun.* **2006**, 2863–2865.

[128] F. Berrué, O. P. Thomas, R. Fernández, P. Amade, *J. Nat. Prod.* **2005**, *68*, 547–549.

[129] P. Molina, A. Arques, A. Molina, *Synthesis* **1991**, 21–23.

[130] H. Sugimoto, I. Makino, K. Hirai, *J. Org. Chem.* **1988**, *53*, 2263–2267.

[131] F. Fulop, G. Csirinyi, G. Bernath, J. Szabo, *Synthesis* **1985**, 1148–1149.

[132] A. Kjaer, R. Gmelin, R. B. Jensen, *Acta Chem. Scand.* **1956**, *10*, 432–438.

[133] M. G. Ettlinger, *J. Am. Chem. Soc.* **1950**, *72*, 4792–4796.

[134] M. Menard, A. M. Wrigley, F. L. Chubb, *Can. J. Chem.* **1961**, *39*, 273–277.

[135] G. Li, T. Ohtani, *Heterocycles* **1997**, *45*, 2471–2474.

[136] Z. Wang, X. Lu, *J. Org. Chem.* **1996**, *61*, 2254–2255.

[137] A. Lei, X. Lu, *Org. Lett.* **2000**, *2*, 2699–2702.

[138] F. Avemaria, S. Vanderheiden, unveröffentlichte Ergebnisse.

[139] S. Czernecki, C. Georgoulis, C. Provelenghiou, *Tetrahedron Lett.* **1976**, *39*, 3535–3536.

[140] G. Guanti, S. Perozzi, R. Riva, *Tetrahedron Asym.* **2002**, *13*, 2703–2706.

[141] R. Johansson, B. Samuelson, *J. Chem. Soc., Perkin Trans. 1* **1984**, 2371–2374.

[142] T. Yoshioka, Y. Oikawa, O. Yonemitsu, *Tetrahedron Lett.* **1982**, *23*, 885–888.

[143] A. Cappa, E. Mercantoni, E. Torregiani, *J. Org. Chem.* **1999**, *64*, 5696–5699.

[144] L. Yan, D. Kahne, *Synlett* **1995**, 523–524.

[145] R. J. Hinklin, L. L. Kiessling, *Org. Lett.* **2002**, *4*, 1131–1133.

[146] E. Piers, T. Wong, K. A. Ellis, *Can. J. Chem.* **1992**, *70*, 2058–2064.

[147] E. W. Collington, H. Finch, I. J. Smith, *Tetrahedron Lett.* **1985**, *26*, 681–684.

[148] R. A. Zingaro, E. A. Meyers, *Inorg. Chem.* **1962**, *1*, 771–774.

[149] W. van der Veer, F. Jellinek, *Recl. Trav. Chim. Pays-Bas* **1966**, *85*, 841–856.

[150] J. Omelańczuk, M. Mikolajczyk, *J. Am. Chem. Soc.* **1979**, *101*, 7292–7295.

[151] J. Hélinski, Z. Skrzypczyński, J. Wasiak, J. Michalski, *Tetrahedron Lett.* **1990**, *31*, 4081–4084.

[152] a) G. Wittig, G. Geissler, *Liebigs Ann. Chem.* **1953**, *580*, 44–57; b) G. Wittig, U. Schöllkopf, *Chem. Ber.* **1954**, *87*, 1318–1330; c) B. E. Maryanoff, A. B. Reitz, *Chem. Rev.* **1989**, *89*, 863–927.

[153] a) E.-i. Negishi in *Metal-catalyzed Cross-coupling Reactions*, Hrsg. F. Diederich, A. de Meijere, Wiley-VCH, Weinheim, **2004**; b) E.-i. Negishi in *Handbook of Organopalladium Chemistry for Organic Synthesis*, Hrsg. E.-i. Negishi, A. de Meijere, Wiley, New York, **2002**; c) E.-i. Negishi, T. Takahashi, S. Baba, D. E. Van Horn, N.

Okukado, *J. Am. Chem. Soc.* **1987**, *109*, 2393–2401; d) E.-i. Negishi, *Acc. Chem. Res.* **1982**, *15*, 340–348; e) E.-i. Negishi, *J. Organomet. Chem.* **2002**, *653*, 34–40.

[154] Reviews: a) N. Miyaura in *Metal-catalyzed Cross-coupling Reactions*, Hrsg. F. Diederich, A. de Meijere, Wiley-VCH, Weinheim, **2004**; b) A. Suzuki in *Handbook of Organopalladium Chemistry for Organic Synthesis*, Hrsg. E.-i. Negishi, A. de Meijere, Wiley, New York, **2002**; c) A. Suzuki, N. Miyaura, *Chem. Rev.* **1995**, *95*, 2457–2483; d) A. Suzuki, *J. Organomet. Chem.* **1999**, *576*, 147–168.

[155] Reviews: a) T. N. Mitchell in *Metal-catalyzed Cross-coupling Reactions*, Hrsg. F. Diederich, A. de Meijere, Wiley-VCH, Weinheim, **2004**; b) N. Kosugi, K. Fugami in *Handbook of Organopalladium Chemistry for Organic Synthesis*, Hrsg. E.-i. Negishi, A. de Meijere, Wiley, New York, **2002**; c) J. K. Stille, *Angew. Chem.* **1986**, *98*, 504–519; *Angew. Chem. Int. Ed. Engl.* **1986**, *25*, 508–524; d) V. Farina, V. Krishnamurthy, W. J. Scott, *Org. React.* **1998**, *50*, 1–652; e) V. Farina, V. Krishnamurthy, W. J. Scott, *The Stille Reaction*, Wiley, New York, **1998**.

[156] a) L. Horner, H. M. R. Hoffmann, H. G. Wippel, *Chem. Ber.* **1958**, *91*, 61–63; b) L. Horner, H. M. R. Hoffmann, H. G. Wippel, G. Klahre, *Chem. Ber.* **1959**, *92*, 2499–2505; c) W. S. Wadsworth, W. D. Emmons, *J. Org. Chem.* **1961**, *83*, 1733–1738; d) B. E. Maryanoff, A. B. Reitz, *Chem. Rev.*, **1989**, *89*, 863–927.

[157] a) I. Paterson, R. D. Norcross, R. A. Ward, P. Romea, M. A. Lister, *J. Am. Chem. Soc.* **1994**, *116*, 11287−11314; b) I. Paterson, M. A. Lister, *Tetrahedron Lett.* **1988**, *29*, 585–588; c) I. Paterson, J. A. Channon, *Tetrahedron Lett.* **1992**, *33*, 797−800; d) I. Paterson, R. D. Tillyer, *J. Org. Chem.* **1993**, *58*, 4182−4184; e) I. Paterson, G. M. Goodman, M. Isaka, *Tetrahedron Lett.* **1989**, *30*, 7121−7124; f) I. Paterson, *Pure Appl. Chem.* **1992**, *64*, 1821−1830; g) I. Paterson, C. J. Cowden, *Org. React.* **1997**, *51*, 1−200.

[158] G. E. Keck, A. Palani, S. F. McHardy, *J. Org. Chem.* **1994**, *59*, 3113–3122.

[159] J. M. Williams, R. B. Jobson, N. Yasuda, G. Marchesini, U.-H. Dolling, E. J. J. Grabowski, *Tetrahedron Lett.* **1995**, *36*, 5461–5464.

[160] I. Paterson, G. J. Florence, K. Gerlach, J. P. Scott, N. Sereinig, *J. Am. Chem. Soc.* **2001**, *123*, 9535–9544.

[161] S. Nahm, S. M. Weinreb, *Tetrahedron Lett.* **1981**, *22*, 3815–3818.

[162] V. Grignard, *Compt. Rend.* **1900**, *130*, 1322–1324.

[163] a) H. C. Brown, R. K. Dhar, R. K. Bakshi, P. K. Pandiarajan, B. Singaram, *J. Am. Chem. Soc.* **1989**, *111*, 3441–3442; b) H. C. Brown, R. K. Dhar, K. Ganesan, B.

Singaram, *J. Org. Chem.* **1992**, *57*, 499–504; c) H. C. Brown, R. K. Dhar, K. Ganesan, B. Singaram, *J. Org. Chem.* **1995**, *57*, 2716–2721; d) H. C. Brown, K. Ganesan, R. K. Dhar, *J. Org. Chem.* **1992**, *57*, 3767–3772; e) H. C. Brown, K. Ganesam, R. K. Dhar, *J. Org. Chem.* **1993**, *58*, 147–153; f) K. Ganesan, H. C. Brown, *J. Org. Chem.* **1993**, *58*, 7162–7169.

[164] a) D. A. Evans, E. Vogel, J. V. Nelson, *J. Am. Chem. Soc.* **1979**, *101*, 6120–6123; b) D. A. Evans J. M. Takacs, L. R. McGee, M. D. Ennis, D. J. Mathre, J. Bartroli, *Pure Appl. Chem.* **1981**, *53*, 1109–1127.

[165] A. Vulpetti, A. Bernardi, C. Gennari, J. M. Goodman, I. Paterson, *Tetrahedron* **1993**, *49*, 685–696.

[166] Review: R. W. Hoffmann, *Chem. Rev.* **1989**, *89*, 1841–1860.

[167] R. D. Walkup, J. D. Kahl, R. R. Kane, *J. Org. Chem.* **1998**, *63*, 9113–9116.

[168] P. Ciceri, F. W. J. Demnitz, *Tetrahedron Lett.* **1996**, *38*, 389–390.

[169] T. Tsunoda, M. Suzuki, R. Noyori, *Tetrahedron Lett.* **1980**, *21*, 1357–1358.

[170] A. K. Ghosh, G. Gong, *J. Am. Chen. Soc.* **2004**, *126*, 3704–3705.

[171] M. Scheck, H. Waldmann, *Can. J. Chem.* **2002**, *80*, 571–576.

[172] C. MacLeod, G. J. McKiernan, E. J. Guthrie, L. J. Farrugia, D. W. Hamprecht, J. Macritchie, R. C. Hartley, *J. Org. Chem.* **2003**, *68*, 387–401.

[173] C. H. Heathcock, R. Ratcliffe, *J. Am. Chem. Soc.* **1971**, *93*, 1746–1757.

[174] J. T. Kuethe, D. L. Comins, *J. Org. Chem.* **2004**, *69*, 5219–5231.

[175] C. R. Sark, I. C. Guch, M. DiMare, *J. Org. Chem.* **1994**, *59*, 705–706.

[176] D. A. Evans, K. T. Chapman, E. M. Carreira, *J. Am. Chem. Soc.* **1988**, *110*, 3560–3578.

[177] N. T. Anh, O. Eisenstein, *Nouv. J. Chem.* **1977**, *1*, 61–70.

[178] S. K. Chattopadhyay, G. Pattenden, *J. Chem. Soc., Perkin Trans. 1* **2000**, 2429–2454.

[179] J. R. Parikh, W. von E. Doering, *J. Am. Chem. Soc.* **1967**, *89*, 5505–5507.

[180] A. De Mico, R. Margarita, L. Parlanti, A. Vescovi, G. Piancatelli, *J. Org. Chem.* **1997**, *62*, 6974–6977.

[181] M. A. Blanchette, W. Choy, J. T. Davis, A. P. Essenfeld, S. Masamune, W. R. Roush, T. Sakai, *Tetrahedron Lett.* **1984**, *25*, 2183–2186.

[182] R. J. Petroski, D. Weisleder, *Synth. Commun.* **2001**, *31*, 89–95

[183] D. Enders, J. L. Vicario, A. Job, M. Wolberg, M. Müller, *Chem. Eur. J.* **2002**, *8*, 4272–4284.

[184] Beispiel: J. E. Baldwin, M. G. Moloney, A. F. Parsons, *Tetrahedron* **1992**, *48*, 9373–9384.

[185] S. E. Sen, G. J. Ewing, *J. Org. Chem.* **1997**, *62*, 3529–3536.

[186] H. F. Sneddon, M. J. Gaunt, S. V. Ley, *Org. Lett.* **2003**, *5*, 1147–1150.

[187] S. Takano, M. Akiyama, S. Sato, K. Ogasawara, *Chem. Lett.* **1983**, 1593–1596.

[188] N. Choy, Y. Shin, P. Q. Nguyen, D. P. Curran, R. Balachandran, C. Madiraju, B. W. Day, *J. Med. Chem.* **2003**, *46*, 2846–2864.

[189] A. B. Smith, III, B. S. Freeze, M. Xian, T. Hirose, *Org. Lett.* **2005**, *7*, 1825–1828.

[190] J. D. Gettler, L. P. Hammett, *J. Am. Chem. Soc.* **1943**, *65*, 1824–1829.

[191] a) A. K. Chatterjee, F. D. Toste, T.-L. Choi, R. H. Grubbs, *Adv. Synth. Cat.* **2002**, *344*, 634–637; Reviews: b) A. Fürstner, *Angew. Chem.* **2000**, *112*, 3140–3142; *Angew. Chem. Int. Ed. Engl.* **2000**, *39*, 3013–3043; c) R. H. Grubbs, S. Chang, *Tetrahedron* **1998**, *54*, 4413–4450; d) S. K. Armstrong, *J. Chem. Soc., Perkin Trans. 1* **1998**, 371–388. e) *Handbook of Metathesis*, Hrsg. R. H. Grubbs, Wiley-VCH, Weinheim, **2003**.

[192] Reviews: a) A. de Meijere, S. Bräse in *Metal-catalyzed Cross-coupling Reactions*, Hrsg. P. J. Stang, F. Diederich, Wiley-VCH, Weinheim, **2004**; b) W. Cabri, I. Candiani, *Acc. Chem. Res.* **1995**, *28*, 2–8; c) A. de Meijere, F. E. Meyer, *Angew. Chem.* **1994**, *106*, 2473–2506; *Angew. Chem. Int. Ed. Engl.* **1994**, *33*, 2379–2411.

[193] S. Cacchi, A. Arcadi, *J. Org. Chem.* **1983**, *48*, 4236–4240.

[194] L. F. Tietze, M. Henrich, A. Niklaus, M. Buback, *Chem. Eur. J.* **1998**, *5*, 297–304.

[195] W. R. F. Goundry, J. E. Baldwin, V. Lee, *Tetrahedron* **2003**, *59*, 1719–1729.

[196] A. K. Mapp, C. H. Heathcock, *J. Org. Chem.* **1999**, *64*, 23–27.

[197] C. Rim, D. Y. Son, *Org. Lett.* **2003**, *5*, 3443–3445.

[198] Review zu Hydrometallierungsreaktionen mit Zinn, Bor und Silicium: B. M. Trost, Z. T. Ball, *Synthesis* **2005**, 853–887.

[199] a) A. Arefolov, N. F. Langeville, J. S. Panek, *Org. Lett.* **2001**, *3*, 3281–3284; Review: b) P. Wipf, H. Jahn, *Tetrahedron* **1996**, *52*, 12853–12910.

[200] a) E. Piers, J. M. Chong, H. E. Morton, *Tetrahedron* **1989**, *45*, 363–380; b) E. Piers, J. M. Chong, H. E. Morton, *Tetrahedron Lett.* **1981**, *22*, 4906–4908; c) E. Piers, H. E. Morton, *J. Org. Chem.* **1980**, *45*, 4263–4264.

[201] R. Rossi, A. Carpita, F. Bellina, P. Cossi, *J. Organomet. Chem.* **1993**, *451*, 33–43.

[202] M. Taniguchi, S. Kobayashi, M. Nakagawa, T. Hino, *Tetrahedron Lett.* **1986**, *27*, 4763–4766.

[203] S. H. Cheon, W. J. Christ, L. D. Hawkins, H. Jin, Y. Kishi, M. Taniguchi, *Tetrahedron Lett.* **1986**, *27*, 4759–4762.

[204] L. S. Liebeskind, R. W. Fengl, *J. Org. Chem.* **1990**, *55*, 5359–5364.

[205] a) A. Wada, K. Fukunaga, M. Ito, *Synlett* **2001**, 800–802; b) M. G. Saulnier, J. F. Kadow, M. M. Tun, D. R. Langley, D. M. Vyas, *J. Am. Chem. Soc.* **1989**, *111*, 8320–8321.

[206] A. L. Hansen, T. Skrydstrup, *J. Org. Chem.* **2005**, *70*, 5997–6003.

[207] J. M. Baxter, D. Steinhuebel, M. Palucki, I. W. Davies, *Org. Lett.* **2005**, *7*, 215–218.

[208] T.-H. Chan, P. Brownbridge, *J. Am. Chem. Soc.* **1980**, *102*, 3534–3538.

[209] I. M. Lyapkalo, M. Webel, H.-U. Reißig, *Eur. J. Org. Chem.* **2002**, 1015–1025.

[210] D. A. Evans, A. M. Ratz, B. E. Huff, G. S. Sheppard, *J. Am. Chem. Soc.* **1995**, *117*, 3448–3467.

[211] a) D. A. Evans, J. M. Takacs, L. R. McGee, M. D. Ennis, D. J. Mathre, J. Bartroli, *Pure & Appl. Chem.* **1981**, *53*, 1109–1127; b) D. A. Evans, J. Bartroli, T. L. Shih, *J. Am. Chem. Soc.* **1981**, *103*, 2127–2129; c) D. A. Evans, J. R. Gage, *Org. Synth.* **1989**, *68*, 83–91.

[212] D. A. Evans, C. W. Downey, J. T. Shaw, J. S. Tedrow, *Org. Lett.* **2002**, *4*, 1127–1129.

[213] M. G. Organ, Y. V. Bilokin, S. Bratovanov, *J. Org. Chem.* **2002**, *67*, 5176–5183.

[214] J. R. Jacobsen, A. T. Keatinge-Clay, D. E. Cane, C. Khosia, *Bioorg. Med. Chem.* **1998**, *6*, 1171–1178.

[215] L. A. Paquette, R. Guevel, S. Sakamoto, I. H. Kim, J. Crawford, *J. Org. Chem.* **2003**, *68*, 6096–6107.

[216] S. L. Huang, A. J. Mancuso, D. Swern, *J. Org. Chem.* **1978**, *43*, 2480–2482.

[217] E. A. Noe, M. Raban, *J. Am. Chem. Soc.* **1975**, *97*, 5811–5820.

[218] H. E. Zimmermann, M. D. Traxler, *J. Am. Chem. Soc.* **1957**, *79*, 1920–1923.

[219] K. Toshima, T. Jyajima, N. Miyamoto, M. Katohno, M. Nakata, *J. Org. Chem.* **2001**, *66*, 1708–1715.

[220] M. J. Gaunt, A. S. Jessiman, P. Orsini, D. F. Hook, H. R. Tanner, S. V. Ley, *Org. Lett.* **2003**, *5*, 4819–4822.

[221] H. Kigoshi, K. Suenaga, M. Takagi, A. Akao, K. Kanematsu, N. Kamei, Y. Okugawa, K. Yamada, *Tetrahedron* **2002**, *58*, 1075–1102.

[222] J. L. Wahlstrom, R. C. Ronald, *J. Org. Chem.* **1998**, *63*, 6021–6022.

[223] H. Imagawa, T. Tsuchihashi, R. K. Singh, H. Yamamoto, T. Sugihara, M. Nishizawa, *Org. Lett.* **2003**, *5*, 153–155.

[224] R. K. Boeckman, Jr., J. C. Potenza, *Tetrahedron Lett.* **1985**, *26*, 1411–1414.

[225] J. S. Panek, T. Hu, *J. Org. Chem.* **1997**, *62*, 4912–4913.

[226] E. J. Corey, P. L. Fuchs, *Tetrahedron Lett.* **1972**, *36*, 3769–3772.

[227] M. G. Organ, J. Wang, *J. Org. Chem.* **2003**, *68*, 5568–5574.

[228] a) P. Fritsch, *Liebigs Ann. Chem.* **1894**, *272*, 319–324; b) W. Buttenberg, *Liebigs Ann. Chem.* **1894**, *272*, 324–337; c) H. Wiechell, *Liebigs Ann. Chem.* **1894**, *272*, 337–344.

[229] A. Torrado, S. López, R. Alvarez, A. R. de Lera, *Synthesis* **1995**, 285–293.

[230] P. Michel, D. Gennet, A. Rassat, *Tetrahedron Lett.* **1999**, *40*, 8575–8578.

[231] M. Lerm, H.-J. Gais, K. Cheng, C. Vermeeren, *J. Am. Chem. Soc.* **2003**, *125*, 9653–9667.

[232] K. Miwa, T. Aoyama, T. Shioiri, *Synlett* **1994**, 107–108.

[233] a) E. W. Colvin, B. J. Hamill, *J. Chem. Soc., Chem. Commun.* **1973**, 151–152; b) E. W. Colvin, B. J. Hamill, *J. Chem. Soc., Perkin Trans. 1* **1977**, 869–874.

[234] E.-i. Negishi, A. O. King, W. L. Klima, *J. Org. Chem.* **1980**, *45*, 2526–2528.

[235] C. Amatore, E. Blart, J. P. Genet, A. Jutand, S. Lemaire-Audoire, M. Savignac, *J. Org. Chem.* **1995**, *60*, 6829–6839.

[236] A. G. Myers, N. J. Tom, M. E. Fraley, S. B. Cohen, D. J. Madar, *J. Am. Chem. Soc.* **1997**, *119*, 6072–6094.

[237] a) D. E. Van Horn, E.-i. Negishi, *J. Am. Chem. Soc.* **1978**, *100*, 2252–2254; b) C. L. Rand, D. E. Van Horn, M. W. Moore, E.-i. Negishi, *J. Org. Chem.* **1981**, *46*, 4093–4096; c) Review: E.-i. Negishi, *Pure Appl. Chem.* **1981**, *53*, 2333–2356; d) E.-i. Negishi, D. E. Van Horn, T. Yoshida, *J. Am. Chem. Soc.* **1985**, *107*, 6639–6647; e) Review: E.-i. Negishi, *Pure Appl. Chem.* **2001**, *73*, 239–242.

[238] B. Vaz, R. Alvarez, A. R. de Lera, *J. Org. Chem.* **2002**, *67*, 5040–5043.

[239] P. Wipf, S. Lim, *Angew. Chem.* **1993**, *105*, 1095–1097; *Angew. Chem. Int. Ed. Engl.* **1993**, *32*, 1068–1071.

[240] J. F. Normant, A. Alexakis, *Synthesis* **1981**, 841–870.

[241] S. Nowotny, C. E. Tucker, C. Jubert, P. Knochel, *J. Org. Chem.* **1995**, *60*, 2762–2772.

[242] M. E. Layton, C. A. Morales, M. D. Shair, *J. Am. Chem. Soc.* **2002**, *124*, 773–775.

[243] a) J. Uenishi, R. Kawahama, A. Tanio, S. Wakabayashi, *J. Chem. Soc., Chem. Commun.* **1993**, 1438–1439; b) J. Uenishi, R. Kawahama, O. Yonemitsu, *J. Org. Chem.* **1997**, *62*, 1691–1701.

[244] a) J. Hibino, S. Matsubara, Y. Morizawa, K. Oshima, H. Nozaki, *Tetrahedron Lett.* **1984**, *25,* 2151–2154; b) S. Matsubara, J. Hibino, Y. Morizawa, K. Oshima, H. Nozaki, *J. Organomet. Chem.* **1985**, *285*, 163–172.

[245] M. G. Organ, Y. V. Bilokin, S. Bratovanov, *J. Org. Chem.* **2002**, *67*, 5176–5183.

[246] N. Chatani, N. Amishiro, T. Morii, T. Yamashita, S. Murai, *J. Org. Chem.* **1995**, *60*, 1834–1840.

[247] T. B. Durham, N. Blanchard, B. M. Savall, N. A. Powell, W. R. Roush, *J. Am. Chem. Soc.* **2004**, *126*, 9307–9317.

[248] T. Wong, M. A. Romero, A. G. Fallis, *J. Org. Chem.* **1994**, *59*, 5527–5529.

[249] J. D. White, P. R. Blakemore, N. J. Green, E. B. Hauser, M. A. Holoboski, L. E. Keown, C. S. Nylund Kolz, B. W. Phillips, *J. Org. Chem.* **2002**, *67*, 7750–7760.

[250] Y. Zhang, J. W. Herndon, *Org. Lett.* **2003**, *5*, 2043–2045.

[251] C. Spino, B. Gobdout, *J. Am. Chem. Soc.* **2003**, *125*, 12106–12107.

[252] S. Kiyooka, K. A. Shadid, F. Goto, M. Okazaki, Y. Shuto, *J. Org. Chem.* **2003**, *68*, 7967–7978.

[253] K. C. Nicolaou, A. D. Piscopio, P. Bertinato, T. K. Chakraborty, N. Minowa, K. Koide, *Chem. Eur. J.* **1995**, *1*, 318–333.

[254] A. de Meijere, H. Becker, A. Stolle, S. I. Kozhushkov, M. T. Bes, J. Salaün, M. Noltemeyer, *Chem. Eur. J.* **2005**, *11*, 2471–2482.

[255] H. Tom Dieck, H. Friedel, *J. Organomet. Chem.* **1968**, *14*, 375–385

[256] G. Mehta, U. K. Kunda, *Org. Lett.* **2005**, *7*, 5569–5572.

[257] R. Baker, J. L. Castro, *J. Chem. Soc., Perkin Trans. 1* **1990**, 47–65.

[258] S. A. Hewlins, J. A. Murphy, J. Lin, D. E. Hibbs, M. B. Hursthouse, *J. Chem. Soc., Perkin Trans. 1* **1997**, 1559–1570.

[259] S. J. F. Macdonald, K. Mills, J. E. Spooner, R. J. Upton, M. D. Dowle, *J. Chem. Soc., Perkin Trans. 1* **1998**, 3931–3936.

[260] F. von der Ohe, R. Brückner, *New J. Chem.* **2000**, *24*, 659–670.

[261] I. Paterson, A. Steven, C. A. Luckhurst, *Org. Biomol. Chem.* **2004**, *2*, 3026–3038.

[262] P. Danner, M. Bauer, P. Phukan, M. E. Maier, *Eur. J. Org. Chem.* **2005**, 317–325.

[263] B. Jin, Q. Liu, G. A. Sulikowski, *Tetrahedron* **2005**, *61*, 401–408.

[264] X. Zeng, M. Qian, Q. Hu, E.-i. Negishi, *Angew. Chem.* **2004**, *116*, 2309–2313; *Angew. Chem. Int. Ed.* **2004**, *43*, 2259–2263.

[265] M. Nakamura, Y. Mori, K. Okuyama, K. Tanikawa, S. Yasuda, K. Hanada, S. Kobayashi, *Org. Biomol. Chem.* **2003**, *1*, 3362–3375.

[266] H. E. Gottlieb, V. Kotlyar, A. Nudelman, *J. Org. Chem.* **1997**, *62*, 7512–7515.

[267] W. C. Still, M. Kahn, A. Mitra, *J. Org. Chem.* **1978**, *43*, 2923–2925.

[268] Autorenkollektiv, *Organikum*, Hrgs. B. Fichte, I. Wenig, Deutscher Verlag der Wissenschaften, Berlin, **1990**.

9. Anhang

9.1 Publikationsliste

1. D. Keck, S. Bräse, *Org. Biomol. Chem.* **2006**, *4*, 3574–3575.
   Synthesis of a versatile multifunctional building block for the construction of polyketide natural products containing ethyl side-chains

2. D. Keck, S. Vanderheiden, S. Bräse, *Eur. J. Org. Chem.* **2006**, 4916–4923.
   A Formal Total Synthesis of Virantmycin: A Modular Approach towards Tetrahydroquinoline Natural Products

3. D. Keck, T. Muller, S. Bräse, *Synlett* **2006**, 3457–3575.
   A Stereoselective Suzuki Cross-coupling Strategy for the Synthesis of Ethyl Substituted Conjugated Dienoic Esters and Conjugated Dienones

9.2 *Lebenslauf*

Daniel Keck

Persönliche Angaben

Geboren	10.08.1978 in Olpe
Familienstand	ledig, keine Kinder
Staatsangehörigkeit	deutsch

Schulausbildung

09/1985 – 07/1989	Grundschule in Kehl-Leutesheim
08/1989 – 07/1995	Progymnasium Rheinau-Rheinbischofsheim
09/1995 – 06/1998	Gymnasium in Achern, Abschluss mit Abitur (Note 1,0)

Studium

10/1999 – 09/2001	Grundstudium Diplomstudiengang Chemie, Universität Karlsruhe (TH) Abschluss mit Vordiplom („sehr gut", Note 1,5)
10/2001 – 05/2004	Hauptstudium Diplomstudiengang Chemie, Universität Karlsruhe (TH) Schwerpunkt: Organische Chemie Abschluss mit Diplom („mit Auszeichnung", Note 1,1) Diplomarbeit im Arbeitskreis von Prof. Dr. S. Bräse, Institut für Organische Chemie, Universität Karlsruhe (TH) *Entwicklung einer effizienten formalen Totalsynthese von Virantmycin*
07/2004 – 12/2006	Arbeiten zur Promotion im Arbeitskreis von Prof. Dr. S. Bräse, Institut für Organische Chemie, Universität Karlsruhe (TH) Gesamturteil: „sehr gut"

Stipendien und Preise

01/2004 – 12/2006	Doktorandenstipendium der Landesgraduiertenförderung Baden-Württemberg
07/2005	Wolff & Sohn-Preis für eine hervorragende Doktorarbeit in der organischen Chemie an der Universität Karlsruhe (TH)

9.3 *Danksagung*

An dieser Stelle möchte ich mich bei all denen bedanken, die zum erfolgreichen Abschluss dieser Arbeit beigetragen haben.

Mein besonderer Dank gilt dabei Prof. Dr. Stefan Bräse, für die Aufnahme in seinen Arbeitskreis, die große Freiheit in der Gestaltung und Bearbeitung meines Themas, viele interessante, auch nicht-chemische Diskussionen und insbesondere für sein Vertrauen, das er in mich und meine Fähigkeiten gesetzt hat.

Ein großes Dankeschön geht natürlich auch an meine Eltern, ohne deren Unterstützung weder mein Studium noch die Durchführung dieser Arbeit möglich gewesen wäre.

Meiner Freundin Julia danke ich für ihre Unterstützung und ihre Geduld, auch in stressigen und angespannten Phasen der Arbeit.

Ein großer Dank geht auch an die analytische Abteilung des Institutes für Organische Chemie:
Frau Annelie Kuiper und Frau Pia Lang danke ich für die Messung zahlloser NMR-Spektren, die Erfüllung so mancher „Sonderwünsche" und viele nette Gespräche. Frau Angelika Kernert und Frau Ingrid Roßnagel danke ich für die Messung der MS-, HRMS- und IR-Spektren sowie Elementaranalysen einer Vielzahl von teilweise unangenehmen Proben und die gute Zusammenarbeit.

Ich danke den akademischen Räten Dr. Norbert Foitzik und Dr. Andreas Rapp für die Unterstützung im Praktikum und bei der Lösung einer Reihe technischer und organisatorischer Probleme.

Meinen Kollegen Sefer Ay, Thomas Baumann, Esther Birtalan, Dr. Arantxa Encinas López, Christian Friedmann, Anne Friedrich, Daniel Fritz, Julia Gall, Emilie Gérard, Tobias Grab, Caroline Hartmann, Dr. Sebastian Höfener, Manuel Jainta, Nicole Jung, Dr. Michael Kreis, Dr. Frank Lauterwasser, Dr. Thierry Muller, Dr. Carl Nising, Dr. Ulrike Ohnemüller, Rüdiger Reingruber, Jochen Ring, Hülya Sahin, Tina Schröder, Dr. Maarten Schroen, Matthias Wiehn, Dr. Robert Ziegert gilt mein besonderer Dank, ebenso wie Melanie Hill, Christiane Lampert,

Andreas Rieger, Sylvia Vanderheiden und Alfred Wagner für die schöne Zeit und das angenehme Arbeitsklima, die gute Zusammenarbeit und viele lustige Grillabende – ihr habt die Diplomarbeit und Promotion im Arbeitskreis in Karlsruhe zu einer tollen Zeit gemacht, an die ich immer gerne zurückdenken werde.

Nicht unerwähnt bleiben sollen in diesem Zusammenhang auch meine beiden Forschungspraktikanten Jens Meyer und Manuel Jainta, die ebenso wie mein Auszubildender Pierre Keller zum Gelingen dieser Arbeit beigetragen haben.

Für die kritische Korrektur des vorliegenden Manuskriptes danke ich Sefer Ay, Julia Gall, Tobias Grab, Ulrike Ohnemüller und Tina Schröder.

Nicht zuletzt gilt mein besonderer Dank dem Land Baden-Württemberg, das diese Arbeit durch ein Stipendium im Rahmen der Landesgraduiertenförderung unterstützte.